U0928156

宁波文化研究工程 · 特色文化研究　TS10.201103

浙东海洋文化研究

ZHE DONG HAI YANG WEN HUA YAN JIU

苏勇军　著

ZHEJIANG UNIVERSITY PRESS
浙江大学出版社

前　言

海洋是生命的摇篮，是人类文明的重要发祥地，在人类社会发展的进程中起着举足轻重的作用。21世纪为"海洋世纪"。随着社会经济的发展，陆地可供开发的资源越来越少，世界各海洋大国之间在海洋经济、科技、资源、海权等方面的竞争日益激烈。然而，种种激烈竞争的背后，实质上是海洋文化的竞争。不同的海洋思维、海洋意识、海洋观念等海洋文化因素，决定着竞争的格局和态势，决定着竞争的成败。

浙东①地处中国东部沿海中段，海域面积广阔，海岸线漫长。至迟在7000年前的新石器时代晚期，浙东先民就在这片辽阔的海域上挥洒着自己的智慧，创造了辉煌的海洋文化。从河姆渡人最原始的海洋捕捞与较长距离的航海活动，到唐宋时期声名远扬的"海上丝绸之路"，再到世界第一跨海大桥——杭州湾大桥的全线贯通，都充分展示了浙东人民认识、开发、利用海洋的智慧与能力。随着岁月的流逝、科技的进步、经济的繁荣和中外交往的日益频繁，浙东海洋文化的内涵在不断丰富，外延也不断扩展，突出表现为俊逸秀美的海洋民俗文化、源远流长的海洋宗教信仰文化、山明水秀的海洋景观文化、中外交融的海洋商贸文化，还有富含海洋特色的渔业文化、港口文化、海防文化、名人文化、文学艺术等。我们认为，浙东海洋文化虽历经数千年的演进、整合与重构，但其基本精神却是一脉相承的：海纳百川的开放性，兼容并蓄的亲和力，博采众长、厚积薄发的创新力，植根民间、生生不息的生命力。

---

① 在古代，整个浙江地域以钱塘江(或曰制江、浙江、浙水、之江等)为界而被划分为两大片，钱江之东称为"浙东"，钱江之西谓"浙西"。浙东在旧志上有"八府"，即严州府(今建德)、金华府、衢州府、绍兴府、宁波府、台州府、温州府、处州府(今丽水)；浙西有"三府"，即杭州府、嘉兴府、湖州府。故浙江在传统的称法上有"上八府"、"下三府"之称。因此，从历史文化的角度看，"浙东"应是包括现在的浙西金华与浙南温州等在内的广袤地域，对此我们有时称之为"大浙东"(见徐定宝：《试论浙东文化》，《宁波经济·三江论坛》2005年第2期，第43—47页)。现在常将宁波与舟山亦称之为"浙东"，我们可以称之为"小浙东"。本课题以"小浙东"，即宁波、舟山海洋文化为主要研究对象，但考虑到资源的完整性，有时会兼及"大浙东"之台州、温州、绍兴与"浙西"之嘉兴、杭州的海洋文化。

现阶段，浙东海洋文化发展水平与全面建设小康社会的目标和进程还不相适应，与实施海洋开发战略、建设海洋强市的宏伟目标还不相适应，海洋文化产品的数量、质量、品种与人民群众日益增长的精神文化需求还不相适应，因此，面对当今世界各种思想文化相互激荡的大潮，面对社会发展和人民生活改善对文化发展的要求，面对社会文化生活多样活跃的态势，建设、传承和弘扬浙东海洋文化，提高人们的海洋意识与观念，提高海洋文化的软实力，促进海洋经济社会的繁荣，是摆在我们面前的一个重大而紧迫的课题。

本书在探讨海洋文化基本理论的基础上，宏观分析了浙东海洋文化的生成环境、发展轨迹以及特色内涵；继而系统阐述了浙东海洋文化的典型元素：海洋山水景观文化、海防文化、海洋宗教信仰文化、海洋商业文化、海洋民俗文化、名人文化、海洋民间文学艺术等，包括它们的兴起、发展历程、典型景观遗留、风格特色、空间分布以及历史影响等；最后，探讨了浙东丰厚海洋文化资源的产业价值与产业利用，提出以“一带、三区、五园、八大产业”为总体发展框架，逐步构建起区域特色鲜明、结构合理、效益显著的海洋文化产业总体格局的整体思路。

本书在撰写过程中得到了浙江省海洋文化与经济研究中心、宁波大学人文与传媒学院、宁波市社科院(社科联)在资料、资金等方面的大力支持，特别是浙江省海洋文化与经济研究中心执行主任张伟教授、宁波大学人文与传媒学院院长陈君静教授给了许多有益的指点和无微不至的关照，宁波市社科院(社科联)王仕龙老师为本书的完成付出了许多时间与精力。此外，还要感谢安徽师范大学副校长、博士生导师李琳琦教授长期以来的谆谆教诲。在写作过程中，曾参阅并引用了姜彬、柳和勇、金涛、曲金良、司徒尚纪、傅文伟、方长生、周志锋、戴光中、葛国培、孙善根、钱茂伟、张如安、李加林等一批专家学者的研究成果，虽尽可能在文中或文末注明，但相信仍有不尽之处，深以为歉，并深表感谢。

浙东海洋文化的内涵博大精深，它对区域经济社会的发展具有重大意义，这本《浙东海洋文化研究》只能算是抛砖引玉，希望更多人能介入海洋文化研究领域，共同推动浙东海洋文化研究向纵深方向发展。尽管我们想把这项工作做得尽量完美，但由于理论水平与实践经验所限，疏漏之处在所难免，恳请专家与读者批评指正，使之至臻完善。

苏勇军

2010年10月

目　录

第一章　绪　　论

第一节　21 世纪是海洋世纪

1994 年，第 49 届联大向全世界宣布 1998 年为国际海洋年，以提高人们对海洋重要性的认识，提高地球上每一个公民保护海洋及其生态环境的自觉性。

海洋是生命的摇篮，风雨的故乡，五洲的通道，资源的宝库。海洋在一定程度上主宰着一个国家的兴衰。早在 2500 年前，古希腊海洋学者狄米斯托克利就预言：谁控制了海洋，谁就控制了一切。15 世纪初，中国伟大的世界航海家郑和就指出："欲国家富强，不可置海洋于不顾。财富取之于海，危险亦来自海上……一旦他国之君夺得海洋，华夏危矣。我国船队战无不胜，可用之扩大经商，制服异域，使其不敢觊觎南洋也。"①中国伟大的革命先行者孙中山先生也曾写道："昔时之地中海问题，大西洋问题，我可付诸不知不问也，惟今后之太平洋问题，则实关于我中华民族之生存，中华国家之命运者也。人云以我为主，我岂能付之不知不问乎？"②

古今中外的史实说明，凡大力向海洋发展的国家，皆可国势走强，反之，则有可能落后挨打。昔日的海上强国葡萄牙、西班牙和荷兰，当年的日不落帝国英国，二战后的两个超级大国——苏联和美国，走的无一不是海上兴兵的强国之路。中华民族 5000 年的文明史，更直接证明中国的统一、稳定、繁荣和昌盛与海洋休戚相关。

一、海洋世纪的内涵

早在 20 世纪，国际社会就普遍认为，21 世纪，国际政治、经济、军事和科技活动都离不开海洋。21 世纪是海洋世纪。这一国际社会公认的结论有着

---

① ［法］弗朗索瓦・德雷诺著，赵喜鹏译：《海外华人》，新华出版社 1982 年版，第 86 页。

② 陈伟：《国力之盛衰强弱，常在海而不在陆：孙中山海权观及现实意义研究》，《团结》2006 年增刊，第 121－129 页。

丰富的内涵。①

(一)海洋是国家存在与发展的物质基础

海洋是地球上最大的水体地理单元。地球表面积约为5.1亿平方千米,其中海洋的面积为3.6亿平方千米,约占地球表面积的71%。海洋也是地球上最大的政治地理单元,分为领海、专属经济区、大陆架、公海和国际海底区域等五个法律地位不同的政治地理区域。其中,划归沿海国家管辖的1.09亿平方千米,成为各国的“蓝色国土”;国际社会共有的公海和国际海底区域2.51亿平方千米,是全人类的“共同继承财产”。国家存在的三个要素是:领土、人民和政府。21世纪海洋国土和陆地国土一样同为国家“领土”,是国家存在和发展的最主要的物质条件。

(二)海洋是人类资源的宝库

海洋是尚未充分开发利用的自然资源宝库和巨大的环境空间,是人类可开发自然资源的“第六大洲”。据估计,地球上生物资源的80%是在海洋中,海洋中的动植物多达几十万种,仅鱼类就有两万五千多种,可供提炼蛋白质和抗菌素药物的生物就更多了,达30多万种。中西药中所用的上百种海味以及鱼肝油、精蛋白和胰岛素等药物都来自海洋生物。可供食用的水产资源,在不破坏生态平衡的情况下,每年可以开发30多亿吨。但目前人类每年的捕捞量仅为7000万吨至9000万吨,还不到其中的1/30。地球上生物的生产能力,每年约为1540亿吨有机碳,其中1350亿吨来自海洋,等待着人类去开发。海洋里还有极为丰富的矿产资源。科学家们已经发现,海水中蕴藏着80多种元素,诸如金、银、铜、铁、铝、钨、汞、锑、氧、镁、溴、碘、铷、铯、镍、铀、锶等等,陆地上有的一切矿物资源,大海底下都有。科学家估计,仅海底蕴藏的铜矿就够全世界用6000年;镍够用15万年;铝够用2万年。在海底,人们还发现了大量的石油、煤、硫磺和天然气。据估计,整个地球上的石油总储量约为3000亿吨,其中900亿吨埋藏在海底,仅大陆架的石油蕴藏量就达1000多亿桶。海洋中所含的食盐,如果能全部提炼出来,用它平铺在陆地上,地面就会增高近百米。在太平洋底和红海附近海底,人们还发现了一种极有价值的金属软泥(铜矿砂),它的储量约有1万亿吨,够人类用上数千年。近年来,人们还探明了各大洋底蕴藏着大量的金属结核矿,达40余种,其中,锰结核矿

---

① 王曙光:《认清形势 不辱使命 努力做好工作 迎接海洋世纪》,国家海洋局网(http://www.soa.gov.cn/zhanlue/hh/5.htm),2007年11月1日。

的储量就有15亿吨，仅太平洋就有1万多亿吨，比陆地上的储量要高出千百倍。这种“未来的资源”，已成为“人类共同的财富”。波涛汹涌的海洋，还蕴藏着巨大的能量，仅涨落的潮汐能全世界海洋中就约有10亿千瓦，中国沿海的潮汐能约有1.9亿千瓦。此外，还有海流能、波浪能、海水温差能等，人们称之为“蓝色的煤海”。

海洋资源的开发对整个经济有巨大的影响力。原联合国秘书长在1999年的海洋事务报告中指出，在全球23万亿美元的国内生产总值中，海洋产业总产值约为1万亿美元；海洋和沿海生态系统提供的生态服务的价值达到21万亿美元，而陆地生态系统提供的价值为12万亿美元。这些数字充分显示出海洋经济的巨大潜力。开发利用海洋是解决21世纪陆地资源的逐渐匮乏、人口的膨胀性增长的重要途径。

（三）海洋是国际政治斗争的重要舞台

能源安全、经济安全的突出，高新技术在军事上的运用，赋予了海洋安全、海洋战略地位以新的内容。古今中外，海洋历来是军事活动的重要场所。国际安全，沿海国家的安全，都与海洋密切相关。海洋的战略地位极其重要，是国际政治、经济和军事斗争的重要舞台，海洋上存在着许多关于权益、资源和开发利用的争端。要解决这些争端，不能仅靠经济和政治的力量，还必须同时具备强大的海上军事力量。海洋逐渐成为国际政治斗争的重要舞台和国际权益斗争的重要目标，世界将在21世纪进入海洋权益斗争的新时期。

（四）海洋是高新技术发展的重要领域

随着世界新技术革命的兴起，各种科学技术不断得到创新，并广泛运用于海洋的开发利用。在21世纪，建设海洋科技是战略任务。海洋科技是当今世界尖端科技之一，海洋高科技的发展已经成为体现一个国家综合实力和当代科技发展水平的重要特征。基础海洋科学、应用海洋科学、海洋高新技术将不断取得重大进步，并产生研究生命起源、地球起源、全球气候变化规律的“现代海洋大科学”。人类将会在深海基因、深海矿物开发、深海空间利用等方面取得重大进展和突破。

如今，世界各国在海洋上的竞争比历史上任何时期都要激烈，而这个竞争实质上是高新技术的竞争。谁在海洋高新技术方面领先，谁就会在世界海洋竞争中占据主动，就能从海洋中获得更多的资源和更大的经济利益，就等于拿到了资源宝库的钥匙，拥有了资源开发的优先权。

（五）海洋是世界各国可持续发展的最后空间

千百年来，人类对海洋的认识和利用一直局限在“通舟楫、兴渔盐”。自20世纪60年代开始，科学技术的发展，把人类对海洋的认识和开发利用带进了一个崭新的历史时期。尤其是进入80年代以来，在世界经济一体化潮流的推动下，国际社会对海洋的认识和运用，已不再局限于航运、捕捞和军事利用等活动。由于国际社会对陆地空间的分割已基本完毕，各种陆地资源逐渐趋向枯竭，近一二十年间，国际社会工作已把目光和精力转向海洋，新世纪海洋将成为世界经济和社会可持续发展的宝贵财富和最后空间。

二、海洋世纪的特点

21世纪是人类对海洋全面认识、充分利用、切实保护的海洋新世纪。海洋世纪的特点主要表现在以下几个方面。

（一）海洋意识与观念的更新和增强

人们对海洋的认识，经历了一个漫长的发展过程。由于人们认识到21世纪海洋是人类生存与发展的重要空间，从而形成了许多新的海洋观，如海洋资源观、海洋权益观、海洋国土观等。自1997年起，联合国秘书长每年都向联大提交一份《海洋和海洋法》报告。人类对海洋的观念将从过去的一味索取转向为生存和发展而协调各项涉海行动，以实现海洋的可持续发展。

（二）海洋环保成为世界各国的共同责任

随着对海洋资源更深层次上的开发利用，人们的生产、生活方式和社会经济结构将发生深刻的改变。全球约50%的人口生活在沿海地区，人口的趋海性增强；沿海地区人口集中、经济发达，海洋经济在沿海地区国民经济中将逐步占主导地位。在开发利用海洋的同时，人类认识到应把海洋作为生命支持系统加以保护，“维护海洋健康”将成为21世纪保护人类自己的超级保护活动，包括深入研究海洋与气候、海洋生物多样性与保护、海洋健康状况监测与保护、海洋环境质量保护和生态修复、海洋环境的灾害性变异研究行动等，并在此基础上发展保护海洋的科学技术，建立保护海洋的规章制度，形成保护海洋的国际组织体制，以及预报和防范海洋灾害的技术、方法和经济社会措施。“维护海洋健康”将成为人们的共识，并转化为自觉行动。

（三）海洋权益斗争将更加激烈

人类的发展需要空间和资源，世界各国在陆地空间与资源的分配方面已基本结束，而海洋的空间与资源广度和丰度远远超过陆地，开发利用热潮方兴未艾。海洋空间与资源的争夺刚刚开始，而且海洋对陆地的制约作用日趋增强，谁控制海洋，谁就得到了生存和发展的权利。认识到21世纪海洋是人类生存与发展的重要空间之后，海洋必然会成为军事活动的必争场所。已有的地区冲突和局部海域战争，都表明海洋环境要素等海洋基础问题直接关系到战争的胜败。美国海基导弹防御系统就是21世纪全新海洋军事利用的典型事例。因此，21世纪海洋的军事利用仍将得到强化，掌握与军事活动有关的海洋环境要素和争夺海底、海洋空间的斗争将更为尖锐复杂。

（四）海洋管理制度将不断完善

以《联合国海洋法公约》为代表的国际海洋管理制度已经建立，世界各国都将在此基础上进一步建立和完善国家的海洋管理制度。21世纪海洋管理将得到全面发展和进一步加强。海洋管理的范围将由近海扩展到大洋，由沿海国家的小区域分别管理发展到全世界各国间的区域性及全球性合作。管理内容涉及影响海洋环境的陆地人类活动、大气沉降活动、入海河流，各种海洋开发利用活动以及海洋自然生态系统的管理等。海洋管理方式与管理体系也发生变化，在强调利用法律手段进行管理的同时，可能要更多地使用培训和宣传教育手段。在适应海洋管理模式变化的同时，海洋管理科学和技术将逐渐成熟，形成内容更为宽泛的海洋管理科学体系，包括海洋法律科学、海洋经济学、海岸科学以及相关技术培训和教育等。

第二节　文化、海洋文化的内涵

一、文化概说

文化作为人类社会的现实存在，具有与人类自身同样长久的历史。一部人类史就是人的文化史。“一种文化，就像一个人，或多或少有一种思想与行为的一种模式。每一文化之内，总有一些特别的，没必要为其他类型的社会分享的目的。在对这些目的的服从过程中，每一民族越来越深入地强化着它的经验，并且与这些内驱力的紧迫性相适应，行为的异质项就会采取愈来愈一致的形式。”①因而，文化意义的纷繁多样恰恰表明了文化自身的广远浩博。

中国古代典籍中，早就有“文化”的字样。“文”字的本义，是指各色交错的纹理。《易·系辞下》云：“物相杂，故曰文。”《礼记·乐记》云：“五色成文而

① ［美］露丝·本尼迪克：《文化模式》，华夏出版社1987年版，第36页。

不乱。”许慎在《说文解字》中追根溯源，认为“文，错画也，象交叉”。由此原始之义衍生，“文”遂有文字、文籍、文章、文学之义。《尚书·序》上称伏羲画八卦，造书契，“由是文籍生焉”。进而“文”字有了与“质”、“实”相对的精神修养与美善德行之义。《论语》称：“质胜文则野，文胜质则史，文质彬彬，然后君子。”郑玄注《礼记》曰：“文犹美也，善也。”可见，“文”字自其始，便与今日之“文化”一词有着不解之缘。

“化”字本义指事物动态的变化过程，如《易》曰“男女构精，万物化生”，《礼记》曰“赞天地之化育”，后又引申出造化、大化等义，并由自然万物（造化）的生成引申出伦理德行的化成。

“文”与“化”合用，则见之于《易》：“（刚柔交错），天文也。文明以止，人文也。观乎天文，以察时变；观乎人文，以化成天下。”在这里，天文与人文相对，天文是指天道自然，人文是指社会人伦。治国家者必须观察天道自然的运行规律，以明耕作渔猎之时序，又必须把握现时社会中的人伦秩序，以明君臣、父子、夫妇、兄弟、朋友等等级关系，使人们的行为合乎文明礼仪，并由此而推及天下，以成“大化”。显然，“文”与“化”从其最初的连用起，便具有明确的文明教化之义。这一用法延至后世，并进一步引申出多种义项，分别与自然、神理、朴野、武功相对。

而“文化”的定义，往往是“仁者见仁，智者见智”。西汉刘向《说苑·指武》中写道：“凡武之兴，为不服也，文化不改，然后加诛。”南朝齐王融《三月三日曲水诗序》中写道：“敷文化以柔远，泽普汜而无私。”其中“文化”的含义均指封建王朝的“文治教化”，用诗书礼乐等教化世人，与“武功”相对而言。大体说来，中国古代的“文化”概念，基本上属于精神文明的范畴，与没有教化的“野蛮”等形成对照。

近人梁启超在《什么是文化》中说：“文化者，人类心能所开释出来之有价值之共业也。”他拟写一部体系庞大的《中国文化史目录》，计划包括朝代、种族、政制、法律、军政、教育、交通、国际关系、饮食、服饰、宅居、考工、通商、货币、农舆、学术思想等 28 篇，此足以表明梁启超所认为的文化内涵，是指人类历史的一切内容。[①] 梁漱溟也认为，“文化，就是生活所依靠之一切……文化之本义，应在经济、政治，乃至一切无所不包”[②]。与两位梁氏为代表的广义文化观点不同，陈独秀等人则反对将文化看得过于宽泛的见

---

① 梁启超：《饮冰室合集·文集之三十九》，中华书局 1989 年版，第 98 页。

② 梁漱溟：《中国文化要义》，台湾正中书局 1962 年印行，第 1 页。

解，他在《文化运动与社会运动》中认为文化的内容“是文学、美术、音乐、哲学、科学这一类的事”①。

我们现在用的“文化”一词，是在19世纪末由日文转译从西方引进的。西方“文化”一词的概念有一个演变过程。拉丁文 cultu 是英、法、德、俄等国文字“文化”一词的词源，原形为动词，含有耕种、居住、联系、留心或注意等多重意义。英文的 Culture、德文的 Kultuv 等都保留了拉丁文的某些含义，并逐渐从耕种引申为对树木禾苗的培育；又进一步引申为对人类心灵、知识、情操、风尚的培育。这就与中国古代“文化”的含义相近。19世纪中叶，西方兴起人类学、社会学、民族学等新的人文学科，“文化”被作为重要的术语广泛运用。英国学者、人类学之父泰勒在1871年发表的《原始文化》一书中，第一次将“文化”一词定义为：“文化是一个复杂的总体，包括知识、信仰、艺术、道德、法律、风俗，以及人类在社会里所得一切的能力与习惯。”②

尽管至今对“文化”仍然缺乏统一的界定，但中外文化学的研究已经达成基本的共识，即文化是“自然的人化”，是人类对自然与社会的人化，包括人自身的认识和改造的结晶。在文化的创造和发展过程中，主体是人，客体是自然。人凭着自由的意志和创造的力量，对自然界宣告独立，从而开创出所谓“文化”领域。而且随着对自然的认识和改造能力的进一步加深，文化的内涵与外延还在不断变化。为了研究的方便，我们一般将文化相对地区分为广义文化和狭义文化。广义文化是指人类通过社会实践活动认识、改造自然界客体中所创造和积累的物质财富和精神财富的总和，包括物质文化、精神文化、制度文化、行为文化等多种类型。狭义文化是指哲学、文学、艺术以及宗教、科学技术、典章制度等人文知识，主要是指精神文明。

二、海洋文化的内涵

界定文化的基本内涵，是进一步认识和界定海洋文化的前提和基础，就是运用普遍性规律来认识和解决特殊性问题。

综观中华民族的历史，不难发现这样一个事实，即中华民族从来没有拒绝过海洋的召唤，时刻在倾听着大海的涛声，但也从未真正关注过海洋，海洋作为“化外之域”的观念一直扎根于中国人的灵魂深处。直到20世纪90年代

① 转引自覃光广：《文化学词典》，中央民族学院出版社1988年版，第109—110页。

② 转引自黄淑娉等：《文化人类学理论方法研究》，广东高等教育出版社1998年版，第25页。

初，才开始了比较系统的海洋文化研究，对包括海洋文化概念在内的基本理论也有了较多的探讨。

“海洋文化，作为人类文化的一个重要的构成部分和体系，就是人类认识、把握、开发、利用海洋，调整人与海洋的关系，在开发利用海洋的社会实践过程中形成的精神成果和物质成果的总和。”①

“海洋文化是指与海洋相关的人、事、物和空间、地域等所产生和形成的一种综合性文化，也就是指带有明显海洋特征的传统文化和现代文化。”②

“从广义的文化定义出发，笔者认为海洋文化的定义可作如下的表述：人类社会历史实践过程中受海洋的影响所创造的物质财富和精神财富的总和就是海洋文化。”③

“海洋文化，是人类与海洋有关的创造，包括器物制度和精神创造。具体说来，海船，航海，有关海洋的神话和风俗和海洋科学等都是海洋文化”。④

“海洋文化是人类在认识和利用海洋的漫长岁月里所积淀的物质和精神财富的总和，是人类生活、劳动在大海这个特殊自然环境中所创造和传承的物质文明和精神文明的结晶。它包含着人类对海洋、潮汐、岛礁、风浪、海流等海洋事物的认识，以及与海洋密切相关的宗教信仰、精神生活、文化艺术和神话传说。”⑤

还有的研究者认为：“海洋文化是人类文化的一种基本形态，在一切有海洋的地区，一切靠海岸的民族中，其文化或多或少带有海洋文化的成分”⑥；“中国的海洋文化(即海洋文明)，是指以海洋和海岸带为依托，中国人民在社会历史实践过程中，所创造的物质财富和精神财富的总和”⑦……

---

① 曲金良：《发展海洋事业与加强海洋文化研究》，《青岛海洋大学学报》(社科版)1997年第2期，第1—3页。

② 刘胜勇：《海洋文化是建设海洋文化名城的优势资源和发展资本》，上海现代服务业网站(http://www. ssfcn. com)，2009年3月22日。

③ 徐杰舜：《海洋文化理论构架散论》，见广东炎黄文化研究会编：《岭峤春秋·海洋文化论集》，海洋出版社2003年版，第65—66页。

④ 邓红风：《海洋文化与海洋文明》，见曲金良主编：《海洋文化概论》，青岛海洋大学出版社1999年版，第9页。

⑤ 董玉明：《海洋旅游》，中国海洋大学出版社，2002年版，第194页。

⑥ 欧初：《研究海洋文化、增强海洋意识是当代一项战略任务》，见曲金良主编：《海洋文化与社会》，中国海洋大学出版社2003年版，第24页。

⑦ 徐杰舜：《海洋文化理论构架散论》，见曲金良主编：《海洋文化概论》，青岛海洋大学出版社1999年版，第6页。

应该说，研究者对海洋文化的各种界定都有其相应的理由和根据，只是视角不同而已，有的是从人类历史发展的角度来概括；有的是从全球大文化的分类来说明；有的则是从海洋特殊生态环境所创造的文化角度来作出界定，等等。其实，科学地界定一个新的概念，需要漫长的时间进行探讨（比如对文化的界定），况且中国海洋文化的研究才仅仅短暂的二十多年。依据文化的本质特征，即“自然的人化”或“人的本质力量的对象化”来认识海洋文化，我们可以得出这样的观点：海洋文化是人类文化的一部分，就是人类在社会历史发展过程中，有意识地认识、适应、利用、改造海洋而逐步创造和积累的精神的、行为的、社会的和物质财富的总和。这一概念从广义的角度界定海洋文化，包括人类在认识、开发、利用海洋的社会实践过程中形成的成果，如人们的认识、观念、思想、意识、心态，以及由此而生成的生活方式，包括经济结构、法规制度、衣食住行习俗和语言文学艺术等形态，都属于海洋文化的范畴。

海洋文化的生成空间为海洋。因海洋的广阔与一望无际而表现出大气与开放姿态；又因海洋无法私人占有而形成平等观念，密切了人际关系。海洋是人类的精神家园，天风海涛，最能启迪人们的想象与幻想；而险恶的风波，又能培养人们的冒险精神，使航海成为勇敢者的事业。海洋是流动的，变化的，宽容的，有较大自由度，较少狭隘观念与保守思想。海洋又是积极的，进取的，浪漫的，有广阔的想象与联想的空间，开拓人的心灵世界。这些构成了海洋文化大气、强悍、机智、热情、浪漫、生气勃勃、充满想象力与创造性的基本特征，也构建了海边居民豪爽、旷达、灵活、容易接受新事物与新观念的心理素质。

三、海洋文化的特征

“人类从陆地走向海洋源于海洋所创造的文明形式，自成一个相对独立的小系统。基于航海和贸易传统形成大小不一的海洋经济圈，有自己的文明发展过程，并保持了历史的连续性。当相互隔绝的陆地文明通过海洋实现接触和沟通之前，首先都是吸收、继承和发展本海域的航海传统和贸易网络，从近海走向海洋的。”①中国的海洋文化并非陆地文化的自然延伸，而是有自己的起源、发展的过程的。农业文化和游牧文化二元结构并不能凸现中国传统

---

① 杨国桢：《宋元泉州与亚洲海洋经济世界的互动》，《泉州港与海上丝绸之路（二）》，中国社会科学出版社 2004 年版，第 40－41 页。

文化的历史全貌。中国海洋文化不是中国传统文化的"异己力量",而是一个支流,一种区域文化、社会文化。其与大陆文化一样,具有鲜明的时代差异和地区差异。

关于海洋文化的特征,历来提法众多,曲金良①、徐杰舜②、司徒尚纪③等学者都有论述。结合浙东区域的特色,简略概括海洋文化的特征如下:

(一)冒险性与协作性

海洋风波险恶,变幻莫测,历来被视为畏途。虽然近现代航海技术有了较大进步,但要超越海洋,仍有许多风险。在这种海洋环境下创造的海洋文化,冒险性是它的一个显著特征。

天天与大海打交道,易于形成对力量和技术的崇拜;海上的冒险生活(包括生产、商贸和海战)需要勇敢、智慧和过人的膂力;海上生活的流动性和相对独立性使海上民族酷爱自由,并得以发挥其独立不羁的个性,同时又需要以群体力量抵御自然灾害或外族入侵。所以黑格尔说:"大海给了我们茫茫无定、浩浩无际和渺渺无限的观念;人类在大海的无限里感到自己的无限的时候,他们就被激起了勇气,要去超越那有限的一切。……他们(指海商)是冒了生命财产的危险来求利的。"④梁启超在论及"地理与文明之关系"时也曾论道:"海也者,能发人进取之雄心也,陆居者以怀土之故,而种种之系累生焉。试一观海,忽觉超然万累之表,而行为思想,皆得无限自由。彼航海者,其所求固在利也,然求之之始,却不可不先置利害于度外,以性命财产为孤注,冒万险而一掷之。故久于海上者,能使其精神日以勇猛,日以高尚。此古来濒海之民,所以比于陆居者活气较胜,进取较锐。"⑤例如明清时期,海上走私贸易十分兴旺,实际上这些商人集团不少是海盗式的,一方面出于武装自保,另一方面则是为了掠夺。史称明嘉靖年间"闽广徽浙,无赖亡命,潜匿倭国者,不下千数,居成里巷,街名大唐,有资本者则纠倭贸易,无财力者则联夷肆劫"⑥。海上渔业生产既充满了机遇,也充满着危险。明人王士性记载浙东沿海渔民从事渔业生产过程中,"舟每利者,一水可得二三百金,否则贷子母

---

① 曲金良:《海洋文化概论》,青岛海洋大学出版社 1999 年版,第 10—16 页。

② 徐杰舜:《海洋文化理论构架散论》,见广东炎黄文化研究会编:《岭峤春秋·海洋文化论集》,海洋出版社 2003 年版,第 65—66 页。

③ 司徒尚纪:《中国南海海洋文化》,中山大学出版社 2009 年版,第 9—10 页。

④ [德]黑格尔著,杨祖陶译:《精神哲学》,人民出版社 2006 年版,第 135 页。

⑤ 梁启超:《饮冰室合集·文集之十》,中华书局 1989 年版,第 108 页。

⑥ 《明经世文编》,卷 283,中华书局 1962 年版,第 2297 页。

息以归。卖毕,仍去下二水网,三水亦然。获利者,锹金伐鼓,入关为乐,不获者,掩面夜归。然十年不获,间一年获,或偿十年之费。亦有数十年而不得一赏者。故海上人以此致富,亦以此破家"①。鸦片战争以后,"自外夷通商以来,商船大半歇业,前之受雇于访商者,多以衣食无资,流而为匪"②。所以海洋文化中的冒险性,就是指海上活动要有冒险心态,不惜以生命为代价的价值观,以及敢于面对大海、挑战大海的无畏精神。

在这样生死与共的环境里,任何内耗和窝里斗,只能导致船毁人亡。与农业文化熏陶下的人群相比,沿海居民只有相互协作,依靠团队的力量才能在浩瀚的大海中有所获取,同时在漂泊中互相交流讯息对于收获的多少有着至关重要的意义。正是这种生产方式形成了浙东沿海居民注重团队协作和相互交流的意识。如浙江人擅长的造船、航海涉及多种复杂的工艺和技术,往往需要许多人共同协作才能达到预期目标;海洋捕捞也需船老大与其他渔民的密切配合;而海塘修筑等更依赖万众的齐心协力。

(二)商业性和慕利性

黑格尔在《历史哲学》中谈到西方海洋文化,实际就是海上贸易,说中国没有海洋文化,没有分享海洋赋予的文明,也就是缺少海上贸易。这种悖论,虽不足取,但也说明,海上贸易确是海洋文化一个最主要的内涵。海上贸易不仅发生在沿海,而且穿过海洋腹地,抵达远方港口,是最富于商业性、冒险性的活动,因而是海洋文化一个不可或缺的研究内容。沿海居民没有可供农耕的土地,若无贸易,他们的生活资源就只有鱼鳖虾蟹。所以,"……大海邀请人类从事征服,从事掠夺,但是同时也鼓励人类追求利润,从事商业。……"③贸易交换成为理所当然的日常生活方式。因而,经商"下海"不是副业,而是主业;经商贸易不是可耻可贱的,而是光明正大的:这就是为什么西方海洋国家和中国沿海地区的港口城市多是商业性城市,而一些农业大国和中国内陆的城市多是政治性城市和工业性城市的缘故。在中国传统的占了"统治"地位的文化里常常嗤之以鼻的"见钱眼开"、"拜金主义"、"铜臭气",虽然在海洋文化这里看来,似乎是天经地义的,但毕竟是人之作为"人"的物化,非文化,或曰异化。④

① (明)王士性:《广志绎》卷4,"江南诸省·浙江"。

② 《故宫博物院·史料旬刊》1931年第36期,第8页。

③ [德]黑格尔著,杨祖陶译:《精神哲学》,人民出版社2006年版,第135页。

④ 曲金良:《海洋文化概论》,青岛海洋大学出版社1999年版,第12—13页。

（三）开放性和拓展性

此与上述特征互为因果。一个真正的海洋国家和民族，是不会、也不能闭关锁国的，人类面向海洋的时代，就应该、也只能是开放的时代。海洋连接着五大洲的大大小小的岛屿和陆地，人类的大多数民族、国家和地区濒临海洋，海洋面向人类开放着，几乎每一寸海面（甚至不仅仅海面）都是天堑通途，几乎每一滴海水都是公路、铁路的路基，陆地上的公路、铁路只能靠人工铺设成线，而海洋上的"公路"、"铁路"却是天然一片，这样的天然开放性谁也堵截拦断不了，因而人类对海洋的开放性的利用，必然产生出"天然"的开放性的文化历史。面向海洋的开放，必然带来拓展，并以拓展为手段，同时也是目的。它的拓展性，包括经济范围的拓展、生活资料来源的拓展、商贸市场的拓展、人文精神影响力的拓展和人居空间环境的拓展，也就是国土疆域的拓展。这同样也是与前述诸特征互为因果的。尤其是哥伦布、达·伽马、麦哲伦等开创了世界大航海和地理大发现的时代之后，西方资本主义原始积累和大规模殖民时代随之到来，这种通过海外的拓展扩张来实现经济范围、资料来源、商贸市场和人居空间拓展的海洋文化表现愈加明显。

（四）精细性和壮美性

人类的生命来自海洋，人类的文化起源于海洋，海洋自然天性的浩瀚壮观、变幻多端、能量巨大、自由傲放、奥秘无穷，都使得人类视海洋这一生命的舞台为生命本能的对象物，为力量的、智慧的象征与载体。因而我们若把海洋文化与大陆文化相较可知，海洋文化无疑更具有人类生命的本然性和壮美性：其硬汉子强人精神，其崇尚力量的品格，其崇尚自由的天性，其强烈的个体自觉意识，其强烈的竞争冒险意识和开创意识，其悲剧意识，其激情与浪漫，其壮美心态等。这一特征在浙东沿海渔民豪放粗犷的渔家号子等艺术门类中得到鲜明的体现。渔船老大粗犷洪亮的拔号子响起来，"一网金啰一网银！"、"快快拔哟——哟嗨！"、"东海是个聚宝盆啰！"、"快快拔啰——哟嗨！"。那急促、悲壮、苍凉的渔家号子挟着雷霆万钧的气势和对生的渴望，以及作为男人生命的尊严，在震耳的涛声中，惊雷般炸响。刹那间，惊涛骇浪收敛了它们白厉厉的牙齿，接天的巨涛上响彻着渔家汉子英雄般的壮歌。

（五）地域差异性

由于政治、经济、文化、社会等因素的不同，海洋文化呈现复杂的地域差异。明代万历年间的人文地理学者王士性在描述浙东地区区域差别时，这样写道："两浙东西以江为界，而风俗因之。浙西俗繁华，人性纤巧，雅文物，喜饰鞶帨。多巨室大豪，若家僮千百者，鲜衣怒马，非市井小民之利。浙东俗敦朴，人性俭啬椎鲁，尚古淳风，重节概，鲜富商大贾。而其俗又自分为三：宁、绍盛科名逢掖，其戚里善借为外营，又佣书舞文，竞贾贩锥刀之利，人大半食于外；金、衢武健负气善讼，六郡材官所自出；台、温、处山海之民，猎山渔海，耕农自食，贾不出门，以视浙西迥乎上国矣……杭、嘉、湖平原水乡，是为泽国之民；金、衢、严、处丘陵险阻，是为山谷之民；宁、绍、台、温连山大海，是为海滨之民。三民各自为俗，泽国之民，舟楫为居，百货所聚，闾阎易于富贵，俗尚奢侈，缙绅气势大而众庶小；山谷之民，石气所钟，猛烈鸷愎，轻犯刑法，喜习俭素，然豪民颇负气，聚党与而傲缙绅；海滨之民，餐风宿水，百死一生，以有海利为生不甚穷，以不通商贩不甚富，闾阎与缙绅相安，官民得贵贱之中，俗尚居奢俭之半。”①如农历二月二，鄞县习俗是“二日，俗谓之‘百花娘子生日’，妇女停针刺”②。而《道光象山县志》记载的象山县的习俗则是：“初二日为‘百花朝日’。妇女煮饭，杂以菜食之，谓主聪明。”③同为宁波地区，相距也不甚远，两地过节的习俗却大不相同，足以说明浙东海洋文化的地域差异性。

（六）对外交流性与包容性

海水有溶解万物的自然属性，且不停地流动、交换。海洋的这种作用可以将不同地域、民族文化在海水所到之处找到自己的位置，能够相互容忍、自由地发展，并相互交流、整合，形成你中有我、我中有你状态，这就是海洋文化的包容性④，并由此带来异域异质文化（包括精神的、物质的、语言行为的和社会制度结构模式）之间的辐射和交流。在中国东南沿海文化发展史上，绝少出现因文化特质差异而发生重大冲突、对抗事件，自明末西风东渐以降从西方传进被北方一些人视为“奇技淫巧”的科技文化到近代改革开放传进新鲜事物，无不如此。相反，一些大陆文化因缺乏包容性而凸显、强化了它们的排他性，结果由文化冲突导致政治、军事冲突。如中东地区近年暴力事件不断，从深层根源来说，与文化的排他性不无关系。

---

① (明)王士性著，周振鹤校：《王士性地理书三种》，上海古籍出版社 1993 年版，第 323－324页。

② 丁世良、赵放：《中国地方志民俗资料汇编华东卷》(中)，书目文献出版社 1995 年版，第 766 页。

③ 丁世良、赵放：《中国地方志民俗资料汇编华东卷》(中)，书目文献出版社 1995 年版，第 775 页。

④ 司徒尚纪：《中国南海海洋文化》，中山大学出版社 2009 年版，第 9－10 页。

第三节 海洋文化研究的意义

自20世纪80年代以来出现的资源紧缺、环境污染和人口激增三大问题,使越来越多的国家把目光转向海洋,一场向海洋要食物、要淡水、要能源、要空间的"蓝色革命"浪潮迅速席卷全球。世界各海洋大国之间在海洋经济、科技、资源、海权力量等方面的竞争日益激烈。海洋事务的发展变化日趋错综复杂,国家间现实和潜在的战略利益争夺,相互交织,愈演愈烈。集中反映和体现在:围绕公海及国际海底资源的竞争日趋激烈;各国更加注重对海洋能源等新兴高新技术产业的培育和扶持;在大力向海洋要空间要资源的同时,更加注重对典型海洋生态系统的保护。然而,种种激烈竞争的背后,实质上是各国海洋文化的竞争。不同的海洋思维、海洋意识、海洋观念等海洋文化因素,决定着竞争的格局和态势,决定着竞争的成败。①

中国海洋文化丰富深厚,在加快发展"蓝色经济"已成为世界沿海各国共识之时,我们应该高度重视并加强对海洋文化的深入研究,以服务于海洋经济的发展。尤其在文化经济一体化已成为世界经济文化发展潮流的今天,如果缺失对海洋文化的研究,发展海洋经济,建设海洋强国,可能会付出更多的代价,走更多的弯路。②

一、加强海洋文化研究,有助于促进海洋经济快速发展

法国经济学家佩鲁强调文化价值对社会发展具有决定性意义,他认为任何发展目标与发展环境都与文化环境息息相关,"企图把共同的经济目标同他们的文化环境分开,最终会以失败而告终,尽管有最为巧妙的智力技巧"③。

海洋文化和海洋经济是共生共荣、相辅相成、相互促进的。海洋经济是海洋文化的物质基础,没有海洋经济,就不会产生海洋文化。海洋文化是海洋经济发展的动力,海洋经济的健康发展,需要海洋文化发挥作用,提供智力支持和思想保障。重视海洋文化研究,积极举办海洋文化活动,开展海洋学术研讨,既可以丰富沿海地区群众的精神文化生活,又能产生很好的经济效

---

① 陆敏:《国家海洋局局长:海洋文化竞争决定海洋竞争的成败》,中广网(http://www.cnr.cn),2009年5月17日。

② 刘枫:《要高度重视海洋文化研究》,《海洋文化研究动态》2008年第1期,第2—5页。

③ 转引自陈智勇:《海南海洋文化及其与海南海洋产业发展关系的几点思考》,《海南师范学院学报》2001年第1期,第23—27页。

益和社会效益，带动和促进经济社会发展进步。浙江岱山县近几年重视海洋文化的研究，全力打造海洋文化名县，积极举办海洋文化节庆，着力建设海洋系列博物馆，开展海洋学术研讨，推出海洋文化精品，丰富了海岛群众的精神文化生活，产生了很好的经济效益和社会效益，带动和促进了经济社会的新发展。2005年，岱山县实现生产总值44.35亿元，城镇居民人均可支配收入14700元，渔农村居民人均纯收入7259元。岱山县的成功实践，说明了海洋文化对海洋经济发展的重要推动作用。因此，加强海洋文化的研究，是落实科学发展观，坚持经济文化全面发展的需要。

二、加强海洋文化研究，有助于增强全民海洋意识

海洋意识包括海洋国土意识、资源意识、环境意识、权益意识和国家安全意识等。发展海洋经济，建设海洋强国，需要增强全体公民的海洋意识，充分认识海洋价值。而如今，国民的海洋意识却非常薄弱。据媒体报道：中国某大城市90%的大学生只知道中国版图有960万平方千米的陆域国土面积，而不知道300多万平方千米的管辖海域。当英国海军退休军官加文·孟席斯关于“早于哥伦布70年，中国人发现美洲大陆，并绘制了世界海图；在麦哲伦的100年前，中国人已经完成了环游地球的壮举，郑和是世界环球第一人；比库克船长早350年，中国人已经发现了澳洲和南极洲；领先欧洲人300年解决了经度测量的问题”等一系列研究成果发布后，中国史学界做的第一件事，竟是一致持否定态度。因此，深入研究海洋文化，加强对海洋文化的宣传和普及教育，可以让全体公民更多地了解中国海洋的地理历史，接受海洋文化的熏陶，树立全新的海洋观念，不断增强海洋意识，进而形成全社会关注海洋、开发海洋、保护海洋的良好氛围。

三、加强海洋文化研究，有助于提升区域软实力

中国的发展，已进入软实力竞争时代。单靠粗放式的资源消耗、廉价劳动力换取硬实力发展的模式已经难以为继。要想可持续发展，必须关注软实力，建设软实力，倚重软实力。“区域软实力”是反映区域在参与发展和竞争中，建立在区域文化、政府服务、人口素质、社会和谐、形象传播等非物质要素之上的，体现为城市文化感召力、环境舒适力、城市凝聚力、科技创新力、区域影响力、参与协调力等的一种特殊力量。

在中国数千年的悠久历史上，中国人不但创造了丰富灿烂的海洋文化，而且形成了不同于西方海洋文化发展模式的独具特色的、凸显的中国式的海

洋文化传统。海洋所孕育的海洋文化却可以成为一种“文化力”,成为区域软实力中最坚不可摧的力量,并不断催化新的生产力,催发新的活力,推进区域的永续发展。因此,根据中国海洋文化的发展现状与未来发展趋势,应当进一步弘扬中国独特的海洋文化,提升发展软实力,推动经济社会全面发展。

四、加强海洋文化研究,有助于借鉴世界强国成功经验

世界沿海国家在走向海洋强国的进程中,经过几百年的探索奋斗,积累了许多成功的发展经验,值得我们在发展中借鉴。西班牙、荷兰、意大利、英国、法国、苏联、美国等世界大国的辉煌历史、经济腾飞和文艺复兴,都首先得益于航海科技的进步和海洋事业的发展,并由此形成各自与众不同的海洋文化风格和现象,并将这种文化迅速传播到世界众多国家,促使世界政治、军事、经济、文化、科技、外交等国际或区域格局发生重大变化,有力地推动了人类现代文明的发展进程。与此同时,在人类文明的发展进程中,近现代历史舞台上的世界性大国,几乎都是海洋强国,是海洋文化和海洋战略成就了一个又一个世纪性大国。历史告诉我们:高度发达的海洋文化和开明高超的海洋战略可以成就一个具有人类文明影响力和全球主导权的世界性大国,经略海洋是世界强国的共同国家发展战略。① 深入研究海洋文化,我们可以从中借鉴世界各国在发展海洋经济时所走的道路和采取的模式,总结其成功经验,汲取其挫折教训,为我们发展海洋经济所用,使我们在迈向海洋强国的路上,少走弯路,节省时间,快速发展,后来居上。

五、加强海洋文化研究,有助于丰富中华民族文化宝库

海洋文化是整个人类文化体系的重要组成部分,海洋文化发展程度是中国文化影响力和竞争力的重要指数。在加快推进社会主义现代化、构建社会主义和谐社会的进程中,需要认真研究海洋文化的产生和发展,研究海洋文化的特点和内涵,研究海洋的历史文化和现实文化,研究海洋文化的表现方式和类型,研究海洋文化的继承和创新,从而扩大海洋文化的影响,丰富我国的民族文化宝库。

---

① 蔡尚伟、何鹏程:《大力弘扬海洋文化,全面构建海洋战略时代中国文化发展方略》,求是理论网(http://www.qstheory.cn),2010 年 6 月 4 日。

第二章　浙东海洋文化概论

第一节　浙东[①]海洋文化形成与演化背景

浙东大陆海岸线，北起平湖市的金丝娘桥（北纬 30°41′30.99″、东经 121°16′01.36″），南至苍南县的虎头鼻（北纬 27°10′10″、东经 120°25′54″），共涉及沿海的嘉兴、杭州、绍兴、舟山、宁波、台州、温州等 7 个副省级或地级市，平湖、海盐、海宁、余杭、滨江、萧山、定海、普陀、岱山、嵊泗、绍兴、上虞、余姚、慈溪、镇海、江北、海曙、江东、北仑、鄞州、奉化、宁海、象山、三门、临海、椒江、路桥、温岭、玉环、乐清、鹿城、龙湾、洞头、瑞安、平阳、苍南等 36 个县（市、区）及相关乡镇，陆地面积 28052 平方千米，占全省陆地面积 10.18 万平方千米的 27.6%，人口 2125 万人，占全省总人口 4980 万人的 44.7%。

一、浙东海洋文化形成与演化的自然因素

浙江是海洋大省，海域面积 26 万平方千米，相当于陆域面积的 2.56 倍；大陆海岸线和海岛海岸线长达 6500 千米，其中海岛海岸线总长应为 4645.97 千米，占全国海岸线总长的 20.3%；大于 500 平方米的海岛有 3061 个，占全国岛屿总数的 40%。

---

① 考虑到海洋资源的完整性，本节中的“浙东”指整个浙江东部沿海区域，即宁波、舟山、台州、温州、绍兴、嘉兴、杭州。

表 2-1 浙东区域市区县行政区划统计表

地名		人口（万人）	面积（平方千米）	地名		人口（万人）	面积（平方千米）
嘉兴市	平湖市	48	536	舟山市	定海区	37	569
	海宁市	64	681		普陀区	32	459
	海盐县	36	503		岱山县	20	326
杭州市	滨江区	13	73		嵊泗县	8	86
	余杭区	81	1222	台州市	三门县	56	1072
	萧山区	118	1163		临海市	112	2171
绍兴市	绍兴县	70	1196		椒江区	48	276
	上虞市	77	1427		路桥区	43	274
宁波市	余姚市	83	1346		温岭市	115	836
	慈溪市	102	1154		玉环县	40	378
	镇海区	22	218	温州市	乐清市	117	1174
	江北区	23	209		鹿城区	67	294
	海曙区	30	29		龙湾区	32	279
	江东区	25	38		洞头县	12	100
	北仑区	35	585		瑞安县	113	1278
	鄞州区	78	1481		平阳县	85	1042
	奉化市	48	1253		苍南县	123	1272
	宁海县	59	1880	合计		2125	28052
	象山县	53	1172				

资料来源：《浙江省沿海地区海洋文化资源调查报告》(2009 年)。

表 2-2 浙东海洋基本数据

海域面积	26 万平方千米
大陆海岸线和海岛海岸线	6500 千米
面积大于 500 平方米的海岛	3061 个
可建万吨级以上港口的海岸线	253 千米
海岸滩涂	388 万亩
渔场面积	22.3 万平方千米

（一）浙东海域水面

浙江省与上海市及福建省之间的海域行政区域界限尚未划定，如 1984 年民政部和国家测绘局下发的 1：1000000 地形图上海域界线的习惯画法自海岸线的起止点为北纬 30°54′、东经 122°39′及北纬 27°03′、东经 120°51′，然后沿纬线向东至中国主张管辖的范围线（冲绳海槽中心线），这一范围内的浙江海域(包括专属经济区和大陆架)总面积约为26万平方千米。其中处于领海基线以西的内水(海)面积为3.09万平方千米,12海里领海的面积为1.15万平方千米。

浙东海域水深的基本趋势为由西到东、由西北到东南逐步加深。东海陆架的平均水深为72米,陆架外缘波折点的水深为132～162米。

在浙东近海岸域,水深不足20米的浅海面积为23503.7平方千米,其中水深不足5米的为3029.7平方千米,水深5～19米的为8481.1平方千米,水深10～20米的为11992.9平方千米。

(二)浙东潮间带

潮间带指涨潮时被海水淹没、退潮时能露出海面的滩地,浙东沿海习惯称之为海涂或海滩。这些面积大、完整性好的滩涂,成为历史上沿海人民开发利用的宝贵土地资源。20世纪80年代全国进行海岸带和海涂资源综合调查时,将潮间带(海涂)统一为海岸线至理论基准面之间的区域。

浙东海岸线外侧的潮间带面积,在海岸带调查中进行了测量,共计为2443.8平方千米,约占中国的七分之一。其中分布于大陆沿岸的为2123.8平方千米,分布于海岛上的为320平方千米。沿海各市的潮间带面积为:嘉兴市44.9平方千米,宁波市936.7平方千米,台州市666.5平方千米,温州市649.1平方千米,舟山市146.7平方千米。①

浙东沿海的潮间带海涂,可按其冲淤变化,分为淤涨、稳定、侵蚀等三种类型。淤涨型海涂主要分布在河口、比较开阔的港湾以及部分海岛的西侧,这类海涂目前尚在逐步堆高和向外延伸,涂地大都比较宽敞,单片面积比较大,其面积占总量的87.5%;稳定型海涂分布于象山港及乐清湾内,冲淤变化不大,基本处于平衡状态,其面积约占全省海涂的10.1%;侵蚀型海涂面积不大,主要分布于海岛的迎风侧。

浙东潮间带海涂分布较为成片,且以泥质为主,但因受围涂影响,高程大都较低。据海岸带和海涂资源综合调查,面积5万亩(33.3平方千米)以上的成片潮间带面积合计为1827.3平方千米,占全省的74.77%;泥质的面积2387平方千米,占97.7%;砂砾质的仅56.8平方千米。潮间带的高程,按对大陆沿岸2077.3平方千米潮间带的统计,高程在小潮平均高潮线以上的仅占8.5%,处于小潮平均低潮线以下的为43.4%,介于两者之间的48.1%。

---

① 按浙江沿海的习惯,入海河口的潮间带亦称为海涂,成片分布的为钱塘江河口和瓯江河口,面积分别为442.0平方千米和5.0平方千米。

表 2-3　浙东沿海重点湿地名录

湿　地　名　称	总面积(km^2)	湿地面积(km^2)
舟山群岛海岸湿地	22200	356.93
杭州湾河口海岸湿地	4140	585.53
象山港海岸湿地	563	204.19
三门湾海岸湿地	776	396.12
乐清湾海岸湿地	464	301.27
温州湾海岸及瓯江河口三角洲湿地	1527	1090.66
南麂列岛国家级海洋自然保护区	196	1

(三)浙东海岛

海岛指四周被海水包围的小块陆地。浙东沿海陆域面积在 500 平方米以上的海岛数,国发〔1975〕78 号文为 2161 个;中国人民解放军海军航海保证部 1981 年 11 月编辑的《中国海洋岛屿简况》中为 2147 个;1990－1994 年开展海岛资源综合调查时,重新对海岛进行量算,其结果为 3061 个,其陆域总面积为 1753.3 平方千米。舟山岛是浙江最大的海岛,陆域面积为 476.2 平方千米。

浙东海岛,数量虽多,但大多很小。据调查数量统计,陆域面积在 10 平方千米以上的仅 26 个,而小于 0.1 平方千米的海岛多达 2641 个。同时海岛分布相对比较集中,约有四分之三的海岛呈列岛或群岛形态分布;一些较大的海岛,与大陆海岸线的距离大都在 10 千米以内,因此,开发条件相对比较优越。

表 2-4　浙东区域海岛排序(按照面积)

排序	名称	面积(km^2)	所属市县	岛屿介绍
1	舟山岛	487.2	定海区、普陀区	舟山岛是浙江第一大岛,中国第四大岛。位于杭州湾口南侧,岛域中部和西部属定海区,南部为普陀区。古称“海中洲”,又以岛形如大舟浮海,故名舟山。
2	岱山岛	109.0	岱山县	岱山县政府驻地,县城高亭镇。岱山素称海上“蓬莱”,有“蓬莱十景”。
3	六横岛	97.8	普陀区	舟山群岛中的第三大岛。因为全岛有从东南到西北走向的 6 条岭横岛屿,其形如蛇,则当地百姓称为“横”,故得名“六横”。

续表

排序	名称	面积（km^2）	所属市县	岛屿介绍
4	南田岛	86.4	象山县	宁波市和象山县第一大岛。又名牛头山，西邻高塘岛，两岛与大陆海岸线构成的天然港池，即为著名的石浦渔港。
5	金塘岛	77.4	定海区	舟山群岛的第四大岛，与舟山本岛仅一水之隔。金塘岛历史上是舟山的产粮区，是舟山附近岛屿中第一个粮食自给岛。
6	朱家尖	63.2	普陀区	舟山群岛的第五大岛，有大桥通舟山岛。
7	衢山岛	59.9	岱山县	舟山群岛的第六大岛。观音山为岛上风光最好的去处，相传观音菩萨去普陀修道之前，曾在此山驻足3年。
8	桃花岛	40.6	普陀区	舟山群岛第七大岛，南部的对峙山为舟山群岛的最高峰。
9	高塘岛	39.1	象山县	位于象山县最南端，是以渔业和农业为主要经济支柱的海岛。
10	大长涂山	33.6	岱山县	为大、小长涂诸岛中最大的岛屿。大长涂山为不规则长条形，东西走向，全岛以丘陵为主。
11	大榭岛	30.8	北仑区	因古时岛上草木繁茂葱郁，远观如水榭，所以谓之大榭。建有国家级宁波大榭开发区，现有公铁两路的跨海大桥连接宁波大陆。
12	灵昆岛—霓屿岛	30.4	洞头县	灵昆岛位于瓯江入海口，是浙江两个河口冲击岛之一，该岛具有“沙洲绿树，江海一色”的景观特色。霓屿岛古称倪岙或霓岙山，为洞头列岛人口较密集的岛屿。2006年灵霓大堤（北堤）将两岛相连。
13	大门岛	28.7	洞头县	温州市和洞头县第一大岛。大门岛，别名黄大岙，古名青奥，岛上有两座巨礁耸立，状如大门，故名。
14	洞头岛	28.0	洞头县	为洞头列岛主岛，全国12个海岛县之一，素有“百岛县”之称。
15	梅山岛	26.9	北仑区	宁波北仑区唯一海岛乡。梅山岛分本岛以及东北侧扑蛇、青龙二岛。
16	秀山岛	22.9	岱山县	曾名兰秀山，传说中秀山岛乃海上三仙山之一“方丈岛”。岛上开辟滑泥主题公园。
17	泗礁山	21.8	嵊泗县	嵊泗列岛的主岛，岛上设菜园镇和五龙乡。基湖沙滩和南长涂沙滩，为长三角洲首屈一指的海滨浴场。
18	虾峙岛	17.0	普陀区	因其形状如虾浮游于海上，加上岙门众多，成犄角对峙之势，故得名虾峙岛。海岸线曲折，呈楔状，是良好的港口锚地。

续表

排序	名称	面积(km^2)	所属市县	岛屿介绍
19	登步岛	14.5	普陀区	岛屿上曾经发生了著名的登步岛战役。
20	册子岛	14.2	定海区	因岛上南岙、北岙两平畈中间隔凤凰山,形似翻开平放的书册,故名册子岛。
21	花岙岛	13.4	象山县	花岙岛别名大佛岛、大佛头山,北近高塘岛。该岛海湾众多,是抗清名将张苍水聚兵处,素有“海上仙子国、人间瀛洲城”之称。
22	小洋山	13.0	嵊泗县	小洋山旧称羊山,与大洋山以及沈家湾岛和唐脑山等均为嵊泗列岛主要岛屿。
23	普陀山	11.9	普陀区	中国佛教四大名山之一,是观世音菩萨教化众生的道场,素有“海天佛国”、“南海圣境”之称。
24	长白岛	11.1	定海区	位于舟山岛和岱山岛间,因“此岛又长又白”而得名。
25	檀头山	11.0	象山县	位于石浦镇东,西南近南田岛,岛形如铁锚状,岛以山名。

数据来源:浙江省第一次海岛调查数据(1988—1995 年)。

从地区分布看,舟山是浙东区域海岛最多的市,计有 1383 个,陆域面积为 1256.7 平方千米;其次为台州市,686 个、101.9 平方千米;宁波市为 527 个、254.1 平方千米;温州市为 434 个、137.9 平方千米;嘉兴市最少,仅 29 个、0.7 平方千米。

浙东海岛多为无居民岛。据海岛资源综合调查,共有无居民海岛 2872 个,约占海岛总数的 94%,居全国第一位。其中舟山市共有无居民海岛 1287 个,约占全省的 45%;其次是台州市共有 654 个,占 23%;宁波市 504 个,占 17%;温州市 398 个,占 14%;嘉兴市最少,仅 29 个,占 1%。

(四)浙东主要海湾

受地质影响,浙东海岸分布着不少海湾,其中面积较大的有杭州湾、象山港、三门湾、浦坝港、隘顽湾、漩门湾、乐清湾、大渔湾、沿浦湾。其海域面积及海岸线长度如表 2-5 所示。

表 2-5　浙东区域主要海湾一览表

单位：千米、平方千米

海湾名称	海岸线长度	海域面积	其　中	
			海域水面	潮间带
杭州湾*	192.2	4140.1	3639.5	500.6
象山港	280.5	563.3	391.8	171.5
三门湾	303.8	775.0	480.1	294.9
浦坝港	56.0	57.1	17.5	39.6
隘顽湾	93.6	340.4	223.5	116.9
漩门湾	37.6	78.5	35.5	43.0
乐清湾	184.7	463.6	242.8	220.8
大渔湾	47.2	47.0	20.0	27.0
沿浦湾	22.4	21.3	6.7	14.6

* 未包括上海市部分。

(五)气候条件

浙东地处东南季风剧烈活动的地区，属典型的亚热带季风气候。气候最显著的特点是：冬夏季风交替明显，气温适中，四季分明；光照充足，热量丰富；雨量充沛，空气湿润。同时，因濒临海洋，受海洋气候影响明显，温、湿条件比同纬度的内陆季风区优越。

浙东冬季受蒙古冷高压控制，盛行西北风，以晴冷天气为主，是低温少雨季节；夏季受太平洋副热带高压控制，以东南风为主，从海洋带来充沛的水汽，空气湿润，是高温强光照季节；春秋两季为过渡时期，气旋活动频繁，锋面降水丰富，冷暖变化较大。冬夏时间长，春秋时间短，各季之间天气差异明显，全年四季分明。浙东年均气温自北向南在 15.3～18.3℃之间，等温线大致与纬线平行。最热月份为 7 月(海岛为 8 月)，最冷月份为 1 月(海岛为 2 月)，各地年极端最高气温在 33～43℃之间，地区差异较大。各地的年降水量在 980～2000 毫米之间，分布特点是海岛、平原少，丘陵、山地多。7—9 月沿海热带风暴活动频繁。主要灾害性天气有夏秋台风、梅季暴雨、伏秋干旱以及冰雹、大风等。其中台风是产生于热带洋面上的一种强烈的热带气旋，具有突发性强、破坏力大的特点，是浙东沿海最严重的灾害性天气现象。台风过境时常常带来狂风暴雨天气，引起海面巨浪，严重威胁航海安全。台风登陆时，造成沿海洪水灾害。台风登陆后，破坏沿海地区的庄稼、港口码头及其他各种建筑设施等，引起山体滑坡、崩塌、泥石流等地质灾害，造成人民生命、财产的巨大损失。与此同时，台风往往会带来规模巨大的潮灾，可摧毁堤防，造成海水倒灌，形成洪涝灾害，影响沿海地区的农业、渔业、盐业等生产设施。

浙东太阳年辐射量在 4000～4800MJ/m^2 之间，较我国同纬度的内陆省份为多。全年日照时数在 1700～2300 小时之间。全年雨量充沛，年均降水量在 1100～2000 毫米之间，系我国降水量较为丰富的地区之一。全年雨日大约为 140～180 天。一年之中，3－7 月初的春雨和梅雨期降水量最丰富；7－8月盛夏，干旱少雨，唯沿海有台风雨补充；入秋后，9 月份有一短暂秋雨期；10 月至翌年 2 月降水量较少，多晴冷天气。

浙东沿海区域的气候特点对海洋文化的形成产生了重要的影响。在这样暖季长、没有严寒的气候条件下，人文活动可以长年累月地延续着。

二、浙东海洋文化形成与演化的人文因素

(一)浙东历史变迁

浙江是中国古代文明的发祥地之一。浙江历史可以上溯到 5 万年前的“建德人”。

春秋时期，浙江分属吴、越两国，以会稽(今绍兴)为都城的越国，在越王勾践时期曾经相当富强。战国时浙江属楚国。秦统一六国，推行郡县制，今浙江地分属会稽、闽中(秦末并入会稽)、鄣郡，以会稽郡为主。西汉时，今浙江省境隶属扬州刺史部。东汉后期，浙江之地归属于会稽、吴郡、丹阳三郡，仍属扬州。三国时期，浙江为富阳人孙权建立的东吴国属地，行政增置较多，共六郡。两晋南朝时期，州郡设置混乱。隋代开始并省州郡，改郡为州，计 5 州 24 县。唐代把全国分为十道，浙江始隶江南道，后隶江南东道。乾元元年(758)，江南东道下又分浙江东道、浙江西道两节度使，分辖浙东、浙西诸州。浙江作为军事政区名称始于此。晚唐时，浙江有 10 州 58 县。五代十国时，浙江为吴越国地，都杭州，共辖 13 州 1 军 86 县，在浙江境内有 11 州 62 县，11 州为杭、越、湖、明、台、婺、衢、睦、温、处、秀州(浙江境内 11 府由此最后完成)，1 军为安国衣锦军。北宋初，浙江隶两浙道，后改两浙路，“两浙”简称源于此。南宋王朝建都临安(今杭州)，历 150 余年。元代时，全国置 11 行中书省，今浙江属江浙行中书省，治所杭州。浙江境内为 11 路(府、州)54 县。明初在杭州置浙江承宣布政使司，习惯上简称为省。洪武十四年(1381)，嘉兴、

湖州两府从京师划入浙江，浙江省境自此至今600多年，范围基本未变。清初，沿袭明制，康熙初年，改浙江承宣布政使司为浙江省，浙江省的建制至此完成。

到隋唐时期，浙东宁波已成为全国主要农业经济区和三大贸易区之一。早在唐代，日本遣唐使曾在明州靠泊和返航，成为“海上丝绸之路”的起点和通道。隋开皇九年(589)，鄞、鄮、句章3县同余姚合并，称句章县，县治置小溪(今鄞县鄞江镇)，仍属会稽郡。唐玄宗开元二十六年(738)，宁波设明州，下辖鄮、慈溪、奉化、翁山(今定海)县，州治也在小溪。唐长庆元年(821)州治从小溪迁至三江口，并建子城，为其后一千多年来宁波城市的发展奠定了基础。唐穆宗长庆元年(821)，明州州治迁到三江口，建筑内城(今鼓楼一带)，是为宁波建城之始。至宋太祖建隆元年(960)明州下辖鄞县、奉化、慈溪、定海、象山、昌国6县，称明州奉国军。宋太宗淳化三年(992)，因贸易需要，明州设置市舶使，这是有史记载明州设立对外通商管理机构的开始。南宋绍兴三年(1133)置沿海制置使，辖温台明越四郡。宋宁宗绍熙五年(1194)明州升州为府，称庆元府。至元十三年(1276)称庆元路，庆元市舶司为全国四大市舶提举司之一，温州、上海、澉浦市舶司先后并入庆元，可见当时庆元口岸的地位。明太祖洪武十四年(1381)，为避“明”国号讳，设明州为宁波府，取“海定则波宁”之意，宁波之名沿用至今。清顺治十五年(1658)设宁绍台道，驻宁波。鸦片战争后，被辟为五个通商口岸之一，划江北岸为外国人居留地，洋人在甬设领事，经营实业，西方资本入侵刺激了宁波帮迅速崛起。宁波商人长袖善贾，濡染西方经营作风，趋时求新，相机行事，足迹遍及全国，乃至欧美等国，蔚为风气，“宁波帮”遐迩闻名，至民国时期声势煊赫，称雄商界。1927年划鄞县城区设宁波市。1949年5月25日宁波解放后，鄞县城区建置宁波市，城区亦为宁波专署驻地。1983年撤销专署，实行市管县体制。

(二)浙东人文背景

8000年前的跨湖桥遗址是浙东境内最早的新石器时代文化层，在遗址地层中发现的独木舟约有7600到7700岁，是迄今为止世界上发现的最早的独木舟之一。7000多年前的河姆渡文化层保存着水稻种子，表明浙东是水稻栽培的发祥地。距今约5300－4200年，主要分布在太湖流域和钱塘江两岸的良渚文化，则是继河姆渡文化以后在浙江出现的又一远古文明高峰。丝的发明和玉器雕刻是良渚先民对人类的最主要贡献。传说中上古时期的治水英雄大禹，死后葬在绍兴，大禹陵、禹王庙成为人们的景仰之地。

在佛教史上，浙东也享有盛名。公元4世纪以来，新昌大佛寺，宁波阿育王寺和天童寺，舟山普陀的普济禅寺、法雨禅寺、慧济禅寺，天台国清寺，杭州灵隐寺等一大批寺庙都是名刹。其中国清寺是日本天台宗的发祥地，天童寺是日本曹洞宗的发祥地。

中国是瓷器的国度，浙东更是青瓷的故乡。公元11、12世纪，中国有五大名窑，浙江就占了两座——龙泉窑和杭州官窑。浙江的丝绸、茶叶和造纸业也很发达，其中所蕴藏的文化气息和独特的东方美学意蕴丰富而神秘。浙东山川秀丽，人文荟萃，英杰辈出，涌现了哲学家、思想家王充、王阳明、黄宗羲，诗人贺知章、周邦彦、陆游，画家徐渭、陈洪绶、任伯年，科学家沈括，戏剧家洪昇，教育家蔡元培，史学家胡三省、万斯同、全祖望、章学诚，以及章太炎、秋瑾等志士仁人。他们在教育、科技、文化艺术等领域的成果在全国产生了较大影响。

浙东区域具有深厚的文化历史积淀。杭州是中国七大古都之一，历经两朝200多年，特别是南宋正式定都杭州共140年，使杭州成为中国的政治、经济和文化中心，也是当时世界上最为繁华之城市。浙东现有国家级历史文化名城4处——杭州、宁波、绍兴、临海。浙江省人民政府还相继公布了天台、温州、余姚、舟山、嘉兴等12座省级历史文化名城，以及余杭塘栖镇、萧山衙前镇、宁波慈城镇、余姚梁弄镇、象山石浦镇、海宁盐官镇、桐乡乌镇、绍兴东浦镇、绍兴柯桥镇、绍兴安昌镇、诸暨枫桥镇、温岭箬山镇等43处省级历史文化保护区。全国1268处重点文物保护单位中，浙东区域就有良渚文化、嵊泗花鸟灯塔、天台国清寺、临海桃渚城、绍兴古纤道、温州永昌堡、奉化蒋氏故居、慈溪上林湖越窑遗址、鄞县它山堰、宁波庆安会馆、临安功臣塔、杭州西泠印社、杭州六和塔等位列其中。

三、浙东海洋文化形成与演化的社会经济因素

人文活动的发展取决于社会经济的发展，区域社会经济因素对当地人文活动的影响是显而易见的。经济社会因素为人们的精神活动提供可靠的物质基础。

浙东区域位于浙江经济最发达的东部沿海地区，也是长三角经济圈的重要组成部分。“十一五”以来，浙东区域主要五城市（宁波、舟山、台州、绍兴、嘉兴）按照“互惠互利、优势互补、联合开发、共同繁荣”的宗旨，应对挑战，克难攻坚保增长；抢抓机遇，坚定不移抓转型；统筹兼顾，千方百计促协调；创新调整，改革开放增活力；以人为本，全力以赴惠民生。切实加强城市间的合作，促进了浙东区域共同发展，经济和社会均取得了令人瞩目的成绩。

从 2009 年五城市经济社会发展主要指标来看，长三角区域生产总值 65164.6 亿元，浙东区域五城市地区生产总值 11066.8 亿元，占长三角的 17%；长三角区域人均 GDP 为 51954.8 元，甬绍舟台嘉五城市人均 GDP 突破 52691.4 元，超过长三角人均 GDP 为 736.6 元；长三角区域地方财政总收入 6837.03 亿元，浙东区域五城市地方财政收入 919.7 亿元，占长三角的 13.5%；长三角区域社会消费品零售总额为 22819.29 亿元，浙东区域五城市社会消费品零售总额为 5310.79 亿元，占长三角的 23.7%；长三角区域城镇居民人均可支配收入 23866 元，浙东区域五城市城镇居民人均可支配收入为 25268 元，农村居民人均可支配收入达到 12000 元。上述数据显示，甬、绍、舟、台、嘉五城市主要经济指标明显高于长三角区域平均水平。

第二节　浙东海洋文化的发展轨迹

任何一种区域文化都有一个漫长的伴随着区域经济发展而演进的历程，并在其独特的发展轨迹中逐渐形成特点，浙江的海洋文化也不例外。从远古到春秋战国时期，浙东沿海居民就已经在自己的生产生活中与海洋建立了紧密联系，在秦汉至魏晋南朝的六七百年间，这种涉海活动有了极大发展，宋元时期达到鼎盛，进入元、明、清发展步伐趋缓，直至今天再一次掀起海洋开发的热潮。在浙东沿海人民数千年来的海域开发过程中，一种集进取性、开放性、兼容性和探索性为一体的海洋文化精神逐步形成，并逐渐融入世代浙东沿海居民的血液中，逐渐成为浙东人民独具一格的精神符号体系。

一、跨湖桥、河姆渡：浙东沿海居民走向海洋的起点

中国海洋文化的起源，有可能追溯到距今 1 万 8000 年左右的山顶洞人。在山顶洞下层文化中，曾出土三件穿孔的海贝，此类海贝在中国东部沿海广泛分布，而周口店山顶洞人至东海最近距离也要 200 千米。这说明，我国海洋文化最迟在旧石器时代晚期就已开始，那时的人们已经注意海洋资源的开发。

从时间断代上来看，中国新石器时代的海洋文化发现以浙东地区为最早，以跨湖桥文化与河姆渡文化为代表。

跨湖桥位于浙江省萧山城区西南约 4000 米的城厢街道湘湖村，经过 1990 年、2001 年和 2002 年三次考古发掘，发掘面积达 1000 平方米左右，出土了大量的文物，经碳 14 测定和热释光测定，其年代在距今 8000－7000 年之

间。出土遗物有陶器、石器、骨器和木器，有机质文物保存良好。发现千余粒栽培稻谷米，出土7500年前的独木舟。出土的栽培水稻实物将浙江的栽培水稻历史提前1000年。出土的独木舟是迄今发现最早的独木舟，充分证明中国大陆东南沿海是世界上发明、使用独木舟最早的地区之一，堪称“世界第一舟”。该独木舟是用整棵马尾松加工而成的，残长约560厘米，宽约52厘米，舟体平均厚度在2－3厘米之间，呈东北—西南向摆放，东北端保存基本完整，船头上翘，宽约29厘米，另一端已被破坏。舟弧收面及底部的上翘面十分光洁，加工痕迹不清。船内离船头一米处有一片面积较大的黑焦面，西北侧舷内也有面积较小的黑焦面，应是借助火焦法挖掘船体的证据。船体非常轻薄，底部与船舷厚度均为2.5厘米。船舷从船头起仅保留了约110厘米(船头的船舷已损坏)，其余侧舷以整齐的形式残去，残面与木料纵向纹理相合，残面延伸刚好处于侧舷折收的位置，可以看出独木舟的深度比较均匀。跨湖桥遗址的发掘是浙江省新石器时代考古的一个突破，对研究浙江省早期新石器文化具有十分重要的价值。① 跨湖桥文化有力地说明，早在8000年之前，浙江先民就已经开始探险海洋的旅程，他们乘坐独木舟出没于近海海域，以渔捕为生。

图 2-1　跨湖桥出土的独木舟

① 王心喜：《中华第一舟——杭州跨湖桥遗址古船发现记》，《发明与创新》2005年第8期，第40－41页。

1973年5月,在姚江之滨发现了河姆渡遗址。发掘出的大量文物,表明这里是一个新石器时代的母系氏族的原始村落,被人们称之为"七千年前的文化宝库"。河姆渡遗址出土文物有6000多件,生产工具有石斧、石凿,其"干栏"式建筑遗迹,梁柱间用榫卯结合,地板用企口板密拼,具有相当成熟的木构技术。尤其是在遗址中发现了船桨,还有船形陶器、大量鱼骨,说明原始居民以捕捞为业,并已掌握了远海操作的能力,可捕到深水中的海洋生物鲸鱼、鲨鱼以及喜在滨海口岸附近生活的鲻鱼和裸顶鲷等。

河姆渡遗址在历次考古发掘中,共发现了8支木桨和2件舟形陶器。木桨都是用整块硬木为材料加工而成的。其中有一支木桨,残长0.6米,宽0.12米,叶长0.5米,木质坚硬,出土时呈赭红色,桨柄上部略残,但在柄与叶的连接处还刻画直线和斜线构成的几何图案花纹,做工精细,既美观又实用;另一支木桨残长0.92米,整体细长扁平,像柳叶一样。说明先民们已会剖制木板,已具备向制造木板船发展的条件。木桨柄部粗细适中,可容手握,大多数加工成圆形,也有少数方形,桨叶多呈扁平的柳叶状,且自上而下逐渐减薄,制作技术成熟。它们是迄今为止中国乃至世界上最古老的木桨。遗址中虽然没有发现船只,但发现的两件舟形陶器很能说明问题。两件舟形陶器均为夹碳黑陶,一件外形如长方槽形,一侧稍残,长8.7厘米、宽3厘米、高3厘米,是一种方头的长方形独木舟;另一件长7.7厘米、高3厘米、宽2.8厘米,舟体侧视如半月形,俯视略呈梭形,中间挖空,两头稍尖而微上翘,头部之下还附一个穿孔的扁平小耳,用以穿系缆绳之用,是一种两头削尖的梭形独木舟。①

可见,7000年前,先民已懂得刳木为舟,剡木为楫,开始过"水行而山处,以船为车,以楫为马"的水上航行生活。舟楫的发明不仅使河姆渡人得以下海捕鱼,还可以沟通原先为江河阻隔的四邻部落间的联系。1982年,在渤海湾海底发现一件侈口陶釜,这种陶釜在山东半岛、辽东半岛以及邻近地区的史前文化中均未见到,而与河姆渡遗址发掘出来的陶釜类同。这是河姆渡人海路航行到渤海湾的重要物证。澳大利亚人类学家贝尔德姆甚至认为,澳大

---

① 有关河姆渡遗址发掘的研究成果颇丰,分别见游修龄:《对河姆渡遗址第四文化层出土稻谷和骨耜的几点看法》,《文物》1976年第8期,第20—23页;《河姆渡发现原始社会重要遗址》,《文物》1976年第8期,第6—14,96—97页;《浙江河姆渡遗址第二期发掘的主要收获》,《文物》1980年第5期,第1—15,98—99页;《河姆渡遗址第一期发掘报告》,《考古学报》1978年第1期,第39—94,140—155页;《河姆渡遗址动植物遗存的鉴定研究》,《考古学报》1978年第1期,第95—107,156—159页等。

利亚居民的祖先是河姆渡人，那里的文化也是从河姆渡漂流过去的。①

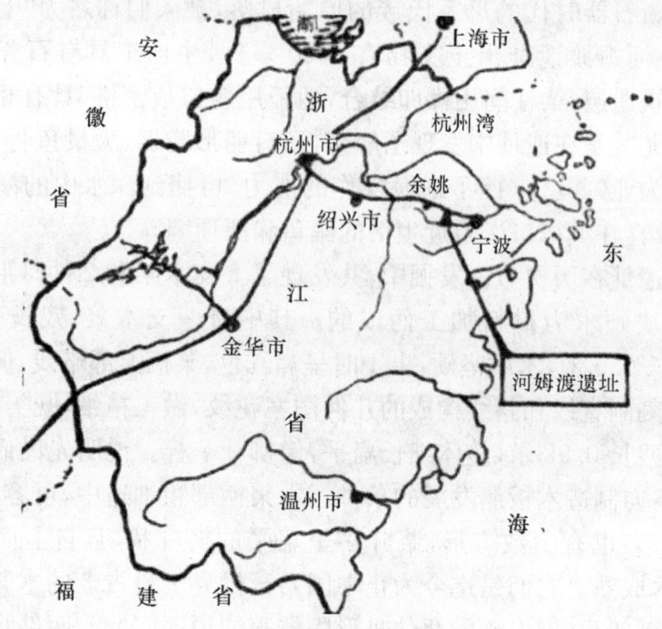

图 2-2 河姆渡遗址位置图

跨湖桥、河姆渡先民借助舟楫涉足海上，向海洋索取生活资料，标志着人类活动范围由陆地扩大到海洋，为往后浙东沿海区域海洋文化的发展打下了基础。

二、战国之前：浙东海洋文化的初创时期

“吴楚杨越之间，俗习水战，故吴人以舟楫为舆马，以巨海为平道，是其所长。”②进入夏商周以后，浙东海洋文化内涵进一步丰富起来：人们对海洋的认识得到了进一步拓展和深化，既有对海洋物质层面的认识，也有对海洋精神层面的开拓；以渔业和盐业为主体的海洋资源开发，成了国家经济基础的重要构成部分；当时已经有了一定的航海能力，出现了征伐敌国的海战船只，从而为海洋疆域的开拓、守护和跨海文化交流的产生和发展奠定了广袤的地理空间和丰厚的历史基础。

根据现有的浙东海洋文化资料，我们把河姆渡时代到战国时期定为浙东

① 林树建：《宁波商帮》，黄山书社 2007 年版，第 6—7 页。

② 《管子·海王篇》。

海洋文化的初创时期。此时期浙东境内已有了一定规模的造船和海洋航行，并孕育了利用海洋、开发海洋的文化心态，为今后浙东海洋文化全面发展和特点形成奠定了基础。①

自河姆渡以后，在距今五六千年的玉环三合潭、三门亭旁村等近海新石器文化遗址中，发现渔猎和原始锄耕所用的石镰、石斧、石镞等，特别是三合潭遗址的黑带层上层的春秋战国时期遗址，还陆续出土了鱼钩、鱼刺等捕鱼工具。学者普遍认为1970年在浙江温岭发现的长7.1米、中宽1.1米、舱深0.5米，舟体有用刀斧又以火烧加工的独木舟是春秋战国以前的遗物。独木舟的出现，说明浙江沿海居民原始锄耕、渔猎，特别是捕捞渔业的发达。距今约4000—5000年的良渚文化时期，发现的船桨更多。如在绍兴鉴湖区坡塘乡，也发掘出独木小舟；在杭州水田畈遗址中出土了4支船桨，其桨叶宽达26厘米，其迎水面大，推力也大，有人推断此时应有了筏和大型的独木舟，这表明了船舶制造水平有了一定发展。

图2-3　羽人竞渡②

所以商周时期，《周书》中有“成王时，于越献舟”的记载，《逸周书·伊尹朝献》还载瓯越“诸令以鱼皮之鞞、蜈鲗(乌贼)之酱、利剑以献”，《史记·齐太公世家》记“大翼一艘，广丈六尺，长十二丈，容战士二十六人，棹五十人，舳舻三人，操长钩矛者四，吏仆射长各一人，凡九十一人。当用长钩矛长斧各四，

① 柳和勇：《简论浙江海洋文化发展轨迹及特点》，《浙江社会科学》2005年第4期，第125—127页。

② “羽人竞渡”是一柄战国铜斧，1976年出土于宁波市鄞县(今宁波市鄞州区)甲村郑家埭。上面的纹饰形象地展示了当时宁波地区繁荣的海上商贸活动场景。有专家建议，将这个文物当做形象标志，代表中国去为“海上丝绸之路”申遗。

弩各三十二,矢三千三百,甲兜鳌各三十二”。春秋时期的越国设有专管造船的官署,已能较大规模地建造戈船、楼船等战船,扁舟、轻舟等民船。吴越争霸时,“句践伐吴,霸关东,徙琅琊,起观台,台周七里,以望东海。死士八千人,戈船三百艘。……夫越性脆而愚,水行而山处,以船为车,以楫为马,往若飘风,去则难从,锐兵任死,越之常性也”①,可见越人造船技术的高超。

不断地提高造船技术,是古代浙东海洋文化发展轨迹的标志性特征;而此时期浙东较高的造船技术和较大的造船规模,已初步显示出浙东海洋文化长于制造的特点,并为今后浙东海洋文化的发展和特点的形成奠定了基础。

三、秦汉至隋唐:浙东海洋文化发展的初盛期

秦始皇统一中国,他在继承春秋战国时期沿海国家对海洋疆域初步划分和管理的基础上,采取新的管理模式,在中国历史上第一次形成了国家统一的海疆。这为中国海洋文化的发展创造了良好的环境。

秦汉至隋唐时期,浙东造船、航海等利用海洋资源的能力得到扩大,对外贸易、海洋捕捞等方面得到全面发展。此时期为浙东海洋文化发展的初盛期。总的看,此时期浙东海洋文化发展的初盛状况表现在以下几个方面:一是随着明州、温州、台州大量建造海船,浙江已成为全国造船业发达地区之一。据《酉阳杂俎》云:“汉时豫章船,一艘载人一千人。”周处《水土记》称章安的永宁、温麻造船:“温麻五会者,永宁县出豫木,合五版为一船,因以五会名之。”又如《三国志·贺齐传》载大将贺齐为永宁长:“齐为永宁长,不领都尉事。尤好军事,所乘船雕刻丹镂、青盖绛檐、干橹弓弩矢箭,咸取上材,蒙冲斗舰之属,望之若山。”唐代,临海成为全国 14 个造船基地之一。二是浙东沿海制盐业发达。浙江向为产盐大省。汉武帝时期就曾在浙江海盐县平湖设立盐官。唐代设置十监四场,十监中浙江有嘉兴、临平、兰亭、永嘉、新亭、富都六监,四场中浙江有杭州、湖州、越州三场,可见其时浙江产盐之多、之广以及浙盐在唐代的重要地位。唐代台州章安(今椒江区章安街道)西面的黄礁村设有盐场,为台州海盐的主要集散地。乾符元年迁至新亭头,新亭盐监成为江南十大盐监之一,著名诗人顾况曾任新亭监。至宋代,制盐业已进入大规模流通领域。宋太平兴国三年,玉环岛建密鹦盐场。翌年,置黄岩盐监,管理台州盐政,为两浙五监之一,下有黄岩、杜渎、长亭等著名盐场。三大盐场年产量达 3564 吨,还发明了“莲子试卤”的先进生产工艺。三是形成具有一定

① 《越绝书》卷八《越绝外传·记地传》。

规模的浅海滩涂渔业。西晋陆云曾有过关于舟山捕获海洋渔类“品目数百，难以尽言”的描述，可见当时的渔业产量及捕鱼种类已相当可观。唐代浙东已开始兴筑海塘御潮捍田，开始形成具有特点的浙东海塘文化。四是浙东沿海的台州、明州等成为重要的军事重镇。《三国志·吴主传》载，黄龙二年(230)，“春正月，……(孙权)遣将军卫温、诸葛直将甲士万人浮海求夷洲及亶洲。亶洲在海中，长老传言秦始皇帝遣方士徐福将童男童女数千人入海，求蓬莱神山及仙药，止此洲不还。世相承有数万家，其上人民，时有至会稽货布，会稽东县人海行，亦有遭风流移至亶洲者。所在绝远，卒不可得至，但得夷洲数千人还”。这一军事行动，据近代不少学者考证，就是从章安集会稽水师后出发的。这是我国第一次以政府名义经营台湾，意义重大。五是公元8世纪初开辟了从明州出发横渡东海直达日本的最便捷的南线航路，从此浙东明州成为中国十分重要的港口。据日本史料不完全统计，唐人李邻德(842年)、张支信等37人(847年)、钦良晖(852年)、李延孝(858年)、李延孝等43人(862年)、张支信(863年)、李延孝等63人(865年)、日本人神御井等(847年)都是由明州出海前往日本，而张支信在862年还曾由日本肥前出发，抵达明州港。除明州外，浙江的越州(今绍兴)、杭州、温州、台州(今临海)，也都成为对外贸易港口。《后汉书·东夷传》载：“南北海运，皆从东瓯。”北方诸郡的物资，海南交趾的海货，包括中原内地的铁器、丝织、茶叶、铜镜、农产种子，运往朝鲜、日本、南亚、中亚以至北非，有不少常取道章安和东冶。六是出现一批有关海洋海域开发的重要经典著作。如东汉袁康《越绝书》、三国沈莹《临海水土异物志》、东晋孙诜《临海记》等，都产生于浙江，皆为浙人所撰。

从以上所述我们可以看出，此时浙东造船技术的进一步提高，促进了浙东海洋文化精于制造特点的形成；而海洋贸易的快速发展，也意味着海洋商贸精神已逐渐融入浙东海洋文化内蕴中；中外航路的开辟，兴筑海塘等，既标志着勇于探索创新传统的发扬，也反映了浙东海洋文化有了更为全面的发展。

四、宋元：浙东海洋文化发展的鼎盛时期

宋元两代是浙东海洋文化发展的鼎盛时期。随着中国政治中心的南移，杭州成为南宋一代的中国政治、文化和经济中心，此时期浙东的海洋文化全面发展，并在许多方面处于全国领先水平或中心地位，达到鼎盛。元代仍然保持较高水平的持续发展。这种鼎盛的标志主要表现在：一是此时浙东的造船技术先进，居全国领先水平，并成为全国的造船中心。代表中国造船最高

水平的出使高丽的神舟，大都由浙江明州制造，其所造船的豪华和高大令高丽人赞叹不已。至南宋后期，临海、宁海、黄岩（含温岭）三县纳入征调范围的民船多达6288艘，其中面宽一丈以上的达1006艘。二是海洋贸易范围进一步扩展，同占城（越南）、暹罗（泰国）、三佛齐（印尼）、麻逸（菲律宾）乃至印度和阿拉伯国家都有丝绸等物品的交换贸易；同时，浙东此时的民间海洋贸易也已十分活跃。三是北宋始在杭州设市舶司，管理海外通商贸易事务；至元代，浙江设市舶司的贸易港有庆元、温州、澉浦、杭州四处，是元朝市舶司最多，也是最集中的地区，当时全国只有7处。四是出现了以叶适为代表的"永嘉学派"，重视商贸，认为："古有四民：曰士、曰农、曰工、曰商。士勤于学业，则可以即爵禄。农勤于田亩，则可以聚稼穑。工勤于技巧，则可以易衣食。商勤于贸易，则可以积财货。此四者，皆百姓之本业。自生民以来，未有能易之者也。若能其一，则仰以事父母，俯以育妻子，而终身之事毕矣。不能此四者，则谓之浮浪游手之民。浮浪游手之民，衣食之源无所从出，若不为盗贼，则私贩禁物，一旦身被拘系，陷于刑禁，小则鞭挞肌肤，大则编配绞斩，破荡家产，离弃骨肉，方此之时，欲为四民之业而何可得也？"①"四民皆本"思想的形成，标志着浙东海洋文化处于全国的领先水平。五是宋元浙东人民在海塘修筑中取得了重大的进展，尤其是至正四年（1344）余姚州判叶恒在三北修筑石堤2.1万余丈，沿海壖之南，东抵慈溪，西接上虞，绵延一百几十里的莲花塘。该项工程规模浩大，耗费巨万，协调得当，组织有序，在海塘的建筑技术上也达到成熟阶段。莲花塘修成后，百余年未有大害，为三北人民的安居乐业创造了良好的条件，发挥了显著的经济和生态效益。最后是产生了一批艺术水准较高的海洋文艺作品，如苏东坡、陆游、柳永等文学大家创作了不少具有独特美感的表现涉海生活的审美文学作品。

此时期，浙东海洋文化特点得到全面而淋漓尽致的具体呈现，并与鼎盛的标志性文化状况相一致。这意味着浙东海洋文化特点的基本确定和定型，并在中国海洋文化发展中占有不可替代的独特地位。

五、明清：浙东海洋文化发展的转型期

"明清时代，是中国海洋文化发展的转型时期，也是沿海社会经济充满新旧交替冲动的时期。一方面，官方的海洋活动退却，长期实施的'海禁'，使中国传统的海洋发展受阻；另一方面，这种经济专制体制与海洋大国客观条件

① （宋）陈耆卿：《嘉定赤城志》卷二《地理门二》。

相违背的社会不适应性，随着中央对地方控制力的下降或失控而被局部突破，导致沿海民间社会海洋经济的孕育和发展。”①

明初，浙东仍然是官营造船的重要基地之一，几乎每年都向浙东下达造船任务，为漕运和防倭等军事需要打造了许多船舶。特别是为郑和下西洋的壮举作出了一定贡献，为其船队新建和改建了部分船只，并且提供了大量丝绸、瓷器等海洋贸易物品。此时期浙东修筑海塘也更为普遍，如康熙五十九年(1720)海潮冲坍上虞夏盖山以西土塘，后改修为石塘1700余丈。雍正二年(1724)大风潮水冲毁会稽、上虞、余姚三县石塘7000丈。乾隆二十一年(1756)绍兴一带发生险工，增筑鱼鳞大石塘400丈。嘉庆年间萧山、山阴(今绍兴一部)两县改土塘为柴塘，这些都是较大工程。同时，随着古代浙东濒海人群涉海生产和生活经验的增多，人们对海洋性生活有了更真切的了解，民间性的海洋审美文艺作品也渐趋普及化。

明清两朝，当世界不少国家开始全面走向海洋的时候，中国却出现了与世界潮流相反相悖的逆向运动——海禁。明清两代较长时期厉行海禁，“片板不许下海，寸货不许入蕃”。如有明一代，洪武四年(1371)、十四年(1381)、二十三年(1390)、三十年(1397)，成祖登位诏书(1402)，永乐二年(1404)，宣德六年(1431)、八年(1433)，正统十四年(1449)，弘治六年(1493)等都有海禁诏令颁布。如嘉靖四年(1525)八月申令：“浙福二省巡按官，查海船但双桅者即捕之，所载虽非番物，以番物论，俱发戍边卫。官吏军民知而故纵者，俱调发烟瘴。”②嘉靖八年(1529)十二月，发布榜文，“禁沿海居民勿得私充牙行，居积番货，以为窝主。势豪违禁大船，悉报官拆毁，以杜后患。违者一体重治”③。嘉靖十二年(1533)九月，再次严令浙、福、广三省：“一切违禁大船，尽数毁之，自后沿海军民私与贼市，其邻舍不举者，连坐。各巡按御史速查连年纵寇及纵造海船官，俱以名闻。”④并且在《大明律》中明文规定：“凡将马牛、军需、铁货、铜钱、缎匹、绸绢、丝绵私出外境货卖及下海者，杖一百。挑担驮载之人，减一等。货物船车，并入官。于内以十分为率，三分付告人充赏。若将人口、军器出境及下海者绞。因而走漏事情者斩。其拘该官司及守把之人，通同夹带，或知而故纵者，与犯人同罪；失觉察者，减三等，罪止杖一百。军兵

---

① 杨国桢：《明清中国沿海社会与海外移民》，高等教育出版社1995年版，第3—4页。

② 《明世宗实录》卷五四，嘉靖四年八月甲辰条。

③ 《明世宗实录》卷一〇八，嘉靖八年十二月戊寅条。

④ 《明世宗实录》卷一五四，嘉靖十二年九月庚戌条。

又减一等。”①这一政策严重阻碍了浙东造船、航海、海洋捕捞及海洋贸易的发展。这种状况直至清康熙二十三年(1684)开禁后,才有了改变,浙江与南洋贸易有了大幅增加。清康熙二十四年(1685),朝廷设浙江户关台州分关于葭沚,海门港才开始具备近代港埠意义,随后分关迁海门靖波门吊桥外,俗称“台大关”。光绪二十二年(1896),大关改为杭州关税务司署台州办事处。次年,海门正式创立轮埠,“海门轮”首航宁波,不久椒申(至上海)、椒温(至温州)诸海运航线客货轮相继开通,海门港开始逐渐兴盛。但随着广州、泉州等港口作用的日趋突出,以及后来上海港的崛起,宁波、温州、台州等地港口的作用和地位日渐削弱;造船业又因木材资源渐趋枯竭等原因,难以恢复以前的重要地位。只有海洋渔业因发展以大对船为主的近海捕捞和张网、流、钓作业,渔业技术日臻完善,海洋渔业捕获量有了较大增加。

浙东海洋文化精神也随着时代的发展变化而呈现新的特色。明清两代抗击倭寇侵扰,涌现了许多可歌可泣的英雄人物和故事,为浙东海洋文化新添了浓重的一笔;尤其是鸦片战争期间舟山定海军民同仇敌忾、众志成城,英勇抗击英军入侵,更是浙东海洋文化中光辉的一页。这些无疑与浙东海洋文化中的团队精神有一定关系。虽然大规模的正常海洋贸易一度急剧衰退,但民间出海走私贸易在海禁的夹缝中悄然兴起。明代,宁波港口外的双屿港走私贸易为当时全国最盛,它在一定程度上促进了浙东海洋贸易精神的形成和发展。清代,虽然海禁依然严厉,但阻挡不了向外拓展的浙东商人。特别是鸦片战争后,宁波被辟为“五口通商”口岸之一,浙东地区的航海商贸得到迅速发展。如宁波三江口地区各地船商云集,港口贸易繁荣。清光绪《鄞县志》云:“鄞之商贾聚于甬江,嘉道以来云集辐辏,闽人最多,粤人吴人次之,旧称渔盐粮食马头及西国通商百货咸备,钱粮市直之高下呼吸与苏杭上海相通转运。”以宁波帮为代表的浙东商人更冲破地区的限制,扩大投资的视野,努力向上海及全国各地甚至海外拓展,在市场上勇于与洋商竞争。尤其是咸丰三年(1853)后,宁波帮在沿海的作用明显增强,成为海运的主力军,出现了“南北”船号,涌现了李也亭、董棣林、朱志尧等的沙船集团,并投资近代工矿业和金融业等新式行业,从而顺利完成了由传统封建社会商人向资本主义企业家的转型。

① 《大明律》卷一五。

更值得一提的是以王阳明[①]、黄宗羲[②]为代表的浙东学派提出了"工商皆本"的主张。明嘉靖四年(1525),王阳明在为弃儒经商的方麟所写的《节庵方公墓表》一文中说:"古者四民异业而同道,其尽心焉一也。士以修治,农以具养,工以利器,商以通货,各就其资之所近,力之所及者而业焉,以求尽其心。其归要在于有益于生人之道,则一而已。士农以其尽心于修治具养者,而利器通货犹其士与农也。工商以其尽心于利器通货者,而修治具养犹其工与商也。故曰:四民异业而同道。……自王道熄而学术乖,人失其心,交鹜于利,以相驱轶,于是始有歆士而卑农,荣宦游而耻工贾。夷考其实,射时罔利有甚焉,特异其名耳"[③],把传统观念中一直视作贱业的工商摆到与士同"道"的高度。明、清之际,随着都市经济的成长,出现了资本主义的工场手工业。黄宗羲鉴于社会的变动,面对现实,提出:"今夫通都之市肆,十室而九,……世儒不察,以工商为末,妄议抑之。夫工固圣王之所欲来,商又使其愿出于途者,盖皆本也。"[④]而与黄同时的另一位思想家唐甄不仅"宗阳明良知之学",晚年更转而经商,并且自豪地说:"我之以贾为生者,人以为辱其身,而不知所以不

---

① 王阳明(1472—1529),名守仁,字伯安,世称阳明先生,宁波余姚人,我国古代著名哲学家、政治家、教育家和军事家。其精通儒家、道家、佛教,且具非凡的军事才能和精深的文学艺术造诣。官至南京兵部尚书,封新建伯,谥文成。他一生仕途坎坷,然治学不倦,成就卓著。他创立的"心学"思想体系,积极追求个性解放,冲破了"理学"的传统观念,在封建社会后期产生过重要影响,堪称学界巨擘。他的教育思想,敢于反对旧道学的禁锢,有着浓烈的创新精神。他不仅文韬武略,还是一位治世能臣。清代名士王士禛称赞他"立德、立功、立言,皆居绝顶",为"明第一流人物"。

② 黄宗羲(1610—1695),字太冲,号南雷,尊称为南雷先生,宁波余姚人,明末清初经学家、史学家、思想家、地理学家、天文历算学家、教育家。领导复社成员坚持反宦官权贵之斗争,几遭残杀。清兵南下,招募义兵,成立"世忠营",进行武装抵抗。明亡后隐居著述,屡拒清廷征召。学问广博,对天文、算术、乐律、经史百家以及释道之书,无不研究。史学成就尤大,撰有中国第一部学术史《明儒学案》,开浙东史学研究之风气。哲学上反对宋儒"理在气先"之说,认为"理"非实体,只是"气"中的条理和秩序。以为"致良知"之"致"字即是"行"字,反对"测度想象,求见本体,只在知识上立家当,以为良知"(《明儒学案》卷十)。反对君主以一人私天下,作出"为天下之大害者,君而已矣"的大胆结论,认为"天子之所是未必是,天子之所非未必非","天下之治乱不在一姓之兴亡,而在万民之忧乐"(《明夷待访录·原臣》)。又主张改革土地、赋税制度,反对传统的重农轻工商观点,强调工商皆为本。其政治历史观,在当时具有进步意义。文学方面,强调诗文必须反映现实,表达真情实感,不满明七子摹拟剽窃之风,强调"性情",认为"凡情之至者,其文未有不至者也"(《明文案序》上)。

③ (明)王阳明:《阳明全书》卷二十五《节庵方公墓表》。

④ (清)黄宗羲:《明夷待访录》财计三。

辱其身也。”①这些思想具有很强的近代色彩,预示着浙东海洋文化的发展将面临近代转型。

六、新中国成立后至今:浙东海洋文化发展的全面复苏繁荣期

新中国成立以来,处于历史发展的最好形势、最佳机遇。聪明勤奋的浙东沿海人民,把丰富的海洋、海港、海域资源,视为经济社会发展的最主要的领域,创业、创新,从而赢得了经济发展和社会进步的双重成就。

党的十一届三中全会以后,我国海洋文化和海洋经济的发展才真正迎来了自己的春天。邓小平同志科学地分析了当时国际局势和党情国情的特点及发展趋势,从维护和发展中国人民和世界人民的根本利益、长远利益的战略目标出发,实施改革开放,逐步形成了以独立自主和全方位开放海洋、分层次分步骤的海洋战略、近海防御作战、“搁置争议,共同开发”等为主要思想内容的中国特色社会主义国家海洋发展战略。改革开放政策的推行,使得东部沿海地区的海洋经济得以迅速发展,海洋文化得以逐步发扬光大。自20世纪90年代开始,我国海洋经济以两位数的年平均增长率快速向前发展,海洋产业已成为多数沿海省份、海岛省份和沿海经济区的重要支柱产业。近年来,国家又先后批准了天津滨海新区、广西北部湾经济区、福建海峡西岸经济区等多个沿海区域经济发展规划,大力推动海洋经济快速发展。

在此宏观社会背景下,浙江省委、省政府《关于进一步加强海洋管理工作的通知》、《关于加强无居民海岛管理工作的通知》等一系列政策文件的相继出台,东海文化明珠工程、海岛文化百花工程等项目的相继实施,有力地推进了浙江海洋文化的发展。浙东沿海地区——舟山、宁波、温州、台州市以及所属的县市区更提出建设海洋文化大市、海洋文化名城的发展目标。开发海洋、保护海洋、利用海洋、研究海洋已成为浙东沿海人民的共识。

在新的历史时期,以滨海旅游业、涉海休闲渔业、涉海休闲体育业、涉海庆典会展业、涉海历史文化和民俗文化业、涉海工艺品业、涉海新闻出版业、涉海艺术业等为代表的海洋文化产业得到迅猛发展,有力地促进了浙东区域海洋经济的发展。据浙江省发展规划研究院的调研报告显示,到2009年,全省海洋经济总值为2809亿元,占GDP比重超过12.5%,占全国海洋生产总值的9%;预计到2015年,浙江海洋经济生产总值有望突破6000亿元,占全省GDP比重超过15%,占全国海洋经济比重超过10%。综观浙江海洋的巨

① (清)唐甄:《潜书》上篇下。

变，究其原因，首先是浙东人具有的开发海洋、发展经济、经营商贸的优良传统，特别是浙东人漂洋过海，发展产业、推进商贸，形成了世界性的浙江商会，是当今世界海洋经济发展的一大亮点。其次是浙东海洋的开发促进了浙东沿海人民的思想解放，人民的思想解放又进一步推进了海洋的开发，从而有力地推动了区域社会经济的全面发展。

今天，屹立于东海之上的杭州湾跨海大桥、宁波舟山跨海大桥、温州洞头跨海大桥，是浙东人民开拓海域、海港、海洋，推进世界海洋文明，最为美丽的标志和历史的丰碑。义乌经济模式、温台经济模式、宁绍经济模式，成为我国各地效仿的楷模、借鉴的表率，是我国经济社会快速发展的样板。所有这些无不昭示着浙东海洋文化发展正阔步迈进全面复苏繁荣的历史新时期。

第三节 浙东海洋文化的特色内涵

在浙东海洋文化的长期发展中，形成了不同于中国其他区域海洋文化的特色内涵。浙江海洋学院教授柳和勇认为，从文化构成学的角度看，浙江(东)海洋文化特色内容主要由以下四个层面构成。其一是历史悠久、精致创造的物质性海洋文化，其二是具有协作团队性特色的海洋行为文化，其三是体现了海洋文化一定实质性内蕴的海洋商贸精神，其四是粗犷与柔和相济的海洋审美文化。①

一、物质性海洋文化

物质性海洋文化是海洋文化的主要内容构成，是濒海人群创造海洋文化能力的最直接体现。浙东人发扬吴越文化传统，充分利用浙江海域的海洋资源优势，形成了浙东物质性海洋文化的精致创造性特点，并具体表现在勇于探索创新及精于技艺性创造等方面。

从探索创新的角度看，浙江开创了中国海洋航行、造船和海洋渔业捕捞之先河。萧山跨湖桥遗址出土的距今8000多年的独木舟，以及余姚河姆渡文化遗址出土的木桨、陶舟及鲸鱼、鲨鱼等海洋鱼骨，表明了浙江先民是中国最早的木船制造、海洋航行和海洋捕鱼者。并且长途的中国航海也萌芽于浙江古越人，《越绝书》记载，越王勾践从长江口越海航行至山东半岛琅琊一带

---

① 柳和勇：《简论浙江海洋文化发展轨迹及特点》，《浙江社会科学》2005年第4期，第125—127页。

的漫长航海，标志着中国的航海技术初步形成。此后浙东人又为发展中国海洋事业勇于探索，如：唐代开辟了中日来往最便捷的航线；明州商人张支信商船曾从明州望海镇（今镇海）启碇赴日本，只经三昼夜就抵日本，创当时最快纪录；宋代已把指南针用于航海中，拓展了远洋航线；到元代，浙东出发的船队向西直达地中海沿岸和东非海岸；此外，从唐代开元年间起，兴筑海塘抵御海侵毁田伤人的创举，也充分表现了坚忍不拔的浙东人勇于探索创新的海洋文化创造精神。而从温州的永嘉、乐清出土的石网坠看，4000－5000 年前的新石器时代，浙东先民已开始用网具来捕捞海洋鱼类；公元前 505 年，吴越两国在海战时大捕石首鱼，这说明浙东沿海渔场早在 2000 年以前就开发利用了。

浙东海洋文化的精致创造性也表现在先进的制造水平方面，这是浙江追求精致、善于创造的文化传统深层影响的物质表现。在古代中国，航海、造船等都是科技含量很高的技艺性生产，它们不但涉及数学、材料学、物理学和天文学等学科，而且还需要掌握科学的制造工艺和先进的制造技术。浙东人民在这些重要的涉海生产领域，取得了大量的杰出成就。

至今公认越人精于造船和擅于航海，他们是中华民族中最出色的航海家和造船技艺师。《周书》中"于越献舟"之说，可见越族先民在 3000 年前已经能够造高质量的船，并作为礼物献到中原，显示了越人精于造船的才能。这种优良传统一直得以传承。长期以来，浙东先民为中国航海及造船事业发展作出了多项贡献：汉时所造的大船已长 20 余丈，能载六七百人。六朝时温州曾是三国孙吴的造船中心。隋唐时期，浙江是全国造船业最发达的地区之一，官营和民营造船业发达。五代吴越国中，杭州、越州、台州、括州（今丽水）等地都是造船基地。当时往来中日国船只，全是中国船，而中国船几乎都是吴越船。宋代宣和年间，在明州打造的鼎新利涉怀远康济神舟和循流安逸通济神舟两巨船到高丽时，其高大精致引起"倾国耸观，欢呼嘉叹"。而从宁波 1979 年出土的宋代海船看，已运用具有防摇减摇作用的舭龙骨状的构件；并用加麻丝的桐油灰，保证水密，防止漏水。而郑和下西洋时所乘海船，前期有许多也是浙江制造的，足见当时浙东造船技艺水平之高。

同样，砌筑海塘需要准确计算，精心施工，浙江人不断改革，提高海塘长期抗海潮性能。如改砌石多纵少横为纵横交错，使其"属不可解"；又如"层必渐缩而上作阶梯形，使顺潮势无壁立之危"；又根据不同地段的潮流，提出不同筑法，如有的地方需"开深根脚，用大桩排钉，深入沙底，遴办巨料，砌筑石工"等，都是精致创造的体现。

二、海洋行为文化

海洋行为文化是滨海人群海洋生产、生活中人际交往关系的具体表现，是区域海洋文化特点的重要构成内涵，它往往与区域物质性海洋文化创造特点及地域文化传统密切相关。在浙江海洋经济特点和不重对抗、偏于宽和的浓厚文化氛围影响下，浙东海洋行为文化显示出较强的协作团队性特点。首先它体现在浙东涉海生产组织方式中的协作团队性。浙东先民擅长的造船、航海涉及多种复杂的工艺和技术，往往需要许多人共同协作才能达到预期目标；海洋捕捞也需船老大与其他渔民的密切配合；而修筑海塘更依赖万众的齐心协力。浙东颇具特点的海洋生产组织方式，长期潜移默化地影响着浙东涉海人群的行为方式和人际交往，孕育了他们重视协作的团队精神，并通过这种优良的团队精神，使浙东的这些海洋产业在古代中国保持较长时期的领先发展地位。其次，协作团队性也表现在海难救助等民风习俗上。涉海性生产具有较强的危险性，航海常遇风浪之险；出海捕鱼更是“三寸板内是娘房，三寸板外见阎王”、“一只脚踏在棺材里，一只脚踏在棺材外”，生死未卜；修筑海塘也会在频繁的台风侵袭中有倒塌之危。因此，浙东涉海人群养成了乐于救助的美德，体现了珍贵的团队互助性。再次，协作团队性特点在日常生活中也有明显体现。从船员、渔民尊敬船长、船老大到集中的渔村民居；从爱凑热闹的民风到举办出海或谢洋祭祀仪式；从清一色的灯笼裤到浓抹重彩的装饰爱好，都能让人感受到浓浓的团队精神。

三、海洋商贸精神

具有较强商贸精神是浙东海洋文化又一重要特色内涵。商贸精神往往积淀着与社会发展相关的理念，它应属于准意识性层面的文化构成，能体现区域海洋文化的深层特点。古代浙江长期远离中国政治纷争中心，战事较少，社会安定，百姓较为富庶，民众商贸意识历来较为深厚。宋代以后浙东经济更为发达，“两浙之富，国之所恃”，商贸也更加繁荣。同时，浙东区域发达的手工业、航海业，以及独特的海岛、海岸优势等，都会促进多种形式海洋商贸活动的展开，使浙东海洋文化中蕴含着较强的商贸精神内涵。它首先表现在浙东滨海人群具有浓厚的海洋贸易意识。海岛四面悬水，以渔业经济为主，海岛人群必须进行商品交换贸易，才能满足日常生活的多种需要；又加之目睹海上贸易的兴盛及暴利，这无疑培育了他们的海洋商贸意识，弥漫着开展海洋贸易的文化氛围。其次，兴盛的海外贸易活动也感性地显示了蕴含着较强的海洋贸易精神。古代浙东沿海的海外贸易一直较为发达。早在战国时，会稽（今绍兴）、句章（今宁波市西）、东瓯（今温州）等已成为海外通商口岸，开展海外贸易。此后历朝历代的浙东海外贸易都十分繁荣。五代十国时吴越国设有博易务，管理海外贸易；北宋起浙江设市舶司，以促进海外贸易。南宋两浙市舶司先后管辖杭州、明州、温州、秀州华亭县、青龙镇五处市舶务，足见当时海外贸易兴盛。即使在明清两代海禁之时，仍有较多的民间海上贸易活动，冒死取利。宁波双屿港的走私贸易规模为当时全国之最。再次，商贸精神也体现在浙东思想家明确倡导重商思想上。基于繁荣的海洋和陆地商贸活动，以叶适为代表的永嘉学派思想家们，向一直占统治地位的"君子喻于义，小人喻于利"和"谋道不谋食"的贱利思想提出挑战，认为人都有自利本性，"就利"是"众人之心"；工商业的发展与农业同等重要，反对国家对工商业领域的限制，倡导"以国家之力扶持商贾"。这种重视商贸、注重功利的思想，深深地影响了以后许多思想家，并成为浙东学派的重要思想，也成为中国海洋文化中少有的成体系的意识形态性思想内涵，这无疑是浙东海洋文化特点的亮丽体现。

四、海洋审美文化

粗犷与柔和相济是浙东海洋审美文化的美学特色。海洋审美文化是以美的艺术形式，在展示奇异的涉海生活中表现真挚的审美情怀，她是海洋文化的纯意识性内容构成。海洋审美作品特色既受海洋广阔浩瀚、变幻莫测等自然审美特点的影响，更与区域文化审美传统密切相关。因此，浙东海洋审美文化往往在给人以粗犷海洋生活美感的同时，会感受到偏于雅致、恬淡的审美情趣和深层吴越文化底蕴。这除了文学作品外，在浙东海洋审美音乐、舞蹈等中也能得到具体感受。

诗歌是古代浙东海洋审美文化的最主要艺术形式。那些具有较高艺术修养的本籍作家，深受吴越文化的长期熏陶和影响，往往长于在展现粗犷涉海生活画面中，曲折地表露真挚感情。如黄宗羲的《得吴公及书(二)》：

十里洋船上下潮，一杯相对话漂摇。
马兰万树遮荒岛，饥鹨千群泊乱礁。
公已千秋传信史，我开九帙冷诗瓢。
宫人何事谈天宝，清泪能无湿绛绡。

诗歌回忆了海岛艰苦生活往事，虽与吴钟峦"一杯相对"历历在目，但现在生死阻隔，欲吊何处？诗作在荒蛮的海岛景象中所表现的友情挚切感人，粗犷中透溢出柔和的审美情调。

而浙东民间性的海洋诗作往往更贴近涉海生活实际，更具浓郁的浙东地域气息。它们常以质朴的生活化语言，直接抒发对生活的真挚感受和情怀。如渔歌、渔船号子、歌谣等，都具有很强的直白粗犷美。由于这些诗作的创作者和接受者深受吴越文化传统的全方位浸润，其语言、意象和情感都带有更强的浙东海域风俗感，作品在再现涉海性生产、生活中，流溢出偏于柔和的审美情趣和美感特色也就不足为奇了。如民间歌谣《四季渔歌》：

春季黄鱼咕咕叫，要听阿哥踏海潮。
夏季乌贼加海蜇，猛猛太阳背脊焦。
秋季杂鱼由侬挑，网里滚滚舱里跳。
北风一吹白雪飘，风里浪里带鱼钓。
一阵风来一阵暴，愁煞多少新嫂嫂。

歌谣以口语化的词汇，整齐的押韵，诗的形式，真实再现了浙东渔场的渔汛规律，传达渔民对丰收的渴望；同时作品又巧妙地表现了妻子对出海捕鱼丈夫安危的真切关爱之情，直白粗犷美与深层的柔情相得益彰。而浙东有关海洋事物的传说故事，几乎都是根据事物特征，用现实生活的内容进行附会演化，往往在粗犷的形式和故事内容中，透射出浙江气息的审美传统。如《鲻鱼的传说》抓住鲻鱼秃顶，不吃小鱼小虾，专吃海底泥的特征，编讲了和尚见美貌女子起邪念，而被观音菩萨摔到海底所致的离奇故事，把民俗风情、大胆想象与审美情趣融为一体，会在品味野趣美感的同时，感受到爱的柔情及优美的艺术创造。

民间涉海性舞蹈和伴奏的音乐是浙东海洋审美文化的重要构成，此类舞蹈和音乐大都无固定的配法，舞蹈者主要是根据浙东特有的音乐节奏，模仿海洋生产动作和鱼类活动状态翩然起舞。如“贝壳舞”用拟人化的形式夸张表现贝壳的新奇活力；又如曾流行于宁波、舟山渔区的“跳蚤舞”，舞者在变化多端、铿锵有力的民间锣鼓音乐伴奏下，用“矮步”、“耸肩”和“跳转”等动作，模仿颠簸渔船上劳作的基本动作，节奏鲜明有力，粗犷而豪迈，而舞蹈动作灵活，富有浓厚的生活气息，颇有粗犷与柔和相济的美感特点。

第三章　浙东海洋山水景观文化

第一节　海洋山水景观文化概述

一、景观文化的内涵

关于“景观”一词的来源，有两种说法。一种说法认为，“景观”一词最早出现在希伯来文本的《圣经》旧约全书中，它被用来描写梭罗门皇城（耶路撒冷）的瑰丽景色；另一种说法认为，“景观”（landscape）一词源于德文“landschaft”，最初没有一个明确的空间界限，只是泛指一片或一块乡村土地的风景或景色。① 当时，“景观”的含义同汉语中的“风景”、“景致”、“景色”相一致，等同于英语中的“scenery”，都是视觉美学意义上的概念。我国从东晋开始，山水画（风景画）就已从人物画的背景中脱胎而出，独立成门，风景（山水）很快就成为艺术家们的研究对象，丰富的山水美学理论堪称举世绝伦。汉语中“景观”一词既反映了“风景、景色、景致”之意，又用“观”字表达了观察者的感受，这与近代西方流行的一种将景观视为被生物体所感知的环境的认识有异曲同工之妙。

对于“景观”（landscape）一词的含义有着众多的理解和定义。随着人们对人与自然关系的认识不断发展和变化，“景观”一词作为不同学科的研究对象，其内涵和外延也在不断发展，人们对景观概念的理解也逐步加深。《辞海》中对“景观”一词有四种解释：“（1）风光景色。如：居屋周围景观甚佳。（2）地理学名词。①地理学的整体概念：兼容自然与人文景观。②一般概念：泛指地表景色。（3）特定区域概念：专指自然地理区划中起始的或基本区域单位，是发生上相对一致和形态结构同一的区域，即自然地理区。（4）类型概念：类型单位的通称，指相互隔离的地段，按其外部特征的相似性，归为同一类单位。如荒漠景观、草原景观等。”

---

① 张洁：《旅游景观系统的概念研究》，《桂林旅游高等专科学校学报》2007 年第 3 期，第 325－328 页。

景观与文化的关系是相互的。文化通过景观来反映，而又改变着景观。它们在一个反馈环中相互影响。而这种作用与影响都是通过人的媒介完成的。人对景观的任何改造，都会将自身的文化渗透到景观当中，于是景观便贮存和散发着这种文化，而这种文化的渗透必然会改变着原来的景观。当然，这种改变不一定是物质实体的，也可能是精神层面的。一句诗、一首词、一个故事都会使景观罩上文化的外套。

景观文化具有美学价值和精神价值。然而这种价值的体是因人而异的，是要靠人们的感知来塑造的。不同时代人们的感知、认识以及美学准则都是不同的，即使是同时代的人也存着个体差异，因此创造和体验的景观文化也是不同的。因此，景观文化是指人类在营建和使用景观的过程中所产生的一切物质和精神产品。[①] 一般而言，景观文化由四部分内容所组成。第一是景观的"形"。它是物质的、外在的东西，是人们接触景观文化最初也是最直接的感受，是景观文化的外在表露，是景观文化物化的体现。第二是景观的"意"。它是文化的、内在的东西，是景观直接依托和体现的文化。第三是景观的"背景文化"。它是外在于景观的文化、思潮和社会。景观的"意"，也就是它的内在文化，常常会受到外在文化的制约。第四是景观的"阅读文化"。它是人们对景观的认识、理解和利用，也就是人们与景观之间审美与被审美的文化关系，具体包括人们对景观的正读文化和误读文化。景观文化是上述四方面内容完整和有机的结合，四者不可或缺。[②]

二、海洋景观文化的分类

海洋景观文化的构成复杂，分类的方法很多，这里根据可视性将海洋景观文化划分为物质景观文化和非物质景观文化。应该说明的是，由于景观要素在组合上的相关性，景观文化事实上是自然因素与人文因素的综合统一体，在空间上应视为一个整体。以海洋聚落景观为例，尽管聚落是文化景观最显而易见的部分，但它并非孤立存在，它必然与景观的其他要素构成一个统一的整体。同时个别类型的海洋景观文化因其组成部分和涉及面的综合性及影响的广泛性，使其兼具物质与非物质文化景观的特征，两方面相互依

---

① 周剑：《从人地作用到景观文化》，《安徽建筑》2006 年第 6 期，第 17—18 页。

② 陈宗海：《旅游景观文化论》，《上海大学学报》(社会科学版)2000 年第 3 期，第 108—112 页。

存、不可割裂，此类景观根据其关键因素的可视性划分。① 海洋物质景观文化是以有形实物形式存在的海洋景观文化，而海洋非物质景观文化是以口头或其他无形形式存在的海洋景观文化。②

表 3-1　海洋文化景观分类系统

景观类	景观亚类	景观型
海洋物质景观文化	海洋文物遗迹景观	贝丘文化遗址、海洋文化线路、古港口、海防遗迹、水下文物、海堤(海塘)
	海洋聚落景观	古人类活动遗址、历史文化名城、沿海渔村、古集镇、海洋文化特色街巷、海洋民居建筑
	海洋历史场所景观	海洋历史纪念馆、展览馆、宗教建筑、民间信仰场所、寺庙、祠堂、祭祀活动场所
	现代海洋旅游景观	海洋度假地、海洋主题公园、海洋文化活动场所、海岛休闲游乐场所、海洋美食、海洋旅游产品
	海洋山水景观	山海景观、海岸风貌、海岛风光、海湾风貌
	海洋设施景观	现代港口码头、海上大型工程设施、海洋交通设施、海洋生产地
海洋非物质景观文化	海洋人事记录景观	海洋历史名人、海洋历史事件
	海洋民俗景观	海洋民间服饰、涉海饮食习惯、涉海信俗、礼仪习俗、庙会节庆
	海洋艺术景观	海洋文学艺术、海洋传统舞蹈、海洋传统音乐、海洋传统曲艺、海洋传统技艺、海洋工艺美术
	海洋节庆景观	旅游节庆活动、文化节庆活动、商贸节庆活动、体育赛事活动
	海洋语言景观	海洋民俗语言、海洋民间文学、海洋民间故事、涉海地名景观、语汇景观

三、海洋山水景观文化

人们在同自然山川、河流、海洋打交道的时候，从躲避、防范到改造、利用，逐渐将自然界的有形山水赋予无形的精神内涵加以考虑，形成对自然山水崇敬或观赏的价值观念。因此，山水文化是由不同文化素养、不同追求的

① 王苧萱:《中国海洋人文历史景观的分类》,《海洋开发与管理》2007 年第 5 期，第 83—88 页。

② 李加林、杨晓平、童亿勤等:《江苏海岸带景观及其生态旅游的开发》,《海洋学研究》2010 年第 1 期，第 80—87 页；郭来喜、吴必虎、刘峰等:《中国旅游资源分类系统与类型评价》,《地理学报》2000 年第 3 期，第 294—231 页。

人与大自然精神交往过程中，通过人景效应或称风景效应，相应产生的一系列特有文化。所谓人景效应是指人与大自然精神往复作用升华过程中所产生的感应、激发、启迪、陶冶、融合、悟化等复杂的精神心理作用。①

海洋山水景观中，自然美和人工美总是结合并和谐共生。传统的山海名胜不仅以烟波浩渺、云蒸霞蔚、海山壮丽的自然景色取胜，而且这些只要一经人们发现，或以文记或以口传，或以影视拍摄，总是精心描摹独特的美，或抒发欣赏美的感受，并以其个性定位，且为大家认同。自然美和人们的审美之间是如此契合，人们对自然的认同是如此精到，甚至将情感好恶寄情于自然，这就是山海形胜人化的过程。经历代志士仁人、能工巧匠的努力，这些由人们知识、态度、价值观构成的山海的"隐在文化"逐渐地转化为显露在外的、人们可触可摸可感的"显在文化"。这些显在文化尽管自身有其丰富的文化内涵，但是它们的内蕴只有置放在相应的山海之中才有其个性魅力。代表性的海洋山水景观有：

(1)大洋风光。在船上观赏，或波浪汹涌，或波光粼粼，海天一色，令人心旷神怡；或在高空观赏，一望无际的蔚蓝，或有云海云团在空中浮动，则一片蔚蓝中有云影片片。

(2)港湾魅力。港湾或弯如月牙，或如箭弦，或如锯齿，沿岸与人居建筑、自然景物相互点缀，让人目不暇接。胶州湾、莱州湾、渤海黄河入海口、芝罘湾、荣成蚄江湾等独具港湾景观特色。

(3)海滨海岸风光。海岸是地球上陆地和海洋两大自然体系的衔接地带，这是海洋景观中最基本也是最有魅力的景观。浩瀚的大海和各式各样的海岸地貌，构成一幅幅壮丽的图画，让人流连忘返。如大连金石滩是一种海上喀斯特地貌，千姿百态的礁石被誉为"海上石林"、"神力雕塑公园"。南方的北海银滩，雪白的沙滩别具特色，其规模之大，堪称亚洲第一。

(4)岛屿景观。中国海岛成因多样，但多数是大陆岛。如北方的长山群岛、庙岛列岛，南方的舟山群岛、海坛岛、湄州岛、台湾岛、海南岛等；也有泥沙淤积的沙岛，如长江口的崇明岛；而南海的西沙群岛、南沙群岛是珊瑚岛，在那里，白色的环礁，碧蓝的大海，绿色的椰子树，构成一幅美丽的图画。

(5)岩礁风光。海浪的常年侵蚀琢磨，海风的常年横吹竖扫，烈日的常年照射，暴雨的常年袭击，地壳的渐变或突变，使得海中、海岸矗立着无数奇形怪状的令人平添无限遐想的岩礁。"望母石"、"石老人"、"石公石婆"、"八仙

---

① 谢凝高:《中国山水文化源流初探》,《中国园林》1991年第4期,第15—19页。

墩”等等，这些名称的由来，就是由于一些岩礁的形状酷似某种形象，从而生出一个个相应的神奇动人的传说所致。

(6)海底景观。有些近岸海湾，海水清澈透明，海底渔礁跌宕，各种各样的鱼群翔游嬉戏，五光十色的贝类漫步海底，千姿百态的藻类随波荡漾，婀娜多姿的珊瑚笑靥生花，构成色彩斑斓的海底世界，适合开展潜水旅游和建立海底游乐宫。这种景观主要分布在南海，如电白放鸡岛、北海白虎礁、涠洲岛、三亚玳瑁洲等海域。

第二节　浙东海洋山水景观与文化内涵

浙东沿海地区受地质构造运动的影响，海岸线曲折，沿岸岛屿星罗棋布，拥有诸多海山壮丽、风景宜人的景观，其中诸多景观都被添加了人为要素，成为海洋文化体系的一部分。如蒋氏故里溪口雪窦山、“海天佛国”普陀山、“晴沙列岛”嵊泗、“东海蓬莱”岱山岛，“金庸笔下”桃花岛、“东海第一滩”檀头山、象山花岙“海上石林”、“东方大港”宁波港，等等。

一、浙东岛屿景观

浙东岛屿以基岩丘陵地形为主，海湾内镶嵌有堆积小平原。岛屿中最高的是对峙山(540 米)、舟山岛的黄阳尖(503 米)，其余则是海拔 200—300 米左右岗峦起伏的丘陵。这些丘陵大多是丘坡陡、岗顶平，岗顶保留着相当大面积的缓坡地。浙东岛屿是浙东海洋旅游发展的基础，已经形成了普陀山和嵊泗列岛两个国家级风景名胜区等。

(一)花岙岛与海上石林

花岙岛别名大佛岛、大佛头山，位于三门湾口东侧、石浦镇西南约 14 千米处，北近高塘岛。面积 12.6 平方千米，平地占 1/3，最高点雉鸡山海拔 308.5 米，居民近千人，属象山高塘乡管辖。

明清鼎革之际，花岙岛是东南沿海抗清据点之一，著名民族英雄张煌言①在此聚兵抗清达 19 年之久，后就义于杭州。在这位传奇人物曾经驻足的花

① 张煌言(1620—1664)，汉族，字玄著，号苍水，宁波鄞县(现鄞州区)人，南明将领、诗人，民族英雄。崇祯举人，曾官至南明兵部尚书。为人刚正不阿，能文能武，立志报国济民。他的诗文多是在战斗生涯里写成。其诗质朴悲壮，充分表现出诗人忧国忧民的爱国热情。张煌言诗文著作大半散佚，今有《张苍水集》行世，内收《冰槎集》、《奇零草》、《北征录》等。

岙岛，今尚有两处遗址：一为距雉鸡山顶 200 米处的长方形营房遗址，面积 7000 余平方米；不远处山梁有一块 1300 平方米的广场，似为练兵场地。另一营房遗址在雉鸡山和北面山之间的高度岙，房址约 30 间。张苍水抗清遗址，为花岙岛增添了一层历史沧桑感。

花岙岛以自然景观为主，素有“海上仙子国、人间瀛洲城”之称，悬壁陡峭，岩石柱状节理发育，号称“石林”，岩层或巍然挺拔，或斜倚横仆，尤其是海蚀地貌景观堪称东南一绝：宏伟壮丽的万柱崖、琳仙屿，神奇的洞穴，雄伟的大佛头山，神秘的伟人坐像，奇特的大小岬山，五彩鲜艳鹅卵石铺就的清水岙石滩，环境幽雅秀丽。

花岙石林由 1.6 亿年前火山岩浆形成的四边或六边形石柱群构成，总面积达 15000 平方米，位于象山县高塘岛西南的花岙岛的东南角。石林是花岙岛的主景，直插云霄的摩天石林气势雄伟壮观，景观奇特。布列岸线的石林大小、长短不一，高者达 35 米，或似倚天长剑，或似临海之鹤，人称“仙人锯岩”；粗者两人合抱，细者似大户人家的方形廊柱；密密匝匝相互簇拥着，排列有序，风韵淋漓。另有矮小圆端方柱，柱顶部被海水侵蚀成不规则的蜂窝状，酷如一柱柱的石珊瑚。由于石柱的粗细、长短、色彩、趋向和所处的位置差异，构成一幅幅极具个性的景观。有的相依相牵，顺坡层层向上，构成阶梯式的山坡；有的如冲天之柱，彰显独领风骚之气；有的相偎相依，迎风斗浪，涉水而踞；更有的贴着临海山崖直扑海面，却在离海丈余处突然收住，犹如一挂巨大的石瀑。布列在清水岙海湾与天作塘海湾之间的 1 千米海岸上的结晶体石林，其柱长、色形、趋向各不相同，极具个性。横向近乎南北向延伸，中段狼萁山嘴有一海岬东北向伸入海面 500 米。以此海岬为中心，约 200 米长的崖岸石林景观最为典型、壮观、突出。石林正东面向南田湾，西面背靠火烧山。在狼萁山嘴伸入海面的海岬上，石柱向正西方向倾斜 81°，近乎直立，石柱断面为四边形、六边形，表面有刀砍状纹理，石柱高约 3 米，边长 0.68～0.75 米。背靠火烧山崖壁上的石柱有明显的断层构造运动痕迹，从两个方向向中央倾斜，两部分交汇处为断层面，其底部经海水冲蚀形成海蚀洞。其南部石柱朝西北方向倾斜 70～75°，石柱边长为 0.65～0.95 米，高约 35 米；北部石柱向正西方向倾斜 37～45°，石柱横截面六边形特征较明显，边长为 0.70～0.85 米。由于表面风化，岩石呈灰白至土黄色。断崖底部是砾石滩，磨圆很好，最大粒径 0.8 米，大部分粒径在 0.15～0.30 米，五彩斑斓的砾石形成彩石滩。在断崖的北侧有“天开门”，是连接清水岙和狼萁山嘴的海蚀峡谷，走向为西北方向，呈“V”字形，底宽 10 米，上部宽 13 米，峡谷东侧由西北向倾斜 52°的石柱构成，高约 20 米，西侧为玄武岩的断崖，倾角 58°，同样为西北方向，亦可分辨出石柱形状。断面为四边或六边形，崖高 30 米。“天开门”峡谷西北面是清水岙砾石滩，高潮期水位高出谷底 1.5 米。

专家考证后认为，花岙岛的石林实际是侏罗纪晚期(1.6 亿年前)的中心式火山岩浆的通道。四边或六边形的石柱群是致密的黑色细粒玄武岩，表面因海水侵蚀和风化而呈黄褐色，是火山岩的重要原生构造，即火山爆发后，岩浆在均匀冷却和缓慢收缩的条件下产生一种垂直裂变，从而形成奇特的“海上石林”景观。据国家计委旅游投资研究所考证：迄今为止，世界上火山岩原生地貌仅有 3 处，一是北爱尔兰的“巨人堤”；二是我国河北省张家口市张北县台路沟乡的“大疙瘩石柱群”；第三处便是象山花岙岛的“海上石林”。

(二)金庸笔下的桃花岛

桃花岛，处于舟山群岛东南部，普陀区诸岛屿中心，是舟山群岛 1390 个岛屿中的第七大岛，面积 41.74 平方千米，2 万余人口，宋时建桃花山庄，现以岛建镇。

桃花岛历史悠久，据岛上客浦遗址和古籍记载考证，在春秋战国时期就有人类活动的足迹。先秦，隐士安期生漂流至桃花岛，采药修道，开炉炼丹。尝以醉墨洒于山石，遂呈桃花纹，奇形异状，宛若天然，故石称桃花石，山称桃花山，岛称桃花岛，被誉为“海上仙山”。

桃花岛拥有舟山千岛第一高峰——安期峰，海拔 539.7 米；舟山第一深港——桃花港；东南沿海第一大石——大佛岩，岩体高 78 米；舟山第二大沙滩——千步金沙；还是中国三大水仙名品之一的普陀水仙和浙江名茶之一的普陀佛茶的主要产地；又是浙江沿海岛屿中林木品种最多的岛屿，共有 78 科 556 种，素有“海岛植物园”之美誉。桃花岛碧海金沙环绕、多奇峰怪石、林木葱郁、气候宜人、环境清幽、风光旖旎，集山、海、沙、石、礁、岩、洞、花、林、鸟、寺、庙、庵、天象奇观、军事遗迹、历史纪念地、摩崖石刻、神话传说于一体，自然景观与人文景观相映生辉，相得益彰。

大佛岩是桃花岛的标志，不但自然景观独特，而且蕴含着丰富的武侠文化内涵，是金庸笔下《射雕英雄传》书中桃花岛主黄药师的主要活动场所。大佛岩中腹的“清音洞”是先秦安期生漂流到桃花岛后的第一个居室，在《射雕英雄传》书中是黄药师藏《九阴真经》和关押老顽童周伯通的石窟。安期峰以峰、石为特色，寺、洞为主体，龙、道、佛三大文化为背景，具有山清、水曲、石趣、峰奇、境幽、气爽的特点。安期峰是舟山群岛独一无二的风景，古代诗人在此留下了不少名句。安期生选此仙境长时期在此隐居，修道炼丹，直至白发苍苍，人称“千岁翁”，为后人留下了宝贵的文化遗产。位于桃花岛东海岸的桃花峪，奇岩壁立。桃花峪龙珠滩上，有一颗直径80厘米、重约500公斤的球形石被人们称为“东海神珠”。每当台风将临时，海浪激飞散落，形成七彩长虹似龙腾跃，龙珠在龙喉里吞吐翻滚，发出隆隆回音，编织出一幅美妙神奇的“金龙吐珠”图，被誉为“中华一绝”。形如拇指从掌中弹出，孤峰矗立、刀削斧劈、悬崖绝壁的弹指峰，是桃花龙女恩赐给桃花岛镇海挡风的玉如意，也是金庸笔下桃花岛主黄药师练功习武之所。这里的海崖风光可谓佳境。难怪600多年前元朝文学家吴莱到此游玩时写《望马秦桃花诸山问安期生隐处》诗赞曰：

此去何可极，中心忽有思。乱山插沧海，千层壮且奇。
信哉神仙宅，而养云霞姿。雕镂鬼斧缺，刮濯龙湫移。
坎窗森立剑，槎牙割灵旗。微涵赤岸水，暗产琼田芝。
老生今安在，方士不我欺。经过燕齐乱，出没楚汉危。
挟山作画镇，分海为砚池。残花锦石烂，淡墨珠岩披。
东溟地涵畜，北极天斡维。玉舄投已远，桑田变难期。
誓追凌波步，行折拂口枝。羽卯杳如梦，元圃深更疑。
岂无抱朴子，去我乃若遗。空余炼药鼎，尚有樵人知。

清代文学家朱绪来桃花岛泛舟环游，写下了《桃花山》和《桃花龙潭》诗，赞美桃花岛风光。在《桃花山》诗中还特别点出了观环岛景观的感受，诗曰：“墨痕乘醉洒桃花，石上斑纹烂若霞。浪说武陵春色好，不曾来此泛仙槎。”

桃花岛不但具有浓郁的渔乡风情和民俗文化，而且各代不少文人墨客、旅行家来桃花岛观光、探奇、寻古、考证，从先秦的安期生第一个上岛之后，汉时的大臣李少纯，宋时的文学家苏轼，明朝的文学家、军事家朱纨，清朝文学家、诗人朱绪、缪燧，直到当代武侠文学大师金庸，每一位名人都留下了与实景相结合的作品。

（三）嵊泗列岛

嵊泗列岛系天台山主脉延伸入海而形成的岛屿群，从东到西依次为海礁、浪岗山列岛、马鞍列岛、泗礁诸岛、崎岖列岛、大小戢山和滩浒诸岛。列岛之名，取自嵊山、泗礁山两岛地名首字。

嵊泗列岛西东横列，总体分散，局部集中，可分为东、中、西三大部分：西部为洋山岛区所在的崎岖列岛，中部为本岛泗礁岛区（含大小黄龙岛），东部为马鞍列岛所属的嵊山、枸杞、绿华和花鸟岛区。东西跨距153千米，南北端相隔22千米。陆地总面积86平方千米，共有岛、礁404个，海陆总面积为

8827 平方千米。列岛位于华夏褶皱系的次级构造单元新昌—定海—花鸟山断隆的东北部边缘，表层构造以断裂发育为特征，断块活动异常强烈。列岛诸岛地貌结构基本一致。由内到外，从高到低，各类地貌排列顺序大体相同，依次为山脊、坡地、谷地(陡崖)、滩涂、海洋。列岛多为花岗岩类岩石，结晶颗粒较粗，主要由燕山晚期的酸性侵入岩(花岗岩、钾长花岗岩)组成，广泛分布于各岛礁。花岗岩为早期侵入，钾长花岗岩侵入较晚。主体呈岩株产出，中粒结构，块状构造。主要矿物有钾长石、石英及斜长石和少量的黑云母、铁、锡石、钻石等成分，距今约 7000 万年。列岛境内有大、小岩体 30 个，出露面积为 57.5 平方千米，以嵊山、花鸟山两岛岩体最大。脉岩分布甚广，共有 232 条。嵊泗列岛基底为前泥盆纪陈蔡群变质岩，主要有片岩、片麻岩、大理岩及少量混合岩，全系上侏罗统陆相火山岩系。

嵊泗列岛属典型的海洋型季风气候，常年温和湿润，四季分明。各岛群在气候上存在着一定的差异。西部群岛地处杭州湾中和湾口，受大陆性气候影响较明显。与中东部相比，冬天更冷，夏天更热，降水量偏低，全年风速变率小。东部群岛，悬居外海，因而海洋型气候特征更为显著。冬温高于中西部，夏温则略低。冬季始日推迟 10 天，年冬季历期少 10 天，最适合消夏避暑。中部岛群，年平均气温和全年风速变率介于东、西部之间，年均降水量则居各岛群之首。

嵊泗列岛于 1988 年被评为首批国家级重点旅游风景区。整个风景名胜区可供旅游的面积达 35 平方千米，分泗礁、花鸟、嵊山、洋山四大景区。有岛礁、奇洞、悬崖、渔场、渔港、海市、摩崖石刻、宗教文化等自然景观和人文景观，旅游资源丰富。列岛风景区内海光山色、古朴壮美，且具有海瀚、礁美、滩佳、石奇、崖险等特点，素有“海外仙山”之称。

二、浙东滨海山体景观

浙东地貌类型以丘陵低山为主，山地与盆地相间存在。省内著名山地——会稽山、四明山、天台山和大盘山均位于此区，新嵊、天台和仙居等诸盆地穿插其间。浙东区域山地海拔在 800～900 米之间，故多属低山，超过 1000 米的山峰面积较小，没有构成本区地貌的显著特征。海拔 400～500 米的丘陵有广泛分布。浙东区域丘陵或低山上缓坡地面积较大，如四明山、天台山以及儒岙丘陵区都有大片缓坡地残留。其中四明山地区的低山丘陵具有较大的特点，在海拔 550 米、800 米的高度形成了具有一定范围的缓坡台地，并为人类长期开发，具有深厚的历史文化积淀，如余姚大岚蜻蜓岗和仰天湖一带。

（一）普陀山

“海上有仙山，山在虚无缥缈间”，普陀山以其神奇、神圣、神秘，独具魅力，驰誉中外。

普陀山位于杭州湾外，舟山群岛东部海域，为一孤悬海中之圣山，处北纬29°58′3—30°02′3，东经122°21′6—122°24′9。普陀山呈菱形，南北长8.6千米，东西宽约3.5千米，面积12.5平方千米，岸线长30千米。中部佛顶山最高，海拔288.2米，向四面延伸，西为茶山，北为伏龙山，东为青鼓垒山，东南为锦屏山、莲台山、白华山，西南为梅岑山，主峰均在100～200米间，连绵起伏，整个山势如遨游东海之蛟龙，昂首欲腾。普陀山地质属古华夏褶皱带浙东沿海地带，形成于1亿5千万年前侏罗—白垩纪，燕山运动晚期的侵入花岗岩构成岩石基础。其地貌因受第三纪新构造运动地壳间歇上升及第四纪冰期、间冰期海蚀作用影响，可分为山地、海蚀海积阶地、海积地、海蚀地4类。

古人云：以山而兼湖之胜，则推西湖；以山而兼海之胜，当推普陀。普陀山四面环海，自然风光幽幻独特。山石林木、寺塔崖刻、钟声涛音，皆充满佛国的神秘色彩。岛上树木丰茂，占樟遍野，花草繁盛，素有海岛植物园之称。全山共有百年以上树木66种1221株，岛上不仅有千年古樟，还有我国特有的珍稀濒危物种，仅产于岛上，如被列为国家一级保护植物的普陀鹅耳枥。岛四周金沙绵亘，白浪环绕，渔帆竞发，青峰翠峦、银涛金沙环绕着大批古刹精舍，构成了一幅幅绚丽多姿的画卷。普陀山岩壑奇秀，磐陀石、二龟听法石、心字石、梵音洞、潮音洞、朝阳洞各呈奇姿，引人入胜。普陀十二景或险峻、或幽幻、或奇特，给人以无限遐想。不少名胜古迹，都与观音结下了不解之缘，流传着美妙动人的传说。

普陀山是观世音菩萨的道场。普陀山的宗教活动始于秦晋，原始道教、仙人炼丹遗迹随处可见。公元847年，古印度僧人燃指礼佛，感应观音化身。公元858年，日本僧人慧锷从五台山请观音佛像乘船回国，途经普陀山遇风受阻，感悟观音不肯去遂上山供奉，创建了不肯去观音院，后经历代兴建，寺院林立，鼎盛时期，全山共有3大寺、88庵、128茅蓬、4000余僧侣，史称震旦第一佛国。每年农历二月十九、六月十九、九月十九传为观音诞辰、得道、出家日，届时普陀山全岛烛火辉煌、香烟缭绕、诵经礼拜声通宵达旦，其盛况令人叹为观止。绵延千余年的佛事活动，积累了深厚的佛教文化底蕴。观音大士结缘四海、普度众生的信念，传播广远，影响深入。山上每逢重大佛事，必有天象显祥，信众求拜，屡有应验，更增添了普陀山神奇、神圣、神秘的色彩。

普陀山凭借着特有的山海风光，很早就吸引众多文人雅士来山隐居、修炼、游览。据史书记载，早在2000多年前，普陀山即为道人修炼之宝地，秦安期生、汉梅子真、晋葛雅川，都曾来山修炼。

普陀山作为中国古代海上丝绸之路始发港的重要组成部分，早在唐代就成为日本、韩国及东南亚国家交往的必经通道和泊地，至今山上仍留有高丽道头、新罗礁等历史遗迹，流传着韩国民族英雄张保皋等的事迹。

自开创观音道场后，来山观光览胜者更络绎不绝，宋陆游、元赵孟頫、明董其昌、近代孙中山等历代名士，都先后登山游历，留下了大量珍贵的诗文碑刻。1916年秋，中山先生由沪莅杭而绍，在祭公祠(成章)并游兰亭后，转赴宁波，视察象山、舟山军港，顺道游览了普陀山，写有《游普陀志奇》一文，原墨藏普济寺客堂，十年内乱中被毁坏。文中所叙奇异景象，可能是海市蜃楼。

> 余因察看象山、舟山军港，顺道趣游普陀山。同行者为胡君汉民、邓君孟硕、周君佩箴、朱君卓文及浙江民政厅秘书陈君去病。所乘建康舰舰长则任君光宇也。抵普陀山，骄阳已斜，相率登岸。逢北京法源寺沙门道阶，引至普济寺小住。由寺主了余唤，将出行。一路灵岩怪石，疏林平沙，若络绎迎送于道者。纡回升降者久之，已登临佛顶山天灯台。凭高放览，独迟迟徘徊。已而旋赴慧济寺。才一遥瞩，奇观现矣！则见寺前恍矗立一伟丽之牌楼，仙葩组锦，宝幡舞风，而奇僧数十。窥厥状，似乎来迎客者。殊讶其仪观之盛，备举之捷。转行转近，益了然。见其中有一大圆轮，盘旋极速，莫识其成以何质，运以何力？
>
> 方感想间，忽杳然无迹，则已过其处矣。既入慧济寺，亟询之同游者，均无所睹，遂诧以为奇不已。余脑藏中素无神异思想，竟不知是何灵境。然当环眺乎佛顶台时，仰间，大有宇宙在乎手之概。而空碧涛白，烟螺数点，觉生平所经，无似此清胜者。耳吻潮音，心涵海印，身境澄然如影，亦既形化而意消与乎？此神明之所以内通已。下佛顶山，经法雨寺，钟鼓镗声中急向梵音洞而驰。暮色沉沉，乃归至普济寺晚餐。了余、道阶精宣佛理，与之谈，令人悠然意远矣。
>
> 民国五年八月二十五日　孙文志

普陀山文物古迹极其丰厚。被称之为“普陀山三宝”的唐名画家阎立本所绘的明“杨枝观音碑”、建于元代的多宝塔、法雨寺的九龙殿均为镇山之宝，价值无量。普陀山已经成为中外文化交流的窗口，是一个集礼佛观光、避暑度假、文物考古、海岛考察、书画写生、影视摄制、民俗采风于一体的著名景区。

（二）雪窦山

雪窦山位于奉化市溪口镇西北，山顶宽旷，四周群山，一峰居中名乳峰。相传乳峰有窦（洞），有飞泉从窦中喷激而出，色白如乳，溅喷如雪，故称乳峰，窦称雪窦，山称雪窦山。雪窦山四周群山环抱，中间横亘数十里，阡陌纵横，山水秀丽，气候宜人，素有四明第一山之誉，古称第九洞天第五十七福地。

雪窦山历史悠久，早在晋代就有“尼结庐山顶，名瀑布院”之誉。汉代文人孙绰曾以“陆上天台，海上蓬莱”赞誉雪窦山风光。宋代仁宗皇帝曾梦游此山，故有“应梦名山”之说，并将其中心的雪窦资圣禅寺列入“五山十刹”。建于汉末晋初的弥勒道场雪窦寺古刹在明朝被称为“天下禅宗十刹之一”，在佛教界享有一定的声誉。

雪窦山东起入山亭，北连乳峰，西接徐凫岩，南临亭下湖。海拔 200—900 米不等，横贯数十千米，最高峰海拔 915 米。雪窦山主要特点：一是山水奇秀。雪窦山群峰重叠，秀色迷人。闻名于世的有“天马峰”、“五雷峰”、“乳峰”等群峰；在深山幽谷里，瀑布成群，倒挂悬崖，著名的“千丈岩”、“徐凫岩”和“三隐潭”瀑布镶嵌在雪窦山之中。二是佛教名刹。九峰环抱的雪窦寺，距今已经有 1700 多年的历史，自唐宋以来就蜚声遐迩，宋朝皇帝赐予其“雪窦资圣禅寺”。宋嘉定年间（1208－1224），定天下禅宗五山十刹，雪窦列十刹之五。根据民国 23 年（1934）出版的《佛学词典》“四大名山”条目记载：“近有主张四大名山外，加奉化雪窦弥勒道场为五大名山者。”1987 年原佛教协会会长赵朴初视察雪窦山后，提议将雪窦山列为佛教第五大名山，推荐雪窦寺为弥勒佛道场。三是蒋氏遗迹。蒋氏家族与雪窦山结下不浅的渊源，蒋母王采玉常在雪窦寺布施念经，蒋氏父子常在此求签问卦，并在此修建了妙高台。蒋介石父子还对“御书亭”、“千丈岩”、“徐凫岩”、“三隐潭”、“商量岗”等景点进行维修、扩展和题词，留下不少珍贵遗迹。

千丈岩，又称“飞雪岩”，岩壁如削，有一瀑布，叫“千丈岩瀑布”，落差 186 米，宋真宗赵恒曾赐名“东浙瀑布”。水源来自东西两涧水，东涧水从中峰白龙洞环流寺南，西涧水自屏风山上雪峰玉龙洞十八折而下，相汇于寺前伏龙桥，流经锦镜池畔，穿关山桥出崖口，势如玉龙腾空奔泻，至半腰撞击突出巨岩，顿时水花四射，飞珠溅玉，再折而崩泻，如银帘倒挂，经阳光折射，五彩粉呈，蔚为壮观。宋郑清之《千丈岩》诗：“圆峤移来东海东，梵王宫在最高峰。试将法雨周沙界，千丈岩头挂玉虹。”

妙高台位于妙高峰、天柱峰，海拔 396 米，顶上有坪如台，名妙高台，约 350 平方米。东西南三面均是峭壁，云雾四合，如置仙境。云雾初开，凭栏四眺，爽风迎面，松涛盈耳，近峦远岗，仪态万千；台下亭下湖镶嵌群峰间，被光岚影，别有风情。宋代楼钥《妙高峰》诗："一峰高出白云端，俯瞰东南千万山。试向岗头转圆石，不知何日到人间。"清初，妙高台北首，建栖云庵。雍正四年(1726)筑石奇禅师舍利塔。根据1949年重编的《武岭蒋氏宗谱》第六册记载，蒋介石8岁时"始上雪窦山见妙高峰爱之"，"民国十六年总统蒋公建别墅于此地"，别墅为中西合璧，大门内两旁平房各1间，平顶阳台。天井后3间2层楼房，楼上水泥走廊与阳台相连，中门置白底黑字匾，"妙高台"三字，系蒋介石手书。其后平方3间。围墙连成一体，总建筑面积436平方米。房屋右侧有两亭子，大门外为平台，台上岩石突起一块，方形平滑，可容一人下坐，称"晏坐石"。1968年秋被毁，1987年国家拨款重建，但是原放在正门口的石塔却被换了位置，放在了中间。这个石塔是清末民国初时雪窦寺方丈石奇和尚的浮屠，因蒋介石十分敬重他，故在造妙高台时把它移了过来，并每次到此叩拜。

徐凫岩瀑布是雪窦山最高的一个自然瀑布，岩顶海拔476米，瀑布落差242米，有"华东第一瀑"之称，有"千丈岩高虽高，徐凫岩撞撞腰"之谚。岩口有巨石外突，犹如一只猴子对天鞠躬，当地人称为"猴鞠岩"。以猴鞠岩为中心，向两侧绝壁延伸几百米，其形状如刀削斧凿，悬崖上方青松葱茏，杂树丛生；下面草木成簇。徐凫岩的水源来自"踌躇谷"，汇聚于"直岙村"，穿过桥洞，过沙溪谷飞腾而来，直泻悬崖。因落差的缘故，瀑布分成了三段：上段为飞流直下水流，至中间即成团团紫烟升腾，最下面则成了飘飘飞雪了。石壁下部，水帘与岩壁相隔只有几米宽绰的空间，游客进入水帘洞，如入纱罗帐。瀑布下有一水潭，沿着观光楼梯下行20分钟即可到瀑布潭，潭水清澈碧绿，犹如"梅雨潭"。

雪窦山景观代有佳评。北宋诗人苏轼曾感叹"不到雪窦为平生大恨"。宋理宗赵昀赐题"应梦名山"。唐元和时状元方千赞叹道："登寺寻盘道，人烟还更微。石窗秋见海，山雾暮侵依。众木随僧老，高泉尽日飞。谁能厌轩冕，来此便忘机。"地理学家张其昀称雪窦山"兼天台山雄伟，雁荡山奇秀，天目山苍润"。

三、浙东滨海沙滩景观

浙东海岸以淤泥质海滩为主，其次为基岩海岸。沙砾质海岸类型在浙东沿海地区分布范围较少，仅占浙江大陆海岸线的4%，主要由山区河流带来的砾石和沙粒，岩岸侵蚀和崩塌下来的物质，以及邻近海岸或陆架上的粗粒物质，经波浪侵蚀、搬运、堆积而成，如普陀山的千步沙和百步沙、象山爵溪等地的沙滩。砾质海滩更少，仅葫芦岛、普陀等地有小片砾石海滩。

浙东海滩以嵊泗县的泗礁岛为最多，有基湖沙滩、南长涂沙滩等 9 处，总长 6.3 千米；朱家尖岛有 7 处，总长 6.3 千米。单个沙滩最大的为岱山县的后沙滩，又称“鹿栏晴沙”，长 3600 米，宽 300 米。桃花岛对峙山的安期峰、舟山岛的黄杨尖，为浙江省海岛的第一、第二高峰，植被覆盖率在 80%以上，环境幽静，常有云雾笼罩。

(一)普陀千步沙

千步沙也称千步金沙，位于普陀山东部海岸，自几宝岭至飞沙岙，长约 1700 米，宽约 100 米，因其长度近千步而得名。

置身千步沙，海潮拍岸，声如雷震，碧浪来如飞瀑，退如珠帘，瞬息万千，置身其中，心旷神怡。每到夏秋季节的夜晚，千步沙还有一道美丽的景观：海面上涛声不绝，一排排波浪在暗夜中闪闪发光，好像点燃了无数盏灯。波涛涌上海滩，又像数不清的夜明珠在地上飞滚跳跃，令人眼花缭乱，人们称它为“海火”，佛教徒们则叫它“神火”。其实，这是一种生物发光现象。海水中有无数含磷质的生物，能在黑暗中发出光来，水温越高，密度越大，光度也越强。

千步金沙，沙色如金，纯净松软，宽坦软美，人行其上，不沾人足。明屠隆《千步沙》诗赞曰：“黄如金屑软如苔，曾步空王宝筏来；九品池中铺作地，是疑赤足踏莲台。”千步沙海浪日夜拍岸，涛声不绝。浪潮嬉沙，来如飞瀑，止如曳练。若遇大风激荡，潮水飞溅，状如雪崩。千步沙沙坡平缓，海面可阔，且水中无乱石暗礁，常为游泳健儿所青睐。夏日里来此，或在游山之后，赤着足行其上，让海浪亲抚脚面；或者静静地在沙滩上坐上一会儿，听听潮声；或者干脆换上泳装跃入佛海波涛，它会给你带来无限凉爽。千步金沙并不只是白天很美，每临月夜，婵娟缓移，清风习习，涛声时发，其清穆景色更为诗意盎然。故有人曾将其与壮丽的朝阳涌日，合称普陀山双绝。

近年来，为使更多的游客饱览佛国景致，享受沙滩情趣，普陀山推出了以朝阳洞、百步沙、千步沙为龙头，以观海景、玩海水为主要特色的旅游专线，在千步沙游乐中心利用沙滩优势，修建了 4 只 5500 平方米的嬉水池，购置了碰碰船，在嬉水池里还饲养了 6000 多尾红黄相间的金鱼，引进很多广场鸽放养在占地 144 多平方米的地处千步沙背的“马尼拉”草坪上，供游客观赏，还购置了 10 余艘高速游艇，开辟了百步沙、千步沙海上游艇游览项目。

(二)象山松兰山沙滩群

象山松兰山沙滩群包括东沙滩、南沙滩、白沙湾沙滩、松兰山沙滩、太极湾沙滩、中央沙滩、下沙沙滩等。滩滩相连，连成一线，南北长达 5 千米，是华东地区最大一片陆岸沙滩。

南沙滩是松兰山沙滩群最南端的沙滩。海水退潮时东西向深约 180—350 米，宽约 300 米，沙滩向东倾斜约 2°左右，光滑平坦。南北两端有蛇形岸线山。沙滩东面有大漠山岛，处于海湾口处，起到屏蔽海浪的作用，使南沙滩的海浪相对平静。东沙滩北端为松兰山，南端为龙洞岗。松兰山以海角形伸入海面约 600 米，灯光布置使山形似一鲸鱼跃入大海。东沙滩沙质优良，2 米等深线内面积很大，是松兰山沙滩浴场主要游乐场。沙滩以松兰山为界，与南沙滩毗邻，北靠大爿山，扇形海滩湾口较窄。800 米长的海岸线上有 2.6～2.8 米高的蛇形沙堤，堤岸上砌花岗岩砖。沙滩西岸为松兰山滨海公园，公园内有一湖泊，由天然蒲草潭改造而成，平面形状为象山地图。海滩上砾石很多，主要分布在高潮位，靠近堤岸。海浪集中分布在东西角，浪高约 0.5 米。下沙沙滩在城区东偏南，介于磨石礁与下沙岭向北延伸山嘴之间。以下沙得名，呈新月形。长 0.6 千米，宽 0.13 千米，面积 0.07 平方千米，由石英沙组成。白沙湾沙滩位于白沙湾村南，白沙湾内侧。呈西北—东南向，长约 0.8 千米，宽约 0.25 千米，面积 0.16 平方千米。皆石英沙，粒细色白。湾内风小浪平，水质清澈，其上方筑有小水库，其西北有千年古刹“弥陀寺”。中央沙滩背面的大爿山南坡有十二生肖石，属花岗岩质。中央岛沙滩、太极岛沙滩、大岙沙滩都是位于松兰山滨海公路边的沙滩，与松兰山沙滩、白沙湾沙滩及下沙沙滩共同构成了滨海沙滩群这独特的风光。在沿线沙滩的西侧是连绵的山脉，有松兰山、大爿山、炮台山等。山腰处为海拔 10.6 米的海景观光大道。东面海上远近分布着许多岛屿，比较著名的有羊屿山、羊背山、大漠山等。

（三）象山石浦皇城

石浦皇城沙滩属于海滩，东临大海，西连平原，南北两端与山相连，风光秀丽。沙滩滩头平缓，滩面开阔，长 1800 多米，宽 300 多米，南北走向，呈新月形。沙质为粉沙，含有大量贝壳，沙色偏黑，属于细沙滩，当地人称“铁板沙”，因沙质硬，沙滩大，可进行沙滩足球比赛，甚至可驶车风驰。沙滩上终日里排浪层层相叠，涨潮时白色的浪头直奔滩头，发出阵阵有节奏的轰鸣之声。沙滩旁有美不胜收的岩滩，南北两端均有矮山底岗延伸入海，海岸曲折，形成壮丽的岩礁带。崖下滩头上的礁石各展风姿，其上多孔、洞、窍，沉浮于浪头之中，一派吞浪吐风之势。其间的两处卵石滩，卵石大者如斗，小者如卵，风姿各异。

皇城沙滩因近皇城村得名。据《象山县志》载，南宋末年，石浦附近海面上发现许多浮尸，其中有一少年男尸，身穿绣龙黄袍，面如冠玉。人们认定他就是在崖山海战中，被丞相陆秀夫背着投海殉国的小皇帝赵昺，“遂葬焉，外围以墙，因名皇城沙滩”。1939年9月，音乐家聂耳和王人美、蔡楚生、桑孤等艺术家来石浦拍摄《渔光曲》外景，专到沙滩摄影留念。当地居民还有“三月三，踏沙滩”的风俗，每当这前后，游人一天比一天多，三月三那天更是游人如织。滩岸上还建有一个全省最大的露天演出场地，有1万多个固定座位，1000多平方米的多层露天舞台，是中国开渔节的主会场。

四、浙东港口景观

浙东区域海岸曲折，呈现半岛、岬角、海湾、河口相间，岛与岸之间常常形成潮汐通道的冲刷槽，从而形成了数量可观、具有深水条件和深水航道的天然港口、锚地和航道水门，在浙东海洋资源中占有重要地位。

浙东沿海港口类型齐全，分布均匀。按地理位置可分为河口港、海岸港、岛屿港三类，各地区大、中、小港口资源基本配套。浙东的深水岸线资源主要集中在北仑、舟山等地，其中以舟山群岛的深水岸线最为丰富，约占全省一半。北仑—金塘海域进港航道最小水深为17.6米，可以全天候通航和靠泊第四代、第五代和超大型集装箱船舶，是我国东南沿海建设大型深水港的理想港址。浙东还具有众多各种性质的大小锚地，可供各类船舶避风、过驳、停泊。

（一）宁波港

宁波城市的产生及其发展过程是与港口的开发和兴衰紧密联系在一起的。早在公元前4世纪，宁波就是古越国水军营建的要塞句章港，这是我国最古老的港口。在唐代，宁波已是“海外杂国、贾船交至”的全国主要对外贸易港口，宁波港于唐开元二十六年(738)正式开埠，并与扬州、广州一起列为我国对外开埠的三大港口。宋代，宁波港又与广州、泉州并列为我国三大主要贸易港。宁波是“海上丝绸之路”、“瓷器之路”、“海上茶路”的起点和通道。鸦片战争后又辟为“五口通商”口岸之一。越窑青瓷、中国茶叶就通过明州(宁波)口岸远销朝鲜、日本、东南亚以及阿拉伯等国家和地区。如据最新统计，从804年到1349年，港口名称明载于史料的通航日本记录共有112次，其中，宋代以前的25次中，宁波入港1次，出港7次；北宋的22次中，宁波入港7次，出港12次；南宋的42次中，宁波入港14次，出港13次；元代的23次中，宁波入港 17 次，出港 6 次。①

现在，宁波港百里港区拥有生产性泊位 305 座，其中万吨级以上大型泊位 60 座，包括 33 座 5 万吨级以上至 25 万吨级的特大型深水泊位，是中国大陆大型和特大型深水泊位最多的港口。2007 年初北仑港区五期集装箱码头项目开始建设，这将使北仑港区新增 5 个 5 万至 10 万吨级集装箱专用泊位，年吞吐量 250 万标箱。原本荒凉的滩涂现在成了吊机林立的码头，于是象山港、石浦港也落入了港口建设者的视野。

表 3-2　古宁波港承载的主要历史文化活动

时　间	主要大事记
春秋时期	宁波人精造“乘舟”和“戈船”（战舰）漂洋过海，且拥有水军
公元前 4 世纪	古越国水军营建的要塞句章港，是我国最古老的港口，是宁波港的前身
汉元鼎六年（前 111）	宁波港已有舟师（海军）活动
吴大帝黄龙二年（230）正月	东吴将军卫温、诸葛直从宁波港出发，出访台湾等地
唐开元二十六年（738）	宁波港正式开埠，与扬州、广州一起列为我国对外开埠的三大港口，并成为全国最大的开埠之港
唐代	宁波港有了专门管理外贸的机构——市舶司（相当于今天的海关）
唐天宝二年（743）	鉴真和尚东渡扶桑，途中船舶失事曾在宁波港获救
唐天宝十一年（752）	日本孝谦朝 3 艘遣唐使船驶抵宁波口岸，从此宁波港有了 1200 余年对外开放的历史
宋代	宁波港与广州、泉州并列为我国三大主要贸易港
南宋时	在宁波建立的市舶司，其关税收入占当时南宋王朝财政收入的 1/3
明洪武二年（1369）	因沿海一带常遭倭寇侵扰，朱元璋下令禁止“通蕃下海”，屯兵戍守宁波，宁波港长期处于闭港、半闭港状态
明永乐三年（1405）至宣德八年（1433）	大航海家郑和七下西洋，他把宁波港三江口桃花渡一带作为主要造船备料的基地
清道光二十一年（1841）	英军侵占宁波，宁波港被辟为“五口通商”口岸之一
鸦片战争后	对外贸易港口的中心转移到上海，宁波港从主要对外贸易港之一降为国内转运货物的贸易港

北仑港是宁波作为沿海港口城市的象征，位于甬江口东侧金塘水道南

① ［日］榎本涉：《东亚海域与中日交流》，吉川弘文馆（东京）2007 年版，第 30—39 页。

岸，紧靠杭州湾和长江口，因邻近小岛"北仑山"而得名。现已发展成拥有多座深水泊位组成的大型泊位群体，是一座大型的、综合性的、具有国际中转功能的深水海港，有"东方鹿特丹"之称。北仑港域大部分水深在50米以上，航道最窄处宽度亦在700米以上。25万吨级海轮可自由进出，30万吨级可候潮出入。港口水域广阔，可供锚泊作业水面有34平方千米，可容万吨以上船只300艘同时锚泊。金塘、大榭、大黄莽等岛屿环列东、西、南三面，构成天然屏障。台风侵袭时，港内波浪较小(实测强台风时波高约2米左右)，年作业时间可达340天。岸线长而顺直，沿岸超陡水深流顺，不易落淤，10米以下水下岸坡相对稳定，无须疏浚。可利用深水岸线17.5千米，可建造万吨级以上深水泊位约50座。港区位于南北航线与长江干线交汇处附近，距长江口仅70海里，紧邻上海，与天津、神户、大阪、高雄、香港、武汉等构成近乎等距离海运网络，有条件成为华东地区外贸深水大港、各主要港口的深水中转港。港口陆域宽广，可供开发海滩五六十平方千米，施工材料、砂石资源丰富，可就地开采。北仑港区10万吨级和20万吨级矿石中转码头配有4台悬臂式卸船机，台时效率为2100吨；3座2.5万吨级矿石泊位上有3台移动式装船机，台时效率为4200万吨；矿石堆场上有4台斗轮堆取料机；卸矿泊位、装矿泊位和堆场由2条宽1.6米的固定式皮带输送机相连接。全部装卸流程由中央控制室集中控制。共有矿石专用堆场29.61万平方米，总容量达300万吨，年接卸进口铁矿砂能力可达3000万吨以上，适应开展大宗散货国际中转业务的需要，是我国目前规模最大的进口铁矿中转基地。目前，北仑港的煤炭接卸能力已超过1000万吨；原油和成品油吞吐能力已超过3000万吨；年集装箱吞吐量超过100万标箱，并以超过45%的年均速度增长。北仑港区宽阔的深水锚地和优越的地理位置是开展国际集装箱、海上原油过驳、散杂货运输、化肥灌包中转的理想区域，可接卸第五、第六代集装箱船舶，并已进入全球10个能接卸30万吨级货轮的深水大港行列。2002年，北仑港集装箱吞吐量已经达到了185.9万标箱，其年增长率已经连续5年排名全国第一。

(二)舟山港

舟山地处我国东南沿海，长江口南侧，杭州湾外缘的东海洋面上，地理区位优势十分明显，首先背靠上海、杭州、宁波等大中城市群和长江三角洲等辽阔腹地，面向太平洋，具有较强的地缘优势；踞我国南北沿海航线与长江水道交汇枢纽，是长江流域和长江三角洲对外开放的海上门户和通道；与亚太新兴港口城市中国台湾基隆港、日本长崎港、韩国仁川港呈扇形辐射之势，相距均不超1000千米，具发展对外贸易的有利条件。

舟山港口开发历史悠久。春秋时，舟山属越国，称“甬东”，又喻称“海中洲”。秦朝，徐福奉命在东南沿海的蓬莱、方丈、瀛洲三岛寻找长生不老药，历尽艰辛来到舟山群岛，认定境内的岱山岛为“蓬莱仙岛”。唐开元二十六年(738)舟山置县，归属明州。自此时起，舟山海上贸易日趋繁荣，历史上曾一度兴起成为外贸的重要商埠和海上“丝绸之路”的重要通道。自唐代和日本之间开辟了由日本至明州(今宁波)的航线后，舟山就成了明州的外泊港，外来海船来此停泊候检入关，外出海船在此补给候潮起航。据《乾道四明图经》载：“高丽、日本、新罗、渤海诸国，皆由此取道……”其时，有 30 多艘中日民间贸易商船，往来时在舟山海域锚泊，当地居民持食品和鱼盐、棉、茶、酒等物在海口与日商进行易货贸易，以物换物双方都皆大欢喜。北宋时期，日本禁止本国商船到外国贸易，朝廷在杭州、明州设市舶司，管辖对外贸易事务，其时，中国商船在舟山候船后到日本进行民间贸易。南宋时，日本商船可来舟山、明州进行贸易，舟山的民间商船除将舟山的咸干水产品运销江浙沪一带外，也直接参与对日的民间贸易。

元朝时，中日贸易往来商船更加频繁，但大多是官方贸易，舟山依然是候潮候风的锚泊地。到明朝洪武至隆庆元年(1368—1567)，朝廷实行了长达 200 年的“海禁”，除官方的“堪合贸易”外，进抵普陀山莲花洋面和沈家门停泊的朝贡船舶，一般由官府接待，赠送酒、水和粮食，并引进宁波港。

在明正德年间(1506—1521)，由于海外各国在中国沿海进行“私泊”贸易不断增加，16 世纪中叶，葡萄牙等欧洲殖民主义势力东侵，我国对美洲的海外贸易，以及日本对中国的朝贡贸易，都使舟山当时的经济呈现出繁荣景象，现今普陀区六横镇的双屿港成为亚、非、欧诸国商人云集的繁华商港，长驻外商 3000 余人，成为事实上的“自由港”。

清康熙年间在广东等地官员的要求下解除海禁，在江、浙、闽、粤四省设置江海关、浙海关、闽海关和粤海关，对外通商贸易。清朝历史上的四口通商时期由此开始。舟山重新开放为外贸口岸，设立负责对外商务海关事务的“红毛馆”，可“增税银万两”，“西欧商船，骛趋定海”，再次带动了岛上经济的发展。此时，四个港口都可以依据自身优势进行贸易竞争。开始时，西方商人对浙海关的舟山(港口在定海)、闽海关的厦门和粤海关的广州都充满兴趣。舟山位于丝绸的产地，并且比较接近消费毛织品较多的北部地区。丝绸是西方商人热切希望得到的中国商品；毛织品是西方商人极力在东方推销的商品。清朝初年，厦门因与台湾关系密切，中西贸易颇为繁盛。争取到广州贸易的英国、荷兰等国商人，一再受到企图独占贸易的澳门葡萄牙人的阻挠，但广州一直是他们“未能忘怀”的地方。在1700年英国东印度公司派往中国的五艘商船中，有两艘开往舟山，其中“萨拉号”携带的资金是五艘商船中最多的；“海王星号”携带资金居第二位，前往厦门；另外两艘商船前往广州。

鸦片战争中，英军两次攻占定海，皆与英国不愿失去定海通商机会有关。因为在乾隆二十二年（1757）清朝曾规定英国等西方国家船只一律在广州停泊交易，不准进入浙江沿海。

舟山港具有丰富的深水岸线资源和优越的建港自然条件，可建码头岸线有1538千米，其中水深大于10米的深水岸线183.2千米；水深大于20米以上的深水岸线为82.8千米。1987年4月国务院批准舟山港对外开放，已与日本、美国、俄罗斯、朝鲜、马来西亚、新加坡等国有外贸运输往来，并开通了国际集装箱班轮。港口货物主要有石油、煤炭、矿砂、木料、粮食等。随着舟山港不断地开发建设，已逐步形成以水水中转为主要功能的综合性主要港口。全港有定海、沈家门、老塘山、高亭、衢山、泗礁、绿华山、洋山八个港区，共有生产性泊位352个，其中，万吨级以上11个，2003年全港完成货物吞吐量5700万吨，居全国沿海港口第九位。

（三）宁波　舟山港口一体化

宁波、舟山两港是浙江省港口的两大支柱，也是上海国际航运中心南翼的重要组成部分。近年来，省内经济快速发展，对外开放进一步扩大，外贸物资运输量大幅增长，经过多年的发展建设，两港已逐步形成一定规模。但行政分割使两港发展遭遇“尴尬”。宁波、舟山两港处于同一海域，使用统一的航道和锚地，拥有同一经济腹地，在自然属性上本来就是一个港口，只是由于行政区划和管理体制的原因，被分割成为两个港口。

正是在这一背景下，浙江省委、省政府在2003年明确提出，整合两港资源，加快两港一体化建设，并明确了“统一规划、有序建设、市场运作、加强协调”的指导思想，2005年更进一步确定了统一规划、统一品牌、统一建设、统一管理的“四统一”目标。宁波、舟山两港的一体化，不是一港加一港的简单算术式叠加，而将会有几何级数的变化，产生的将是老虎加翅膀的效应。宁波、舟山两港一体化，它既是浙江经济、社会发展的必然趋势，又是属于同一机体的自然组合。同一海域，同一航道，同一经济腹地，使宁波、舟山两港的关系像弓与箭一样的密切。宁波的实力，像蓄势聚力鼓满了弦的弓，而舟山丰富的海洋资源及天然外向的地理优势，像急于迸发的箭。弓有了箭就有了发力的对象，箭有了弓就有了冲刺的力量与依靠。

2006年元旦，宁波港与舟山港开始了一体化进程。宁波—舟山港海域北起杭州湾东部的花鸟山岛，南至石浦的牛头山岛，南北长约 220 千米，共有岸线总长 4000 余千米，其中近岸水深 10 米以上的深水岸线长约 303 千米。按照《宁波—舟山港总体规划》规定，宁舟港被定位为“上海国际航运中心的重要组成部分、集装箱干线港和完善上海国际航运中心运输功能的重要依托”。一体化后的宁舟港将形成“一港、十九区”的港口总体布局：“一港”即宁波—舟山港，“十九区”是指甬江、镇海、北仑、穿山、大榭、梅山、象山湾、石浦、定海、老塘山、马岙、金塘、沈家门、六横、高亭、衢山、泗礁、绿华山、洋山共 19 个港区。一体化进程推动了宁舟港的快速发展。据统计，2008 年，仅宁波港开通集装箱航线就达 210 多条，月航班数突破 900 班，港口货物吞吐量达 3.6 亿吨，集装箱吞吐量达 1084.6 万标箱，世界上 100 多个国家和地区的 600 多个港口纳入宁波港口“全球通”版图。2009 年，宁波—舟山港货物吞吐量达到 5.7 亿吨，位居全球海港吞吐量第一，占全省全年海港货物吞吐量的 81.4%，其中外贸货物吞吐量 2.4 亿吨，占全省海港的 92.3%；完成集装箱吞吐量 1043 万标准箱(TEU)，占全省海港的 94%。

表 3-3 宁波—舟山港口组成及功能

港口		组成部分	主要功能
宁波—舟山港	宁波港	北仑、大榭、穿山、梅山、镇海、象山湾、石浦	长三角及长江流域外向型经济发展和以能源、原材料等大宗物资、外贸集装箱为主的中转运输，将具备运输组织、装卸储存、中转换装、工业开发、现代物流、战略储备、通信信息、保税及综合服务等功能，并成为宁波港口物流中心的基础平台。
	舟山港	岱山岛、秀山岛、虾峙岛、六横岛、金塘岛、册子岛、大小洋山、马迹山、绿华山、大衢岛	长三角和沿线地区石油、铁矿石、煤炭、集装箱的中转运输和储存(储备)基地和全国沿海中部修造船基地，其发展方向是以水水中转和工业港为特色的综合性港口。

实际上，宁波不但与舟山合作，还与绍兴、台州、温州、金华等地合作，推进集装箱干支线和无水港建设，共同打造宁波、绍兴、舟山、台州港口水陆组合群。

五、浙东滨海奇观——钱江潮

潮汐是海水的一种周期性运动，它是由月球和太阳的引潮力而产生的。浙东入海河流、河口均有潮汐现象，尤其是杭州湾的钱江潮，闻名天下，蔚为壮观。

浙江钱江潮为天文大潮，自古蔚为天下奇观。它与南美洲的亚马逊河、南亚的恒河，并称世界三大强流涌潮河流。但涌潮之优美壮观，以海宁潮为最。每年农历八月十八观潮节，国内外数十万观潮者像潮水般涌向海宁，争睹此“天下奇观”。

海宁观潮，由来已久。早在南宋时就把农历八月十八这一天定为“海神生日”，并在钱塘江上检阅水师，使观潮与观看军事演习相结合。后每逢八月十八，民间便自行汇集到海宁盐官（镇）观潮，年复一年，久盛不衰。古往今来，曾牵动无数文人墨客的诗兴，写下了不少气势磅礴的诗章。李白有“浙江八月何如此，涛此连山喷雪来”；杜甫有“天地黯惨忽异色，波涛万顷堆琉璃”；苏东坡有“八月十八潮，壮观天下无”；刘禹锡有“八月涛声吼地来，头高数丈触山回”。此外，孟浩然、白居易、陆游、郑板桥等也都留有观潮抒怀之作。乾隆皇帝六下江南中曾四次到盐官观赏海宁潮，并赋诗10余首。孙中山、毛泽东等一代伟人也曾观赏钱江潮并留下诗文。如：

与颜钱塘登樟亭望潮作

唐·孟浩然

百里闻雷震，鸣弦暂辍弹。
府中连骑出，江上待潮观。
照日秋空迥，浮天渤解宽。
惊涛来似雪，一座凛生寒。

浪淘沙

唐·刘禹锡

八月涛声吼地来，头高数丈触山回。
须臾却入海门去，卷起沙堆似雪堆。

潮

唐·白居易

早潮才落晚潮来，一月周流六十回。
不独光阴朝复暮，杭州老去被潮催。

八月十五日看潮

宋·苏轼

定知玉兔十分圆，已作霜风九月寒。
寄语重门休上钥，夜潮流向月中看。
万人鼓噪慑吴侬，犹似浮江老阿童。
欲识潮头高几许？越山浑在浪花中。

江边身世两悠悠，久与沧波共白头。
造物亦知人易老，故教江水向西流。
吴儿生长狎涛渊，冒利轻生不自怜。
东海若知明主意，应教斥卤变桑田。
江神河伯两醯鸡，海若东来气吐霓。
安得夫差水犀手，三千强弩射潮低。

七绝·观潮

毛泽东

千里波涛滚滚来，雪花飞向钓鱼台。
人山纷赞阵容阔，铁马从容杀敌回。

从 1992 年起，海宁创办了国际观潮节，节庆活动持续一周时间，一年一度的观潮习俗得到了恢复和发扬，构成当地一种独特风情。近年来，海宁观潮已从传统的盐官一个胜地发展为“八堡—盐官—老盐仓”三处观潮胜地，形成了“一潮三看四景”的追潮旅游。观潮者可以乘坐汽车自东向西与潮头赛跑，因潮速每小时只有 25 千米，而车速则有 40 千米，完全可以赶上潮头。可先在八堡看东南“双龙相扑碰头潮”，继至盐官饱览“江横白练一线潮”，最后赶至老盐仓欣赏“惊涛裂岸返头潮”；夜间则可观看“月中齐鸣半夜潮”，同时享受听潮之美妙，大饱眼耳之福。

在盐官镇东 7 千米处的八堡是观赏“碰头潮”的好地方。碰头潮成因是海潮涨入钱塘江口后，因南北岸地势不同，渐成两段；南段快，北段慢。在八堡，南段涌向江塘，荡回重与北段汇合时，出现多变的潮头相撞，满江涌潮，声如山崩地裂，掀起巨浪，雷霆万钧，大有摧枯拉朽之势。西去约 4 千米，便到盐官镇。这里潮势不仅最盛，而且潮头齐列一线，绵延数千米，故谓之“一线潮”。潮到时，东方水天相接，泛起一道银线，乍隐乍现，微微起伏，像亿万条白色的鱼在宽阔的江面上跳跃追逐，又似一群洁白的天鹅排成一线，展翅翩翩而来。后浪推着前浪，似满江碎银狂泻；前浪引出后浪，托起一堵耸立江面的潮峰。潮头来到眼前是，观者来不及细细体味，便沉浸在风雷激荡、云水震怒的画卷之中。只见浪涛滚滚而来，如万鼓齐鸣，似千军呐喊，像惊雷掠空，若沙场闹海，直搅得银山流动，雪屋耸摇。顷刻，潮峰呼啸而过，江水猛涨，波涛泛白，经久不息。

老盐仓在盐官以西 5 千米处。这里自 1964 年筑起 9 米高、650 米长的丁字大坝截挡江潮后，便成了海宁观潮的第三佳地。当海潮撞上这伸入江心的丁字大坝时，潮头如受惊的猛狮突兀立起，陡起丈高水柱，然后潮头折回，形成了一条反方向的白色潮线，滚滚退去，这就叫“返头潮”。这些观潮景点，都是昼夜两潮。当月色如洗，江潮忽来时，江面陡寒，水气氤氲，天地变色，也别有一番绝妙的乐趣。其实，“早潮才落晚潮来”，海宁潮每日都有两潮。农历初一至初五、十五至二十，都是大潮日，一年有120天观潮佳日，只是八月十八潮最盛而已。

为促进旅游业的发展，数十处以潮为载体的省、市级重点文物古迹得到修葺和保护，其中包括海神庙、御碑亭、汉白玉牌坊、占鳌塔、镇海铁牛、中山亭、小普陀寺、鱼鳞石塘等。尤其是位于海塘的观潮胜地公园，经过近几年的建设，筑起了牌楼、护岸、假山、喷水池、长廊、钟鼓楼、潮神祭广场、潮韵苑，还进行绿化，使公园面貌焕然一新。如今，人们来到这里观潮，总能感受到观潮历史文化在此间积淀的分量。世界一绝的海宁潮，是大自然的恩赐。大自然在把这里造化成观潮胜地的同时，也孕育了璀璨的“潮文化”，构成一种独具魅力的人文景观。

第三节 浙东海洋山水景观文化的美学特征

浙东海洋山水景观包含了大洋风光、港湾魅力、海滨海岸风光、岩礁风光、岛屿景观、沙滩景观等丰富多彩的景观形态，构成了千姿百态、深奥奇特、变幻莫测的景观，其形成过程和表现形式的系统性与完整性，具有巨大的美学价值。

一、浙东海洋山水景观的形态美

海洋山水景观的形态美主要表现在以山水的外在形象给人以美的享受。

浙东海洋山水景观不但拥有四明山的秀美景色，同时也拥有多姿多彩的水景，山水相映，相得益彰。素有“千洞岛”之称的三门蛇蟠岛，有大小岩洞1300余个，形态各异；有“东海明珠”之称的台州大陈岛，景观奇绝，海产丰盈，具有良好的自然条件；由103个岛屿组成的洞头，风景资源优势明显，柔美的沙滩、峻峭的礁石、幽深的洞穴，以及丰富的人文资源和浓郁的渔家风情，都凸现了浙东海洋山水景观的形态美。

浙东滨海山体，从整体气势上看，上下交错，浑然一体；从峰体造型上看，或浑厚粗犷，或清新秀丽、小巧玲珑。浙东海洋景观的最大特色是“水”。其分布空间之广、构景之完美等特征异常鲜明。宁波松兰山是天台山由西向东奔入大海的余脉，大自然对她进行了成千上万年的打磨、修饰，使之成长为东海岸边一处集豪气冲天、千娇百媚于一身的景观。山海间一条长12千米的观光公路勾勒出曲折绵长的海际轮廓线，众山青青、曲折多姿；山下可入海戏浪花，山上可长天揽云雾；天晴时，金沙闪闪白浪间，雨飘日，薄雾环绕青山岙；波动的海浪，令海面众多的岛礁似在沉浮间跃跃欲飞。古人把这一带称作“游仙乡”，明朝时修建了一座军用城池，美名为“游仙寨”。

浙东滨海山水相映成趣，构成一幅美妙的画卷，带给人们强烈的视觉冲击。难怪在许多文人的笔下极尽对浙东海洋山水景观的歌咏：“气蒸宇宙，流湿云翳，簸弄寥郭，万形失丽。和混沌，并元气，荡八荒，吞四裔，漭洋浩淼，超忽不知其穷际。尔乃踟蹰旁皇于其上，海风蓬蓬而萧飕，高天下，垂大地，欲浮长波，卷雪跳沫，崩丘肆遌，瞩于空旷，颠倒怳惚，窅然丧其赤县神州，雄怪骇尔心目，神光散而不收。”①在猎猎海风的作用之下，长波欲浮，卷雪跳沫，其“骇尔心目”的雄怪景象，令人叫绝。

二、浙东海洋山水景观的象征美

在中国传统的审美活动中，人们在摆脱了对自然山水简单、直接、被动的物质利益关系以后，进化到以一种精神的满足和愉悦来观照、对待自然山水的较高层次，这是一种具有自觉伦理意识的山水观。孔子提出“智者乐水，仁者乐山”的观念后，后人加以唱和发挥，认为山的高峻、宽厚以及滋养万物的特征“似乎仁人志士”，水的品性可“君子比德焉”，认为山水“似德、似义、似善化”，以人的社会化道德内容类比山水，使人们在游览自然山水时，不仅注重外在的形态美，而且特别标举内在的品质。这种山水“比德”观，是审美理想在山水文化意识中的深层积淀，也使千山万水具有象征美。

浙东海洋山水景观的形态美让人流连忘返，所蕴含的具有人文内涵的象征美令人折服，并且影响着人们的价值取向。如海洋景观本身蕴涵着大量优秀的传统价值理念，如“海纳百川、有容乃大”的海洋包容精神倡导现代人以有博大的胸怀，在以道德和法律规范为前提的基础上，学会去包纳、宽容别人。而“以人为本”的海洋文化思想则鼓舞着现代人遵循可持续发展原则，树立人与自然的平等观，把人类社会的发展与自然生态保护紧密联系起来，形成人与自然、人与人、人与社会和谐共处为基本宗旨的文化伦理形态。因此，在这个思想多元化的社会转型期，更需要我们充分挖掘海洋景观所具有的社会文化价值，促进传统伦理道德的继承和民族文化软实力的提高。

---

① （明）屠隆：《由拳集》卷一。

浙东海洋山水都被转变成了意蕴丰富的象征符号，用以寄托人们的情感意趣和精神追求，让人们在欣赏海洋山水的同时，也能领略到海洋山水的文化内涵。宁波诗人屠隆[①]有《登招宝山观海三首》，其一云："一望连空绿，高天乍有无。涛来万山动，潮落百川枯。蜃合楼台迥，鳌擎岛屿孤。悲哉尼父志，去去欲乘桴。"此诗的前几句重在描绘大海的博大、浩瀚，与高天浑然成为一体，潮起潮落，使得山动川枯。尾联借景抒情，悲叹孔子之道不行，想着乘桴于海，过上逍遥自然的人生。这里，为"尼父志"而悲，实际上也正是在为自己的理想不能实现而悲。[②]

三、浙东海洋山水景观的和谐美

和谐之美在于对象构成要素之间的相互依赖和相互协调所达到的浑然天成、融洽无间，是多样性、异质性的高度统一。山川风景之美，百鸟鸣叫之美，诗词文章之美，其实质都是和谐。"和谐之美不仅仅由于它能使人赏心悦目，引人之处还在于它的力量是伟大的。和谐之美对人有着强烈的感召力。"[③]

浙东海洋山水景观集形态、象征、水色、层次、意蕴于一体，达到了和谐美的境界。浙东海洋山水景观的和谐美，美在刚柔相济。浙东区域滨海的山与水、峰与林，无不体现对立统一的和谐。花岙石林悬壁陡峭，岩石柱状节理发育，岩层或巍然挺拔，或斜倚横仆：宏伟壮丽的万柱崖、琳仙屿，神奇的洞穴，雄伟的大佛头山，神秘的伟人坐像，奇特的大小岬山，体现了雄奇、崇高、浑厚的阳刚美；岛上山峦叠翠，景色迷人，海风吹拂，细云缭绕，或缠或挂，尽显缠绵不绝的阴柔美。浙东海洋山水的和谐美，美在动静兼具。浙东的山千年不语，深谷静谧；浙东的水流转不绝，如注如泻。山与水相生相依，水绕峰转，变幻莫测，构成了一片动静交错的和谐世界。

---

① 屠隆(1542—1605)，明代戏曲家、文学家，浙江鄞县人。万历五年(1577)进士，初授颍上知县，后擢升为礼部主事，遭谗言，罢归。为官时常常接待四方文人侠客，饮酒赋诗，游山玩水。《明史》载其"诗文率不经意，一挥数纸。尝戏命两人对案拈二题，各赋百韵，咄嗟之间二章并就，又与人对弈，口诵诗文，命人书之，书不逮诵也"。王世贞评说，其诗有天造之极，文尤瑰奇横逸。现知屠隆著有《栖真馆集》、《由拳集》、《采真集》、《南游集》、《鸿苞集》等。

② 张如安：《屠隆海洋文学初探》，《浙江海洋文化与经济》(第一辑)，海洋出版社 2008 年版，第 231 页。

③ 王兰：《和谐与"和谐之美"》，《信息导刊》2005 年第 11 期，卷首语。

第四章　浙东海防文化

第一节　海防文化概述

一、海防文化的内涵

依照马克思主义的观点，战争是人类的一种交往形式，对于野蛮民族来说，甚至是主要的交往形式。人类的交往和文化之间存在极为密切的关系，在一定意义上可以说，文化是因交往而产生、因交往而保存、因交往而发展的。没有交往，人类的社会性无从体现、社会分工无由贯彻、社会联系无从建立，社会文化也就成了无源之水、无本之木。假使没有交往，人类业已形成的文化无法在横向上获得扩散，也无法在纵向上获得流传。同样，假使没有交往，各种人类群体以自身所生存的环境为依托而形成的不同模式的文化无法相互交融、彼此激发，因而人类文化的全面发展也无法实现。由于交往（特别是战争这一类交往），不同类型的人类文化之间也可能相互冲突，这种冲突在极端情况下可能导致文化的毁灭。

中华民族是最早走向海洋的民族之一，有着开发利用海洋的悠久历史和光辉历程。在明代以前的大多数年代里，中国海疆都无大的海上敌患。故国家对海防的经营并不在意，直至明代和清代前期，中国海疆的安全遭到前所未有的威胁，国人开始自觉地思考海防问题，海防才真正成为国家防务体系中的重要组成部分。从文化角度研究海防，把海防视为一种特殊的交往形式，对人类文化史研究、军事史研究、海洋史研究和发展海洋经济，都具有非常重要的现实意义和深远的历史意义。

军事上对海防的定义，是指国家为保卫主权、领土完整和安全，维护海洋权益，防备外敌入侵，在沿海地区和海疆进行的防卫和管理活动的统称。《辞海》阐释说："海防，国家为保卫主权、领土完整和安全，维护海洋权益，防备外敌入侵和人员、物资非法进入，在沿海和海疆进行的防卫和管理活动的统称。”[①]这种定义，不再把海防仅仅看作是一种军事行为，而是将其内涵扩大化了。黄鸣奋对海防作了全面而详细的诠释，指出“就其本质而言，海防是为保卫国家安全而在沿海地区布置的防务”，并从文化角度研究海防，把海防视为一种特殊的交往形式，从而将海防的研究范畴细化为“海防环境”、“海防主体”、“海防手段”、“海防方式”、“海防内容”、“海防对象”六大部分。[②]

所谓海防环境，兼及自然环境与社会环境。顾名思义，海防诞生在海、陆结合部，这是自然环境方面的特殊性。人类作为一种生物，是以陆地为自己的安身立命之处的，在海上行动有诸多不便。因此，对于人来说，海可以是屏障、是藩篱，也可以是陷阱、是坟墓。不过，人类当中也有些专营海上生活者，他们比一般人更了解海的脾性、海的胃口，因而成为能够相对自由地出没于烟波之中的弄潮儿。对于这些人来说，海可以是他们的活动舞台，也可以是他们的藏身之所。当然，海防环境并不单是自然环境。就其本质而言，海防是为保卫国家安全而在沿海地区布置的防务，因此，对于海防所进行的考察不能脱离具体的社会环境。

所谓海防手段，系就应用于海防的各种设施而言。“海防”既然以“海”当头，海防设施自然是立足于海战的；“海防”既然以“防”殿尾，海防设施自然是立足于防御的。上述特点见于陆地，是沿海而修的城堡、炮台、地下工事等；见于海上，是战船、军舰等；见于陆、海交界处，是供军舰停泊、保证军需补给的港口等。

所谓海防方式，指的是对付海上入侵、防止内外策应、保证沿海地区安全的具体做法，包括布防、会哨、巡逻等。这些做法经常体现了制度化和权变性的统一。海防不同于突击性的海上进攻，带有持续性的特点。没有一定的制度作基础，是很难做到坚持不懈的。制度的合理与否，是由制订者对海防规律的认识决定的；制度本身能否得到坚持，则取决于当事人的自觉性及奖惩措施。制度是相对固定的，海防中所可能出现的情况却是千变万化的。为了适应情况的变化，就要讲究灵活性，注重运用巧妙的策略。

所谓海防主体，自然以军队为主。军队是国家机器的主要成分，是文明社会里战争的主力，也是海防的靠山，其地位堪称至关重要。当然，海防不单单是军队的事，海防所在地通常作为“文”而和作为“武”的军队对举的政府机构也值得书上一笔。事实上，军队的后勤保障等工作，往往离不开地方政府

---

① 《辞海》(中册)，上海辞书出版社 1999 年版，第 2634 页。

② 黄鸣奋：《厦门海防文化》，鹭江出版社 1996 年版，第 1—6 页。

的支持。除了"军"、"政"之外,"民"也是海防的重要力量。民心的向背关系到战争的胜负,这是早已为古今中外的军事史所证明的事实。民众以组织民兵、义兵等形式直接参战,在海防史上屡见不鲜;以捐资、输粮等形式间接参战,同样是比较常见的。

所谓海防对象,指的是对一个国家的沿海地区的防务构成威胁的社会力量。这种力量可能来源于本国的政敌、叛乱者、反社会分子、不逞之徒,也可能来源于外国的入侵者。当然,这些敌对力量往往相互呼应,甚至彼此勾结,因而使得同他们的斗争变得相当困难。

所谓海防内容,指的是海防过程中所发生的具体事件。这些事件,往往是海防环境、海防主体、海防手段、海防方式、海防对象相互作用的产物,有一定的时间、地点、人物、因果关系和发展过程,以其具体性、可感性而成为后人研究的重点。

由此可见,海防问题所涉及的具体内容是繁多的,其研究范畴也是相当宽泛的。随着对海洋价值的全新认识以及《联合国海洋法公约》的生效,现代意义上的海防应该是指在海域内外一切军事与非军事活动的统称,如维护外海经济利益、海上管理、涉海法规建设,等等,都是海防研究的范围。具体来说,海防是一国为保卫国家主权、领土完整和安全,捍卫国家管辖海域的权利,维护国家合法的海洋权益,防御敌人从海上来的侵略,以及在沿海地区、岛屿、领海、内水、毗连区、专属经济区及整个管辖海域,乃至整个海疆所采取的一切防御措施。

二、中国海防(文化)的起源

长期以来,存在一种偏见,即认为中华古老文明基本是农耕经济的产物,传统上认为中国古代"有海无防"。中国海防起源于何时?学者对此有许多争议。概而言之,主要有以下几种观点。

我国筹划沿海防务可以追溯到很久,从人类有了军事实践活动那天起,海就与战争联系在一起。所以,有政权就有海防,自从阶级和国家产生以后,濒临海洋的国家便有了海防,这时候的海防活动主要是对付本国的敌对势力、海盗或其他少数民族。

先秦海防说。明史专家范中义认为:"我国在沿海设防可追溯到很早。"国家海洋局的杨金森在《中国海防史》"概述·海防前史"部分,论及海防起源时,认为:"齐国无疑是有了海上的设防,而从进攻是最好的防御而言,吴国也有了海上的防御。所以这一战可以说是中国古代海防建立的标志。”①

唐代海防说。《边防论》的作者毛振发认为:“中国海防的实践可以追溯到1000多年以前,但是‘海防’的文字概念则出现较晚。”由于连绵的对外战争,朝廷担心来自北部沿海国家的威胁,早在公元7世纪,唐朝就在山东的莱州(今山东掖县)设立东莱守捉(唐代戍边部队的基层单位),在登州(今山东蓬莱)设立平海军,以加强对山东半岛沿海的控制。

宋代海防说。从史料来看,清代惠士奇在其《防海》中说:“防海之法,莫详于宋:有海军,有海船,有海道。”宋代经济重心南移后,开始有了海盗,也就有了海防水寨的最初记载。王青松认为,为了应对来自海上的军事威胁,南宋政府加强了对海防的统一领导,设立了沿海制置司。在防御上,实行了以海上防御为主的海防战略,在沿海建立了多支水军,并建立了相应的警戒和通信系统,同时又依靠巡检、县尉等其他政府武装以及民间武装,在千里海岸建立起了严密的防御体系。②

明代海防说。清代学者蔡方炳在其《海防篇》中说:“海之有防,历代不见于典册,有之自明代始,而海之严于防自明之嘉靖始。”③《广东通志》就有“古边防而无海防,海之有防自明始”的记载。清代学者在考据方面的学术研究影响到以后的认识,根据这些文献记载,人们得出明朝中国有海防并且被学术界大多数人所接受,但“海之有防”并不是海防的起源,“历代不见于典册”,只是从海防一词来说的,不能因此而否定海防物质的存在。明朝开始有海防,这种观点代表了学术界的普遍看法,不仅因为明代出现“海防”一词,而且明代抵御外敌从海上入侵,形成了相对完整的防御体系。另外,由于明代为我们研究古代海防提供了较为丰富的海防资料,所以,中国海防研究的大多数成果也都集中于明代,在海防制度、海防基础建设、海防思想等方面都有相对杰出的成果出现。

总而言之,中国海防发展具有与其他国家所不同的特点,研究中国海防不应以海防概念的出现为标志,也不能以今天的海防概念套用古代海防。海防力量的出现、海防基础设施的建设以及海防思想的萌芽都应该是我们考察中国海防起点的重要因素。④

---

① 杨金森、范中义:《中国海防史》,海洋出版社2005年版,第1—2页。

② 王青松:《南宋海防初探》,《中国边疆史地研究》2004年第3期,第98—107页。

③ (清)蔡方炳:《小方壶斋舆地丛钞》第九帙。

④ 高新生、李兆春:《中国海防的起源》,《中国海洋报》2008年9月2日第4版。

第二节 浙东海防文化

“浙江东南境濒海者，为杭、嘉、宁、绍、温、台六郡，凡一千三百余里。南连闽峤，北接苏松。自平湖、海盐西南至钱塘江口，折而东南至定海、舟山，为内海之堂奥。自镇海而南，历宁波、温、台三府，直接闽境，东俯沧溟，皆外海。”①浙东海岸线长，岛屿星罗棋布，战略地位重要，历来海防战争频繁。自公元14世纪、特别是近200年来，主要经历了抗倭、抗英、抗法、抗日等重大战争。② 浙东军民在历次战争中所表现出的爱国主义思想和浴血奋战精神可歌可泣，所积淀的历史文化遗产十分丰富。

一、明清时期浙东海防战略

一般认为，明代以前浙东沿海区域没有专门的御海建制。明代初期，鉴于海寇的日渐猖獗，开始在各州县治以外的沿海一带整饬要塞，设置卫、所。如洪武三年(1370)置浙江等七卫，十七年(1384)筑山东、江南北、浙江等59城，《明史·兵志》载：“(洪武)十七年，命信国公汤和巡视海上，筑山东、江南北、浙东西沿海诸城……移置卫所于要害处，筑城十六。复置定海、磐石、金乡、海门四卫于浙……又置临山卫于绍兴，及三江、沥海等千户所，而宁波、温、台并海地，先已置八千户所，曰平阳、三江、龙山、郭瞿、大松、钱仓、新河、松门，皆屯兵设守。”据史料记载，自明洪武年间以来，象山的晓塘、东门、石浦、昌国、松岙、丹城、爵溪、贤庠、黄避岙、西周、泗洲头、新桥等地的山岙、山头共设立了近60个卫、所、寨、堠、巡检司、台。东门烽堠建于明初，坐落在城北大炮台山海拔128米处，抬头即是辽阔大海，监望敌情一目了然，一有情况就点燃烽火，晚间点火，白天熏烟，称为“浙东第一烽堠”。③

万历(1573—1619)朝鲜之役前夕，日本企图侵犯明朝的各种情报传入中国，引起了整个明朝朝野的震动，迫使面临危机的明朝政府在针对日本的攻守战略上作出了相应的调整。基于此，明政府对浙江沿海水军军备作了较大扩充。其中浙东宁绍区(当时浙江四个军事区——温处区、台金严区、宁绍区、杭嘉湖区)水军军备扩充状况如表4-1所示。

---

① (清)赵尔巽等：《清史稿》志一百十三“兵九”。

② 孙梅生、蔡体谅：《浙东的海防战争与海防文化》，《宁波通讯》2007年，第28—30页。

③ (明)范涞：《两浙海防类考续编》卷之二“沿海卫所巡司台寨烽堠”。

表 4-1　万历十九年宁绍区水军军备扩充表

所属	营哨名		原战船额	19 年增额	战船总额	原水军额	19 年增额	水军总额
宁绍巡视海道	水兵一支		10	0	10	160	0	160
宁绍区参将	正兵哨		19	7	26	500	352	852
	正游左哨		29	2	31	510	168	678
	正游右哨		29	2	31	504	174	678
临观把总	游哨		14	5	19	300	216	516
	左哨		13	1	14	300	154	454
	后哨		13	1	14	303	80	383
定海把总	游哨		16	3	19	260	102	362
	南哨	青龙左哨	13	3	16	333	270	603
		青龙右哨	12	0	12	302	62	364
		南左哨	13	0	13	295	68	363
		南右哨	10	0	10	217	58	275
		南中哨	12	0	12	273	70	343
	北哨	北右哨	13	3	16	291	276	567
		北左哨	10	0	10	192	28	220
		马左哨	8	0	8	161	38	199
		马墓右哨	9	0	9	224	48	272
		梁横哨	12	0	12	204	28	232
昌国把总	游哨		34	2	36	730	140	870
	南哨	林门哨	12	3	15	255	340	595
		三门哨	10	0	10	229	44	273
		下湾门	8	0	8	171	38	209
		牛栏基	14	0	14	314	56	370
		旦门哨	13	0	13	278	46	324
	北哨	于门哨	12	3	15	294	246	540
		青门哨	11	0	11	256	66	322
		百亩田哨	8	0	8	164	36	200
		湖头渡哨	6	0	6	95	14	109

资料来源：(明)侯继高《全浙兵制》第一卷、第二卷。

至明代晚期的嘉靖年间,沿海卫、所布置日趋定型,根据明万历三十年编纂的《两浙海防类考续编》,浙江沿海卫、所北起乍浦、南至蒲门,设置有卫11处、所31处。这些沿海卫、所,以浙江北部地区布置较疏,浙中、浙南布置较密。浙北的嘉兴地区有海宁卫在海盐,绍兴地区有绍兴卫、临山卫等,宁波、舟山地区有观海卫、定海卫及昌国卫,台州地区有海门卫、松门卫,温州地区有磐石卫、温州卫、金乡卫等。按照制度,每卫有5千户所,即左、右、中、前、后千户所,计有旗军5600名。卫下另外辖有数目不等的沿海千户所,少则1所,多则5所。"所"有千户、百户之分,千户所额定旗军1120名,下辖10个百户所,百户所额定旗军112名。

"清初平定浙江后,沿明制严海防。顺治八年,令宁波、温州、台州三府沿海居民内徙,以绝海盗之踪。康熙二年,于沿海立椿界,增设墩堠台寨,驻兵警备。四年,以钦差大臣巡视浙江海防。七年,命偕总督出巡沿海,直至福建边境,提督则每年必巡历各海口,增造巨舰,备战守。二十九年,命江、浙二省疆臣,会勘辖境海面,分界巡哨,勒石于洋山,垂为定制。雍正五年,以提标之游击、守备二员,统率兵丁,改隶水师。六年,定沿海商船渔船之帆樯符号,以别奸良,并增设汛弁。选福建之精练水兵至浙,教练浙军十二营水战诸务,巡游海口。七年,增建沿海要口台,增设巡船,及防汛移驻之区,总兵官出巡之制。"①乾隆时对海外贸易作出更严格的限制,封闭江苏、浙江和福建各省口岸,只以广州为唯一通商港口,并接受明代浙闽各分轸域的教训,设立闽浙总督,统一管辖两省军务(包括海防事务)。"道光二十年,奇明保等以杭州之鳖子门,为钱塘通海要口,于潮神庙江狭之处,屯兵防守。二十一年,令沿海疆臣,仿定海土堡之法,凡近海村落,招募团练,筑土堡,互相联络。三十年,以渔山孤悬海外,令黄岩镇总兵以舟师靖盗。光绪六年,谭钟麟以浙省沿海各口,巨舰之可深入者,距省最近为乍浦,次则宁波之镇海、定海、石浦,台州之海门,温州之黄华关,旧有砲台三十余座,惟海门镇炮台建筑合法。其澉浦之长山,乍浦之陈山,定海之舟山,海门镇之小港口各炮台,咸加修改。镇海之金鸡、招宝二山,于原有炮台外,增筑金鸡山嘴炮台一座。十三年,刘秉璋以浙江海防,首重舟山,次以招宝、金鸡二山为要塞。乃酌度形势,分建宏远、平远、绥远、安远炮台四座,置克鲁伯后膛大小铜炮,东御蛟门海口。十四年,卫荣光以浙江原有之营勇炮兵,已陆续汰弱留强,加以整练,镇海新筑炮台,及改造旧式炮台,皆已竣工,增置新购后膛巨炮,以新练之军驻守。十九年,谭

① (清)赵尔巽等:《清史稿》志一百十三"兵九"。

图 4-1　浙东沿海海防卫所图

钟麟以浙江水师船仅五十余艘，增红单船八艘，助巡洋面。二十五年，刘树棠以浙江武备新军左营操法最精，其陆军水师前敌驻防洋枪队各营，步伐分合进退，亦均娴熟，饬分驻宁、台、三门湾各隘，并澉浦、乍浦沿海口岸。三十三年，张曾敭建言，浙江象山港在定海之南，深入象山境六十六里，口宽而水深，群山环绕，作海军根据地最宜。寻谕南北洋大臣勘度经营。”①

---

① (清)赵尔巽等:《清史稿》志一百十三“兵九”。

二、浙东沿海的抗倭战争

《后汉书·东夷传·倭传》记载："建武中元二年(57)，倭奴国奉贡朝贺……光武赐以印绶。"清大学者黄遵宪《日本国志》中记载他曾在博览会上亲见日本天明四年从地下发掘出一颗"汉委奴国王"金印。中国古代史书《后汉书》、《三国志·魏志》、《宋书》、《南齐书》、《梁书》、《隋书》中均记为"倭"、"倭人"、"倭国"。唐咸亨元年(670)后，因了解汉字音义，他们讨厌"倭"的名字，又以国近日所出，故更国名为日本。旧、新《唐书》以后史书都记为"日本"。但古代中国人仍对日本泛称为"倭"。

倭寇一般是指 13 至 16 世纪期间活跃于朝鲜半岛及中国大陆沿岸的海盗。在倭寇最强盛之时，他们的活动范围曾远至东亚各地，甚至是内陆地区。倭寇的组成并非仅限于日本海盗，只是由于这批海盗最初都来自日本，所以被统称为"倭寇"。及至后期，由于日本国内政治形势转变，加上日本幕府的管制，日本人出海抢掠船只的事件已经减少。取而代之的是来自东南亚和朝鲜的海商与海盗，他们依从过去倭寇抢掠的方式继续为祸于东海，也被归于倭寇之列。

1369—1580 年，特别是明朝嘉靖年间，日本倭寇与内外走私商人、海盗相勾结，侵扰掳掠浙闽沿海，在历时 212 年内入侵 81 次。如明人张瀚所言："我明洪武初，倭奴数掠海上，寇山东、直隶、浙东、福建沿海郡邑，以伪吴张士诚据宁、绍、杭、苏、松、通、泰，暨方国珍据温、台等处，皆在海上。张、方既灭，诸贼强豪者悉航海，纠岛倭入寇。"①

嘉靖二十六年(1547)，入侵浙、闽沿海的倭寇，出没无常，当地守军互不相统，难以抵御。明廷命朱纨为浙江巡抚兼提督浙、闽海防军务。他统一部署浙、闽海防，征调战船 40 余艘，分布沿海，还采用封锁手段，禁止商船下海，严立保甲制度，搜捕、严惩勾结倭寇的内贼，孤立倭寇。二十七年(1548)四月，朱纨遣福建都指挥佥事卢镗乘夜暗不良天候，率军围剿双屿港，斩杀和溺死海盗数百人，擒获勾结倭寇的海盗首领许栋。朱纨力挫倭寇，然因打击了勾结倭寇的官僚、地主、商人，被诬陷罢职，忧愤自杀，卢镗也被陷入狱。

嘉靖三十一年(1552)，明廷先后命王忬和张经总督浙、闽军务。他们重用俞大猷、汤克宽，释放卢镗等抗倭名将，编练水军，请调援军，水陆军密切配合，抗击倭寇。三十二年(1553)三月，王忬遣参将俞大猷、汤克宽等率舟师夜

① (明)张瀚：《松窗梦语》卷三《东倭纪》。

袭普陀山，先火攻，后肉搏，俘斩倭寇数百人。与此同时，沿海民众也积极投入抗倭斗争。次年，倭寇数百人在定海金家岙登陆，乡民杨一率众与倭寇激战海涂，将其打败。三十四年(1555)四月底，倭寇4000余人，从柘林(今上海奉贤南)突袭嘉兴。张经遣副总兵俞大猷和参将卢镗、汤克宽等，率水陆军联合抗击。五月初，倭寇进至王江泾(今嘉兴北)，汤克宽率水师由中间出击，俞大猷和卢镗率军前后夹击，斩倭1980余名。明军乘胜追击，在苏州平望、陆泾坝又歼逃倭千人。

嘉靖三十五年(1556)，入侵浙江的倭寇日益猖獗，明廷命胡宗宪为浙江总督。他采用剿抚兼施的策略，计杀勾结倭寇的海盗首领徐海，诱降勾结倭寇的海盗巨贼汪直。当年秋，胡宗宪令浙江总兵俞大猷率军进剿平湖，歼倭1600余人。三十八年(1559)，参将戚继光针对沿海卫所废弛、军令难行、战斗力低的情况，在胡宗宪支持下，亲去义乌等地招募矿夫、农民4000多人，训练成为远近闻名的"戚家军"。戚继光又督造战船40余艘，分布于浙江沿海的松门(今温岭东)、海门(今椒江市)两卫，在海战中发挥了很大作用。

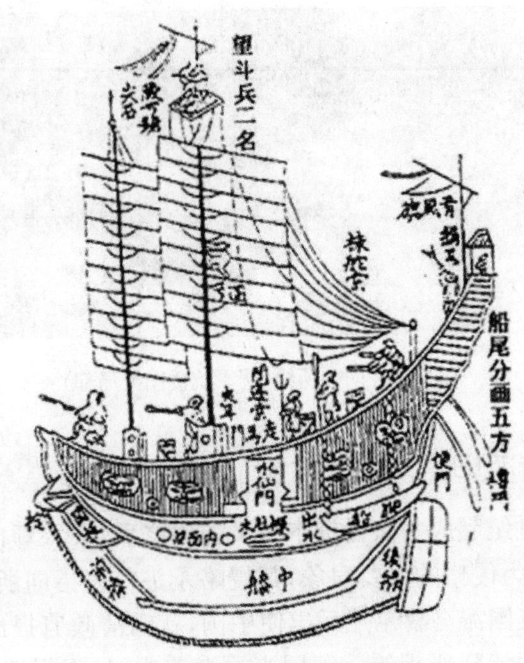

图4-2　戚继光率领的大福船

浙东官兵历经双屿、沥港、大榭之役及台州大捷，传倭寇于嘉靖四十年(1561)被胡宗宪领导的戚继光、俞大猷、卢镗所属官兵消灭。他们在当时设立的卫、所、寨三级海防体制下，普遍筑城堡、海塘以御倭。目前威远城等抗倭遗址、遗迹尚存。慈溪观城镇的理倭岭一带，民间流传看“八月十六大潮汛，千万倭寇入死门，庞涓误闯马岭道，诸葛火烧遁甲兵”的民谣，真实反映了当年胡宗宪、戚继光等指挥浙东军民火烧倭寇八百人于理倭岭的战斗史绩。沥港、双屿之役和台州大捷均载入史册。特别是曾任宁、绍、台三府参将和总兵的戚继光，戎马生涯四十年，创建“戚家军”，身经百战，屡建奇功。他的塑像至今仍在象山矗立。由于戚继光的官兵长期转战在三北（姚、慈、镇北部）一带，部队的战斗、行军和生活习惯已在当地群众中产生深刻影响并广为流传，长期延续。当年“戚家军”吃过的咸饼，当地群众至今还称它为“光饼”；当年戚继光曾用“杀一名倭寇，奖一粒蚕豆”的办法鼓励战士英勇杀敌，当地群众至今还把蚕豆叫作“倭豆”；当年戚继光设计的“战时用于杀敌，平时用于生产”的半月形尖刀，当地群众一直称它为“倭刀”；当年戚继光创造的用于海涂上追赶、捕杀倭寇的“泥马船”，后来沿海渔民都把它作为海涂上养殖、捕捉海产品的生产、交通工具，并一直延续至今。

图 4-3　明人所绘《明军抗倭图》（局部）

三、浙东沿海的抗英战争

英国从 18 世纪起成为头号资本主义强国之后，便大肆向东方扩张，把地大物博的中国作为侵略的主要对象，其侵略矛头首先指向浙江。早在乾隆五十八年（1793），英国派马戛尔尼后出使中国，就向清政府提出开放宁波、舟山为商埠的要求，为清廷所拒绝。英国当局老羞成怒，根据鸦片贩子胡夏米和传教士郭士立提供的情报，把定海列为武装攻占中国领土的第一个目标。

道光二十年（1840）六月，英军舰船直扑定海。七月定海失陷，英军大肆烧杀掳掠。但定海人民没有被吓倒，冒着纷飞的战火坚壁清野，在井里、河里下毒，切断英军的粮源、水源，并奋起还击四出劫掠的英军，包祖才等还擒捕了在卫兵保护下出城测绘地形的英军上尉安突德。

道光二十一年(1841)二月，英军为了集中兵力进攻广州，从定海撤走。这时，清政府派遣定海镇总兵葛云飞、寿春镇总兵王锡朋、处州镇总兵郑国鸿，率所部将士3000人进驻定海。不久，又升定海县为定海厅，增拨陆路巡防营士兵1800名，以加强定海的防御力量。同年九月，英军再犯定海。三总兵率定海守军誓死保卫祖国的神圣领土，自九月底至十月初，血战六昼夜，重创敌军。最后弹尽援绝，壮烈殉国。清道光帝为维护“天朝”、“上国”的尊严，派皇侄奕经为扬威将军，带兵到浙东组织反击。但因他愚昧无知，荒唐地根据梦兆炮制了一个所谓“五虎制敌”计划，其结果全线溃败，奕经仓皇逃回杭州。从此，清政府不敢再组织抵抗。

随着英军的进一步侵入，浙东人民的抗英斗争就更广泛地展开。他们纷纷组织起来，拿起刀矛、鸟枪、火铳乃至锄耙、鱼叉等原始武器，勇猛地投入斗争，与用洋枪、大炮武装起来的英国侵略者展开搏斗。定海群众活捉汉奸布定邦，堵塞了侵略军的耳目；詹成功率领定海的水勇、乡勇，火攻停泊在定海洋面上的英军舰队；余姚农民和渔民设计袭击英舰“衣那”号，围捕了浮水逃窜的英军，取得了辉煌的战果。其中黑水党的抗英斗争最有代表性。黑水党是下层群众组织起来的抗英团体，它最早出现在定海，后来迅速扩展到浙东各地。在英国重兵占据的宁波，黑水党在其首领徐保等率领下，战斗得尤为出色。他们或埋伏在宁波城郊，伺机捕杀外出窜犯的英国强盗；或在甬江上乘坐“八桨小艇”，袭击往来的英军船舰；或化装成“洋人”入城捉拿英国侵略者；或趁黑夜升楼入屋，潜入敌人军营，捕杀英军官兵……仅宁波一地，黑水党在两个月中就擒斩英军官兵数百人，迫使英军于1842年四月撤离宁波、镇海。五月，当英军转犯长江途经乍浦时，驻守乍浦的八旗兵也奋起反抗，坚守天尊庙，誓死与敌人搏斗，几乎全部壮烈牺牲。

现在，当年抗英战场尚存大量遗址、遗迹、遗物和后人建造的纪念物。在定海的北门梵宫池建有姚怀祥殉难处纪念碑；青垒头和竹山门一带有裕谦增兵定海时构筑的土城和炮台；晓峰岭上有新建的“舟山总兵纪念馆”和定海烈士陵园，郭沫若为烈士们写了“海山增辉”的题词；在镇海学宫(现镇海中学内)的泮池有裕谦投水殉节处纪念碑；“镇海口海防历史纪念馆”记载着浙东军民英勇战斗的史绩和烈士事迹；在宁波慈城附近的大宝山，建有抗英阵亡将士纪念碑和朱贵祠，为朱贵等烈士立下了丰碑。

担任过两广总督的林则徐，因禁烟被革职后也曾来镇海“戴罪立功”。他

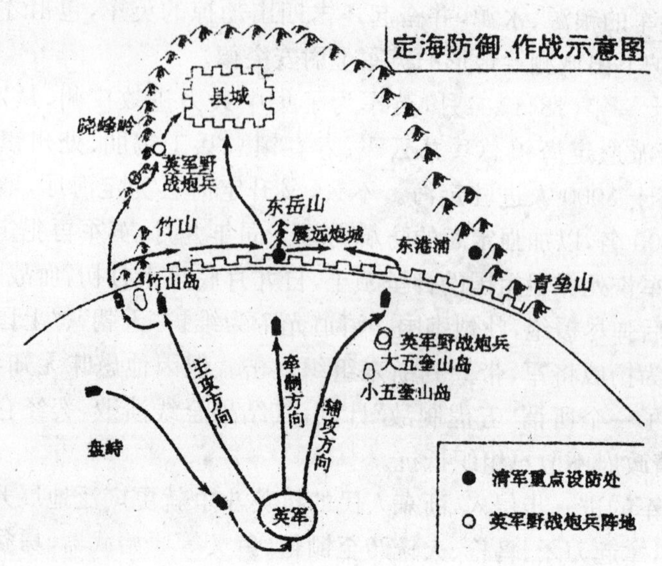

图 4-4　1841 年定海保卫战中的定海土城位置

曾在蛟川书院为了加强镇海要塞的防务筹谋划策，大力仿制西洋炮船、西式武器，与龚振麟创制车轮战船。后人在镇海中学的梓荫山上为他建造了“林则徐纪念堂”。

四、浙东沿海的抗法战争

光绪十年(1884)初夏，法国侵略者竟不顾政府初衷和远东局势，不惜以孤势铤而走险，将战争扩大化，不仅将战火延烧至中国西南境内，甚至调遣战舰，沿海道绕行，封锁珠海口。7 月 12 日，法国代理公使谢满禄向清政府发出最后通牒，提出撤兵和赔款 25000 万法郎的侵略要求，并扬言七日之内如不答应，法国将攻占中国东南沿海口岸以为质。第二天即染指台湾，并一路北上。事态恶化，中国东南各港口一并成为战争前线，尤其闽江口、基隆和位于长江出海口附近的浙东锁钥之地——宁波、绍兴、台州一带，更是首当其冲。法国此举，使清廷上下的神经顷刻间绷紧，深恐继两次鸦片战争后再度陷入西方列强的扼喉之危。故清政府紧急颁布了沿海戒严命令，并经慎重考虑，在法舰盘旋南海之际，敕令李鸿章帐下的薛福成急赴浙江，速补宁绍台道员缺。

光绪十年(1884)薛福成任浙江宁绍台道，奉命综理营务，会同提督欧阳利见等在宁波镇海一带加强戒备。面对浙东海岸分散、防不胜防的现状，薛福成联络上下，统筹全局，制定战略方案，成为指挥浙东反侵略战争的一位关键人物。薛福成到任后亲自到镇海、定海实地调查，确定镇海为浙东战略重点，并采取加强镇海威远等炮台建设、强徙法国教士商民、联络上下加强团结等措施，做好战前准备工作。

光绪十一年(1885)二月十二日，法远东舰队司令孤拔率舰7艘与清军水师5舰海上交战，清舰退至镇海口和石浦。二月二十五日夜，法舰入侵七里屿海面，进攻招宝山炮台，清军还击重创法"纽回利"号。三月二日，法鱼雷艇夜袭镇海被击退后，又增两舰复攻招宝山，清"开济"、"南探"、"南瑞"三舰配合镇海威远炮台，在薛福成、吴杰等指挥下，及时还击，命中"答纳克"号，孤拔被击伤。三月二十日，薛福成让统领钱玉兴命王立堂率敢死队将八门后膛火炮运到小港前哨阵地，深夜突袭敌舰，命中五发，敌伤亡惨重，后法增兵均被击退。四月十五日中法停战。清军水师取得了镇海口抗法战争的胜利。

薛福成等将领在得胜后始终不懈，决定设计一个使全浙门户"永臻稳固"的万全之策。为此他立即与宁波知府宗源翰等一起，在商民中大力劝募海防捐输。薛福成为民办实事的崇高精神，深为百姓敬佩，商民捐输十分踊跃，很快就捐集白银数十万两。然后派人去上海购置七门德国造最新式的重炮，还在镇海口修建一些工事和炮台，为浙东海防建设作出了历史性的贡献。他自己也以此为豪，在《笠山宏远炮台铭》中写道"笠山地形突出海滨，三面受敌，且据甬江口前路，势可兼顾诸台，今得此新炮，东御蛟门之口，西扼虎蹲游山之险，俾敌舰不敢肆泊内洋；苟练之勤，而用之精，虽铁甲可破也。抑我闻西洋诸国经营炮台，月异而岁不同，小有利病不惮变通。修改以极其精，其研究无穷期，故措注无败事，余愿与杜君(指杜冠英)及后之任事者共勉斯意，勿谓制胜之方已尽，于此而自足也"，祝愿"浙东之防"从此"千年如砥"。现今他所修建的这些炮台与遗址、遗迹和威远城，金鸡山中法战争清军提督欧阳利见督师处的"万死一生"石碑和梓荫石刻，吴公记功碑等镇海口海防遗址，都成为国家级重点文物保护单位。薛福成还著有《海防十议》等军事文稿传于后人。

五、浙东沿海的抗日战争

1940年7月中旬，日军进犯青峙小港，登陆镇海，并攻占招宝山威远炮台。守军在194师师长兼宁波防守司令陈德法的指挥下和16师48团官兵的支援下，在镇海小港戚家山一带奋力抗敌6天，击毙、击伤日伪军1000余名。这场战斗，得到了当地人民的倾力支持。不少老百姓剪来崭新的白布给受伤战士包扎，妇女们为伤兵送蛋汤、喂稀饭，商家送月饼、药品、毛巾等。有位老太太一定要将自己的一口寿材抬来给阵亡战士入殓。师长陈德法目睹此情此景，深受感动，当场题词："同仇敌忾，留取丹心照汗青；共同抗日，誓凭热血补金瓯。"当时为准备这场战斗在招宝山后海塘下筑起的许多碉堡和在小港修筑的旋转炮台的遗址目前尚存。新中国成立后，张爱萍将军曾在这次战役主战场的戚家山碑坊上题词。

1944 年 8 月 25 日，为配合盟军登陆，大鱼山岛的新四军浙东纵队海防大队，面对 8 倍于我的 500 余名日伪军的包围，从上午 8 时起浴血奋战至中午，打退敌人四次进攻，在烈日下滴水、粒米未进，巍然坚守在各个阵地。弹尽后用石掷、枪砸，甚至用牙咬敌人。日伪军伤百余人。直至下午 3 时，终因弹尽粮绝，寡不敌众，42 名指战员壮烈牺牲。这次气壮山河的大鱼山之战，1944 年就由新华社华中分社作为重要军事报道发往延安，在延安的《解放日报》发表。1988 年 7 月，舟山人民为纪念这场战斗，在大鱼山岛战场之一的湖庄潭山冈上建立了一座八米高的大理石革命烈士纪念碑。大鱼山岛居民每逢清明和农历七月初七自发去纪念碑前祭扫，点上香，放上供品。他们把这场战斗中牺牲的 42 烈士当做"菩萨兵"。这种朴素的习俗每年如此，一直延续至今。

第三节　浙东海防遗存与文化内涵

一、定海——从偃王城到平倭港至鸦片战争主战场

定海地处杭州湾口，襟大海扼三江，南引闽粤，北通江淮，"控全浙而动三吴"，素为海防前哨、军事要地。自古以来，用兵者无论从内陆败退入海，或由外海进攻内陆，都把定海作为军事跳板。

西周的周穆王(前 1001—前 947)喜好巡狩玩乐，荒废国事。徐国(今淮泗一带)国君徐偃王广行仁义，东方三十六国诸侯共尊其为盟主。周穆王令楚国出兵讨伐徐偃王。徐偃王不忍心战乱祸害百姓，撤到"越城之隅"的舟山，在老碶、洞岙一带筑城据守。徐偃王吸取亡国的教训，整治军备，操练战阵，积极备战。在徐城大约住了五年。五年后起兵反攻，不幸失败，徐偃王带着传世国宝玉几砚和朱弓矢投会稽水自尽。金鸡山与陈岙之间的城隍头山，又名城湾，就是当年徐偃王筑城的地方。

唐开元二十六年(738)，朝廷采纳江南东道采访使齐澣的意见，"析鄮县，置鄮县、慈溪、奉化、翁山四县"。这是有史以来舟山岛上第一次建县治，其名

图 4-5　威廉・亚历山大笔下的《定海山谷》

为"翁山县"，辖富都、蓬莱、安期三乡。翁山县仅仅存在了三十余年，到唐大历六年(771)即被撤废。翁山县被废的原因是"海寇袁晁作乱于翁山"。袁晁是台州临海人，曾在当地任下级官吏。他的上司台州刺史名叫史叙，此人是个贪官。唐宝应年间(762—763)朝廷下令追缴江淮地区在安史之乱期间所欠赋税，史叙乘机大肆搜刮，袁晁因征取不力，受到鞭背的惩罚。是时，北方安史之乱虽近尾声，但未全平，而江淮一带又因连年天灾重敛，民不聊生。自身的特殊遭遇和官府的黑暗政治，促使袁晁揭竿起义。袁晁义军在翁山建立水军，分两路向内地进攻：一路取乍浦，沿海北上，入长江口，攻苏南，与苏南农民领袖张度配合攻占江阴；另一路由翁山出发，入杭州湾，溯钱塘江，与占领越州的西路军一起攻打杭州。袁晁自宝应元年(762)八月起兵，至十月，已占领除杭州以外的整个浙江及赣皖苏部分地区，积众二十万，声势浩大。广德元年(763)，李光弼军由苏入浙，分两路进攻袁晁义军。袁晁兵败，被李光弼生擒后处死。翁山县因袁晁造反而被废。

靖康二年(1127)四月，金兵掳去徽、钦二帝。是年五月，康王赵构在南京(今河南商丘)称帝，史称南宋。金兵得知赵构在南京建都，再度南侵。时任左、右丞相的黄潜善、汪伯彦懦弱无能，闻"金"丧胆，竭力主张南逃，一直逃到明州(今宁波)。建炎三年(1129)冬，金兵攻明州，知州李邺开城出降。宋高宗在重臣和御林军的保护下，于当年十二月十九日乘楼船到昌国(今定海)，隐居在县西紫皮岙。紫皮岙因此更名为紫微岙。元《大德昌国州图志》记载："紫微尖山，县西十五里，一名宋家尖山，盘行幽秀，居民所聚。或曰古名紫皮，因宋高宗避金人航海至此，遂更名紫微。"宋高宗在昌国停留七天，听说临安被金兵攻陷,急忙离开昌国去台州。次年正月,金将斜卯阿里、乌廷蒲卢浑率兵乘小铁头船攻昌国。到昌国才知扑了空,宋高宗已南逃。乌廷蒲卢浑由海路追三百里,遇到宋将张公裕的大船阻击,金兵撤回明州。

150 年后的元至元十三年(1276),宋将张世杰等又与元军在昌国海上作战。当时,南宋都城临安已被元军包围,丞相陈宜中等投降派将传国玉玺献给了元军。主战派将领张世杰、刘师勇、苏刘义等人在秀山、衢山募得战船千余艘,七、八月间两次与元军交战,均告失败。次年四月,张世杰移军福州,于祥兴二年(1279)在广东附近海面与元军交战时遇台风不幸牺牲。元至正八年(1348)率众数千人在海上打劫漕运粮食。是年十月,率众起义,在村口大树上挂起一面大旗,上书“天高皇帝远,民少相公多,一日三遍打,不反待如何”,号召民众造反。方国珍于至正十一年(1351)正月攻舟山,后因元军增兵,方国珍率战船撤至台州。至正十五年(1355)春,方国珍再度进攻舟山,元军达鲁花赤高昌贴木儿战死,昌国州被方国珍占领。方国珍派遣被其俘虏来的元朝官吏去大都向掌权的人行贿,为其求官职,终于谋得一个“海道运粮漕运万户”的官。至正二十七年(1367),明征南将军汤和率兵攻庆元(今宁波),方国珍退守昌国盘峙岛。当年十二月,方国珍向明军投降。余部叶希载等以秀山岛为基地,又支撑了两年,于明洪武二年(1369)才被明将吴祯所灭。

到了明代嘉靖年间,舟山又经历了一次涉及面广、时间长达近二十年的抗倭战争。嘉靖年间,是倭寇侵扰浙东最猖獗的时期。他们劫掠财物、屠杀居民、掳掠人口、奸淫妇女,无恶不作。“……官庾民舍,焚劫一空;驱掠少壮,发掘冢墓。束婴竿上,沃以沸汤,视其啼号,拍手笑乐;捕得孕妇,卜度男女,刳视中否,以为胜负饮酒。荒淫秽恶,至有不可言者。……积骸如陵,流血成川,城野萧条,过者陨涕。”[①]自嘉靖十九年(1540)起,倭寇与海盗(海商)李光头、许栋、汪直等相互勾结,以郭巨双屿港为基地,大肆劫掠舟山各岛。定海城区、岑港、金塘沥港、普陀山受倭寇危害尤烈。经过戚继光、张四维、俞大猷、卢镗等将领奋力会剿,与倭寇接战数十次,最终端掉了倭寇在定海岑港的老巢,嘉靖三十七年(1558)基本肃清舟山境内寇患。其中嘉靖三十五年(1556)八月初四,在金塘沥港的一次战斗,副总兵卢镗率领明军斩获倭寇五百余名,生擒倭首辛五郎。人们为纪念这次战斗的胜利,在沥港的要道口竖了一方“平倭港碑”。从此,沥港也叫平倭港。

鸦片战争期间,定海城两次被船坚炮利的英国侵略军所占领。道光二十

---

① 《重修浙江通志稿》卷九十四。

年(1840)六月,英军第一次攻城,定海总兵张朝发率水军迎敌,不幸被敌方炮弹击中大腿负伤,定海失陷。知县姚怀祥投城北梵宫池殉节,典史全福自尽。次年八月,英国侵略军再次进攻定海。葛云飞、郑国鸿、王锡朋三总兵率五千余将士苦战六昼夜,最后壮烈牺牲,定海城再次被英军占领。在英军占领定海期间,定海民众用各种方式与侵略军展开斗争。直到道光二十五年(1845),清政府与英方签订丧权辱国的和约后,英军才撤出定海。光绪十年(1884),法国强占中国藩属越南与清政府发生冲突,派兵攻打澎湖和福建。沿海各省告急,定海军民也做好了迎战准备。当时,浙江巡抚刘秉璋委派前台州知府成邦幹带兵到定海办理防务,在震远城、五奎山、青垒头、竹山门、小獭山等处整修炮台;并增设莫家山、东长堤等处炮台;加高东港浦至竹山门一带旧有土城;在乡村组织民团进行训练。这一次,法国侵略军虽然没来攻打定海,但定海军民还是经历了一场积极备战的考验。

二、镇海口海防遗址

镇海素有“海天雄镇”、“浙东门户”之称,历史上是浙东的海防要地。早在南齐武帝永明四年(486),浃口已有驻军,称浃口戍。唐代设望海镇。至唐宪宗元和十四年(819),因望海镇俯临大海,与“新罗、日本”接近,为海疆重镇,“浙东观察使薛戎奏请望海镇不隶明州,许之”①。

自明中叶以来,镇海先后经历了抗倭、抗英、抗法和抗日等闻名中外的抗击外来侵略的自卫战争,在镇海口留下了许多可歌可泣的英雄事迹和海防遗址。

明朝中叶,倭寇勾结不法商人,接连不断侵犯江苏、浙江、福建、广东等地,到处攻城劫寨、杀人放火、奸淫掳掠。倭寇的骚扰,激起了浙江军民的强烈反抗,明朝政府派重兵征剿倭寇,名将卢镗、俞大猷、戚继光先后驻守镇海,在招宝山建威远城,并屡与倭寇鏖战于甬江南北,威震海疆。第一次鸦片战争期间,舟山失陷,镇海成为抗英的前哨阵地,著名的抗英将领葛云飞曾负责镇海的防务,杰出的民族英雄林则徐和钦差大臣裕谦莅镇督战,爱国军民同仇敌忾,血战英军,民族气节光昭日月。中法战争时期,法国远东舰队司令孤拔率舰队侵犯镇海口,浙江巡抚刘秉璋、浙江提督欧阳利见、绍兴台道薛福成等亲率大军筑防御敌,守备吴杰亲操大炮炮击法舰,重伤法军司令孤拔,迫使法军败退,使法舰北上骚扰威胁京津的企图遭到破灭。在中法战争镇海战役

---

① (民国)《镇海县志·大事记》卷十五。

中，镇海军民数战皆捷，取得了重大胜利，在近代中国反侵略斗争史上写下了光辉的一页。抗日战争中，镇海军民曾多次击退日军的进攻。1940 年 7 月 17 日，日本侵略军从镇海城关和现北仑的小港两翼登陆，镇海爱国军民在招宝山、戚家山等地与日本侵略军激战，击毙、击伤日军 400 余人，使敌仓皇败退。在这片英雄的土地上，一代又一代爱国志士，用自己的血肉，凝聚成不畏强暴、抵御外侮、自强不息的民族精神，为后人留下了一部生动形象的爱国主义教材——镇海口海防遗址。

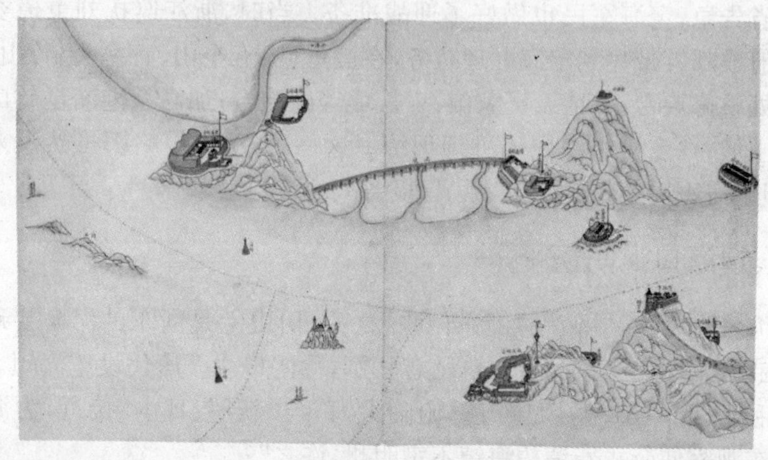

图 4-6　招宝山炮台图（局部）①

现存镇海口海防遗址共有 30 多处，主要分布在以招宝山为轴心的 2 平方千米范围内。在镇海口北面现存的主要海防遗迹有浙江军民抗倭的很重要遗迹威远城、月城、安远炮台、烽堠、明清碑刻以及后海塘遗址等。其中，后海塘遗址，城塘合一，既能挡住海潮冲击，又能抵御外敌入侵。城塘是用大块石板条石构筑而成的夹层塘，气势宏伟，蜿蜒千数米。在镇海口南面，现存的主要海防史迹有金鸡山顶瞭望台、靖远炮台、戚家山营垒等。如此集中的海防遗迹，这在全国是罕见的。它们既是我们的先辈用血肉之躯铸成的历史丰碑，同时也记载了外国侵略者的累累罪行。此外，在现存的海防遗址中还保

① 此图选自《招宝山炮台图册》。该图册绘制于清代中晚期，它以纸本工笔画及木刻印册页的形式，真实地表现了当时招宝山炮台全景、火炮以及炮兵训练的情景。图册共 33 页，每页宽 62.5 厘米、高 33.3 厘米，由首页、各式炮图和炮台兵勇操练图三个部分组成。画册不仅为镇海口海防历史纪念馆增添了珍贵的实物展品，也为晚清军制研究提供了不可多得的文献资料。

留有各个历史时期军政首脑题词的碑记、民族英雄殉难处、侵略军的登陆处以及历次战争留下的各种兵器、各类古籍史料等文物。

在甬江口两岸，至今保留了众多的海防历史遗迹：北岸招宝山之巅有明抗倭城堡——威远城以及月城、安远炮台、吴公纪功碑亭、明清碑刻等，山下有中法战争镇海之役胜利纪念碑、裕谦殉职处、镇海楼等；南岸有以金鸡山为中心的山顶瞭望台及督师御敌处、宏远炮台、戚家山营垒等。镇海口海防遗址是中华民族热爱祖国、不畏强暴、抵御外来侵略的历史见证，是中华民族宝贵的精神财富。

三、戚继光浙东沿海抗倭斗争与文化遗存

元末明初，日本正处在南北朝分裂时期，封建诸侯割据，互相攻伐。在战争中失败了的封建主，就组织武士、商人、浪人到中国沿海地区进行武装走私和抢掠骚扰，历史上称为“倭寇”。明初，国力强大，重视海防设置，倭寇未能酿成大患。

正统以后，随着明王朝政治的腐败，海防松弛，倭寇祸害越来越严重。嘉靖年间，倭患尤甚。其原因一是明世宗昏庸腐朽以及严嵩奸贪狠毒，庇护、纵容通倭官吏，打击、陷害抗倭将领。二是嘉靖年间，由于商品经济的进一步发展，对外贸易相当发达。沿海一带私人经营的海上贸易也十分活跃。这些海商大贾、浙闽大姓等，不顾朝廷的海禁命令，和“番舶夷商”相互贩卖货物，他们成群结党，形成海上武装走私集团，有的甚至勾结日本各岛的倭寇于沿海劫掠，使得倭患愈演愈烈。

倭寇的罪行，给沿海人民造成了严重的灾难。激愤的中国人民纷纷组织起来，进行抗倭的自卫斗争。嘉靖三十四年(1555)五月，由汉、壮、苗、瑶等族人民组成的抗倭军队，在明爱国将领张经领导下，于王江泾(今浙江嘉兴北)大破倭寇，斩敌2000。这是抗倭战争以来最大的一次胜利，被称为“自有倭患来，此为战功第一”①。嘉靖三十七年(1558)，倭寇攻掠福建长乐，时城崩20余丈，居民自动列栅抵御，“少壮守阵，老稚妇女运砖石”，迫使倭寇败退。次年，倭寇劫掠福建福安等地，遭到当地畲族人民的奋起抗击。嘉靖四十二年(1563)，败走福建的倭寇，窜犯台湾鸡笼(基隆)一带，被高山族人民赶走。而民族英雄戚继光率领“戚家军”，与其他明军配合，多次打败倭寇，最终取得了抗倭战争的最后胜利。

---

① 《明史纪事本末》卷五十五。

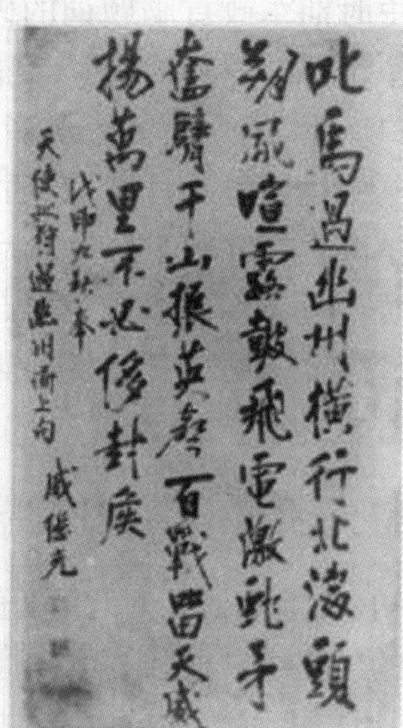

图 4-7　戚继光与其亲笔手迹

嘉靖三十四年(1555)秋天,戚继光从山东调到浙东御倭前线,任浙江都司佥书。次年被推荐为参将,镇守宁波、绍兴、台州三府,不久又改守台州、金华、严州三府。这些地区是倭寇时常出设、遭受倭患最严重的地方。戚继光到任后,针对“卫所军不习战”的弱点,多次上书请求招募新军。经过几个月的严密组织和艰苦训练,他建立起一支以义乌农民和矿工为主的 3000 新军,并创造了“鸳鸯阵”的战术,用以训练士兵。这支军队英勇善战,屡立战功,被誉为“戚家军”。

嘉靖四十年(1561),倭寇 50 余艘船 2000 余人,聚集于宁波、绍兴海面伺机入侵。戚继光立即督舟师出巡海上。倭寇遂离开台州防区骚扰奉化、宁海,以吸引明军,而后乘机进犯台州。戚继光将军队一部守台州,一部守海门,自率主力赴宁海。倭寇侦知戚军主力去宁海,台州空虚,遂分兵 3 路分别进攻台州桃渚、新河、沂头。戚继光部署兵力,与敌人展开了台州大战。台州大战,由新河、花街、上峰岭、藤岭和长沙之战组成。四月二十四日,倭寇在新河城外大肆抢掠,城内精壮士兵大都出征,留守者人心惶惶。此时,戚继光夫人挺身而出,发动妇女守城,迫使倭寇不敢贸然逼近。二十五日,在宁海的戚继光令胡守仁、楼楠二部驰援新河。二十六日,倭寇逼进新河城下。这时,援军赶到,双方展开激战。入夜,戚家军打败倭寇,残倭从铁岭方向逃走。戚家军乘胜追击,将残倭打得如落花流水。此战,杀敌约 200 人,并保住了新河。

戚继光击败宁海之倭后，听说进犯桃港之倭寇焚舟南流，改进精进寺。他认为敌人这样做，是想乘虚侵犯台州府城，于是挥师南下，决定急行军先敌到达府城。二十七日中午，双方于离城仅1千米的花街展开激战。戚家军前锋以火器进攻，杀死敌人前锋头目，并连斩7倭。敌人主力大败溃逃。戚军即分兵两路猛追，将一股敌人沉于江水中，另一股被歼灭于新桥。只一顿午饭工夫就结束了战斗，共杀敌300余，夺回被掳民众5000余。四月二十五日泊于健跳沂头海面的倭寇，二十八日登陆，五月一日进至台州府城东北的大田镇，妄图劫掠府城。戚继光率1500余人在大田岭设伏，与倭寇对峙。敌人闻有备，于初三日沿间道逃至大田，欲窜犯仙居，劫掠处州(今浙江丽水)。大田至仙居必经上峰山，山南是一狭长谷地，便于伏击敌人。戚继光先敌人到达上峰岭，令每人执松枝一束隐蔽身体，严阵待敌。五月四日，倭寇列10千米长队向仙居方向行进。五日经上峰岭南侧，远望岭上满山丛松，未见有兵，毫无戒备。待倭寇进入伏击圈，鸟铳齐发，戚军列一头两翼一尾阵，居高临下，勇猛冲杀。倭寇措手不及，仓皇应战，当即有数百人缴械投降。余倭被迫退至白水洋朱家大院，被戚军围攻，全部被歼。这次战斗，戚家军以少胜多，共斩杀300余人，缴获兵器近1500件，夺回被掳民众1000余。六日，戚军凯旋台州府城。五月十五日，戚家军又取得了藤岭战斗的胜利。五月二十日，消灭了窜犯宁海以北团前、团后，占据长沙之倭寇。从四月下旬开始，戚家军以少敌众，在一个多月的时间里连续取得了新河、花街、上峰岭、藤岭、长沙等战斗的胜利，消灭倭寇数千人，使侵犯台州的倭寇遭到毁灭性的打击。次年，倭寇窜犯宁波、温州，戚家军和其他明军配合，全歼倭贼。

在长期的抗倭斗争中，戚继光运用《孙子兵法》结合军事斗争实践创作出《纪效新书》、《练兵实纪》等军事著作，继承和发扬了中国传统的军事思想。《纪效新书》前有《自序》言："数年间，予承乏浙东，乃知孙武之法，纲领精微莫加矣。第于下手详细节目，则无一及焉……于是乃集所练士卒条目，自选畎亩民丁，以至号令、战法、行营、武艺、守哨、水战，间择其实用有效者，分别教练先后次第之，各为一卷。以诲诸三军，俾习焉。"正文共十八篇，《四库全书提要》简称为：束伍、操令、阵令、谕兵、法禁、比较、行营、操练、出征、长兵、牌筅、短兵、射法、拳经、诸器、旌旗、守哨、水兵。从募兵要求、编伍办法、军法禁约、各种操典、作战号令到武器装备、后勤管理、内务条令等，无所不包，是军事科学的集大成者。特别是书中再三强调的"杀贼必胜、屡见奇效"的"鸳鸯阵法"，是继承兵法原则，结合当时形势创造的典型战术实例。

在今天的浙东沿海，留下了大量与戚继光抗倭有关的历史遗存：(1)慈溪的下梅林庙、方家河头大天井、龙山雁门邱王村的少保庙、沙井、苦战岭；(2)三门的戚令公去思碑、健跳的戚公祠；(3)临海的戚公祠、斩倭八百碑、埋倭桥、南塘戚公表功碑、戚继光记功碑、戚继光桥；(4)温岭的南塘戚公奏捷实纪碑；(5)余姚的戚少保祠、王氏桥、戚家村；(6)奉化的戚公祠、戚公继光抗倭纪念碑；(7)黄岩的戚继光将军绝倭处碑；(8)宁波北仑沙蟹岭的戚家山、戚家山营垒；(9)椒江的海门卫城、晏清门、枫山钟亭、城陛庙戚家军屯兵处及戚公祠、椒江人海口著编礁、界牌乡沙王村戚公亭及戚继光平倭纪念碑；(10)台州金清的戚继光庙(三座)；(11)平阳西湖湖心亭内戚继光纪念碑；(12)瑞安的明少保戚公继光平倭纪念碑等。

四、海防博物馆

中国海防博物馆位于岱山本岛黄嘴头东南面沿海地带。

岱山岛历来为我国东部沿海地区重要的海防关口，曾经驻守过的军队在2004年撤出时留下了大量营房、战壕、坑道、碉堡、弹药库等军事设施。博物馆于2005年年底开始动工，规划整馆用地面积约46280平方米，于2006年7月7日建成开馆，由前国防部长迟浩田上将为其题名。

整个园区建设以迷彩绿为主色调分中心展览区、边缘展览区、隧道展览区、休闲旅游区等四大区域，各分区之间通过地形、树种、小品、道路布置，利用衍生的视觉效果、声音图像环境，合理组织，有机连接，并满足地形场地不适合建造面积较大的硬地的需求。

中心展览区主馆占地650平方米，主要有600余幅图片和一些模型，展示了近代、现代的海防史，特别是舟山的海防历史。史料以海防斗争为主线，辅以海防战略、海防部署、海防力量、海防工程、海防教育等材料支撑。跨度为从明代开始的600多年海防史，主要史料从清代后期海防(1840年)始，侧重于人民解放军(新中国成立后)的海防建设，突出各种战役、战斗(抵御外敌入侵的战役、战斗)、海军建设史。在这里，游客不仅可以了解到海防知识，还可以见到郑成功的战船、参加甲午战争的定远舰和致远舰以及中山舰、重庆舰等6艘近代海防史上的著名军舰模型，可以亲手触摸来自这些战舰上的古老的天文钟、船灯、船钟等25件实物。副馆占地80平方米，将原营区复原为原驻岛官兵用房的设施和场景，用实物再现战士的生活起居、办公场所及指挥室等场景，真实再现军人生活和工作风貌。

边缘展览区占地约400平方米，主要包括海防实景、重型武器、碉堡、坑道、炮位等，错落有致地展示了各种大型的现役或退役的真实的重型武器，如歼-5型歼击机、双联装25毫米舰炮和双联装14.5毫米高射机枪等，让游客通过实物了解海军武器知识。

舰模馆占地80平方米，为原军事坑道，以海军建设为主线，主要介绍新中国成立后我国海军的建设发展壮大史，展出的是航空母舰、驱逐舰、巡洋舰、护卫舰、登陆艇、潜水艇等24艘中外著名战舰模型。

休闲旅游区配备了东海瞭望哨、坑道探险区和战地野餐区等项目设施，为游客创造便捷、经济、舒适的环境，使游客感受到博物馆的“新、奇、险、特”。海防博物馆的坑道探险区是岱山境内500余条坑道中较为典型的一条，修建于20世纪50年代至80年代，为军用坑道。坑道通向东海第一哨所——东海瞭望哨所。

根据规划，二期将开发多种参与模拟性项目，在实体军舰设置虚拟射击场、抢滩登陆战等项目，在室外开辟抢占珍宝岛、丛林野战营等项目，在隧道展览区开发隧洞战等。在北部海湾，辟海钓休闲区和观潮点，在南部小沙滩设烧烤营区。山顶斜坡密植樟树和灌木丛，以生态森林展现在游客面前，让游客有个漫步、观景、嬉戏的好去处。全部建成后的海防博物馆将是集军事、历史、文化、游乐为一体的多功能现代文化场所，并综合科普、展览、休闲、旅游、餐饮、娱乐等多元化开发，也是一个具有爱国主义教育和国防教育功能的场所。

附录一：

浙东沿海海防大事记

舟山：

东汉阳嘉元年(132)，曾旌从海上聚众起义，杀鄞、鄮、句章三县令，攻占会稽东部。

东晋隆安三年(399)，孙恩义军从海上克上虞，袭会稽(绍兴)，会稽、吴郡、吴兴、临海、永嘉、东阳、新安8郡纷起响应，发展至数十万人。

唐代宗宝应元年(762)，临海人袁晁揭竿起义，连陷浙东诸州并占翁山(舟山)。

明末清初，部分明遗臣拥戴鲁王朱以海“监国”，于顺治六年(1649)移驻舟山，与清廷展开攻守战，前后延续十多年。

清康熙元年(1662)，郑成功收复被荷兰人侵占的中国领土台湾，以台湾为基地同清政府对峙。为了断绝郑氏集团的军需供给，清政府下令禁海。舟山群岛所有的居民迁入内地。此是舟山历史上第二次海禁,持续 20 年。

康熙二十二年(1683),台湾收复,海宇廓清,舟山展复。康熙二十六年(1687)重设县治名定海。此名因康熙认为"舟"是动的物体,不太平,"海定则波宁",以"定"为好。遂将原定海县(今宁波市镇海、北仑两区)改名镇海,以"定海"称舟山群岛的县治,以祈"海波永定"。

道光二十年(1840)一月,英国政府声称中国的禁烟使英商利益受损,公然发出照会,要中国赔偿烟款、割让舟山岛。六月,英国侵略军在广州受挫,调集 3000 多兵员、二十几艘军舰开赴定海。七月,知县姚怀祥与总兵张朝发率 2000 兵力使用长矛、盾牌、火铳、抬炮抗击,不敌捐躯,定海为英军攻占。

与英军撤离定海同时,定海镇总兵葛云飞、寿春镇总兵王锡朋、处州镇总兵郑国鸿率领 3000 将士,在镇海关誓师,开赴定海。道光二十一年(1841)九月二十六日,英军再次攻定海,定海保卫战揭开序幕。此战经惨烈的六日六夜血战,以三总兵及参将章玉衡、副将托尔泰等将领全部战死疆场,及参战的 5800 名士兵绝大部分阵亡的结局惨败。

20 世纪日本侵华战争时,淞沪战后,日军强行在嵊泗、岱山、普陀山诸岛登陆。1939 年 6 月 23 日,1400 余名日军在 7 艘日舰、多架飞机的掩护下在舟山岛登陆。驻舟山定海县抗日自卫团队及水警队、警察队等千余人不战自退,定海县城沦陷。

宁波:

西汉元鼎六年(前 111),东越王余善反叛朝廷,武帝派遣横海将军韩说从句章浮海镇压。这是中国海道用兵的最早记录。

东汉阳嘉元年(132),曾旌从海上聚众起事,杀鄞、鄮、句章三县令,攻占会稽东部。

东晋隆安四年(400),孙恩起义军从浃口(镇海甬江口)登陆,攻余姚、上虞,进取邢浦(绍兴东)、会稽,转攻临海。隆安五年(401),为阻挡孙恩领导的起义军攻句章,镇北将军刘牢之在今西门外筑营垒,俗称"筱墙"。

唐代宗宝应元年(762),袁晁起义军越天台山陷明州,渡海取翁山(舟山),沿海北上攻杭州、苏南。

唐乾宁五年(898)刺史黄晟始筑罗城,奠定宁波老城区范围。

明嘉靖二年(1523),日本西海道大内氏使者宗设谦道与南海道细川氏使者瑞佐、宋素卿两贸易使团,驾驶勘合贸易船来宁波,因争先来后到,互责真伪,发生争执,宗设谦道杀瑞佐,使团乘机焚掠,执指挥袁进,杀备倭都指挥刘锦,史称"争贡事件"。明廷为此罢宁波、泉州、广州市舶司,海禁逾 17 年。

嘉靖二十七年(1548),葡人在宁波双屿港的商品走私基地遭剿灭。

清光绪十一年(1885),法国远东舰队司令孤拔率舰 7 艘入侵镇海口,守将欧阳利见、吴杰、杨歧珍等奋勇抗击,击毙孤拔,重创法舰。镇海口战役成为中法战争中继台湾台北击退法军之后的又一次胜仗。

第一次鸦片战争中,宁波在道光二十一年(1841)九月被英军占领。

台州:

汉顺帝永建六年(131),会稽曾旌起义于句章(今宁波),向章安进发,汉政府令沿海各县驻兵防守,为中国沿海戍防的开端。

三国时,吴主将该地设为临海郡。吴黄龙二年(230),吴主孙权遣将军卫温、诸葛直“将甲士万人浮海求夷洲及亶洲”,亶洲“所在绝远,卒不可得,但得夷洲数千人还”。

东晋隆安三年(399),孙恩起义从海上克上虞,临海人周胄响应攻章安,郡守司马崇弃城逃跑。元兴元年(402),孙恩亲犯临海(章安),新太守辛景退至今临海大固山凿堑坚守,义军粮尽并发疾疫被辛景击败,孙恩投水自尽,余部卢循转入东阳。孙恩起义在不利情况下都退至海岛重整旗鼓,明显有以海岛为根据地的战略。

南朝宋泰始五年(465),田流起兵自称东海王,北上攻海盐,杀鄞令。次年败。

唐代宗宝应元年(762)的袁晁起义是发起于台州天台山的起义运动,义军在攻陷明州,渡海取翁山(舟山),沿海北上攻杭州、苏南的过程中,明显借助了海上水师的作用。

明嘉靖二十七年(1548),都指挥、福建都司卢镗率福建官兵 1000 余人,浙江巡视海道副使沈翰率丽水乡兵 1000 余人(一说 6000 余人)由海门下海征剿舟山双屿港国际走私基地。

明崇祯元年(1628),郑芝龙部将周三攻昌国、石浦、爵溪(均在象山境)不遂,屯兵大陈岛,被巡海副使萧基会同驻台明军赶跑。

清顺治二年(1645)四月,清军南下,南明鲁王朱以海移驻台州,后移驻绍兴,又退回台州,退到舟山、福建,最终灭亡。

顺治十四年(1657)八月,郑成功自舟山进军海门,转攻黄岩、临海,九月退。十五年,郑成功再入台州湾,入据海门。十六年郑成功、张煌言会师台州转攻浙西、苏南,兵败镇海,退回海上。

康熙十三年(1674),闽藩耿精忠陷温州,攻黄岩,战海门。

光绪十七年(1891)起至清灭亡,渗透海门港的外国传教士因横行乡里,引发了1899年应万德“护国灭教”事件；又因教堂强占学堂和港口岸线，引发了1914年的赎回印山学堂和收回海门轮埠事件。

1939年，起日军军舰、飞机开始炮击、轰炸海门，驻军予以还击，其中大陈岛地方武装王采平部诈降日军，领取武器弹药，在敌拟登陆海门时反戈还击，取得战果。1941年日黑田部队2000人登陆海门，并入黄岩、临海，烧杀抢掠近半月撤退。至1945年，日军继续自海上对海门进行炮击、轰炸。海上抗日游击队屡挫敌军并于1943年收复大陈岛。

1945年3月17日，有日军水上飞机自印尼飞往日本横须贺海军基地，途中被美机拦截，误窜椒江迫降，被当地水上警察和护航队围击。机上驻印尼第四南遣舰队司令山县正乡剖腹自尽，被日本天皇追晋为海军大将，此为抗日战争中死于中国的6个日军大将之一。

1949年新中国成立后，国民党残军退据台湾和浙闽沿海岛屿，台州湾口大陈岛、一江山岛、披山岛等为国民党残军所守。1955年1月18日，中国人民解放军陆海空协同作战一举解放一江山岛。迫于不利的形势，2月7日至11日，美国派第七舰队协助国民党大陈岛守军和居民撤离大陈岛去台湾。

温州：

元顺帝至正十年(1350)十二月二十八日，浙东方国珍攻取温州，次年一月三日撤出。

元至正十七年(1357)七月，方国珍遣部李德孙取温州。次年命其侄方明善为省都镇抚，分据温州。

清顺治十五年(1658)五月，郑成功部在平阳沿海登陆，攻瑞安，并从海道进逼温州府城。十一月十七日攻取乐清城，以磐石为总指挥部驻地。在大门、小门备战七个多月。是年，清廷设浙江总督，驻温州。

康熙十三年(1674)，闽藩耿精忠陷温州。

抗日战争期间，中国海军曾在温州湾展开抗击日军登陆的防御作战。1938年10月，温州炮台(后改为瓯江炮台)建立，装备舰炮5门。永嘉的茅竹岭也构筑要塞阵地，协同沿海防御作战。同月，在瓯江、富春江布设水雷80枚。翌年3月至5月，又在飞云江、清江、椒江布设水雷60枚。4月22日至6月3日，日本侵略军舰艇数次侵犯温州，均被永嘉茅竹岭炮台击退，并重创其巡洋舰2艘。

日本侵略军在瓯江、鳌江口外布雷实施反封锁，被中国海军扫除。以后，中国海军不断加强上述诸江的布雷阻击力量。直到1941年4月20日，永嘉茅竹岭炮台陷入重围，守军毁炮弃守。

第四节　浙东海防文化遗产的价值

如前所述，浙东海防设施的构筑肇始于明，盛行于清。明以前，我国与海外联系较少，中原王朝的“外患”主要来自西方和北方的少数民族。明以后，由于造船技术的发达和指南针在航海上的广泛应用，外患主要转到海疆上来。明时倭寇猖獗，始设海防。至有清一代，外患加剧，有“海防”、“塞防”之争，海防日趋重要。明清两代为我们留下了不少的海防设施遗址，浙东沿海尤为突出。海防设施多在旷野和濒海山林之中，由于风霜雨雪侵蚀和人为破坏，总的来说，目前所存数量不多，保存不佳。现状虽如此，我们仍可以从这些遗存中，了解到明清海防遗址的学术价值、教育价值与旅游价值。

一、教育价值

（一）实施全民现代海权教育的基地

中国尽管是一个海洋大国，但漫长的封建社会所实行的闭关锁国政策使中国人的海洋意识薄弱。在全球海洋政治地理形势正在发生急剧变化的当前，在面对全球人口、资源、环境危机的今天，提高全民的海洋意识具有特别重要的意义。

1982年《联合国海洋法公约》的颁布，标志着国际海洋制度的革命。传统的海洋制度已为多元化的海洋新程序取代。12海里领海、200海里专属经济区、大陆架制度和国际海底制度的确立扩大了沿海国家的海洋权益。在半封建半殖民地社会，我们连自己的海岸线都保护不了，在自己的家门口受来自万里之遥的侵略者的欺侮。而今天要捍卫的是300万平方千米的海洋国土。不仅960万平方千米的陆地国土是我们中华民族生存与发展的立足之地，那300万平方千米的海洋国土对中华民族同样重要。

当前我国的海岸形势不容乐观，我国的海洋权益正受到严峻的挑战：在本来毫无争议的我国海域非法掠夺我国的资源；对历来属于我国的岛屿和海域，一些海上邻国提出了归属要求。捍卫我国海洋权益是全体国民的义务，这些古老的炮台的历史就在向我们证明，捍卫我国海洋权益是多么重要。[①]

---

① 张忍顺：《中国近代海防文化遗产及其价值》，载张伟主编：《浙江海洋文化与经济（第三辑）》，海洋出版社2009年版，第206—216页。

（二）进行爱国主义教育的基地

邓小平同志指出："我们要用历史教育青年，教育人民"，"要懂得些中国历史，这是中国发展的一个精神动力"。① 这不仅道出了爱国主义的重要地位，而且点明了历史题材对开展爱国主义教育的重要作用。

中国近代史是一部中华民族不畏强暴、前仆后继、浴血奋战、抗击侵略的历史，而浙东沿海带着斑斑伤痕的炮台、要塞就是历史见证。从两次鸦片战争到中法战争，从甲午海战到抗击八国联军，从明代抗倭到现代抗日，浙东沿海涌现了多少民族英雄，这些要塞和炮台铭记着他们的英名。现在，一些炮台、要塞已建成博物馆、纪念馆或遗址公园，一些指挥海战的名人故居或墓葬以及在海战中英勇杀敌的无名烈士墓也已修整。如镇海历来又是兵家必争之地，素有"海天雄镇"、"两浙咽喉"之称，据史书记载，自东晋以来历经大小战事 46 次。明中叶以来，镇海先后经历了抗击倭寇和抗英、抗法、抗日等战争，留下许多先辈可歌可泣的英雄事迹和丰富而又珍贵的海防遗址。在镇海口南北两岸不到 2 平方千米的范围内分布着各个时期的海防遗址 30 多处。目前，镇海口海防遗址已分别被命名为全国百家爱国主义教育示范基地、全国青少年教育基地、省爱国主义教育基地、省国防教育基地、省妇女爱国主义教育基地，是中国人民英勇抗击海上入侵和饱受屈辱的历史教材。

二、学术价值

（一）浙东海防遗址为研究军史提供实物资料

明清海防遗址的布局特点是：布防选址得当，整体性强。如浙江象山明代海防遗址，其卫、所、寨多分布在港湾易登陆处和人口稠密、经济发达处，一般背依大山，城垣依山势构筑，易守易防，可有效地阻止倭寇登陆，保护人民的生命财产。同时，这些卫、所、寨均有自己所辖之烽火台。烽火台一般设在山巅或高坡上，视野开阔，一目了然，"夜举烟火日举旗"，"一台烽烟起，连绵可及"，能迅速传递信息，做到"一呼百应"，把整个海防设施有机地联系起来，共同组成"海防长城"。这些都是我们研究明代抗击外来侵略、防御倭寇骚扰及明代军事设施、布局的实物史料。

（二）浙东海防遗址与抗击侵略的民族英雄有关，具有历史见证价值

如浙东宁波的海防遗址，不少与戚继光和吴杰有关。戚继光是抗倭名

① 邓小平：《邓小平文选（第三卷）》，人民出版社 2004 年版，第 358 页。

将,现存之戚家军扎营地——戚家山、戚家军练兵之校场山及纪念戚继光之戚少保祠,对于深入研究戚家军的编制规模、布防和戚继光的抗倭史迹,均提供了形象的佐证材料。吴杰在抗法战争中亲自开炮重创孤拔坐舰及孤拔本人,今存之炮台遗址、吴公记功碑亭和其故居,同样可对史料记载起对照、证实和补充作用。

(三)浙东海防遗址是研究明清军事建筑工程的实物资料

明清留下的海防遗址——城垣、烽火台、炮台,一般是就地取材,结构简单,牢固耐用。如烽火台,大多用乱石砌筑,内为夯土,平面呈方形或长方形,立面为梯形,顶部有凹槽(供燃火用)。又如位于浙江镇海招宝山南麓的安远炮台,是清代典型炮台之一。它高 5 米多,阔 3 米,其壁用蒸熟糯米拌以黄土捣搅后垒砌而成,厚 2 米左右,有"以柔克刚,能避炸弹"之功用。内置德制钢炮一门。这些为我们研究明清海防设施的构筑材料、形制、设备状况和当时的建筑技术、人们的建筑观念提供了第一手资料。

三、旅游价值

旅游是文化的形和体,文化是旅游的根和魂,以文化促进旅游,以旅游推动文化,是浙东旅游建设的题中之义。海防炮台(海防要塞的主要组成部分)不仅本身具有丰富的海洋文化底蕴,而且又经常与其他的海洋文化景观,包括非物质性的文化景观相结合,成为高质量的旅游资源。由于炮台功能的要求,它的位置都选在视野开阔的岛屿或山头上。蓝天白云,天风海涛,一览无余;远岛近礁,风帆巨轮,历历在目。各种各样的海岸地貌琳琅满目。炮台与附近的自然景观往往有美妙的组合,形成优美的风景区。海防炮台分布在经济与文化发达、交通服务便利、人口富裕稠密的地区,其旅游价值更毋庸置疑。如海防文化一直是招宝山旅游风景区主推的文化内容,作为介绍镇海口海防历史和海防遗址的专题纪念馆——镇海口海防历史纪念馆是镇海红色之旅的必游之地。

第五章　浙东海洋民俗文化

第一节　海洋民俗文化概述

一、民俗、民俗文化与海洋民俗文化

“民俗”一词，古已有之，在古代文献中有“风俗”、“习俗”、“民风”、“民情”等不同的称谓，在《礼记》、《史记》、《汉书》等著作中，已经多次出现过“民俗”这个词语。《周礼》中说：“俗者习也，上所化曰风，下所习曰俗。”《礼记·缁衣》说：“故君民者，章好以示民俗。”《史记·孙叔敖传》云：“楚民俗，好痹车。”《汉书·董仲书传》曰：“变民风，化风俗。”《管子·正世》也说：“料事务，查民俗。”这说明，作为民俗事象的“民俗”概念早已经出现了。但民俗学作为独立的人文社会科学的专有名词，则首先出现于英国。在我国，随着清末“西学东渐”始兴，在“五四”新文化运动中不断发展流传，逐步奠定了坚实的基础。钟敬文先生主编的《民俗学概论》中认为，任何一种文化形式或文化现象，都是在一定的自然与社会环境中生成、发展起来的。特定的自然与社会状况，不但会对各种文化形式与文化现象的内容、风格、特点产生重要的影响，而且也会决定这些文化形式与文化现象。

钟敬文教授指出：“民俗是我们的先民创造的文化，而且一部分还是相当有价值的文化，这对于我们后代来讲，有特殊的意义。”“民俗的作用是多方面、多层次的，它对人类精神生活起作用，对社会政治起作用，对工艺生产也起作用。”①陈勤建先生则认为：“民俗不能简单归结为旧时代乡下人的土特产，它是与人俱来，与族相连，与人类共存的特殊的伴物。一般而言，民俗是指那些在民众群体中自行传承或流传的程式化的不成文的规矩，一种流行的模式化的活世态生活相。社会中的每一个心智健全的人，都无法脱离一定的民俗而生活，在他们身上，都烙有这样那样民俗的烙印。”②“民俗学是一门焕

① 钟敬文：《民间文化讲演集》，广西民族出版社 1998 年版，第 35 页。

② 陈勤建：《文艺民俗学导论》，上海文艺出版社 1991 年版，第 2 页。

发了青春的国际性人文学科，当今国外，它被一些学者誉为与文化学、语言学并列为三大‘显学’之一。民俗学国际通用术语，原本是局限于研究文明社会古文化残存物的一门古代学和历史学。近半个世纪以来，随着学科建设的深化和绵密，在一个学科中增生新的层次，因而民俗学科发生了相应的变化，研究对象扩展到民俗生活的各个领域。凡属民众群体中反复出现并相互流传的程式化、规范化的行为、观念、言语、器物等都纳入它的研究范围。它所要解决的问题，不仅是对过去的探源，而且是对当今和将来民众文化生活形态的透视和预测，因而，它既崇‘古’，又崇‘今’和‘未来’，成为现代学、未来学，以及新兴边缘交叉学科的策源地。”①

民俗文化是广大中下层劳动人民所创造和传承的民间文化，是在共同地域、共同历史作用下形成的积久成习的文化传统。民俗文化并非落后地区的奇风异俗，既不是穷乡僻壤的“专利品”，也不是古老部落的“土特产”。民俗文化是遍布于任何地区、任何人群、任何形式的社区文化现象。这种民族的、时代的文化既是物质的标识、制度的规范，又是具体社会行为、风尚习俗的鲜活体现。民俗的范围也并不是宽泛无边的。“民俗都属于民间文化，但并非一切民间文化都是民俗。民俗是民间文化中带有集体性、传承性、模式性的现象，它主要以口耳相传、行为示范和心理影响的方式扩布和传承。民俗是一种民间传承文化，它的主体部分形成于过去，属于民族的传统文化，但它的根脉一直延伸到当今社会生活的各个领域，伴随着一个国家或民族民众的生活继续向前发展和变化。”②

海洋民俗文化是指在沿海地区和海岛等特定区域范围内流行的民俗文化，它的产生、传承和变异，都与海洋有密切的关系。海洋民俗涉及沿海渔民生活、海洋渔业生产、海上贸易交通及有关海洋的口头文学、心意民俗等诸多领域。此定义对海洋民俗的界定有三个特征：③

(1)对海洋民俗文化与民俗文化之间的关系进行了规定，即海洋民俗文化从属于民俗文化，是民俗文化的一个分支。

(2)对海洋民俗文化进行了区域上的规定，即只有在沿海和海岛范围内的民俗文化，才可纳入海洋民俗文化的范畴。

---

① 陈勤建：《文艺民俗学导论》，上海文艺出版社 1991 年版，第 1 页。

② 钟敬文：《民俗学概论》，上海文艺出版社 2002 年版，第 2 页。

③ 曲鸿亮：《关于海洋民俗文化的几点认识》，《海洋民俗文化讨论会论文集》，1998 年 8 月。

(3)对海洋民俗文化的指向进行了规定,即只有与海洋有关的习俗风尚,才构成海洋民俗文化研究的对象。

二、海洋民俗文化的基本特征

与海相伴,靠海为生的劳作方式,深深地影响着沿海人民的生活观念和心理特征,也形成了沿海区域独具特色的风俗习惯。总结国内外研究成果,可以概括出海洋民俗文化具有以下几个基本特征:

(1)民族性。每个与海洋相关的国家和相关的民族,都有各自不同的海洋民俗文化。这与一般的民俗文化相类似。东西方海洋文化共同的特征是冒险与征服海洋的精神,然而,中国人对海洋的征服,只限于自然方面,而西方人则将对海洋的征服扩大为对人的征服,从而导出不同的海洋文化观。从海洋民俗中的海神信仰即可看出这个不同。西方信仰的海神波塞冬,从神话传说中可以看出其战神文化的实质,它反映的是争夺海上霸权的欲望。而以妈祖信仰为特色的东方海洋民俗文化,反映的是和平、平等、共存、共荣的精神,对任何国家的航海者来说,妈祖都将保佑他们一路平安。妈祖文化在世界各地与当地文化都能和平共处,并融入当地社会,共同发展。

(2)地域性。即使是同一个国家和民族,在不同的地域,其海洋民族文化也会有不同的表现形式,甚至会有完全不同的表现形式。妈祖是中国的海神,这是众所周知的。但是,妈祖不是广东人,因此,在广东最大的海神庙——南海神庙供奉的海神不是妈祖,而是广东人自己的海神——洪圣大王。洪圣大王在广东的影响丝毫不亚于妈祖。其庙宇之多,规模之大,祭祀规格之高,甚至还超过妈祖。新中国成立前,广东的妈祖庙不过300多座,而洪圣庙不下500座。

(3)变异性。每一种海洋民俗文化在其传播过程中,随着时间的推移和空间的改变,都会产生不同形式的变异。正是这种同质异形使每个民族的海洋民俗文化表现出纷繁复杂、丰富多彩的局面。海峡两岸的福建和台湾都存在蛇崇拜的民俗,这来源于先秦时期在大陆东南的土著——“百越”族。蛇崇拜是百越的一些相同文化特征之一。闽越人是百越中崇拜蛇最显著的一支。“闽,东南越,蛇种。”汉以后中原人口大量南迁,与百越土著混血融合,汉文化亦吸收了越文化。福建从古至今,汉文化保留了闽越蛇崇拜的文化特质,在闽江流域有“蛇宫”、“蛇王庙”,闽江中游的樟湖镇,迄今每年“七夕”都要举行盛大的“蛇王节”。福州的“闽王庙”亦祀蛇神。

(4)行业性。海洋民俗文化具有很强的行业性,其主体行业为航海业、造船业和渔业。宋元时期福建泉州为世界东方第一大港，当时出入泉州港的许多番舶船队，夏季御西风而来，冬季逐东北风而去，一年两度，熙熙攘攘。由于当时的远洋航行专靠信风驱动，故每逢海舶往返季节，就由泉州郡守或提举市舶主管官员，率领有关僚属到相关寺庙举行祈求海舶顺风的典礼，据此形成了海船出海上路前的祈风习俗。

(5)功利性。海洋民俗文化的功利性是显而易见的。特别是其中的海神信仰，无非是出于人们祈求航海安全、渔业丰收的功利目的。以上所举事例，皆可说明这些海洋民俗的形成和发展之功利性。此外，始于唐代中叶福州地区并逐渐流传开来的临水夫人陈靖姑之崇拜，尤能说明这一点。据《福建通志》中《古田县志》记载："顺懿祖庙，县治东四十里，曰临水洞者。神姓陈，世巫，……唐大历二年生，少神异，嫁刘杞，怀孕数月，会大旱，祈雨即应，术神而身已殒矣。临终诀云：吾死后不救人产难，不神也。卒年二十有四。临水有白蛇洞，吐气为疠疫。一日，有朱衣人执剑斩蛇，乡人诘名姓，曰：我闽江下渡陈昌女也。忽不见，往下渡询之，乃知其为神，为立庙，祀于洞中。"正因为陈靖姑能祈雨禳灾，保佑妇女平安生产，所以成为妇女儿童的保护神，临水夫人崇拜随之缘起。

(6)包容性。在海洋民俗文化中，既有属于高雅文化的部分，如在闽南泉州一带民间盛行的称为中国音乐"活化石"的南音艺术、木偶艺术；又有属于粗俗文化的部分，更有一些带有浓厚迷信色彩的部分，如在闽台地区流行的"普度"习俗即属此列。史载晋人永嘉衣冠南渡，到五代及宋代的两次南迁，中原移民来到泉州安家落户，带来了中原文化艺术，包括宫廷音乐。随着世事变迁，这些文化艺术在中原已难觅踪影，但在泉州却得以较为完整地保留下来。南音演奏中的横抱琵琶，与敦煌壁画和汉魏石刻上的琵琶抱法完全一致；目前全国只有南音的二弦保留了汉魏在北方流传久广的乐器奚琴的遗制；南音的曲谱完整保留了汉唐时期宫廷音乐的曲牌。如此等等，都说明在泉州民间流行的南音是相当高雅的艺术。

第二节　浙东海洋民俗文化

涉海活动历来是浙东居民重要的生产、生活内容，也是浙东经济、文化的重要构成部分。早在8000－7000年前的新石器时代晚期，浙东先民已经能制造和利用舟楫，并根据在河流、湖泊中积累的水面航行经验，开始了海上航行。久居此地的先民们在长期与自然、海洋的搏斗中，祖祖辈辈总结、传承了大量涉海的规约习俗,包括海洋生产习俗(渔业、盐业、农业、商业)、海洋生活习俗(服饰、饮食、居住、交通、语言)、海洋信仰与禁忌习俗(观音信仰、妈祖、龙王、八仙等崇拜)、礼仪民俗(婚、丧、嫁、娶等)、岁时习俗、民间文学艺术、民间游戏等。①

浙东海洋民俗文化反映着浙东沿海人民代代相传岁岁积淀的劳动与生活的文化轨迹,所包含的门类极广。如宁波象山县海洋民俗文化资源就达17类,其中主要门类分布比例如下:民间文学24.2%,民间艺术2.5%,民间舞蹈2.5%,戏曲0.7%,曲艺0.9%,民间杂技0.2%,民间美术3%,民间手工技艺18.8%,生产商贸习俗3.3%,消费习俗4.3%,人生礼仪10.5%,岁时节令7.4%,民间信仰6.9%,民间知识3.2%,游艺、传统体育与竞技2.8%,传统医药5.2%,其他3.6%。这些具有地域特色的"规矩",体现了民俗的魅力和约束力,沿海居民都在潜移默化中自觉地认可和遵守。其中许多海洋民俗文化伴随着子孙后代的繁衍生息一直延续至今。

一、生产习俗

"在人类社会中,物质生产和生活,是人们赖以生存的最重要的条件。无论社会如何发展,民俗事象如何变迁,有关衣、食、住、行等的传统,总是以相对稳定的形式,一代代传承下来。"②沿海居民的生产习俗的形成,有一个长期摸索和积累的过程,并非一朝一夕之事。沿海居民的生产活动,就地域而言可分为三大类:一类是在海域进行的。如海上渔业捕捞、海上海水养殖等。二类是在岛岸上进行的。如岛上农地耕作、岛上盐田制盐、岛上海塘养殖等。三类是介于两者之间,即是在滩涂和礁岩上进行的。因为涨潮时,滩涂和礁岩被潮水所淹没或半淹没,属于海域范围;退潮时,礁岩和滩涂大部分裸露出水面,与岛岸的陆地相连接,可称为陆地区域,所以是介于两者之间的。生产习俗是一种泛文化现象,属于民俗文化范畴。

浙东漫长的海岸线和宽阔的海域,沿海丰富的渔业与盐业资源,是浙东沿海民众世代赖以生存的物质基础,直接影响浙东滨海民众的生产方式。明代梦觉道人在《三刻拍案惊奇》一书中对此曾有形象描述:"浙江一省,杭、嘉、宁、绍、台、温都边着海。这海里,出的是珊瑚、玛瑙、夜明珠、砗磲、玳瑁、鲛

① 为了更全面揭示浙东海洋民俗文化的丰富内涵以及更合理安排本书章节,特将其中的海洋商业文化、海洋宗教信仰文化、涉海民间文学艺术等独立成章,本章不再阐述。

② 陶立璠:《民俗学》,学苑出版社2003年版,第127页。

鲔。这还是不容易得的对象,有两件极大利,人常得的,乃是鱼盐。每日大小鱼船出海,管什大鲸、小鲵,一罟打来货卖。还又有石首、鲳鱼、鰳鱼、呼鱼、鳗鲡各样,可以做鲞;乌贼、海菜、海僧,可以做干;其余虾子、虾干、紫菜、石花、燕窝、鱼翅、蛤蜊、龟甲、吐蚨、风馔、蟺涂、江鳐、鱼鳔,哪件不出海中,供人食用、货贩。至于沿海一带,沙上各定了场,分拨灶户刮沙沥卤,熬卤成盐,卖与商人。这两项,鱼有鱼课,盐有盐课,不惟足国,还养活滨海人户与客商,岂不是个大利之薮。”①

(一)渔业习俗

浙东沿海与海岛区域居民基本是“以海为田,以鱼为利,以舟楫网罟为生”,渔俗丰富多彩。走进浙东,就会感觉到渔文化世界的深邃莫测,变幻无穷,琳琅满目,浩无际涯:渔港、渔区、渔村、渔民、渔宅、渔盐、渔埠、渔汛、渔事、渔行、渔节、渔商、渔史、渔谚、渔俗、渔具、渔服、渔饰、渔船、渔风、渔食、渔市、渔歌、渔号(子)、渔谣等每个带渔的词都是一本书,都是一笔宝贵的遗产。

1. 浙东渔业发展盛况

浙东海域,渔业资源特别丰富。“浙渔俗傍海网罟,随时弗论,每岁一大鱼汛,在五月石首发时,即今之所称鲞者。宁、台、温人相率以巨舰捕之,其鱼发于苏州之洋山,以下子故浮水面,每岁三水,每水有期,每期鱼如山排列而至,皆有声。渔师则以篙筒下水听之,鱼声向上则下网,下则不,是鱼命司之也。柁师则夜看星斗,日直盘针,平视风涛,俯察礁岛,以避冲就泊,是渔师司鱼命,柁师司人命。”②每年四月左右,各地渔船汇集至定海岱山和衢山两岛,其船舶数量超过千艘,渔民达1万人以上。明末清初镇海著名学者谢泰定在《蛟川形胜赋》中对舟山渔汛渔业生产的壮观场面作过生动描写:“时维四月,则有蝤水春来,黄花石首绵若山排,声若雷吼。千舟鳞集,万橹云流。登之如蚁,积之成邱。已而鼍鼓震天,金锣骇谷。渔舟泊岸,多于风叶之临流;网罟张崖,列若飞凫之晒羽。金鳞玉骨,万斛盈舟;白肪银胶,千门布席……浙闽则渔利之普遍,又岂得穷而尽者乎?”③

雍正四年(1726)四月二十六日,浙江定海总兵张溥在《奏报渔期福建江苏船数目折》中说:“定海洋汛,自今正值渔期,有闽省渔船来浙捕鱼,又有江

① (明)梦觉道人:《三刻拍案惊奇》第二十五回《缘投波浪里,恩向小窗亲》。

② (明)王士性:《广志绎》卷四,“江南诸省·浙江篇”。

③ (清)《镇海县志》,卷二,“形胜”。

南沙船来浙收鱼，共计约有一千二百余只，自四月初旬起至六月方回。"①民国7年(1918)岱衢洋的渔业也盛况空前："岱山渔汛最旺之时，在每年阴历四五月之交，谓之大鱼汛，俗称洋生。自立夏起至夏至节之始终，约五十余日，其间渔船以台州临海人居多，数宁海、温岭、奉化等处人次之，鄞县象山等处人又次之，本县之螺钓门及本山人又再次之。"②

这种盛况在1922年6月7日发行的《时事公报》《渔汛期间之一席话 渔汛分期之渔民分帮……今年头二两汛不佳……渔民莫不叫苦连天》一文中也可见到。

> 定海岱山、衢山两岛，每年四月间为各处渔民麇集之地。船舶帆樯以数千计，客民以数万计，乘潮捕鱼，散布海面，远望如黑子然。入夜则灯火错落，散若明星。回船守屿，人声喧阗，轶于商埠，如是者计为期约四十余日。其收入之巨，约银数百万。普通术语谓之渔汛，即谓采捕石首鱼之期间。曰汛者，因捕鱼必乘溯汛，故沿用之也。然渔汛中又分三汛，常以阴历四月初旬为初汛，中旬为正汛，末旬为末汛。今年阴历闰五月，故初汛迟至四月中旬，正汛、末汛以次递推。但据老于渔业者云，鱼花之丰歉，可以黄鱼之发水迟早卜之。大约从阴历立春节日起算日期，满一百廿日或一百十余日，鱼始发现者，渔花恒丰稔；其仅满百日鱼即发现者，恒歉或过早；仅八九十日即已发现者亦有之。则渔汛期间，亦颇有迟早不同，特据其大略如前云尔。本年石首鱼于阴历四月十七日即已旺发，计溯立春节仅一百日，普通渔民已忧鱼花之不能如意矣。不意今年渔汛之歉收，更有出于意料之外者，半由于天时，半由于人事，请分析言之。盖渔汛主要分子曰渔船，其船有大捕，有对渔。其分帮有台州帮，有象山帮，有东湖帮，有奉化之桐照、西凤帮，有温州帮，有群岛之本帮，其外则收鱼转贩卖杭沪各埠者，为冰鲜船，曰渔厂。到收鱼制鲞，曰渔行，则居其间以秤鱼收佣，此其大例也。向年各渔船恒预向渔行贷款，渔行则亦转贷之渔厂，至渔汛期间，渔船捕鱼必须向贷款之渔行、渔厂发卖，不得擅卖于他处，即或另卖冰鲜，亦须纳佣金于渔行。而渔厂、渔行亦必收买如数，故渔厂、渔港、渔船本相互为用。乃去年各渔船以向例渔价以铜元计诸多不便，决议改用洋码，渔厂则回执旧例，不敢改用，双方意见不合，于是厂家不贷款，渔船帮则亦另租渔厂以相抵制，相持不下。至阴

① 中国第一历史档案馆：《雍正朝汉文朱批奏折汇编》第七册，第195页。
② 汤濬：《岱山镇志》，江苏古籍出版社1990年版。

历四月中旬始由双方协议，决定改用洋码，而厂家犹未决也。适本年初汛鱼花骤发，各帮渔厂虽有参差，如罗门船等于初汛所获极丰，其最多者一次捕得二万余斤，外观极似丰稔。厂家因此观望，又以无向年贷款关系，收置与否，各任自由。于是渔船所冲风冒雨，蹈不测之危险，以得此至珍至美之石首鱼，到岸求售，而厂家拒而不纳，借口于堆垒无处也，乏盐使用也，初次定价每鱼一觔计洋三分六厘，而船家以只求脱货之故，竞自贬价，其实际鱼价每斤不过二分或仅一分零。此阴历四月杪岱山初汛之情形也。因此渔船固已叫苦连天，而厂家之乏盐使用亦系实情，盖因今年自正月以来，多雨少晴，不能晒盐，其存盐则因本年二、三月间。各渔船捕得小黄鱼颇极丰稔，厂家已多收制，使用将罄，于是盐价大涨。至四月末旬，每斤涨至大洋三分或二分零，为岱山前此所未闻者，亦可骇也。自初汛既毕，至近数日，既为正汛。往年鱼花之旺，以此期为最。乃自月日杪至今，各船所捕，仅得数百斤数十斤者有之，其多者亦仅数千斤，少有万余斤者。其歉收情形，亦为向时所未有。闻对渔船每对所获，合计不过百余元，大捕船每只通计不过二百元，其成本均须三倍以上，米价及人工均昂贵异常，而鱼花之歉收如此，今年渔民艰于度口，盖可想见。惟希望末汛(即阴历五月十一二日起至二十日间)鱼花再旺，鱼船及行厂均得为桑榆之补，实浙东渔民全体之幸也。

图 5-1 沈家门渔港

1922 年 12 月 18 日《时事公报》《宁台温外海渔业谈》一文中，对宁波、台州和温州的渔业盛况又作以下介绍：

宁、台、温三属外海洋面，物产之丰为全浙冠。自科学进步，水产之利益倍增，各国无不注意于此。日本在十年前，每年水产所获不过数千万元，近来非常增加，殆至两万万元，渔业船数约四五十万。吾浙渔业仍多用旧式船只，故从事远洋渔业者不多。兹将浙江外海近来渔业状况分述如左：深望从事渔业者，多设船轮，增加出品，勿弃大利于水中也。一、渔船种类。浙江渔船名目繁多，曰钓渔船、拉渔船、挑捕船、溜网船、张网船、对渔船，渔船之名称虽异，要皆捕鱼则同也。二、冰船只数。鱼之为物，易生臭腐，故必须鲜冰覆盖，始无朽坏之患。吾浙外海此项船只共计有五六百艘之多，而不事捕取，专载冰至海中，将各渔船所捕得之鱼，转运至岸销售，盖备冰以防鱼烂也。三、各种鱼名。海外所捕之鱼有黄鱼、鲞鱼、鲵鱼、带鱼、板鱼、比目锅盆、赤色虎鱼、鳗鱼、鲨鱼等，每年在上海之销数计值五六百万元云。四、所产鱼数。浙省宁波、温、台等处各渔户每年所捕之鱼，约值一千五六百万元左右，自然之利不可谓不厚矣。五、渔业公司。（甲）浙江渔业公司创办十九年，设上海南市如意里，经理陈荫庭。（乙）浙海渔业公司创设七年，设浙江镇海，经理陈子常。六、现在渔轮。浙江渔业公司有福海轮一艘，此轮系德国制造，每年捕取海产值二十万数千元。浙海公司有富浙、裕浙二艘，每年捕取海产值三十万数千元。查是项渔轮，既可增加海产出品，并可在外海保护渔船，巡缉海盗，救护风险，而其效用不可谓不大也。七、捕取时期。渔轮每年白露节起至下年立夏节止，计八个月，捕取旧式渔船，每多在立夏节后白露节前捕取，盖大寒鱼多在水底，故非渔轮不克，立夏后鱼多浮水面，旧式渔船皆能竟捕。八、水产学校。浙江在台州有水产学校一所，成绩均极普通，学生亦不见发达，毕业已有数次，乃因渔业机关鲜少，是项人员仍赋闲家乡，无事可为。今岁夏前教育厅长拣选二员，派往日本练习云。

可见，浙江东南沿海渔业发展不仅是渔船种类繁多，捕获的鱼类丰富，而且都能马上得以冰冻保鲜。

2. 渔业捕捞汛期

春汛·旺风：浙东地区的渔民习惯把立春到立夏之间的时节称为“春汛”，鱼群发旺的时候叫“旺风”。每年春分前后，小黄鱼首先集群，此时小黄鱼俗称“报春鱼”，渔民就称这个时期的捕捞为搿“春鱼”，也有叫搿“旺风”。当捕捞地点远离舟山本岛，南达大陈岛一带时，俗称“南洋旺风”。清明后，渔场北移至吕泗一带时，俗称“北洋旺风”。旧时捕捞小黄鱼，渔民是采用张网、溜网、对网三种作业方式。而温岭石塘一带却有小钓作业。新中国成立后，多改为机帆船溜网、对网、拖网作业，对网作业方式也只中国有。

夏汛·洋生：夏汛是立夏到夏至之间的时节，为时约两个月。这段时期浙东海域风和日丽，光照丰富，鱼饵丰裕，各类鱼虾迅速生长、繁殖。这是海洋渔业一年中最旺的生产捕捞季节，渔民俗称“洋生”。鱼旺的潮期叫“正水”（又叫“大水”），鱼发淡的潮期叫“花水”（又叫“小水”）。“正水”期主要捞捕大黄鱼。夏汛，这批从外海刚进入浙东渔场的大黄鱼俗称“黄花鱼”，又叫“进港鱼”。大、小黄鱼的头里都有两块似碎石的硬骨，故又称“石首鱼”。“四月半水”的黄鱼能发出鱼鸣声，俗称“叫鱼”。大、小黄鱼汛只有三水大潮期（即四月初水、叫月半水、端午水）可生产，故称“三水洋生”。到了花水时节（小暑结束前），黄鱼汛已近尾声，渔民以捕墨鱼（又称乌贼）为主。从清明节至小暑间，在南洋长大的墨鱼就洄游到浙东岛屿上的礁岩、海穴里觅食产卵。以小满至芒种期间的墨鱼汛最旺。嵊泗县的碧霞岛就是著名的墨鱼产地。当地就有“北边生、南边养，养大再到北边来剖鲞”、“碧霞野猫洞，墨鱼夜夜拢”等鱼谚。捕捞墨鱼渔民一般采用“拖、放、撩、照”四种作业方式。“拖”就是用小船在滩横头拖捕；“放”是沿岛礁近海放竹笼诱捕；“撩”是摇着小舢板，用撩篷到近海洋面上兜捕；“照”这种作业方式产量较高。碧霞岛上的渔民“照”墨鱼方式很有趣。他们把一条舢板用缆绳固定在礁上，舢板的船舷系着网纲，一顶板箏大网潜入海中，只见舷边朝海的那面伸出一根青竹竿，中间垂条绳索，下端吊着一只用铅丝编织的篮子，内置烧红的炭火，炭火要不时地添加，以保持一定的亮度（岸上有专人拉风箱、烧炭火）。墨鱼见火纷纷游来。光诱墨鱼产量较高。总之，渔民在这个季节里，可以大量捕捞到红（虾、蟹）、黄（大、小黄鱼）、蓝（马鲛）、白（鲳鱼、鳕鱼、鳓鱼）、黑（墨鱼）等各色各样的鱼。

秋汛·珂秋：自立秋到冬至称“秋汛”。这期间浙东海域气候炎热，台风频繁。渔民大多歇业进行三修（修船、修网、修机器），故又称“歇伏”。这期间，有一些订置张网作业和小型渔船到近海生产，叫“珂秋”。由于“珂秋”渔场分散，作业繁多，产量不高，劳动强度大，危险性也大，加之天热所获鱼虾又易变质，所以旧时渔民把“珂秋”当做受罪。秋汛八月半前后，此时桂花盛开，气温适中，有一群大黄鱼习惯自南返北。渔民一般就珂这些“八月桂花鱼”。有时还可以珂到海蜓、毛常，也钓得到鳓鱼，张网也捞得到海蜇（又名水母）。舟山的洋山岛是有名的海蜇之乡。当地渔民擅长用张网船捕捞海蜇。因洋山港是海涂滩，港口离海岸很远，潮退时，船靠不了岸，渔民就用牛来运捕捞到的海蜇，送至加工地。这一习俗在浙东沿海岛屿中实属罕见。

冬汛·早冬·晚冬：自立冬到第二年立春，称为“冬汛”。霜降至小雪节气，大对船主要珂小黄鱼，称为“珂早冬”。小雪以后，珂带鱼叫“珂晚冬”。一般小雪节气一到就起捕带鱼,带鱼鱼汛期最长。大雪节气时分,大量带鱼由北向南游来,冬至节气时分,带鱼汛达到高峰。虽然这期间带鱼群密集,捕获量大,但因风暴随时会来临,危险性特大,加之天寒冷,劳动强度又大,渔民习惯称这捕捞为"擂东洋"。

3. 渔业生产习俗

造新渔船:渔民生产、生活都离不开渔船,所以浙东渔民群众尊称渔船为"木头"。旧时造船很隆重、讲究。大木师傅破木选料要请阴阳先生拣良辰吉日。洞头县渔民还要把动工的时辰写在红布条上,当做船的生辰八字。再就是要用三牲福礼敬请天地神。船主要向大木师傅敬酒送"银包钿"。在船的龙骨定位时,要披红挂彩。船主很看重装淡水的舱,俗称"船灵魂"。一般在"水舱"梁头合拢处要内衬银洋,钱拮据的则往往衬铜钱。造船最后一道工序叫"定彩",就是在船头的外墙板装上一只"船眼睛",称为"独眼龙头"。两只船拼对生产的,就称为"独眼对"。后来,又发展到装上一对"船眼睛"。其意是祈求"船眼睛"能避礁过险带来平安,汛汛丰收。装船眼睛也要择定吉利时辰,按金、木、水、火、土五行用五色彩条扎于"银钉",并用红布蒙住船眼,俗称"封眼"。待到新船下水出海时,再由造船的大木师傅恭恭敬敬揭去封在"船眼睛"上的大红布,俗称"启眼"。下海的新船要披红带彩,渔民敲锣打鼓焚香放爆竹欢送,船主要站在船头上抛馒头,抛得越高越吉利。渔民俗称此举为"赴水"。

宁波旧俗,造渔船要择吉日开工,亲朋送酒肉、馒头,放炮仗。上平底板须放炮仗。船头称"船龙头",船头一定要藏金银,或用银钉,或在两船眼各藏银元两枚。船眼须下视,意为看鱼。船眼只用三枚钉子,先用两枚定位,第三枚待良辰方穿红布条一次敲入。下水前,船头涂红、黑、白三色,与船尾各插一丈二尺高的红旗,上书"天上圣母娘娘",并用红、黄、蓝、白、黑各色布匹披挂船身。船头书写"虎口出银牙",桅杆顶书写"大将军八面威风",船舵上书写"万军主帅",船尾书"顺风相送"或"顺风得利"。渔船造好后要择吉日良辰下水,下水时敲锣打鼓放鞭炮以庆贺。

洞头一带渔民造新船时,首先造龙骨,龙骨上要钉块红布,以示吉利。在钉龙目(俗称船眼睛)时,一定要在涨潮时,钉上红、黄、蓝三色布。新船船主接收船下海时,要先请造船师傅吃完工酒,然后烧香放鞭炮,新船才能下海。有的船主在接收新船下水前,还请司公(道士)来"安船"。司公边歌边舞,祈求新船下水后,顺风得利。

渔船出海:一年渔汛期分"起水"、"头水"、"二水"、"三水"共四次,出海日逢双不逢单(农历)。渔汛期到,渔民要出海捕捞,俗称“开洋”。宁波地区每水出海前要敬神,由船老大对神许愿,如能“扻第一对”,即产量最高,就许诺做戏还愿。逢大对船出海,则先在“龙王堂”演戏敬龙王,后请菩萨下船。渔民更衣沐浴,手捧香袋,袋面书“天上圣母娘娘”敲锣伴行,锣声共十三下到船,钉香袋于舱内。有的供木雕娘娘菩萨(天妃)或关羽。再邀亲友上船吃酒。出海时鞭炮齐鸣,下网前要烧金箔,用黄糖水遍洒船身和渔民身体,并用盐掺米洒网和海面,以示干净。若捕捞不顺利,再撒盐、米于海上,点燃稻草,挥布于船四周以驱邪。扻上第一条大黄鱼,先供船上菩萨,供毕,老大吃黄鱼头,众人分吃鱼身。视捕到鳍鱼为不吉,即斩其头。

旧时每年第一次“开洋”时,舟山地区渔民在一汛开始时要供祭鬼神。渔民把一杯酒、少许碎肉抛入海中叫“行文书”,又称“酬游魂”,此举用以祈祷渔船出海顺风、顺水,一路平安。一汛结束还要用猪头等祭品,谢龙王,俗称“谢洋”。舟山地区一些岛上的渔民每季第一次出海要避开农历初八和廿三。这是因为他们深信“初八、廿三,神仙出门背空篮”。

旧时,洞头的渔民出海前要将一尊泥菩萨供奉在舱的“官厅”(又称“睡舱”)。每年第一次下海捕鱼时,渔民要请司公(道士)到海滩送行,俗称“跳筒”。同时还要放鞭炮、烧染纸金币,称之为“烧金”。行以上礼仪的目的也是祈求鬼神保平安,保出海顺风,保汛汛丰收。渔汛结束时要评出产量最高的渔船,渔行老板要给这船的船老大送“红包”(奖金)。还要敲锣打鼓,放着鞭炮,举着红色旗子,端着用红布盖着的大猪头送到船老大家中去摆酒宴。酒宴上老大要坐“大位”。酒席上一定要有“全鱼”这道菜,“全鱼”的鱼头一定要让老大吃。宴席后要把红色的旗送到产量最高的船上插起来,以示表扬。

现今,朱家尖岛上的漳州渔村在年终渔汛结束时,也要评出产量最高的渔船。渔村领导不但给产量最高的船老大发奖金,还要奖其一面镶着金黄丝穗的大红锦旗。锦旗高挂在桅杆上,俗称“帅旗”。

海祭习俗:出海打鱼及打鱼归来,渔民们不会忘记生养他们的大海,他们要举行“开洋”、“谢洋”仪式。渔民“开洋”、“谢洋”仪式是浙东地区渔民在独特的生存环境和历史文化背景中,在长期耕海牧鱼的生产、生活中形成的别具特色的一种传统民俗活动形式,包括渔民祭祀活动和传统民间文艺表演等内容。民国《鄞县通志·文献志·礼俗》记载:“居民习于风涛,自耕读外,多出洋捕鱼。其俗当出洋时,择吉飨神。方舟为台,置牲醴于其中,船主到庙迎神,鸣锣前导;返则船上复鸣锣以接之,乃率船伙罗拜焉。曾入产房者,摈不得与。即置神位于船中,遇风暴则祷告乞灵。平日渔船,妇女相戒不敢登,其诚敬如此。”①

旧时,嵊泗枸杞一带有“七月半祭海神”的习俗。这一天渔民们用三牲福礼和香烛、金箔到海边礁岩上供祭海神爷。要请念伴(又叫“道士”)打醮,规模较大。传说中海神爷是镇海一位斩海蛇的安知县,祭他是为祈求他斩尽海蛇,保佑渔民出海打鱼平安无事。

舟山本岛及附近小岛上的渔民爱在海船后舱设一间专供“船关菩萨”的神龛,又叫“圣堂舱”。在大对船、背对船一般供奉男菩萨。传说一指三国时的关云长,所以又叫“船关老爷”;二说男菩萨为鲁班师傅,因鲁班是造船的祖师爷;三说是杨甫老大,因杨甫老大是岑港老白龙的化身,曾帮一捕鱼寡妇发了财,渔民供他是求汛汛丰收。而金塘的溜网船和枸杞一带小对船上习惯供的是女菩萨——“圣姑娘娘”。一说相传“圣姑娘娘”是指宋朝的寇承女;二说“圣姑娘娘”是指顺风娘娘,祭她可以保海上平安;三说“圣姑娘娘”是指“九天玄女娘娘”。

在“船关老爷”旁有两个用木头雕刻的神像。一为顺风耳,一为千里眼。祭之以佑出海顺风,丰收而归。大对、背对船的渔民出海捕捞前,要酬祈“船关老爷”。近洋张网的船在立夏、端午、重阳三个节日时,要到张网桁地祭祈。每次要用全猪头、全鸭、全鱼供奉“船关老爷”。供过后,由船老大首先割猪鼻尖上一块肉,抛入海中,敬奉海神,然后大家才能分食。

旧时,渔民出海打鱼前习惯点烛、烧香。这既可以祈求海神爷,又可以测试风力、风向。如若烛火被风吹灭,就说明风大,不可开船;如若烛火被风吹斜,这表明船可以出航。船出航后,船老大即在船舱中点起三炷清香。这不但可以辨别风向的变化,还能计算航程的时辰。

传统的祭海仪式中,最重要的是祭龙王,在每年的农历立夏,先在龙王宫(殿),后移至海边临时选定的祭坛(或渔船甲板);目的是祷求东海龙王或四海龙王保护渔船及渔民在海上平安、一帆风顺、满载而归。其主要流程和操作要点如下:

第一步,选祭坛,立图腾:渔民简单地将“图腾”以龙王神位(一长方形黄宣纸,俗称“码”,上书“东海龙王”或“四海龙王”)代替,放置于上位。

第二步,备旗类:一般为五种类型——“龙旗”:红绸或黄绸制作的绘有龙形的旗帜。“令旗”:从普陀山寺院菩萨处请来的黄色三角“令旗”,写有“令”字样。“船旗”:红色黄字,上书船东或船老大姓氏。“五色旗”,由红、黄、蓝、

① 浙江省鄞县地方志编委会:《鄞县志》,中华书局 1996 年版,第 2196 页。

白、黑五色组成，表示多个自然岙同盟。彩旗：各色，上书“一帆风顺”、“满载而归”等字样。

第三步，上供品：三杯茶，六杯酒，五牲（全猪或猪头、全羊、全鸭、猪肝、猪肚，俗称“五牲”）、六荤六素（意为“六六大顺”）或十荤十素（意为“十全十美”）。荤菜用鱼肉鲞蛋等，忌鸡，“鸡”字谐音“欠”不吉利；素菜要用金针或木耳封顶。六盘水果（时令水果）；六冷盆必用生盐、水豆腐、黄糖；六盆各色糕点；六盆干果品。酒类必用黄酒：渔民戏称海中捕鱼是与龙王赌博，黄酒颜色混沌，龙王爷喝了眼睛看不清而推倒庄。

第四步，祭器：供桌为元宝桌、八仙桌、画桌（含桌帷）。盛器用大小祭盘，红、蓝花碗，红、蓝盆子；另备蜡烛台（备蜡烛）、香炉（备高香或黄香）、拜伏凳、金箔等。搬运供品工具：仪式移至海边时，小祭用篮，大型祭海用扎有红蓝绸布的木质扛箱。

第五步，渔具：“样桅”，溜网在海中作业时的标志杆。作业时插于渔网边的棕绳上，周边扎上多彩的菜花，然后让杆子根部伸入磉子间固定，上部随网漂浮在海面上，以便渔民识别位置。

第六步，祭文：“维神德洋寰海，泽润苍生。允寰水土之平，经流顺轨。广济泉源之用，膏雨及时。绩奏安澜，占大川之利。涉功资育物，欣庶类之蕃昌。仰藉神庥，宜隆报享。谨遵祀典，式协良辰。敬布几筵，肃陈牲币。”

第七步，响器：对锣两面，每次连敲数响。锣声一，供品进宫时；二，供毕；三，移祭地沿途；四，进入祭坛或船甲板连响；五，摆上供品燃烛连响；六，三巡置酒每巡连响；七，祭毕特响。鸣放鞭炮：出门、沿途、上祭台、三巡酒及祭毕。

第八步，乐舞：小唱班奏乐，乐器以民乐为主。民间艺人助兴表演舞蹈，以舞龙、舞狮、调马灯、调花船等为主。

第九步，祭者：主祭一人，系老大或船东；辅祭或陪祭若干人，系船东亲属朋友，或有生意往来的老板客人；轮祭：同船或同岙渔民。

第十步，三献礼：一献香烛——主祭在辅祭、陪祭的陪同下来到祭坛（台）前，手执点燃的三炷高香，面向龙王神位（图腾），跪中央拜伏凳上拜祭。辅祭（陪祭）跪至主祭两侧或后排。在司仪者三叩首的号令中逐一行礼。二献菜肴——由祭者将酒菜从帮衬者手中接过，递至头顶端过后放置于供桌上（俗称“献菜”）。三献黄酒——三巡，由主祭向龙王敬酒三巡（俗称“垫酒”）。

第十一步，祭毕：把祭桌上所有祭品每样扯少许放于一酒杯中，随“码”、残香一起抛向高空洒入海中，意告龙王带走酒菜，并奉敬海中游魂。此时对锣长鸣、鞭炮连响、乐舞大作。

第十二步，祭礼忌讳：祭祀时女性勿拜，祭者均属男性。虔诚肃静。

第十三步，答谢：休洋后，生意好的船东老板请外地戏班唱庙戏，以答谢龙王爷，同时犒劳诸渔民伙计、父老乡亲，直至下一渔汛始。

抢险救灾：旧时因科学不发达，生产工具落后，抗自然灾害的力量弱，所以渔船在海上遇险是常事。如同嵊山的渔民所唱"小对船，啊呀船，'啊呀'一声翻了船"，"三寸板内是娘房，三寸板外见阎王"，"无风摇煞，有风吓煞"。渔船如若在海上遇到大鲨鱼、大鲸鱼时，舟山的渔民一面向海中撒米，一面将一只三角小旗丢入海中，嘴里要不停地念经，祈求菩萨保佑，还要对天发誓许愿。相传是因为鲨鱼、鲸鱼赶考，途中迷了路，浮出海面前来问讯。渔民撒米丢旗的目的是为它们引路，这样就可以避免船被它们撞翻。浙东渔民中广泛流传抢险救灾的良好风气。旧时如若渔船在海上碰到触礁、漏水等海损事故时，适逢白天，遇难渔民首先在船头显眼处倒挂一把扫帚，然后在桅杆顶端挂起破衣一件。黑夜，则点起火把敲打脸盆、铁锅以声音、灯光吸引过路渔船的注意，帮助救险。凡见此信号的船，均全力救援。当救护船靠近遇险船只时，先抛缆绳救人，后再带拖船。遇险船上的人员在跳上救护船前先得把鞋子、柴爿丢过去，然后，人才能跳，以示避邪。如若有人落水，不论来自何方人士，当救不辞。如遇浮尸是仰面女尸或伏面男尸均不能马上捞起，一定要等海浪将其翻过身后才能打捞。捞尸时，要用镶着边的篷布蒙住船眼睛，以避邪气。为了图吉利避晦气，不可讲"捞尸"而叫"捞元宝"。

渔区称谓：渔船上的人员，按照其作业船型号、捕捞特点、生产习惯有不同的称谓。不同称谓的人属不同等级。等级十分森严，分工也十分明确。各种作业船上的船老大均是一船之长。船上的事，无论巨细均由船老大主管。船老大往往都是些在群众中有威信，熟悉、掌握鱼群洄游规律的人。有的船老大本人就是船主，有的则是被雇用的。大捕船上的人员有老大、头手、扳桨等职称。对网船上有老大、多人、出网、出袋、拖下网、板二桨、板三桨、拔头片等职称。张网船有头舱人（老大）、二舱人之分。渔区有船又有网的人雇用渔工生产的生产关系叫"长元制"。自己不下海、全靠雇用渔工的船主叫"长元"，被雇用的渔工叫"伙计"，也叫"吃包袱饭"。自己既是船主又下海参加劳动的叫"老大"。船上还有一些十岁左右的穷苦人家的男孩子叫"包囝"，他们受雇于"长元"，干些下海扳桨、洗舱、上岸加工渔货等杂活，生活极苦。

渔具俗称：渔船上各种设置和工具都有俗称。一般称帆为"篷"。大船上根据篷的大、小、用处分"头篷"、"二篷"、"三篷"。小船仅有一篷。三角形镶犬齿边的篷为"镶边"。用来扯篷的大木柱叫"桅杆"。大船上那根最大最粗的用来扯头篷的称之为“大桅”，其余扯二篷、三篷的是“二桅”。小船仅有一“桅”。当渔船遇到大风暴时，就立即放倒桅杆，以减少危险。平时桅杆也可以帮助起网，减轻起网的劳动强度。桅杆顶上还挂有小旗一面，红色哨灯一只。小旗用来测风向，俗称“鳌色旗”，红色哨灯用以作夜航信号，俗称“桅灯”。

船上的各种工具，渔民为了便于记忆和传教，就用十二生肖套称起来。如船头上两只角形的木板叫“龙椏头”，船头上用以扎锚缉的插梢称为“老虎扎”，用以固定桅杆的插梢叫“老鼠伏”，用以固定风帆方向的插梢叫“羊角伏”，老大掌舵的舱面叫“后(猴)八尺”，露出水面的舵杆叫“雄鸡头”，升降篷帆用的滑轮叫“钩(狗)螺”，穿联篷帆与缭绳的滑轮称“篷纽(牛)子”，连接篷帆用于撑风的活络竹圈叫“蛇脱壳”，横放桅杆用的木架子叫“马鞍子”，桅杆下堆放篷索的舱面叫“土(兔)地堂”，固定摇橹的木柱子叫“橹鸣咀(猪)”。

渔民忌讳：旧时，因征服自然的能力很弱，渔民在海上作业很难掌握自己的命运，所以禁忌、迷信较多。如渔船上的忌讳有：不许双脚荡出船舷外，以免“水鬼拖脚”；坐在船上，不许双手捧双脚，头也不能搁在膝盖上，因为这姿势像在哭，渔民认为不吉利；在船上吹不得口哨，渔民认为吹口哨会惊动“龙王”，招风引浪，使船遭到厄运；不许拍手，认为拍手表示“两手空空、无鱼可捣”；龙头(船头)是船体最神圣的地方，是船的“灵魂”所在之处，任何人不得在“龙头”下撒尿，以免冒犯神灵。大、小便一律要到后八尺的“三品口”。出网时绝对不许大、小便；船靠岸时，渔工不得高声叫“到家啦”、“近啦”之类的话，以免惊动野鬼，把鬼引上岸去；大凡家中有红、白喜事未满一月者，一律不许上船参加捕捞，以免血气、晦气冲犯海神；不许妇女上渔船干活，尤其忌讳妇女跨过“龙头”，认为此举冒犯、亵渎神灵；七男一女不得同船过渡，一说是“八仙闹海”会引起浪涛，一说是“八仙过海”，海龙王要抢亲，如偶有误，七男一女同一渡船，船老大要大声说：“今天船上有九个人”(包括船关老爷)，以解忌讳；在船上吃饭时，筷子不准搁在碗上，讳“船搁浅”，酒杯、羹匙不可反扑，盘中鱼食不可翻身，讳“翻船”，吃鱼先吃头，示意“一头顺风”。

(二)盐业民俗

1. 浙东盐业生产与技艺

《说文解字》里关于盐的解释为：“卤也，天生曰卤，人生曰盐。”煮海为盐，起于西汉吴濞。浩瀚的大海、广阔的滩涂、茂密的盐蒿草，是盐民“煮海为盐”取之不竭的“粮仓”。

浙江是中国产盐大省。汉武帝时期就曾在浙江海盐县平湖设立盐官。

唐代设置十监四场，十监中浙江有嘉兴、临平、兰亭、永嘉、新亭、富都六监，四场中浙江有杭州、湖州、越州三场，可见其时浙江产盐之多之广以及浙盐在唐代的重要地位。明代“浙盐取暑天海涂晒裂咸土而埽归之，用海水洒汁煎成”①，两浙都转运盐使司下辖嘉兴、松江、宁绍、温台四个分司，共三十五个盐场。清代内地共设十一个盐产区，浙江尚有三十二场。近代以来，浙江已经成为中国重要的盐产区，而其中的舟山、余姚和象山又是浙江首屈一指的大盐场。

表 5-1 浙东盐业资源分布基本情况

分布区域	自然环境		发展情况
	优势	劣势	
杭州湾两岸	光照充足、蒸发条件好	海水盐度低、滩涂渗透性大	曾是浙江重要的产盐区，现已废盐转农
穿山半岛、象山半岛	海水盐度高、滩涂条件好	蒸发量小	地理环境优越，是目前浙江主要盐产区
舟山群岛	气候条件好、海水盐度高	受台风影响大	盐田面积占全省 1/3，盐产量高、质量好、发展速度快
浙中南沿海	海水盐度高	降雨量大、台风影响大	自然环境较差，目前只剩台州三门、玉环等国营盐场

浙东区域为大海所环绕，资源丰富充沛，地理环境优越，岛屿林立，多能躲避大风大浪，日照时间也比较充裕，“煮海为盐”具备天时地利。浙东自古兼擅鱼盐之利，成为重要的支柱产业。据《定海县志》记载，舟山群岛自宋朝初期的端拱二年(988)，就开始建立盐场——岱山场和高南亭场。明朝胡宗宪说舟山有“五谷之饶，鱼盐之利，可以食数万家”②，嘉靖《宁波府志》记载宁波“民多刚劲而质直，利鱼盐，务稼穑”③，由此可见鱼盐在两地发展史上的重要地位。“我国产盐之区很多，即就浙江本省言，居凡沿海之区，或多或少，均从事晒盐。但其间以余姚之庵东，和舟山群岛之岱山，产量最丰。庵东场有盐板四十余万块，场地集中，所产之盐，运销外地居多；岱山场包括舟山群岛二十九盐区，场地分散，岱山本岛有盐板三十余万块，将各岛统计在内，其板

---

① (明)王士性：《广志绎》卷四，“江南诸省·浙江篇”。

② (清)嵇曾筠、沈翼机等：《浙江通志》卷九十五《风俗上》，中华书局 2001 年版，第 2296 页。

③ (清)嵇曾筠、沈翼机等：《浙江通志》卷九十五《风俗上》，中华书局 2001 年版，第 2295 页。

数即超过庵东场甚多。”[1]而在唐宋时期，仅宁波市就有石堰场（余姚）、鸣鹤场（慈溪）、龙头场（镇海）、清泉场（北仑）、大嵩场（鄞州）、长亭场（宁海）、玉泉场（象山）等盐场，盐区几乎遍及各县（市、区）。

岱山海盐晒制技艺：岱山盐业历史久远。有史记载唐朝时，岱境内居民已利用滩涂捎土取咸煎盐。岱盐的制作工艺经过岱山盐民一千二百多年的实践、无数次的推敲和反复实验，经历了从“煎煮”、“板晒”到“滩晒”的工艺演变过程，形成了科学、省力、低成本、产量高、质量好的制盐生产工艺。至20世纪80年代后，岱山成为浙江省最大的产盐县。岱盐以其色白、晶匀、质好、味鲜而成为贡品，有“贡盐”之称。

自唐以来，各地盐民制盐一般用灶火烧煮卤水，一锅既成，续卤再煎，昼夜不熄火，这叫做“煎盐”。此工艺成本高，产量低，并需砍伐大量树木做燃料。清朝中期，岱山盐民王金邦试用木板晒盐成功，“板晒之盐”是岱山盐民为中国盐业发展作出的最值得骄傲的贡献，从此可以不再使用柴薪。岱山普遍推行板晒法，成本减少，劳动量减轻，产量猛增。岱山制盐工艺一般经历四道工序，即开辟滩场工序、制灰土工序、制卤工序、结晶工序。20世纪80年代初期，农村实行家庭联产承包制，许多老盐区废盐被征用，新建盐场则采用机械化操作。多种现代化的机械不断地取代了传统的加工器具和方法，原始晒盐技术濒临失传。

慈溪庵东晒盐技艺：浙江盐都——庵东，制盐历史悠久。自石堰场演绎为庵东盐场后，制盐工艺历代迭次更新，经历煎煮、板晒、滩晒三个阶段。煎煮阶段：自宋代至清咸丰年间（1851—1861），全部用火力煎熬。其流程分八道：摊泥、刮泥、抄泥、集泥、挑泥、整漏、淋渊、藏卤。板晒阶段：清咸丰后，盐板晒盐日兴，至民国27年（1938）盐板增至678691块。自光绪六年（1880）至民国27年（1938），在近60年内，盐板数增至原来的4倍。1983年板晒全部淘汰。流程除与煎煮阶段大部相同外，再加上杠板、加卤、检查等。滩晒阶段：为提高盐场生产能力，减轻劳动负荷，1953—1958年先后在东三乡试建滩晒试验场两处，1961年下放给东三管理区，并改以沙子板及塑膜结晶，直至2001年11月盐场宣告结束。工序为纳潮、机械扬水、走水制卤、制盐、整滩、三雨作业。慈溪庵东盐文化内涵丰富，海盐产量长期雄居全浙之冠，号称“浙江盐都”，是全国十大盐场之一，一度有“小上海”之美誉，曾为宁波地区的财政收入创造了巨大的财富。

---

① 张行周：《宁波风物述旧》，东方文化出版社1977年版，第308页。

象山晒盐技艺：象山晒盐历史悠久，《新唐书·地理志》等正史中已有象山产盐的历史记载：唐高宗时期，台州临海县“有铁、有盐”，说明当时象山一带已产盐，距今已有一千三百多年的悠久历史。当时用土法零星制盐，所谓土法，传为直接用海水煎煮，古人称“熬波”。元代以后，逐渐采用刮泥淋卤和泼灰制卤法，清嘉庆开始，从舟山引进板晒法结晶，清末又引进缸坦晒法结晶，成为盐业生产工艺上的一大变革。象山晒盐是手工技艺中较为特别的一种，它以海水为基本原料，并利用近海滩涂的白色泥（咸泥）或灰土（泥），结合日光和风力蒸发，通过淋、泼等方法制成盐卤（鲜卤），再通过火煎或日晒、风能等方式结晶，制成粗细不同的成品盐。整个生产过程开辟滩场、制灰土、制卤、结晶等10余道工序。在长期的实践中，象山还形成了纳潮操作规程、制卤操作规程、结晶操作规程、堆坨操作规定等丰富的工艺。新中国成立后，于1952年开始试验平滩晒制，1963年得省里专家肯定，1965年后逐步改造原灰晒盐田为滩晒，1980年以后全面实行。这是盐业制法的又一大变革，成为象山晒盐的主要方法。其间，曾于1958年从日本引进流下式盐田及枝条架与平滩三种制卤设备结合，时称“流枝滩”，虽蒸发率较高，制卤周期短，增加成卤量，但终因枝条造价成本高而中止。

2. 浙东盐业民俗

舟山与宁波两地不但盛产盐，而且在生产与生活中也与盐结下了不解之缘，盐与人们的生活息息相关，这在两地的民俗中可以清晰地看到。现以宁波象山为例略作说明。

盐业与地名：象山沿海的盐场留下了许多著名的产盐地名。比如，石浦镇盐厂是历史上产盐的地方，该村名一直沿用至今；石浦镇盐仓前历史上是制晒、堆盐的所在地，故此得名，随时代变迁，谐音改为“延昌前”；今“贤庠”以谐音“盐场”所得；高塘岛的烧盐湾谐音逐渐改成“孝贤湾”。

盐业与文学作品：象山的民间文学艺术与盐业息息相关，具有重要的民间文化价值。《盐熬菩萨》中说的徐始太公中滚烫的盐卤中捞秤钟解决族人纷争的故事最为引人入胜，刘晏减税遭抄家的故事也感人肺腑，《盐的由来》以神话、寓言的方式讲述了“人不能贪得无厌”的哲理，《烧盐湾》的故事缠绵悱恻，还有《老虎背太婆》、《砖头滴卤》、《张喻烧盐》……不少文人骚客也为晒盐留下了诗文笔墨。倪天鳌在《游爵溪观渔船》中写道：

廿里分城喜作游，海门潮上到滩头。
三春水利洋中觅，一队渔舟天上浮。
去如探珠求合浦，归如骑鹤返扬州。

鱼盐本是吾乡业，自昔犹称望海楼。

吕荣在《盐盘》中更是一语道出了盐民的艰辛：

风细渔人喜，天晴灶户忙。
卤凭三日晒，网趁一帆涨。
出隐诚难测，艰辛亦可伤。
为予靖残暴，与汝保安康。

盐业与民间信仰：以产盐为生的象山盐民世代崇拜自己的“盐宗”，在象山半岛上留下了丰富的历史遗迹。直至今天，象山盐区中还保留六座庙宇（盐司庙、穆清庙、常济庙、昌国大庙、关头大庙、南堡大庙），祭祀着独具特色的三尊盐业神主（盐熬神、盐司神、刘晏神）。无论是建庙年代、供奉神主地位、特色还是流传的久远，它在浙江省乃至全国盐业史上，都堪称一绝。有资料说，盐宗庙在全国其他地区仅有自贡、扬州、泰州 3 处，而象山却有 6 处。

据道光《象山县志》载：昌国大庙位于“在昌国卫城西门，祀唐刘晏。其一曰左所庙，在城横街前路亭下，其一曰右所庙，在城南门，皆其神也”①。刘晏（716—780），唐代南华人，字士安。唐上元、广德年间曾任京兆尹、户部侍郎、吏部尚书、度支盐铁租庸使及东都、河南、江淮、山南等道转运租庸盐铁使等职，安史之乱严重打击唐王朝的统治，当时漕运遭到破坏，“京师斗米千钱”，连皇上的饮食都成了问题，在这样的情况下，刘晏领命治理国家，解决财政问题、漕运问题。刘晏治国之政中，最为人称道的是实行了盐法改革。刘晏于代宗大历元年正式以户部尚书领盐铁、常平、转运、铸钱使职，分掌东南税赋，推行以“就场专卖制”为核心的盐法改革，变官运官销为商运商销。史载：“晏以为官多则民扰，故但于出盐之乡置盐官，收盐户所煮之盐转鬻于商人，任其所之，自余州县不复置官。其江岭间去盐乡远者，转官盐于彼贮之。或商绝盐贵，则减价鬻之，谓之常平盐，官获其利而民不乏盐。其始江、淮盐利不过四十万缗，季年乃六百余万缗，由是国用充足而民不困弊。”②刘晏新法就是从整顿政府盐业管理系统入手，建立了监（官）场（盐产地）结合生产批发系统，抓住了治盐根本取得了很大成功。《新唐书·食货志》云：“晏之始至也，盐利岁才四十万缗，至大历末，六百余万缗，天下之赋，盐利居半，言闱服御，军饷，百官俸禄皆仰给焉。”《资治通鉴》卷二二五“大历十四年闫五月”条云：“至德初，第五琦始榷盐，以佐军用，及刘晏代之，法益精密，初步入钱六十万缗，末

---

① 陈汉章等：《象山县志》卷十五《典礼考·群祀》。

② 《资治通鉴》卷二二一。

年所入逾十倍，而人不厌苦，大历末，计一岁所入，总一千二百万缗，而盐利居其太半。”据道光《象山县志》的记载，祭祀刘晏的祠庙有三个，即昌国大庙、左所庙、右所庙，其中昌国大庙是主庙，左、右所庙是昌国大庙分庙。每年五月十五，即刘晏生日这天，昌国大庙都要举行祭祀活动，五牲福礼十二盘，供奉在八仙桌上，蜡烛香火，青烟袅袅，中午开桌达到五六十桌，还有许多不在庙内吃饭的。十五、十六要做戏，有时是三日三夜。昌国卫全村许多人都来参加，还有周围村庄百姓，几百年下来，年年如此。

二、生活习俗

海洋生活习俗主要指人们涉海生活中与自身生存需要最密切的风俗习惯，主要包括衣饰、饮食、居住和交通习俗，它是最基本的文化现象，最能展现渔民的生活情态。

（一）饮食习俗

“世界上没有任何一种民俗事项能像饮食那样与我们的生活那么贴近，那么能引起我们对民族、家乡和亲人的怀念之情。在人类的生活中，饮食已不再是一种单纯的生物学意义上的活动，而是包含着丰富社会意义的重要文化活动。我们生活中的一日三餐，每一餐实际上都可以说是传统文化的载体和符号，向我们传递着不同的文化信息。饮食不仅可以维持人们的生命，解决人们的温饱，同时它还是一种文化符号，反映着人们的性格特征、道德观念和审美情趣。”①得天独厚的海洋资源，四季轮番提供的海产原料，使得浙东区域自古以来就形成了独特的饮食习俗。

主食：新中国成立前，因浙东沿海区域山多地少，渔民均以番薯为主食，大米辅之。有民谚“舟山人扯蛋，番薯干当饭”为证。渔民习惯吃番薯干与大米合煮的番薯干饭。为了节省柴草，渔妇在睡觉前将装有米的陶瓷埋于火缸中，利用灰缸余热炖粥，第二天早上可食用。新中国成立后，政府由外地调拨大米，主食随之改为大米了。

菜肴：1973 年河姆渡遗址出土了釜、缸、钵等饮食陶器，说明 7000 多年前的宁波人已经相当广泛地使用陶器作为烹饪器皿，特别是迄今发现的最早期的陶鼎，它是中国最早的饮食器皿的典型代表，证明那时已结束了原始自然状态的烘烤、石烹的熟食方法，开始了以水为传热导体的水煮法和气蒸法。另外河姆渡遗址出土的动物遗骨达 61 种之多，鱼、蚌、龟、鳖类遗骨多得难以

① 王娟：《民俗学概论》，北京大学出版社 2002 年版，第 220 页。

计数,鲻、鲨鲸、裸顶鲷、锯缘青蟹等海产品均进入了食谱。河姆渡人釜内堆积的鱼骨,标志茹毛饮血生活的结束和宁波原始烹饪业的发轫。

浙东区域是中国盛产海鲜的主要区域之一,黄鱼、带鱼、墨鱼、石斑鱼、香鱼、弹涂鱼、海鳗、梭子蟹、海虾、蛸子、蛏子、牡蛎、泥螺、贡干、海蜇、海带、苔菜等各类海鲜一应俱全。浙东渔民擅长烩、烧、炖、蒸、白灼、腌等烹调法烹制海鲜。

由于浙东渔民常年生活在海上,所以养成了生吃一些盐腌制的水产品和蔬菜的习惯。他们爱将新鲜的梭子蟹、虾、泥螺腌制生吃。如梭子蟹除蒸、炒、烤等法鲜吃外,渔民还将蟹做成蟹酱、炝蟹、蟹股。渔民也爱吃用酒糟制作的糟鱼。他们将新鲜、洗净、晾干的带鱼、黄鱼、鳗鱼、鲳鱼、墨鱼放入盛有酒糟及盐卤水的容器中,浸腌一月可食,也可蒸而食之,其味特别香醇,便于贮存。也有用白酒醉海鲜,俗称"醉鱼"、"醉泥螺"。渔民还有就着米醋生吃虾和卤虾的习俗。制食鱼鲞,古今皆颇盛行。剖晒鱼鲞,春秋时代就已开始。《吴地记》载,吴王在海上作战时曾令兵士大量捕捉石首鱼充军食,吃剩剖晒后带回。"吴王归,思海中所食鱼,问所余,所司云:'并曝干。'王索之,其味美,因书美下着鱼,是为鲞字。"

饮酒:渔民终年在海上作业,风吹雨打,劳动量又大。特别是天寒地冻时,夜间航行时,捕捞作业均易受风寒。为了活血去风寒,解除疲劳,渔民都嗜好白酒、黄酒。特别是潜水作业前一定要饮三口白酒,方能下水。渔民还认为饮酒可以除腰伤等疾。每当鱼汛到来前,为了有强健的体魄和充沛的精力来对付大强度的劳动,渔民一般都要吃"黄酒浸黑枣"、"老酒芝麻煮胡桃肉"、"红糖老酒煮鸡蛋"用以滋补强身。立夏前后,适逢大黄鱼汛期到,渔民常把新鲜的大黄鱼用老酒、红糖煮熟食之,俗称"酒淘黄鱼"。冬至后渔民要吃"酒淘色胶",即用黄酒、红糖、黄色胶连同整只鸡一块煮。凡滋补食品,家人不得分享,以防"分散补力"。夏天,嵊泗渔民要采石花菜自制"石花羹"为饮料,以解渴祛暑,防治高血压等病症。

渔民身居海上孤岛浮洲,时时与大海相伴,出没风涛,他们把过年这个节日看得更重,因而也以饮酒相庆。一则因常年劳作海上,难得家人团聚、亲友相会,在漫长的使用木帆船的年代,春节前后半个月是不出海了,在许多渔村,渔家就相互请吃"岁饭",欢聚喝酒。有的从农历十二月二十就开始互请,大多是从正月初三四开始互请,直到正月初十后出海捕鱼。吃"岁饭"之风,在渔岛自古即有之,至今还十分流行。有的渔老大喝酒兴起酣热之际,干脆脱了鞋袜,光脚踏泥地,不仅浑身酒热透过脚心通体散发,而且酒量不减,久喝不醉。往昔在渔岛,除了正月初一舞龙和调鱼灯这种大规模的喜庆活动,吃“岁饭”喝酒,就是渔民过年的最为热闹和开心的事。

饮食业:民国时期,饮食作为一种产业在浙东区域呈现出异常繁荣景象。据民国《鄞县通志·饮食》记载,仅在三江口闹市区就有上规模的酒楼饭店40多家,以适应三江口商船、渔船中商人的商务饮食。各店竞争激烈,纷纷聘请名厨掌勺,推出各自的风味特色菜,久之而形成了“六帮三馆”的格局。“六帮”中有甬帮菜馆状元楼、中央楼、晋江楼、太华楼等六家;徽帮菜馆有知味馆、老长兴、天香楼、杭州饭店等四家;绍帮菜馆有泰性楼、三阳楼、元和楼、真绍兴等五家;京沪帮菜馆有梅龙镇、新三泰、好莱坞、大中华、大鸿运等七家;天津帮菜馆有天津味一家。所谓“三馆”,是指野味馆、清真馆、素食馆。较有名气的小吃店有如缸鸭狗汤团店、陈万兴点心店、大丰仁羊肉粥店等。宁波菜随着宁波商业的向外发展而名扬上海、江苏,于是甬帮菜馆也纷纷走出宁波,向外发展。特别是由于上海与宁波地理相近,人缘相亲,宁波人在上海开店最多,如“甬江状元楼”、“四明状元楼”、“鸿运楼”等,在上海颇有名气,受到消费者的称赞,生意十分兴隆。

(二)居住习俗

摩尔根在《古代社会》中指出:“住宅及其建筑的本身与家庭形态和家庭生活方式有关。”他认为上起蒙昧人的窝棚,中经野蛮人群居院落,下至文明民族单门独户的住宅都是社会发展的写照,一方面受生产水平和自然地理环境的影响,另一方面又直接制约着有关民俗风尚的发展。

居住民俗是“人类获得生存空间和安全与舒适生活的一种特殊风俗”,同样“体现了人类本能文化的一个方面”。① 海洋居住民俗,不仅记录着沿海地区居民的人文历史、社会变迁,也是居民意识形态、生活方式的真实写照。民居建筑是流动的诗、立体的画、人与自然和谐的乐章,是人类在漫长的生存、发展中文化的凝聚。

河姆渡遗址发掘中共发现29排木桩,据考古学家分析至少有6栋建筑。根据木桩的排列与走向分析,当时的房屋呈西北—东南走向。从单体看,当时普遍采用连间长房子形式,其中最长一栋房屋面宽达23米以上,进深7米,房屋后檐还有宽1米左右的走廊过道。这栋房子可能是一个家族的住宅,房子的门开在山墙上,朝向为南偏东50～100°。它在冬天能够最大限度利用阳光取暖,夏季则起到遮阳避光的作用,因而被现代人所继承。河姆渡

① 叶涛、吴存浩:《民俗学导论》,山东教育出版社2002年版,第10页。

时期的房屋建筑布局合理，设计科学，充分利用自然地理条件，使之有利人类的生活和居住。河姆渡原始先民还十分注意装饰自己的住宅。他们用塑有四头小兽和五叶纹的陶块装饰屋内，在木构件上也雕刻有植物茎叶组成的图案花纹，说明河姆渡住宅建筑已经有早期雕梁画栋风俗的萌芽。

房屋：沿海与海岛地区风大、雾多、潮气重。旧时渔民住宅多以石壁矮墙茅屋为主，屋顶常用野生茅草覆盖，并用石块压屋脊，再用绳网罩屋顶，以防大风揭顶。屋架梁柱一般利用旧张网竹。这样既可以废物利用，又省钱、省事，且因张网竹经海水长期浸泡，不易生虫。屋基多选在近山背风朝阳处。屋形似“金字塔”，脊高墙低门墙矮。外墙还习惯涂成黑色。有的屋主在草房四周筑围墙，大门入口处造瓦墙台门。温岭县石城镇附近渔村的渔民，新中国成立前、成立初都习惯用当地产的块石造石屋，不但就地取材省钱，而且石屋既防台风，又牢固。这种古朴典雅风格很有特色。石塘渔村的石屋群至今保存完好。

宁波房屋多以门面合一间宽为正一间，不分深度和实际分隔，也不计楼层，故名为一间，实际常高下分数间。间内分割，俗称“前后房”。故旧时富家常屋近百间。此类大宅有照壁、石库门，尚对称，中有天井，俗称“明堂”。正房旁、后多盖披屋或平屋间数不定，随贫富而别，以堆放杂物。屋顶多以象征富贵的元宝砖压顶，脊中绘塑取意吉祥的图案花板。屋面多用中式蝴蝶瓦。富户有瓦当，豪富之家多用空斗双重高墙，双屋之间以“马头墙”作防火墙。

还有一种情况较为特殊，但在舟山群岛区域却很普遍。民国年间的《岱山镇志》对此有段记叙：“东沙角之房舍，居民建屋大率先掘地坑安置大桶，然后筑屋其上盖，预备为渔厂腌储鱼鲞计也。其墙垣以大石块砌至屋顶，少亦砌至五六尺。”即海岛上的有些渔家是先掘坑，后在坑上造屋。这个坑及其安置的大木桶，海岛人俗称“活地桶”，实为储备及其腌制鱼蟹的地下仓库，也就是地下的鱼库和盐仓。

选址：浙东沿海与海岛区域民居选址主要有两种情况。面积较大的岛屿区域，原始先民的住房大都在沿海港湾的海涂边或山岬海口边。如定海马岙唐家墩，“有九九个用埶土和贝壳堆积而成的土墩”，为距今五千多年的石器时期的遗迹。据考证为海岛先民居住村落群，宅址都在海边。究其原因，一是为了远离高山避开野兽的攻击。二是为了开门见海，出门入滩，便于退潮时下滩拾贝或捕捉浅海鱼蟹之便。而在偏僻悬水小岛，情况恰恰相反。如嵊泗列岛的黄龙岛、花鸟岛等诸岛，还有浙南洞头岛，最早迁徙上岛的先民，都把建房的宅址选择在海岛高山的山坳处，远离海湾和海口。这是因为悬水小岛，岛小风大，在海湾边建房，不仅害怕海潮台风的袭击，还要提防海盗上岛来抢劫，更因当年小岛的海湾里生长着丛丛芦苇，常有海兽和鲨鱼，出没其间，十分危险。直到后来，海平线下降，芦苇衰败消亡，人们才渐渐地从山顶迁房至山下，直至海滩，形成现在的渔村民居格局。

造屋：旧时海岛造屋，习惯先请风水先生用方向盘定址择地，再请阴阳先生拣吉时良辰确定开工日期。破土、定磉、上梁都须祭祀神明。屋基多择朝南坐北，向阳避风、冬暖夏凉之处。竖屋上梁之日，屋主人要给各师傅双份工钿。上梁前，楹柱上要张贴绿纸对联，不用红纸，因为屋主忌讳红、火之故。栋梁中殿还要贴横批，以示吉利。栋梁的两头还要用银钉嵌铜线钉上红布两方，配挂五色彩带，以示金、木、水、火、土五行吉利，并在栋梁两头各挂内盛谷物种子的麻袋一只，然后进行祭祀的仪式。仪式毕，按阴阳先生拣的最佳时辰上梁，鸣放鞭炮，抛馒头，此时还得将麻袋抛下，由子女分别接住，意示"传宗接代"。舟山的六横岛上的渔民上梁时，除了要丢馒头，同时还得向下抛一只一米长的黄色布袋（内放五只小口袋均装有稻谷），由其子女接住，以示"五代见面"。舟山地区还有"醮梁"仪式：即担任司仪的人，一面用酒浇梁，一面唱着祝福歌——《醮梁词》："九龙山上，出了一要沉香大木。上有凤凰筑巢，下有青龙盘根。"

三、岁时习俗

岁时民俗是按一年四季的气候变化和节气变换在民间形成的风俗习惯，是我国民俗的重要组成部分。它是我们祖先在长期社会活动过程中，适应生活的、生产的各种需要和欲求而创制出来、传承下来的。

岁时民俗中传承着许多具有民族特色的节日。这些节日经过千百年的传承变异，已形成了各自不同的内容与特色。其中有反映生产的农事节日（立春、谷雨、石头节等）；祭奠祖先、神灵的祭礼节日（中元节、寒衣节）；追念民族英雄和名士伟人的纪念节日（清明节、端午节）；祝贺喜庆丰收、合家团圆的庆贺节日（春节、中秋节）；还有属于游艺娱乐方面的游乐节日（元宵节）等。许多传统节日都伴有一个优美的神话传说故事，如乞巧节的"牛郎织女"等。

春节：凌晨设香案、陈果品"祭天"，并放爆竹。黎明开门放爆竹，谓"开门迎财神"。人人穿戴一新，小孩要向长辈拜岁，去亲戚朋友师傅家拜岁的，多携带荔枝、桂圆、红（黑）枣等礼品，谓"挈拜岁包头"。也有人家先去祖坟祭拜，谓"拜坟头岁"，在嵊泗的一些小岛，必先拜坟头岁，在拜坟头岁前，不到别家吃饭；有的先去宗庙礼拜，谓"拜菩萨岁"。初二始走亲访友。出门见人，忌讲不吉利话，忌吵嘴；要互道问候、祝福。早上与人交谈，禁忌“早”字，一为防生蚤，二为避遭灾。现多不讳。早餐兴吃糖年糕，多与酒酿混煮，以讨“生活年年高”之兆。新中国成立后，城镇北方籍人口增多，吃水饺之风随之引入。初一不汲水、不洒扫、不花钱购物、不动刀剪，食物都在除夕预先切好。妇女不去池边、河埠头洗涤。旧时个别人家还在是晚取残肴，插以残烛，置于床下，曰“老鼠粮”，谓此夜老鼠成亲，给以恩惠，日后不致为害，此习今废。旧俗宁波，初二起男人出拜亲邻，以甥拜舅、婿拜翁、侄拜姑父为重，称“贺岁”。各家相互宴请，称“岁饭”。初六后各家做新年羹饭，菜肴有 8 大碗、10 大碗、12 大碗不等，必有鱼（谐音余）、豆芽（谐形如意）和豆腐、年糕（喻步步登高之意）。

元宵：正月十五。旧时十三上灯，十八落灯。灯笼多自制，或悬挂屋檐，或提灯外出游玩。是夜，乡间灯会进城，居民晚餐后皆上街看灯会，并多食糯米汤圆（也叫“元宵”），意谓团团圆圆。在宁波，十三日间儿童多穿彩衣作跑马灯游，以锣鼓为伴。据明嘉靖年间《宁波府志》记载：“正月上旬之夜，女子邀天仙或厕姑问吉凶。”十四日夜各家儿童用五彩纸灯遍照院舍，并口唱俚曲以驱蛇虫。乾隆年间的《宁波府志》记载：“十四夜，以火照墙壁及园圃，逐虫蛇诸物。”十五日各乡农民要狮子、舞龙，行程常数十里。晚上还要调龙灯。乾隆年间的《宁波府志》记载：“‘元宵’十四夜，各家以秫粉做圆子如豆大，谓之‘灯圆’，享祖先毕，即少长共食之，取团圆意。‘元宵’，自十三夜起，各设竹棚、彩幛，悬灯于上，祠庙皆张灯，游观达曙，或以火药为锦树之戏，至十八日乃止。”①

立春：旧时，在立春日，人们言行谨慎，不吵闹打骂，不损坏器皿，以免冲神而遭不祥。是日，叫化子们捏泥成“春牛”，扎麦秆为“芒神”，由“小讨饭”用露顶小轿抬着“讨饭头脑”，去乡村分送“春牛图”。农户出钱或粮为酬，俗谓“小讨饭做春官”。民国时期，抬“讨饭头脑”之风已息。分送春牛图之习沿袭至今。

清明：各家持麻糍、菜肴等到祖坟祭祀，祀毕，于坟顶加土插竹，挂纸铜钿，撒米饭、螺蛳等物，谓上坟。如有儿童围观，须分麻糍或钱币，谓分麻糍铜钿，以嘱儿童保护祖坟。旧时，同宗还行族祭，合族男子可吃“清明羹饭”，食后还分麻糍。族祭费用皆从族中祀田收入支付，祭祀仪式多由族长主持。此

---

① 丁世良、赵放：《中国地方志民俗资料汇编华东卷》（中），书目文献出版社 1995 年版，第 763—764 页。

俗新中国成立后已止。清明前几日，各家还要设祭祀祖，饭后往屋顶上抛螺蛳壳，以驱虫虐。清明日，家家户户插柳条于门壁，妇女插柳条、菜花、青蒿等于发际，以求来世亲人齐全。有“清明戴花，来世有妈；清明戴枝青，来世有亲人；清明插杨柳，来世有娘舅”等语。

立夏：家家煮食茶叶蛋或白煮蛋，民间传有“立夏吃只蛋，气力长一万”的谚语。儿童还用彩线织成的网袋盛蛋挂于胸前，找伙伴们拼蛋，以把他人的蛋拼破者为优胜。中午，用豇豆糯米饭、乌笋、女菜、鲳鱼等祭祖先祖。乌笋、女菜都不切碎，谓“脚骨笋、扇风菜”，吃了可使脚健、防中暑；吃了豇豆饭可解苍蝇病毒。饭后，互称体重（除孕妇外）。

端午：家家户户插菖蒲、蕲艾（俗称“蒲剑”、“艾旗”）等于门檐，并用菖蒲根剪作人形，串以彩线，佩于儿童身上。宁波的端午老虎雕版印刷花色特多，在约四五寸见方的纸上，绘有一虎一孩、一虎二孩、一虎三四孩、二虎一孩、二虎二孩、二虎三四孩，虎、孩姿态各异，有的还是李存孝七岁打虎、杨香虎下救父等故事图。有的人家还给孩子穿带虎纹的衣服，缝制布虎和老虎枕头，所以有俗谚“年年端午五月五，剥过粽子做布虎”的说法。就是用“百兽之王”的老虎来镇住蛇、蜈蚣、蜥蜴、蜘蛛、蝎子“五毒”。午时有喝雄黄烧酒解百毒习俗，先将雄黄烧酒晒在太阳下，并掺放切细的菖蒲根，每人啜一口，谓可解毒。又有喷雄黄烧酒于屋角，亦有倒写“蛇”字贴于壁上。成人用手指蘸以酒脚、雄黄渣在婴儿额上书“王”字或涂于手足、臂间以避邪。

端午还要赛龙舟，一般在五月初一至初八，龙舟桡手每舟 12 人或 16 人，经严选后身着一色号衣参赛。

七巧：七月初七，乡间妇女多用浸泡后的槿叶搓洗成汁，和水洗发，或用紫苏叶加木包叶，泡开水、滴食油而成的混合液洗发，洗后的头发柔软、光滑、有香味。据说七月七洗次头，头发不易因汗多而发臭（旧时女子往往一年洗一次发）。七月七用槿叶洗发之俗今仍盛行，但不再限于一年一度。是日，凡儿童腕上套有端午笼者，都摘下扔于房顶，以供喜鹊衔去搭银河桥，让牛郎织女相会。至晚，妇女陈瓜果于露天，向牛郎织女“乞巧”。乞巧形式多样，有在眉月明星下，用线穿针，成功的为得巧者；有用盂水映星光，观看水中星星，以辨目力强弱者；有面对星空，认准一组七屋，口念“七颗星，七七星，念过七遍会聪明”者；也有的悬米筛于树梢上，静窥筛目，希望看到牛郎织女相会的情景。此俗今已不行，偶有的仅作娱乐而已。

七月半：俗称“鬼节”、“中元节”。家家户户祭祖，做“七月半羹饭”，或放“焰口”，为野鬼安魂。前后数日在村口设坛，请僧道打醮放焰口，高悬蜈蚣旗，路边挂冥锭、纸衣，地上摆酒食，施舍野鬼；扎制鬼王、黑白无常、童男童女、纸塔等纸神、纸物，置于坛旁。祀毕，烧化纸锭、纸衣、纸神，于空中放天灯，在海上放水灯，敬送神祇，驱逐野鬼，祈求水陆平安。

中秋节：宁波以八月十六为中秋节。相传南宋丞相史浩母亲寿诞为八月十六，于是史家过中秋的时间改为八月十六。后来族风蔚成乡风，相沿成习。另一种说法是，南宋时曾担任宰相的宁波人士史浩每年中秋节必从都城临安赶回家乡明州，与当地百姓共度佳节。有一年他回家乡欢度中秋佳节时，因途中所骑的马受伤，只得夜宿绍兴，待他赶回家乡，已是八月十六，而当地的百姓一直等到史浩到达才过节，此俗在宁波一直沿袭至今。舟山岛民于八月十六过中秋，与宁波俗同。中秋前，家家购备月饼，并馈赠亲友及师长。中秋傍晚，陈月饼酒肴祀祖后，饮酒赏月吃月饼，谓“合家团圆”。

重阳：九月初九。旧时宁波士子佩茱萸、携美酒，结伴登高赋诗，饮茱萸酒。各家裹粽子、吃重阳糕和牡丹糕，寓步步登高意。亲戚间互赠重阳糕、牡丹糕，称挑“重阳担”。民间这天还有祭祖的习俗。舟山乡间有做团子、裹粽子祭祖并馈送亲友之风。婿家要给丈母娘家挑重阳担，现多为馈赠一般性礼品，如酒、糕点等。城镇居民多有登高习俗。

谢年：旧时舟山城乡一些富户一上腊月就忙起来，掸尘洗涤，杀禽畜办年货，择日供三牲或五牲福礼，向神灵礼拜祝祷，谓“谢年”或“送年”。祭毕，割取少许福礼放入酒杯，在金箔火化时，洒向空中，分飨四方鬼神，谓“散福”。祭神后，要做“年夜羹饭”，敬祀祖宗，祀毕，邀亲邻长者共餐，谓“分岁”、“吃年夜饭”。旧时，城中大户都把它作为拉关系、结人情的良机，竞相请客，以致年夜饭越吃越早。一般居民则多在祭灶后始谢年，且形式较简。

宁波人的谢年仪式从腊月二十四日开始，相邻的叔伯亲友把日子排好，每家一天。谢年从下午开始，从堂前到明堂两张大八仙桌摆开，桌子上的几个木质大桶盘里供着大块猪肉、整只鸡、整条青鱼和如意寿星花纹的年糕，上面还点缀着红色剪纸。桌子的里侧围起红色帘子，点燃了蜡烛和香，男性家长带领着男性后辈依次朝南向上天跪拜。隔开一定时间，再次跪拜，反复几次后，谢年仪式才算完成。谢年的结束仪式是晚上共吃年糕汤，而且邀请相邻亲友共享。除了年糕汤这一主食外，菜肴也很丰富，必不可少的是白片肉、白斩鸡、熏鱼，还有鳗鲞、拖黄鱼、青鱼头尾、三鲜肉丸细粉汤、烤麸之类的宁波特色“下饭（宁波话，指饭桌上的菜）”。

除夕：旧时，浙东沿海家家户户要贴门神、春联、青龙纸、放爆竹避邪。青龙纸为红、黄、青三色，上画双龙戏珠或兼画和合二仙及聚宝盆，青龙纸贴于谷仓,红龙纸贴在门窗。是日,尽可能还清债务,水缸、米缸都要备得满满的,意为“满柜满罐”,祈祷来年生活美满。

是日,各家净室挂祖宗像,晚吃“除夕酒”亦称“分岁酒”或“午夜饭”,俗称“年夜饭”。此日祭祖,祀毕合家欢宴。饭前祭祖,请“亡灵”回家过年。席间父辈为孩子夹菜,说吉利话讨新岁口彩。盘中有全鱼不吃,须留之新岁,寓年年有余意。饮酒后吃汁水年糕汤,寓新年油水多、年年高。吃年夜饭后要坐夜“守岁”,给儿孙辈分“压岁钱”,大人们坐夜到零时或通宵。

四、礼仪习俗

礼仪习俗是指人的一生中,在不同的生活和年龄阶段所举行的不同的仪式和礼节,如诞生礼仪、结婚礼仪、丧葬礼仪等。诞生礼仪表示婴儿脱离母体进入社会;结婚礼仪意味着家庭的建立,子孙繁衍的合理性,并开始对家庭和社会要担负起一定的义务;丧葬礼仪则宣告一个人完成他一生的全过程,生命终止,社会行为也终止。

(一)生育习俗

催生、洗床:在浙东岛屿,产妇临产前,娘家要备婴儿衣物和黄糖、长面送婿家“催生”。产妇分娩后,娘家和亲戚要送糖、面、鸡、肉、鱼、蛋等,叫“送生姆羹”。婴儿出生后,在吃母乳前,先向哺乳妇女讨一匙奶汁喂之,叫“开口奶”,生男婴讨女婴母亲的乳汁,生女反之。喂母奶前还得先喂婴儿吃黄连汤,一为排掉婴儿肚子里的污秽,二为讨“先苦后甜”的吉利。婴儿出生后第三天要祭“床公床婆”,也就是叫稳婆(接生婆)给婴儿洗澡,又俗称“洗床”。事后,还得向邻居儿童分赠“相谅盏”,即两只酒盏复合成的米饭上放些黄糖谓之“相谅盏”,意示今后和睦相处。洞头县渔家兴送“屁股蛋”(外壳染红的熟鸡蛋),希望孩子有福分,不受欺侮。

在宁波,婴儿出世即向亲友、四邻分送糖面,表示添丁之喜。娘家送贺生担,俗称“生姆羹”,一般送的有鸡、肉、鸡蛋、长面、红糖、河虾、鲫鱼等。亲友送红糖、鸡蛋、长面或婴儿衣服等。将肥肉、状元糕、酒、鱼、糖等分别制汤,涂婴儿嘴,边念:“吃了肉,长得胖;吃了糕,长得高;吃了酒,福禄寿;吃了糖和鱼,往后生活甜蜜又富裕。”婴儿生后第三天,在产房内摆羹饭,点香烛于米筛内,放 12 只“商量盏”、2 碗“盖糖饭”,祭床公床婆,俗称“解魔”,又称“还落地福”。

满月:婴儿出生满一个月称“满月”,一般要请“满月酒”。在舟山,长辈要把彩线挂于婴儿颈项,谓“挂长命线”或“富贵线”。接着剃去婴儿胎发,穿戴满月衣帽，即狗头帽、虎头鞋和绣花肚兜，由长辈抱之，撑凉伞，穿街巷，男孩谓“寻老婆”，女孩谓“寻老公”。不少岛上还有婴儿满月时，家中大人要抱之入海水中洗澡，意示将来识水性，游泳好。

宁波地区产妇的娘家要送“满月担”，有鸡肉鱼等食物和老虎头鞋帽、抱裙、披风等衣物。婴儿的姨母、姑母、舅母等以五色线编织彩带挂婴儿项上，并赠饰物祝长命百岁。是日祭神祖，办盛宴请亲友，称“满月酒”，并向四邻送肉丝炒面。

走外婆家：婴儿在出生两个月之日，可以去外婆家。去之前要用锅灰在婴儿的鼻尖上抹一圆点，一本旧历书挂在婴儿身上，俗称“乌鼻头管望外婆”，意示避邪。外婆得给婴儿挂上由五彩丝线搓成的“长命线”，以示祝福其“长命富贵”。在洞头，男孩满周岁时，大凡讲闽南话的外婆均送“红圆”，讲温州方言的外婆则送寿桃，以示祝福。小孩六七岁换牙时，习惯在丢牙时双脚齐正并拢，上牙丢床下，下牙丢屋顶上。掉牙后先吞三口淡风，示意为“新牙齐整”。

（二）结婚习俗

传统婚礼严整完善，基本上按照“纳彩、问名、纳吉、纳征、请期、亲迎”六礼的程序进行，后来有所演变。在宁波，普通婚俗有媒约、订婚、贺礼、搬嫁妆、相亲、迎娶、拜堂、喜宴、闹洞房、回门、望担、满月盘等十多道程序。

定亲：旧时男女婚事，先由媒人牵线，父母同意后，请算命先生根据男、女双方的时辰八字抽签。大凡属相相克者均不能成婚。如男子属龙，女子属虎者，均因“龙虎斗”而不能结婚。如八字相配，男方得备果品礼物，派人与媒人同往女家，询问姑娘的出生年、月、日、时辰，称之为“请庚帖”。女方将姑娘的生辰八字书写在红帖上，送至男方家里，叫“过庚帖”。男家得庚帖，置灶神龛前，如三日内平安无事，婚事就定了。之后，男方媒人得持婚书（俗称“书子”、“书纸榜子”），与簪子等定情物，以及猪肉、鸭、鸡、酒等礼品挑到女家，俗称“纳吉”，也叫“发送”。女方收到礼品后，将事先为女婿及婿家父母等人做的鞋子、笔墨、纸砚、香袋等物放至男子的礼担中，作回礼，又叫“过书”。

洞头的渔民在亲事定下后，在结婚前几天，还兴送彩礼。男方的亲朋要挑几担礼品，主要有金银首饰、猪肉、糖果、糕饼送至女方家，女方家得热情接待送彩礼的人，要摆酒宴请，饭后送红包。女方在收下男方的部分彩礼（不可全收，每样物品都得退还少许）后，把棉被、枕头、子孙桶（即马桶）、火囱（铜制取暖手炉）、家箜篮（盛剪刀、尺、针等工具的竹篮）等嫁妆放至担子里，让男方亲朋挑回。

结婚:在举行婚礼的前三天,洞头县兴男方家长要向邻居分送小汤圆,以示祝愿小夫妻未来的生活团团圆圆。结婚前一天晚上,男方要用全猪、全羊敬拜天地神祖,以此来谢愿,又俗称"做敬"。有的还要请司公(道士)来边歌边舞祷告祖宗,拜天地神灵。在举行婚礼的这天早上,新娘要吃"肉骨饭",意谓婚后夫妻二人情同骨肉。到男家,新娘要跨过一盆炭火后,方可和新郎拜堂。

宁波旧俗,花轿至男家时,鸣鞭炮,击鼓锣,敲悬于筛的铜喜鹊。花轿停在堂沿,轿夫开轿门,一盛妆幼女上前行礼后,送嫂取镴壶中香粉在新娘脸上补妆,称"添妆"。然后携新娘出轿立于拜位,幼儿退立一旁,一全福妇女用秤杆微叩新娘头部,再用秤尾自下而上挑去方巾,置床顶上。陪郎请新郎位于拜位。主婚者位于上,赞礼司仪,新郎新娘上香拜天地、祖宗后对拜。拜堂后,陪郎二人捧花烛引导新人踏地面布袋入洞房,布袋五只,每行一袋,送嫂即移置于前接之,称"传宗接代"。入房后新人并坐床沿,饮红糖圆子汤,礼厅中宾客同时进食,以示团团圆圆。饮后新郎出房,送嫂服侍新娘换妆,然后新人依次向父母和长辈跪拜。礼毕新郎捧果子糖向长辈敬茶,长辈置红包于茶盘作见面钱,新娘上前接茶盘。

在舟山,新郎入洞房后,其长辈要将枣子、桂圆、甘蔗等十样干果抛向华堂,让众贺喜的人抢食,俗称"抛喜果"。新娘还得亲自到厨房亲手割祭祖的猪肉,并将身上系的布阁(一种上下相连的衣服)交给厨师,请代为厨事,俗称"出厨"。接着拜见家中大小,受拜的长者要给"拜见钿"。舟山地区多岛,若外岛娶亲,无法坐轿,均以船代之。娶亲船在前舱挂彩旗若干面,也有的在舱门口悬挂大红彩带,新娘上船时,双方鸣放鞭炮,由长者背新娘到婿家。旧时,舟山有"阿姑拜堂,公鸡陪洞房"之俗。这是因为有的新郎出海生产遇风暴等特殊情况,而不能如期归来,习惯由阿姑代替拜堂,同时在洞房内笼养一只公鸡,公鸡颈上悬一红布条,待到新郎回来后,才将公鸡放出。

回门:在宁波,成亲次日起床,须由新郎开房门。是日,男方备轿请阿舅,阿舅受茶点三道后,退至阿妹新房歇息。午宴,请阿舅坐首席,称"会亲酒",忌用毛蟹(娘舅谑称毛蟹)。宴后,用便轿接新郎陪伴新娘回娘家,称"回门"。随轿送"望娘盘"一担。岳父母家宴请"生头女婿",忌用冰糖甲鱼。宴毕返回,新娘一出轿门,宾客中爱闹者预先以二三十条长凳从轿前铺接至新房门,架成"仙桥",要新郎搀扶新娘从"桥上"过,客人欢笑催促,若步履稳健,则在新房门前"桥头"凳上再叠长凳一条,并递上一只油包,要新娘口咬油包走过,美其名曰"鲤鱼跳龙门"。第三日,"三日入厨下,洗手作羹汤",新娘下厨,煮糖面分赠四邻。

（三）丧葬习俗

丧葬礼仪是人生最后一项礼仪，表示一个人脱离社会和人生旅途的终结。中国各民族所处的自然环境、社会形态、宗教信仰不一，于是形成丰富多彩的丧葬礼仪和丧葬方式。受儒家“事死如生，死亡如存，仁智备矣”思想影响，在浙东沿海地区十分重视丧葬礼仪。乾隆《象山县志》载：“丧礼：有丧即讣告族亲，谓之‘讣音’。往唁，谓之‘问信’。大殓成服，设铭，帏堂，族亲毕集，谓之‘送殓’。受祭吊，谓之‘开丧’。归窆，谓之‘送丧’。丧毕，孝子往拜亲邻门，谓之‘谢孝’。初死，遇七必祭，谓之‘做七’。七七乃止。如七期逢月之七日，谓之‘撞七’，礼加厚。盖七日来复，孝子思念亲，礼犹可通，而廷僧巫礼忏则失之矣。设灵堂，进膳如生时。次年正月，亲邻香烛来拜，谓之‘拜座’。二十七月除之，谓之‘除灵’。”

送终：旧时老人（病人）临死前，亲人守床前“送终”，亲人记录病人的遗言，并给病人喂几口饭，剩饭由子孙分食，“吃袭衣饭”。

停尸、报丧：老人气绝后，焚香于灶前、祖堂，给死者沐浴、剃头，穿“过老”衣，后移于堂屋，陈列菜饭祭奠，谓“移尸羹饭”。堂屋里悬孝幔，设祭桌，供糕点，点“脚后灯”，同时将死者睡过的席褥连同新买来的草鞋焚于三叉路口，叫“烧荐包”。后即派人倒掖雨伞向亲戚报“讣音”，亲戚闻耗，以哭相报或砸瓦片，并备“重被”、白烛、祭品去灵堂吊祭。晚上由亲人守灵，请和尚、道士念经，为死者“超度”。

落殓、出殡：浙东沿海区域，一般择涨潮时分“落殓”。子孙将遗体安放棺中后，即将亲友所送“重被”唱名盖上，再封棺、订棺材，亲人扶棺围哭，本村男女唱《醮杠调》，择好时辰出殡。出殡时，子穿孝服，戴上梁冠，腰系草绳，手执孝杖，孙子戴二梁冠，四代曾孙戴黄帽，五代重孙裁红帽。出殡时，先行“醮杠”礼，后以魂幡引路，鸣锣开道，女儿手挥灵牌，孝子扶棺，亲属排辈依次随送。棺木入墓穴叫“进椰”，之后众人回祠堂焚烧灵牌、将其名讳排行记入柯堂神位，设祭“上堂”。从人死之日起，每七天祭奠一次，叫“做七”。第五个“七”一般由婿家设祭。满七个“七”时，亲人就将居丧用的麻带等物烧毁。至一百天时再祭，俗称“百日”。满一年做“周年羹饭”。旧俗三年“满孝”。

招魂：舟山、宁波的渔、船民因遭海难亡故而找不到尸首者，其家人便扎个稻草人，请道士为之打醮、超度。家人在海边搭醮台，上供香火中间坐着稻草人，草人身上佩有死者生辰八字的纸条，后边放着棺材。海滩处摆两张竹席，上摆祭品。到夜间潮水上涨时，点燃稻草堆，道士齐奏钟磬铙钹，披麻戴孝的家人提一盏灯，嘴里高喊“××（死者的名字），海里冷，屋里来呀！”，一些亲属便接着答应“来啰!”,一直喊到潮水涨平,道士铃声越来越紧,最后突然一下重锤,就表明死者的魂已招进稻草人体中,“招魂”才告结束。第二天,把稻草人放进棺木,抬上山再行葬礼。

嵊泗岛上略有不同。死者家属在道士“超度”时,要将一只缚紧的雄鸡放置箩中,将箩挂于带根的毛竹顶梢,道士坐台作法,一道人面向大海,他一面摇动毛竹,一面高叫“××来呵”,另一个背朝大海的人随之答“来啰”。现今招魂之俗已不多见了,一般是去普陀山的普济寺,请僧人为亡灵超度。

附录二:

十里红妆[①]

十里红妆是指宁海及浙东地区特有的传统婚妆系列及相关民俗。当地嫁女的嫁妆,是日后的生活所需,大到床铺家具,小到针头线脑,一应俱全。迎嫁妆队伍浩浩荡荡,绵延十里,十分气派。十里红妆规模声势之大,数量之多,门类之齐全,制作工艺之精湛,艺术价值之高,耗费之昂贵,均为全国罕见。

十里红妆主要包括婚嫁仪式中的“迎嫁妆”习俗和红妆器物的制作工艺传承两部分。“千工床、万工轿、十里红嫁妆”是家喻户晓的民俗现象,长期以来,世代相传,蔚然成风;十里红妆又是江南手工技艺的集中体现。十里红妆中的器物类主要由天然矿物朱砂和黄金为主的材质装饰,集中了雕刻、堆塑、描金、勾漆、填彩等工艺手段,也包含了小木作、雕作、漆作、桶作、竹作、铜作、锡作等民间匠作。绚丽华美的朱金色彩,形成了它独特的艺术风格和装饰特色。十里红妆为研究江南地区婚俗文化提供了实证,是中国传统文化重要的组成部分,是世界文明史上灿烂的一页。它具有民俗学、社会学以及历史、艺术、人类学等方面的重要意义。

十里红妆的盛行和浙东地区的物质文化背景是分不开的。明清以降,由于经济的发达,浙东地区重嫁奁,婚俗奢靡。一方面炫耀娘家的财力,一方面希望女儿在夫家具有一定的地位,因此,富庶人家嫁女,不惜财力,婚嫁攀比之风趋盛。十里红妆器物是婚俗的主要部分,并且形成了当地特有的生活器

---

① 材料来源:《人生礼俗·婚礼·十里红妆》,宁波文化网(http://www.nbwh.gov.cn),2008年8月12日。

皿的造型艺术风格。这种通体红漆局部贴金的家具器皿，有别于正厅、书房等共用场所的家具，放置于私密的内房空间里，与女性生活密切相关。对十里红妆的奢侈追求，导致相关器具的精工细作。宁海历史上传统手工业较为发达，有"百工之乡"之称，当地的朱金木雕工艺和泥金彩漆工艺为丰富红妆器物的装饰提供了必要的基础。

一、婚礼中迎嫁妆习俗

(一)备嫁妆

"有钱人家嫁女儿，普通人家送女儿，无钱人家卖女儿"，一般人家为了不落下卖女儿的名声，不惜财力准备嫁妆，富家大户为了利用嫁女显示富足的家底，故配置丰厚昂贵的十里红妆。

准备十里红妆是一个漫长复杂的过程，娘家人在请人做嫁妆前必须选"黄道吉日"。动用小木作、雕作、漆作、桶作等"百作"手工制作家具杂用，一般人家是千工床、小姐床、房前桌、成对红衣柜、二幢板箱柜、各式祭盘、大小脚桶、粉桶等红妆器物两百多件，而富家大户则近千件红妆不会重复。

闺房里的小姐和母亲会用几年的时间准备新娘婚后一生的服装和内房布饰，包括未来丈夫和小孩的衣着物品，甚至孝敬公婆的鞋帽等，这些女红制品也是十里红妆的重要组成部分。同时父母会在各种木桶、瓷瓶里装满各种果实和种子，祈求婚后早生贵子，而仪式中所需的和气食、红鸡蛋、喜糖等也必须在出嫁前准备完毕。

(二)迎嫁妆

咚咚咚，锵锵锵！马来哉，轿来哉，

王家嫂嫂抬来哉，一杠金，一杠银，

陪嫁丫头两边分……(当地民谣)

迎嫁妆和接新娘是同时进行的，婚礼当日，迎嫁妆和接新娘队伍到达新娘家，午后迎嫁妆队伍同接新娘伴姑一道，浩浩荡荡，返回新郎家。嫁妆队伍马桶开道，花轿居中，抬的抬，挑的挑，流光溢彩，喜气洋洋。结婚是大事，需要造声势、摆排场、显家威、比族门。大户人家的红妆队伍，绵延十里，嫁妆中不仅从针头线脑到箱、柜、桌、椅、桶、盆、盒以及铜锡器具样样齐全，还箱箱满、桶桶满。箱笼里装的是服装、绸缎，桶里装的是南北干果、糕点，等等，甚至连马桶里也要放一双红鸡蛋。

十里红妆队伍，铜乐齐鸣，爆竹震天，转弯鸣锣，过桥放铳，一路炫耀着喜庆,炫耀着奢华。

新娘是十里红妆队伍的主人,花轿是十里红妆队伍的主题,有二人小轿、四人轿、八人大轿之分,这种大小之分也是新娘身份、地位的直接体现。花轿前后一路上披红戴金,前呼后拥,让经历过的人一生都难以忘怀。

(三)十里红妆在婚后家庭生活中的作用

花烛点起红又猛,要看新娘新嫁妆,

红漆箱笼十八只,大橱小橱锃刮亮。(当地民歌)

十里红妆有别于宗庙家具、中堂家具、书房家具,是内房家具的主体。

十里红妆器具来自娘家,是女儿最私有的财富,哪怕丈夫有三妻四妾,娘家来的嫁妆包括针头线脑是其他人无权支配的。

迎嫁妆是结婚的奢华场面,但红妆的日常使用才是真正目的,十里红妆是夫妻以及未来儿女日常必需的生活用品,是婚后生活的物质基础。

二、十里红妆制作技艺传承

十里红妆器具是以小木作、雕作、漆作为主,辅以桶作、铜作、锡作、篾作等工种而成的民间"百作"创造的结果,以家庭请匠师在自家制作为主,至清末民国初年才出现作坊式生产形式。

十里红妆器具装饰以朱金木雕为主,工序分为:雕刻—堆塑—打磨—调朱—镶嵌—描金—贴金—勾漆—填彩。

三、十里红妆器具系列

传统宁海婚俗极其重视嫁女的嫁妆,无论对女性如何歧视,但父母为使女儿在夫家争得地位,不惜一切代价,为女儿打造丰厚的嫁妆。所有嫁妆朱漆贴金雕花,制作工艺极其繁缛,形成特有的木雕流派,称为"朱金木雕"。十里红妆器物选材考究,工艺精湛,因此,在民间有"千工床、万工轿、十里红嫁妆"之说。在某种意义上"十里红妆"是明媒正娶的代名词。

花轿:花轿选材要求既轻又有耐力,一般选用香樟、梓木、银杏等木材,雕刻的多是"八仙过海"、"麒麟送子"、"和合二仙"、"金龙彩凤"、"喜上眉梢"等喜庆吉祥的题材。花轿的制作工艺非常复杂,采用了浮雕、透雕、贴金、涂银、朱漆等装饰手法,精美华丽,犹如一座黄金造就的佛龛。

婚床:婚床是婚房的中心。婚床的制作非常复杂,朱金婚床不仅精工细雕,还选用了朱砂、黄金、青金石、水银、黛绿、琉璃、贝壳、生漆等名贵天然材料。婚床前帐雕刻异常繁缛,运用浮雕、堆塑、贴贝、勾漆、描金等工艺,装饰题材大多来自古典名著、民间故事、戏曲人物等，表达了多子多福、喜庆吉祥等美好愿望。婚床前帐有四根夹柱，大多用泥金塑上诗句，如“丹桂宫中来玉女，桃源洞里会仙郎”、“意美情欢鱼得水，声和气合凤求凰”，既表达了对夫妻生活的美好祝愿，又充满浪漫情趣。

杠箱：杠箱是专门运送小件红妆物品的，是婚嫁专用的礼仪用具。杠箱大多是临时租借，也有特地为嫁女儿制作的。杠箱有敞开式和箱体式两种，雕刻喜庆吉祥动植物和人物故事。

家具器皿：十里红妆家具器皿是内房里的日常用具，专属女主人私人财富，直接体现女性的审美情趣。造型圆润空灵，简约委婉。讲究的人家的家具器皿全部采用朱砂为漆，黄金点缀，号称“一两黄金三两朱”的装饰，辉煌绚丽，历久不衰。

其他：在丰富的十里红妆器物中，有雕刻着浪漫爱情故事如“西厢记”、“红楼梦”、“拾玉镯”等戏剧故事和描绘爱情故事的床屏画和柜门画。

四、女红（音 gōng）系列

十里红妆中的女子手工制作称“女红”，是纺纱、织带、绣衣等针线手工的概称。出嫁前的女子，在娘家的闺房里，从小就开始学习女红，“十三能织素，十四学裁衣”。谈婚论嫁时，男家凭媒人传送过来的“女红”作品评定女方是否心灵、手巧、娴静，是决定亲事的重要信物。女子出嫁时，红妆的箱柜内都装满了服饰，包括丈夫和孝敬公婆的服饰。优秀的女红会在四乡八村传颂，让婆家感到荣耀。

随着现代生活方式的改变，外来文化的冲击和十里红妆器物制作所需的天然材质的匮乏，十里红妆已濒临消亡的危机。宁海县人民政府和一些有识之士注意到了这种趋向，已采取了相应的保护措施，建立了“宁海十里红妆博物馆”，出版了《十里红妆》、《红妆》等多种学术专著，宁海已成为保护研究十里红妆的中心。

附录三:

舟山市普陀区虾峙镇渔村招魂仪式[①]

招魂是一种由来已久的习俗,在舟山群岛,长久以来相对封闭的环境,形成具海岛特色的民俗,分为“叫活灵”和“招亡灵”两种。尤其是后一种,因为海岛渔民在严峻的自然环境下不时遭遇海难事故,经常连尸骨也难以打捞,死者家属为了寄托哀思,让死难者魂魄归家入土为安,以稻草人为替身,通过招魂仪式将死者魂魄招到替身上,然后再举行正常的安葬仪式。这种独特的招魂习俗,因外人知道不多,以致蒙上了一层神秘的面纱。

虾峙渔村的招魂仪式一般是在海难事故发生的两三个月后,俗称“百日”的前后,这一段时间是为了认定该渔民确已死亡且不能捞回尸骸。此后,家属确定延请道士举行招魂仪式。

招魂仪式的具体日期则需要进行挑选,一般是选在每月农历的十二、廿七两天,可能与这两天的潮水涨落有关,潮诀云:“廿七、十二鸡啼涨,潮到埠头天大亮。”而一般招魂仪式于第一遍鸡啼前后结束,以便家属在涨潮时办理入殓仪式(倘死难者众,在这两天请不到道士举办仪式,也可据潮水情况于别的日子举行)。

在招魂仪式的具体日期选定后,正式招魂之前,道士要准备所用的文书(俗谓“疏头”),用来召唤亡魂。文书全文如下:

> 天恩下临:敕赐天成××,请详前事:兹有×××(逝者名)于×月×日××船(船名)从××地到××地,×月×日途经×地停留,出×地,过×地朝×方向(如东北、东南等),到×海区左右洋面作业生产,由于风猛浪大,大祸临头,不幸落水,被错拖入海中,一命呜呼。(今为)追摄前逝亡魂等因,指名灵魂,摇竿转竹,遍认阳亲,引魂上堂,共享蒸尝。为此亡心有托,以显道法昭彰。

此文书一式两份,被道士视为招魂能否成功的关键,故要求两不相差,字句固不能有异,前后调换也不可,即格式如有几行、每行几个字也必须一样。这两份文书,一份于招魂日前三天具礼焚化,另一份在招魂当天焚化。

距招魂日还有三天时,道士用方桌一张,上置供奉之酒菜,如猪头、鸡、

---

① 材料来源:王冰:《舟山群岛渔村的招魂习俗调查》,《海洋文化研究动态》2008 年第 1 期,第 21—23 页。

鹅、豆腐等，并焚化疏头一道。焚化时，道士念诵祷词，大意是祈求上界天神，如东海龙王、天兵天将、摄魂将军、千里眼、顺风耳、江河湖海各路正神、沿岸各方土地等，帮忙搜寻×××亡魂到家云云。

至招魂当日上午，道士至山上挖取连枝带根的毛竹一支，放置于事先选定的招魂地点备用。招魂地点一般选在死者家附近之海滩，靠近潮水线的位置，也有选在半山腰上的。

待晚饭后，仪式正式开始。其时，道士前行，家属跟随。因当时一般来说围观者众，沿路家属还要向围观者请求，大意为死者凄惨，魂魄不能归家，这次花了大价钱招魂，请求围观者中与死者生肖相冲者、带红的（来月经的妇女）回避，以便招魂顺利成功。此时，在预先选定的招魂地点，早已燃起一堆篝火，以便让亡灵能够循着亮光过来。

到达后摆放好供桌、供品（如前）、铺板；摆放好死者的灵牌（上书死者的姓名和生辰八字）；并布置好招魂幡。

这里的招魂幡（俗称招魂竹）颇有讲究：将选好的毛竹根部削成圆形，置于一石臼中；雄鸡一只，用布把头包住放入一竹篮，再将竹篮系于竹梢；另将死者平时穿着的旧衣裤鞋袜（袜中絮棉）用线依次缝起；一把尺放入衣中横撑充肩膀成人形，尺两旁垂两线直达左右鞋袜；然后将装有 24 两白米的米袋系于尺下在衣中胸膛部；下衣外胸口处悬挂一面铜镜；完成后将整个人形系于竹上部（也有不少是将这个人形平放在铺板上的，有的还要搭起帐篷）。

招魂幡制成后，燃点起香烛，道士摇起招魂铃，复焚疏头，诵祷如三天前，同时勒令亡灵"酉时到达等伺候，戌时召招要上幡"等语。家属则在旁哭喊："××哎～，回来嗬，××哎～，海里冷冷嗬～，到屋里来嗬～～；××哎～，回来嗬，××哎～，湿布衫冷冷嗬～，到屋里来嗬～～。"其音凄切，令人不忍卒听。

接着，由道士手执招魂幡之首（竹梢）在地上转圈，有数人在竹旁扶助，少则二三人，多则五六人，其中有一人用脚踩住竹根，使幡竹在转动中不致从石臼脱出。道士放手后，旁观者在旁作声催促："快！快！快！"如此合众人之力，幡竹越转越快，当转到扶助者额头冒汗之时，则要尽力稳住幡竹，让它慢慢重新直立起来，至幡身立定，幡首尚在空中呼呼转圈，直待其全部稳定。

然后待确定亡魂附上幡竹（一般以竹篮中鸡发出响声为号）后，开始亡魂辨认阳亲的过程。

道士要亡魂辨认散杂在围观人群中的家属所在："老浓（老婆）在哪里？"幡首就向他老婆所在之处倾斜、颤动。接着，要辨认阿姆、阿爹、儿子、娘舅、姐妹等家属，待家属依次全部认毕，确定该亡魂确为要招之魂后，道士再问："侬要啥人抱？"幡首就向家属中的某一位倾斜，并点动三下（有的要经过多次确认）。当确认无误后，道士又发话："侬要××（刚才选定的家属）抱，就要垂下来，让伊好接手。"待幡首倾斜下来，该家属抱住幡上人形后，道士手起刀落，将幡竹上部斩下（一般为30～50厘米），此段竹（俗称"竹脑"）一般在解除竹篮、镜子等物后，充作死者身体放入衣中。

家属将已附上亡魂的人形抱到铺板躺平（原先就放在铺板上的，就将斩下的竹脑充入进去），富裕人家另给亡魂穿许多衣服，俗称"五重衣、七重衣"的，内衣等照尺下两条垂线穿着。唯原挂在衣服中的米袋，要将袋中米倒空，充填入棉絮后充作死者头颅，也有以葫芦充当的，一般不画"眉眼"（五官）。家属们开始披麻戴孝，给死者念经忏做道场，至早上潮水涨平，入殓完毕，再行安葬。至此，生者对死者的心愿已了，只可怜那白发双亲、孤儿寡妻尚要过活。真是"夫复何言"！

倘若等到村中头遍鸡叫，尚未招亡魂上幡的（竹篮中鸡未有响声），即视为此次招魂失败，当另择日期重新招魂。

第三节 浙东海洋民俗节庆及其文化内涵

一、海洋民俗节庆文化

民俗节庆是族群共同体的一种标志、历史传承的一种载体和人文归属的一种象征，是民族的生活观念、社会理念和思想信念的形象体现。[①] 具体而言，民俗节庆是以文化活动、文化产品、文化服务和文化氛围为主要表象，以民族心理、道德伦理、精神气质、价值取向和审美情趣为深成底蕴，以特定时间、特定地域为时空布局，以特定主题为活动内容的一种文化现象。目前，节庆活动已被视为一种经济、一种产业，并为世人共识和广泛运用。据悉，全国有5600多个节庆，几乎每个县都有节庆活动。

所谓海洋民俗节庆是指沿海地区的标志性事件，即依托沿海社区特有的风俗民情、历史文化等方面的独特资源，加以整合包装，能够产生具有沿海地区标志性的独特形象和吸引力，在相对固定的时间、地点，重复举办的涉海文化活动。在节日中，沿海人民把涉海民俗文化表现得淋漓尽致，把各种民俗

① 王琪森：《发掘民俗节庆的伦理功能》，《文汇报》2009年9月25日第5版。

娱乐活动推上高潮，参观者从这里不仅能学到知识，了解各地的风土人情，还能化“静”为“动”，亲自参与到民俗节庆活动中，去体念和感受节日期间人们的奔放、狂欢的气氛，真做一回“当地人”。

由于沿海区域特殊的地理环境、独特的海洋民俗文化内涵，浙江沿海地区保留有大量的海洋民俗节庆活动。如舟山群岛现有节庆活动近 20 项，如国际沙雕节、观音文化节、海鲜美食节、国际海钓节、普陀民间民俗大会、岱山海洋文化节、嵊泗贻贝文化节、舟山渔民画艺术节、桃花金庸武侠文化节、虾峙渔民文化节、东港佛茶文化节、菜园渔民文化节、黄龙开捕节等，以及各类单项大型文化活动和论坛会展等。

海洋节庆活动会给沿海地区社会经济发展带来了大量的积极效应：

(1)经济效应。任何一次城市节事活动都具有一定的主题，配合这一主题的生产厂家或者说整个产业都可以在节事活动中获得经济收益。海洋节庆活动规模庞大，参与者众多，不仅促进了地区的消费，增加了地区建设资金，带到了相关产业的发展，还能有效弥补海洋旅游淡季和旺季的需求差异，保持地区稳定的海洋经济收入。

(2)社会效应。城市形象是一个综合的形象塑造系统，需要花费大量精力和进行很长时间的宣传，才能塑造成功，此外，城市整体形象是通过对各种形象要素的整合实现的，其宣传工作难度很大。而城市节事活动的开展，往往能够对城市主题形象起到很重要的宣传功效。海洋节庆活动作为展示地区海洋文化的“形象大使”，能有效地提高区域海洋文化的宣传和塑造，有利于地区传统文化、民族风情等的传播和发展。

(3)生态效应。海洋节庆活动景观能促进举办地基础设施的建设和海洋环境的美化，这些活动中培养起来的群众海洋环境保护意识也对海洋生态环境的改善有着积极的意义。

(4)后续效应。节事活动给城市带来的效应，不仅仅限于当时所创造的效应部分。对于海洋节庆举办地的人们来说，通过节事活动掌握大量的信息，挖掘了大量的商机，可以说是参加了一次免费的交流会；对于主办区域或城市来说，通过举办节事活动，改善当地的基础设施，优化社会环境，创造了良好的投资环境，给参加节庆活动的人们留下好印象，创造了一批潜在的投资家。这些效果不一定在当时就能够看得出来，也许要经过很长时间才能显现。因此，举办海洋节庆活动创造的效应具有持续性、后续性。

二、浙东沿海的海洋民俗节庆与文化内涵

(一)朱家尖国际沙雕节

早在公元前4000年,埃及人已经开始用沙子来辅助建造金字塔,那时就已经有了沙雕的雏形。而沙雕真正作为一种艺术形式起源于20世纪初的美国,经过近百年的发展,沙雕已成为一项融雕塑、绘画、建筑、体育、娱乐于一体的边缘艺术。沙雕是一种场面宏大的大地艺术,其真正的魅力在于以纯粹自然的沙和水为材料,通过艺术家的创作,呈现迷人的视觉奇观,体现了自然景观与人文景观、自然美与艺术美的和谐统一,体现人与自然的亲和力。大型组合沙雕可充分展示沙雕的大体量造型,大型组合沙雕上的各个单位沙雕围绕一个主题,将使沙雕作品具有较强的故事性和趣味性,增强作品的文化内涵。由于沙雕会在一段时间内自然消解,不会造成任何环境污染,因此被称为"绿色的大地艺术"、"速朽艺术"。

被誉为"沙雕故乡、度假天堂"的朱家尖岛集中了9个沙滩,其南部的十里金沙"黄如金屑软如苔",是华东地区最大的组合沙滩群,国际沙雕组织(WSSA)确认朱家尖沙滩是世界上沙质和风景最好的沙滩之一。从1999年始,每届沙雕节都围绕一鲜明主题展开:和平与友谊、世纪奇观、欧洲文明起源、世界古代八大奇观、丝绸之路、至爱永恒、走向海洋、动漫party、奥运史话……将古今中外的文明以史诗般的沙雕景观展现,让人们感觉人类所有曾经的和进行着的形态,感受人类文化产生、发展与毁灭的无限循环。

虽然朱家尖国际沙雕节粘沙技术来自于外来文化,但节庆的源头则出于舟山固有的海洋民俗游戏——"堆沙"和"水浇沙龙王"。夏天,海边的孩子常在潮水线上侧,用湿沙堆起一座沙城,沙城内还有湿沙拍打而成的戏台、宫殿、桥梁等。有的还用竹片雕刻出简单的图案。潮水上涨时,嬉耍的孩子们站在沙城内向潮神呐喊、示威,直至沙城被潮水冲塌为止。至于水浇沙龙王,则是用手捏着一把湿沙泥,从上而下徐徐淋下,在沙台上浇成一个海龙王模样,或浇成一个观音菩萨,坐镇在沙城内,以遏制潮神的侵犯。此时,孩子们还要口念咒语,以添神威。由此可见,不论是沙雕节的材料——沙,还是艺术造像——城堡和人物的雕塑造型,均与舟山古代的游戏习俗——堆沙和玩沙有着千丝万缕的内在联系和相似点。

沙雕节将朱家尖丰富的沙滩资源与西方"沙雕"艺术相嫁接,盘活舟山的山海风景资源、渔俗海鲜资源,吸引众多追寻阳光、海浪、沙滩、美食的海内外游客,创造了舟山沙雕文化。沙雕公司把沙雕节节徽、历届吉祥物等作为沙

雕旅游产品开发的重要内容之一，并出版了中国首部沙雕专著——《点沙成金》；同时立体沙雕、沙雕丝绸画、沙雕邮册、沙雕文化衫等各种沙雕旅游工艺品的开发，让人们实现了“把沙雕带回家”的梦想；普陀沙雕产品越来越受到大众的欢迎，并成功入选了 2008 年北京奥运会指定产品名录。沙雕节以其独特的创意、鲜明的特色，在全国众多的旅游节庆活动中脱颖而出，被国家旅游局列为重点推介旅游活动、浙江省名品旅游活动，成为我国滨海旅游节庆活动成功的典范。经过多年的成功运作，沙雕节在全国乃至国际上都享有了较高的知名度，吸引了国内旅游界、新闻界和国际沙雕界的广泛关注。中央电视台、港澳台和国内 20 多家省级卫视，先后以现场直播、录播和新闻的形式进行报道，全国各大报刊也对其进行了大量的采访报道，展示了“舟山沙雕”在沿海旅游城市中的独特魅力和国内同类活动中的领先地位。舟山沙雕已无可厚非地成为中国沙雕的先行者和代言人，沙雕节跻身于中国节庆五十强，是舟山旅游一笔巨大的无形品牌资产。

（二）沈家门渔港国际民间民俗大会

舟山渔场与纽芬兰渔场、秘鲁渔场、千岛渔场并称为世界四大渔场，在近 6000 年的舟山文明史中，渔业文化是舟山海洋文化的一个主要组成部分。舟山人民在渔业生产中培养了宽广的胸怀、英勇无畏的精神，形成了“古朴、粗犷”的生产、生活、礼仪、岁时、游艺等习俗，产生了以“舟山号子”和“舟山锣鼓”为代表的具有舟山海洋文化特征的海洋艺术。海洋捕捞、水产养殖、水产品开发加工、海鲜美食、渔港景观、渔民习俗、渔村古居、赶海野趣、海洋生物、渔业史迹等充分显示出海洋文化的活力和魅力。

沈家门渔港是舟山渔场的中心，全国最大的群众性渔港、最大的水产品集散地，与秘鲁的卡亚俄港和挪威的卑尔根港并列为世界三大渔港，中国沿海各省市及韩国、菲律宾、日本等国的渔船均来港避风。沈家门渔业生产已有 4000 多年历史，海产资源丰富，仅鱼类就有 200 多种，以盛产大黄鱼、小黄鱼、带鱼、目鱼、石斑鱼、鲭鲇鱼、对虾、梭子蟹等名贵经济鱼类闻名，被称为“海中洲”和“中国渔都”。沈家门拥有全国最大的水产品交易市场——舟山国际水产城，俗称“活水码头”，闻名华东乃至全国的沈家门海鲜夜排档，成为观海景、尝海鲜、购海货必至之地。由此可见，渔业文化是沈家门渔港的特色品牌，民间民俗大会的举办，应体现渔业、渔村、渔民生活的文化内涵。

勤劳勇敢的普陀渔民在长期征服海洋、生息繁衍的过程中，形成了自己独特的渔家民俗风情，其中有神秘的船饰文化，别具一格的渔民服饰文化，各种风俗习惯（如新船下海抛馒头，猪挂船头，请龙王，谢龙王，起锚拉网吹号子，出洋吹海螺），奇特的婚嫁礼俗以及庙会、锣鼓、灯会等民间文化习俗。渔船祭海、传唱海歌、节日灯会、舟山锣鼓、舟山号子、跳蚤舞、民俗服饰、渔家习俗等无不充溢着迷人的“海”的气息。2006 年，“舟山锣鼓”入选我国第一批国家级非物质文化遗产名录，“舟山渔民号子”入选浙江省第一批省级非物质文化遗产名录，普陀渔歌、佛教音乐、普陀渔民画、普陀渔网结、造船工艺、祭海仪式、鱼类故事、观音传说、渔业谚语等海洋民间民俗文化，入选舟山市第一批市级非物质文化遗产名录，这些非物质文化遗产均具有重要的历史、文化和科学价值，具有浓厚的渔俗文化特色和在一定群体中世代传承的特点，在舟山有较大影响。其中，打击乐——舟山锣鼓《沸腾的渔都》在全国锣鼓邀请赛上荣获金奖，民间音乐“四汛渔歌”获中国沿海省渔歌邀请赛银奖，渔民画系列工艺品中的“黑陶彩绘渔民画”获得国际手工艺展览金奖，美术作品《帆影点点》、《祭海神》分别获得全国农民版画艺术节暨中国现代民间绘画精品展金、银奖。

中国沈家门渔港国际民间民俗大会就是以渔港为背景，以民间文化为主题的一次海岛文化大荟萃。从 2003 年开始，普陀区推出了这个大型的文化节庆活动，一年一届，通过整合本地民间文艺资源，引进外来民间绝活、高雅艺术的方式，达到中外文化交融，民间绝活荟萃，高雅文化与通俗文化有机结合、相映成趣的效果，也使源远流长的海洋民俗文化得到了进一步挖掘。

（三）中国象山渔民开洋、谢洋节

象山渔民开洋、谢洋节包括渔民祭祀活动和传统民间文艺表演等内容。“开洋节”是渔船出海时，渔民祈求平安、丰收的民俗活动。“谢洋节”则是渔船出海平安归来，渔民感恩大海的民俗活动。开洋、谢洋节作为渔民的一种精神寄托，主要有娱神、娱人两大板块。以祭祀为核心，以民间文艺表演为主轴，含有历史、宗教、生产、民俗等诸多文化内容。根据《象山东门岛志略》记载，渔民开洋、谢洋节活动，距今已有一千多年历史。清雍正年间到民国期间是鼎盛时期，后来逐渐衰弱，“文革”期间停止，改革开放后恢复，象山东门岛渔村尤为兴盛。

象山渔民开洋、谢洋节已形成了固定的活动形式，举办这些活动的原始意义是希望神灵保佑渔民出海能一帆风顺，满载而归。因此，它具有祭祀对象的多元性（天后妈祖娘娘、城隍老爷、王将军菩萨、鱼师大帝等）；活动形式、内容的丰富性（包含祭祀和各种民间文化活动等）；活动目的的唯一性（出海平安、渔业丰收）等特点。

2002 年 8 月至 2005 年间，中日民俗专家组成的江南沿海渔村民俗研究考察团连续四次上东门岛考察海洋民俗文化，被东门岛的民间民俗文化所吸引，认为：东门岛是一个活的，具有深厚民族历史积淀和海洋民俗文化遗产的宝库，在中国沿海极富典型意义。

尤为突出的是东门岛在2003年农历六月廿三举办的大型“谢洋妈祖赛会”和2007年农历三月廿三举行的大型“妈祖诞辰开洋典礼”，得到省、市新闻媒体的报道和专家学者的肯定。

1.“开洋节”

每年传统捕大黄鱼季节开始，都要在妈祖娘娘庙等庙宇举行“开洋节”祭祀仪式。“开洋节”的祭祀时间在三月十五至三月廿三之间，必须选择在每天涨潮时分，希望财源随潮滚滚而来。主祭人在前一天剃好头，晚上要用糖水净身，第二天穿上干净衣服去庙里祭祀。供品陈设有序，殿前天井东西两侧，各置八仙桌一张，分供猪、羊各一，恭天地神祇。大殿中堂放八仙桌两张，陈列鸡、肉、鱼、蛋、豆腐、面等五大盘，也有六大盘乃至八大盘的，盘头供品放在红漆桶盘中，五果、点心不用大盘。吉时既到，红烛高烧，主祭船主上香献爵，跪拜，虔诚祝祷，毕，退立，船上众伙计（船员）跪拜如仪。礼成，请“菩萨”上船，由船主手捧红漆大桶盘，置神像（有木雕或泥塑神像）其上，也有的在神明前求得令箭（三角小旗）一支，以代神像，插在四角香袋上，两旁列侍千里眼、顺风耳神，香烛悉备，出庙时，代舵（大副）撑黑布伞护顶，三肩（舱面负责人）提灯笼前导，众船员持香随后，恭恭敬敬把菩萨请上渔船，放在船圣堂神龛内，顶礼而退。引路灯笼挂在船头，以驱邪保平安。接着由当地和外请民间文艺表演队表演节目，有鱼灯、马灯、船鼓、抬阁、车灯、滑稽表演等。午后开始演戏，日夜连台，戏团远从新昌、嵊县、台州、临海请来，演戏五天至十天不等，号称“出洋戏”。通常演出戏目为《桃园三结义》、《薛仁贵征东》、《赵子龙长坂坡救主》、《杨文广樵山取宝》、《穆桂英大战洪州城》、《岳飞枪挑小梁王》等。在开演前，派一小乐队到村里各庙，恭请诸菩萨前来看戏。由一人手捧大红桶盘，供清香三支，把代表各庙菩萨的令箭插在四角香袋上。各庙菩萨皆到，放鞭炮三声，得加演一出《八仙过海》、《皇母娘娘做寿》、《魁星点状元》，加演戏上演时，长元（船主）得开销红包。庙会期间，村民招亲致友，宾朋盈门，人流如潮。庙里拥得水泄不通，村里一片欢乐祥和。三月廿三趁良辰吉日，顺风顺水，渔船出海。船埠上人头攒动，为扬帆出海的亲人祝福送行。锣鼓声、鞭炮声震耳欲聋，在开船号声中渔船鼓棹扬帆出海。

2.“谢洋节”

每年黄鱼汛结束，渔船平安归来，大约在每年的农历六月二十至六月廿三。举办祭祀内容和方法与“开洋节”差不多，只是少了请神的环节。这些天渔村热闹非凡，为感恩大海、感恩神灵，演戏庆丰收、庆平安，号称“谢洋戏”或“还愿戏”。有的在城隍庙，有的在渔师庙、关帝庙、土地庙，这要视各村情况而定，但大多数是在天妃宫或娘娘庙。由高产渔船出资包演，盛时连演七天七夜。戏台上挂有“神人共乐”横额，庙里挂灯结彩，供奉三牲福礼。所请戏班有宁海乱弹班、绍兴高调的笃班，妇女们则欢喜嵊县越剧班。第一场好戏开锣，往往加演一出“蟠桃大会”，赏红包，不仅戏班子引以为荣，全场观众也皆大欢喜。为争取荣誉，各渔船船主往往选聘优良戏班以博取众人欢心。

象山渔民开洋、谢洋节，在石浦东门岛相当热火，代代相传。为提升活动品位，东门岛民间自发组织举行了2003年农历六月廿三的“谢洋妈祖赛会”和2007年农历三月廿三的“妈祖诞辰开洋典礼”，这两次活动是一次民俗活动的创造性大荟萃。除祭祀、民间文化艺术表演、演戏外，还有踩街、妈祖金身上船绕石浦港、东门岛巡游一周和妈祖坐像沿东门沿港路、石浦渔港路巡游，期间鱼灯、马灯、抬阁、龙灯、船鼓等民间表演队都参加表演。其规模、形式及影响，前所未有。

(四)中国(宁海)徐霞客开游节

翻开中国旅游的历史，一位伟大的旅行家、一部伟大的旅游著作是旅游学界十分珍视的，这就是明代大旅行家、地理学家徐霞客，以及他遍览天下名山大川、风景名胜后撰写而成的60万字鸿篇巨著《徐霞客游记》。中外学者评价《徐霞客游记》为“古今纪游第一”、“世间的真文字、大文字、奇文字”；在中国，更是把徐霞客推为“中华游圣”。

《徐霞客游记》开卷第一篇《游天台山日记》即写道：“癸丑之三月晦(1613年5月19日)，自宁海出西门，云散日朗，人意山光，俱有喜态……”徐霞客从这一天开始，自宁海西门出发，历时二十余年，游经浙江、江西、福建、广东、广西、湖南、贵州，直到云南的丽江、大理，中间又穿插游览华山、恒山、泰山等名山，完成了毕生游览天下名胜的宏愿。因此，宁海有幸成为《徐霞客游记》开篇之地、中华游圣的开游之地。

为了纪念这一壮举，宁波市人民政府和宁海县人民政府决定每年的5月19日前后，举办规模宏大的“中国(宁海)徐霞客开游节”。中国(宁海)徐霞客开游节以“天下旅游、宁海开游”为基本主题，组织了格调高雅、形式丰富多彩的活动。参与开游节活动的国家、省、市领导人、媒体记者和国内外客商，每届都达到40余万人。与会宾客对开游节的各项活动、宁海人民的热情和宁海优美风光深表赞赏。由于中国(宁海)徐霞客开游节举办的起点较高、规模较大、活动特色鲜明，并对宁海的经济、社会、城市建设、市民素养的提升起了良好作用，所以开游节被节庆学界评为“中国百强节庆”之一。

（五）“三月三 踏沙滩”民俗节庆

象山石浦地处东海之滨，历史上曾有“浙洋中路重镇”之称而名扬四海；今为全国六大渔港之一、中国历史文化名镇，享有“中国渔业第一镇”之誉。石浦海洋旅游资源得天独厚，拥有山海的旖旎风光、岛礁的奇观异景、独特的人文景观和浓郁的渔区风情。

“三月三 踏沙滩”是石浦久负盛名的一个民间传统节日。每年春汛开始，出海远航的渔民总要请妈祖、拜菩萨、抬城隍，开展丰富多彩的群众活动，祈求神灵庇护和开捕丰收。其中由辣螺姑娘动人爱情故事①演绎而来的“三月三 踏沙滩”活动，流传广、影响大。

每年一到农历三月初三，数以万计的沿海渔民来到皇城沙滩，有的怀着对人生未来的美好祝福；有的心系宋王朝的历史情结；有的体验辣螺姑娘的纯真爱情传说；有的感受阳春三月的自然气息，漫步千米沙滩，享受阳光海风，观海潮、听海涛、拾海贝……平展的沙滩上摊贩云集，杂耍遍地，游人如织，歌声如潮，形成场面壮阔的海游图。

“三月三 踏沙滩”活动项目多、规模大、影响广，呈现出以下特点：

首先，活动场面浩大。活动期间，整个石浦城区彩旗飘扬，大街小巷遍布宣传画。从城区到皇城大道，车流不息，游人如织。在近 20000 平方米的皇城沙滩区域，人群熙攘，场面热烈，来自县内外的游人踏沙滩、看节目、观海景，享受春风阳光，领略海洋风情。据统计，每次参与人数都在十几万人。

其次，活动内容丰富。每次活动安排了近二十个表演项目，主要分三类：一是根据民间传说，倾诉历史情节的传统节目；二是反映渔区渔民生产生活场景，演绎海洋民俗文化特色的群众参与性节目；三是体现时代感、节奏感，具有较强娱乐性的外请节目。同时，民间戏曲节目还结合海洋科普知识宣传等内容，赋予了节目新的形式和新的内涵。这些节目经过精心编排，有序组

---

① 石浦沙滩附近有一美丽善良的“辣螺姑娘”，在沙滩拾螺时救起一外地受伤男子，两人渐渐地互生爱慕之心。不幸的是，男子走后，当地渔霸看中“辣螺姑娘”，欲强迫姑娘与其成亲。娶亲当日，“辣螺姑娘”以死相拼，投海身亡。农历三月初三，象山海边辣螺旺发，爬满海滩，传说是辣螺姑娘的化身。为了怀念姑娘，就在这一天，成群结队的渔民和渔家儿女来到海边，走一走、看一看，顺便捡一些辣螺回去作纪念，年长月久，在象山海边渔区，变成了“三月三 踏沙滩”的传统习俗。

合,使固定场地表演和列队游动表演较好地结合起来,带动了在场观众、游人的流动,在一个特大的空间里产生互动效果,场面十分壮观。

再次,对外影响扩大。参加“三月三 踏沙滩”活动的人群,以石浦当地群众为主,但近年来随着石浦知名度的提高,对外影响力越来越大。活动期间,除石浦镇周边乡镇(高塘、鹤浦、晓塘、定塘、新桥等)有部分群众参与外,还吸引了象山周边县市(宁海、奉化、临海、三门等)自发组织和沪、宁、甬一些专业旅行社的组团旅游。同时,有县内外多家新闻媒体报道“三月三 踏沙滩”盛况和石浦海洋旅游开发情况,进一步扩大了影响。

第六章　浙东海洋宗教信仰文化

第一节　浙东海洋宗教信仰文化的萌发

从某种意义上说，宗教信仰是一定地区精神与制度文化发育的土壤，是民俗文化的核心部分，凝聚着一个民族、一个区域普遍的民众的生活理想和价值取向，以其延续性、稳固性和强大的精神凝聚力成为一个民族、一个地区的文化性格和精神的依托。

恩格斯指出："宗教是在最原始的时代，从人们关于自己本身的自然和周围的外部的自然的错误的最原始的观念中产生的。"①这就是说，原始宗教或者神灵信仰的产生，与人类本身和外部环境有关。就人类本身而言，原始沿海、海岛居民应属于混沌初开时期最富有冒险和探索精神的人群，但毕竟处在原始时代，科学文化水平低下，认知能力有限。而他们所处的外部环境却远比内地居民险恶和复杂得多，诸如海上出现的灾难性事件，他们无法认知其原因与规律，无法对这些现象作出科学的合理性解释。这样他们只能把原因归之于人类本身无法达到的超自然的神力，似乎冥冥之中有神灵在起作用，这就是沿海居民神灵观念产生和盛行的最早起因。沿海与海岛区域不仅有龙王，还有观音、妈祖、渔师公等诸海神，还有鱼神、船神、网神、岛神、礁神，名目繁多，各司其职，从而构成了一个以海神为核心的层次分明的系统的海洋神灵信仰体系，而且祭祀频繁，礼仪奇特，信仰活动渗透在每个渔汛的主要环节和人生礼仪的一举一动中。

其实，海洋宗教信仰文化的形成有其漫长的历史发展进程。开始发端的是与海有关的自然崇拜，接着出现了鱼龙图腾，继而向神灵崇拜深化，直至海洋神灵信仰的形成。而在这漫长、复杂的形成过程中，应该说地域环境、社会救济等因素皆掺杂其中，并成为神灵信仰的底蕴与基因。②

---

①　恩格斯:《路德维希·费尔巴哈和德国古典哲学的终结》,《马克思恩格斯选集》第4卷，人民出版社1972年版，第250页。

②　姜彬:《东海岛屿文化与民俗》，上海文艺出版社2005年版，第423—428页。

一、地域环境因素

东部沿海区域远离大陆,环境十分险恶。舟山谚语说:“无风三尺浪,有风浪打浪。”“船到浪岗沿,性命不及老鸭钿。”这是对海域环境险恶程度的真实写照。据悉,从阴历正月初八至十二月廿三,在嵊山海域有三十个风暴期。其中,二月十九观音暴,三月廿三娘娘暴,八月二十乌龟暴,十二月三十犁星落地暴,都是危害极大的风暴。此外,还有强台风和“野暴”。《嵊泗县志·大事记》中曰:“民国三十一年(1942)十二月廿八日,嵊山遭七级西北风袭击,毁船 87 只,死 40 人。”又载:“民国三十六年(1947)十二月廿八日,暴风雨袭击嵊山,150 余船沉没,90 人丧生。”此类事件在东部沿海方志中屡有所见,触目惊心。其实,海洋环境的险恶不仅仅是风暴,还有大雾和暗礁以及浊浪陡起,都会给人们的生命和船网的安全产生极大的威胁和伤害。其次,沿海居民以渔为业,以海为本,而海洋鱼类捕捞的丰歉受潮流、气象、海况等因素制约,难以预测。故而沿海居民又把丰收的希望寄托于神灵的安排,丰者神灵所赐,歉者神灵所罚。再次,瀚海万里,气象万千,潮涨潮落,安排有序,面对这些变幻莫测的大自然现象,古代沿海居民都无法解释,只得归结于神灵。

二、社会经济因素

沿海地区具有广阔的渔场、艳丽的风光和得天独厚的富饶的海洋鱼类资源,沿海居民在开拓海洋、发展海洋经济方面作出了卓越的贡献。每当渔汛旺季,东南沿海各省渔船汇集于此,内陆和沿海都市的商贾艺人纷纷来此贸易和献艺,也曾出现过热烈、旺盛的火爆场面。如《浙江水产志》记载:“清康熙二十三年,大黄鱼汛期,在舟山衢山岛海面,江南、浙江、福建诸郡渔船毕集于此,大小船至数千,停泊晒鲞,殆无虚地”,“洞头洋,夏秋时海蜇旺发,商贩云集,甲于环山诸埠”。民国 25 年(1936),浙东沿海出海海船近 3 万艘,渔民 20 多万人,年产量 20 多万吨。尽管如此,东部沿海的经济发展、渔业科技和渔具的运用,千百年来长期处于相对落后的水平,很难与恶劣的海域环境相适应,更难与海洋性灾害相抗衡,这是沿海神灵信仰盛行的又一重要原因。另一方面,从吴越春秋到民国初年,两千余年来,东部沿海的海洋捕捞作业,从渔具到操作方式,一直处于十分古老、陈旧而落后的困境,可以说大都停留在唐宋年间水平。即使到了明清年间,出现了大捕船和背对船作业方式,但其实质仍未脱离原始的木帆船操作方式。海岛经济发展之缓慢可见一斑。而海岛经济发展之缓慢带来的一个直接后果就是海洋捕捞的唯一载体——

渔船的简陋。东海渔船船体很小，船板很薄，条件与设备之差，抗灾能力之弱，令人心寒。《浙江水产志》记载："宋开庆元年(1259)以一丈为渔船分类界线。渔船平均长度为3.2米。"舟山的小对船，船体在5米与10米之间，台州的小流网船更小，船长仅5米左右。这类豆行小舟，船上均无食宿装置，更无探风测鱼的任何现代化设备。在此情况下，沿海居民脚踏船头，如履薄冰，丰歉安危，全凭神灵。

三、历史文化因素

从历史地域文化溯源，东部沿海居民位于吴越外海海域，原始居民除洞头、玉环有部分闽南人外，大都是吴越先民，称之为"东海外越"，而吴越人在历史上素以"信鬼神，好淫祀"闻名于世。如《史记·封禅书》中记载："越人俗信鬼，而其祠皆见鬼，数有效，昔东瓯王敬鬼，寿至百六十岁。"在春秋时期，越王勾践利用巫作法术，"覆祸吴人船"。汉武帝时曾令武巫立越祝祠，"祠天神上帝百鬼，而以鸡卜。上信之，越祠鸡卜始用"①。凡此种种，无不说明"信鬼神，好淫祀"是吴越民俗的一个重要特征，而作为吴越人的海外分支——东海外越，即东部沿海与海岛的原始居民自然沿袭了这古老传统，并从大陆传承到沿海，对他们的宗教神灵信仰的形成起到了很大的作用。另外，从文化因素上说，沿海居民文化水平低下，直至民国晚期，东海岛屿的岛民大多是目不识丁的文盲。《嵊泗县志》中云："嵊泗的教育开发较晚。民国四年(1915)才有聘请岱山等外地人来嵊开设塾馆。民国二十一年才开办学校。民国时期，文盲占居民的90%左右。"这类情况在《洞头县志》中亦有记载。由于科教的落后和文化水平的低下，其必然结果是导致封建迷信的泛滥，神鬼意识的猖獗，宗教信仰的流行，这也是浙东居民宗教神灵信仰盛行的重要原因之一。

第二节　浙东海龙王信仰

一、四海龙王的"进化"过程

在中国文化中，龙有着重要的地位和影响。从距今7000多年的新石器时代，先民们对原始龙的图腾崇拜，到今天人们仍然多以带有"龙"字的成语或典故来形容生活中的美好事物。上下数千年，龙已渗透了中国社会的各个

---

① (汉)司马迁:《史记·封禅书》第六。

方面，成为一种文化的凝聚和积淀。龙成了中国的象征、中华民族的象征、中国文化的象征。对每一个炎黄子孙来说，龙的形象是一种符号、一种意绪、一种血肉相连的情感。龙文化除了在中华大地上传播承继外，还被远渡海外的华人带到了世界各地，在世界各国的华人居住区或中国城内，最多和最引人注目的饰物仍然是龙。因而，“龙的传人”、“龙的国度”也获得了世界的认同。

早在中国史前的传说时代，中国的东海、南海、北海、西海“四海神灵”信仰就产生了。《山海经》中已经出现了东、西、南、北海之神，其名称为：东海海神禺虢，南海海神不廷胡余，西海海神弇兹，北海海神禺强（禺京）。《大荒东经》云：“东海之渚中，有神，人面鸟身，珥两黄蛇，践两黄蛇，名曰禺虢。黄帝生禺虢，禺虢生禺京。禺京处北海，禺虢处东海，是惟海神。”四海海神的神形特征也很相似，大都是人面鸟身，珥两蛇，践两蛇，呈现着半人半兽型图腾信仰的特征。

进入历史时期以来，随着中国文化中“龙”神化的至高无上，“四海之神”的神形，更多地有了“龙神”的色彩，并逐渐具有“人神”的特性。唐虞世南《北堂书钞》引《太公金匮》记云：“四海之神，东海之神曰勾芒，南海之神曰祝融，西海之神曰蓐收，北海之神曰玄冥。”这些“勾芒”、“祝融”等，就是长期作为“龙神”兼“人神”被崇拜和奉祀的。

自从东汉佛教传入中国之后，在佛教的许多经典中都有大量龙王的称谓和事迹。如《华严经》载：“龙王降雨。不从身出。不从心出。无有积集。而非不见。但以龙王心念力故。霈然洪水。周遍天下。如是境界不思议。白虎通云鳞虫三百六十。而龙为之长。……有无量诸大龙王，所谓毗楼博义龙王，婆竭罗龙王、云音妙幢龙王……如是等而为上首，其数无量，莫不勤力，兴云布雨，令诸众生，热恼消灭。”据说婆竭罗龙王就是舟山方志中的沙竭龙王。中国民间传统信仰的海神为“龙神”的观念逐渐具体化，“海龙王”开始具备人性化、社会化属性更为具体的海神——“四海龙王”的形象，在民间海神信仰中多为具有龙形特点的人神。海龙王的家族与人类社会家庭成员组成相类似，龙王有自己的宫殿住所——龙宫，龙王有太子、龙女、虾兵蟹将等，它们有喜怒哀乐，有七情六欲，因而在中国信仰历史上演绎出了许许多多的人龙交往、人龙恋爱的故事。

古代帝王对龙王的推崇和祭祀始于唐代。北宋末年，朝廷正式册封龙王。朝廷的册封使民间龙王的地位大大提高，龙王信仰更为升温，龙王庙宇在民间迅速发展。“四海龙王”也有了各自具体的“姓名”：“东海龙王敖广”、“南海龙王敖钦”、“北海龙王敖顺”、“西海龙王敖闰”。从此以后，在中国民间的信仰中，东西南北四海便全部由四海龙王接管，成为海中之王。四海龙王中，“职位”最高、最为人们信仰的“龙头老大”是东海龙王。他（它）居于东海龙宫。沿海民间所普遍崇拜、祭祀的主要是东海龙王，一般敬称之为“龙王爷”。

二、浙东区域的海龙王信仰

浙东沿海与岛屿民众的生活无不与大海紧密关联。海龙王是渔民心目中的大海之神，它呼风唤雨、神通广大、喜怒无常，既能赐福人类，又会给人类带来灾难，所以渔民对它具有敬畏之心。靠海吃海的渔民们，自然把自己的命运寄托在海龙王身上，于是形成了“出海祭龙王、丰收谢龙王、求雨靠龙王”的海龙王信仰。

北宋元丰元年(1078)十一月，左谏议大夫史馆修撰安焘言：“东海之神已有王爵，独无庙貌，乞于明州定海、昌国两县之间建祠宇，往来商旅听助营葺。”这一建议得到朝廷批准，“仍令为屋百区”。[①] 宋孝宗乾道五年太常少卿林栗云：“东海祠，隋祭于会稽县界，唐祭于莱州界，本朝沿唐制莱州立祠，元丰元年建庙于明州定海县，既成命，知制诰邓润甫撰记。二年加封渊圣之号。崇宁二年，本庙岁度道士一员。大观四年又加‘助顺’二字。则东海之祠本朝累加崇奉，皆在明州，不必泥于莱州矣。”[②]这个东海神庙在地方志中的记载就是广德王祠，其实质是东海龙王庙。元丰七年(1084)杨景略、钱勰使高丽，鄞县人丰稷为杨掌笺表，曾描绘了东海洋的历险经历：“东海洋龙宫之宝藏所也，浓气厚雾，虽无风亦有巨浪，使人卧木匣中，虽荡而身不摇。食物尽吐，惟饮少浆。舟前大龟如屋，两目如炬烛，放光耀沙上，舟人以此卜之，见则无虞也。”[③]此种描述折射出了鄞人丰稷的东海龙王信仰。

南宋乾道五年(1169)宋孝宗曾下诏令祭东海龙王于定海县的海神庙。嗣后，地方官以每年六月初一为公祭龙王日。“龙王祠，在城南天后宫东，每年六月初一日致祭，春秋两仲又合祭灌门、桃花、岑港龙神于祠内。”[④]至清朝康熙、雍正时，祭东海龙王日趋频繁，海龙王信仰迭起高峰。据志书记载，仅康熙祭龙王的祭文就多达8篇，并以“万里波澄”匾赐舟山的东海龙王宫。雍

① (宋)李焘：《续资治通鉴长编》卷二九四。

② (元)马端临：《文献通考》卷八三。

③ (明)徐应秋：《玉芝堂谈荟》卷二三。

④ 光绪《定海厅志》册十。

正三年(1725),雍正诏封东海龙王为“东海显仁龙王之神”,两年后又下旨祭龙,旨文曰:“龙王散布霖雨,福国佑民,复造各省龙神大小二像命守土大臣迎奉,礼仪与祭南海庙同。”在此诏令下,舟山各地或新建龙宫,或把其他庙宇改建成龙王庙。正因为如此,才出现清光绪《定海县志》中所载的一区一宫,或一区五宫的局面。这种广泛的龙信仰、龙崇拜、龙风俗也渗透到祖祖辈辈浙东区域渔民的思想意识、典章制度、文化艺术和生活习俗等方面。

(一)龙敬畏与龙信仰忌讳

“文身断发,以避蛟龙之害”,正是这种龙敬畏与龙信仰忌讳的最突出体现。自古以来,身为“东海”“外越”的嵊泗诸岛渔民,为了养家糊口,年年月月驾舟于波涛汹涌的远海撒网捕鱼,岁岁时时潜身于激流险滩间采藻拾贝,世世代代饱尝伤身失亲之痛。先民们以为这是自己“处海垂之际,屏外藩以为居,而蛟龙又与我争”之故,“是以剪发文身,烂然成章以像龙子者,将避水神也”。断发文身习俗,不仅古时嵊泗渔岛上风行,甚至到20世纪50年代至60年代,断发习俗还保留在嵊泗渔民中间,岛上捕鱼人,不分年长年少,都是剃光头,或是稍蓄短发的“小平头”。就是渔家儿童,父母也是将其剃成光头或是仅在脑顶“子孔潭”上留上一撮短发,并在三五岁时就把他们抛进大海潮头号,让他们从小出没风涛,练就蛟龙戏水般的海上功夫。而让孩子从小就断发,正是出于父母为求后代像龙子龙孙,日后谋生海洋而不受水神伤害,以保子孙平安的心愿。

龙敬畏之俗表现在渔民船头祭拜龙君仪式,往往是在海上遇到龙卷风、龙化水等奇异海况天象及灾难性气候时。龙卷风来时,海面上骤然间“乌风猛暴”,有一团长而庞大的龙状乌云,卷风挟浪,从远处海天之际过来,还有一条粗粗长长的“龙”尾巴。凡被这条“龙尾巴”扫荡过处,船翻人亡,有的甚至连船带人一道被“龙”尾巴卷上天,再跌落海,造成惨剧。而龙化水异象出现前,也是天气骤变,海空阴沉,在人惊恐之际,似有乌龙凌空,但见一股巨大的水柱,从海面上骤起,直通苍穹。凡有龙卷风和龙化水的预兆或现象发生,海上渔民,不论是正在起网捞鱼,还是在返港航行途中,都会面对苍天,跪在舱面上叩头祈祷,祈求龙君保佑船人无恙,顺顺利利。从船老大到每一个船员,都是那么虔诚。而且渔民在海上遇到龙卷风、龙化水等奇异海况天象时,在跪拜祈祷的同时,往往还会许愿,如:此番大难不死,顺利返岛,必定还愿龙王宫,为海龙王重塑金身,献奉三牲全鱼,等等。而其老母妻室听闻儿子或丈夫在海上遇龙卷风或龙化水后化凶为吉,也一定要到龙王宫还愿,拜谢海龙王的庇佑之恩。

渔民的龙敬畏之俗，表现在渔船上的，还有一种形式就是挂龙旗。清朝的国旗是黄龙旗，在嵊泗渔场上，无论是在茫茫大海的洋地上，还是在碧波荡漾的港湾内，也能看到许许多多、各式各样的龙旗。在巡洋的官艇兵船上和清末张謇创办的江浙渔业公司渔轮、保护官轮上，船首皆挂镶有黄龙的国旗；而民间小渔船上则悬挂小龙旗，冰鲜船除挂“编号运旗”，也须挂小龙旗。起先是朝廷为收缴关税渔税，规定要挂，后来成为渔民自己在鳌鱼旗上镶龙祈求平安。

渔民的龙敬畏之俗，还表现在竭力保全自己所居住渔岛的山岙港门的“风水”上。嵊泗列岛，以龙为岛名、山名、潭名和岙名的数不胜数。如黄龙岛、王龙岙、嵊山龙眼山潭、后头湾石龙堂、枸杞岛龙舌嘴头、龙头岗墩和关岙小石龙，以及花烛龙屿、龙牙屿、龙骨礁和龙门礁，有的干脆冠以上龙礁、中龙礁、小龙礁之名，等等。渔民在信奉中国古代阴阳五行说、谶纬学说等经道教而体系化的民俗观的同时，更有强烈的龙敬哺之俗，对于这些岛上、岙口、山头、礁屿上的一石一土，不仅自己绝不轻易采挖，而且也不让他人随意采挖，以保全这些岛岙山礁的龙脉。旧时，为在岛上打石涉及一乡一村龙脉而引发械斗，造成伤亡的事件时有发生。

（二）颂龙舞龙扬龙威

捕捞生产中扬龙威。一种是一岛一岙地举行。每季渔汛开始，全岙渔船汇泊聚集，举行祭龙王仪式。渔民将供桌摆设于沙滩，燃烛焚香，奉上猪头、黄鱼鲞和年糕、盐、糖、茶、米等供品，船老大领着渔民们朝着大海跪拜叩头；而众渔民的母亲、妻子，则身着全身祭神礼服，诵经祈祷海龙保平安，送丰收。另一种则是以渔船为单位举行。即一汛开洋前，船老大吩咐伙酱买来猪头等，在渔船的桅前舱甲板上举行祭龙王仪式。后来，由于受政治气候影响，转移到较为隐蔽的伙舱间举行。还有一季渔汛结束举行“谢洋”仪式，即祭谢海龙王保一汛平安丰收，也可分一岛一岙较大规模举行和一船或对船举行。此外，渔船在离开本地渔场前夕和到达外地渔场后第一风渔船拢洋，也有在船上举行祭供海龙王仪式的。

日常生活中扬龙威。龙信仰风俗，在渔家生活中无处不有。如有新生儿降临，起名为“海龙”、“顺龙”或“龙英”、“龙菊”；新生婴儿满月办“满月酒”宴请，亲戚长辈往往送上一枚雕龙的长命富贵锁，或是奉上一颗内包有镌刻“乾隆通宝”（借龙之谐音）字样铜钱的黄布香袋，挂于新生儿胸前。无论是起带有龙字之名，还是佩戴龙物，均系以龙喻人保安宁。再有就是渔家后生和渔家姑娘结婚，男家迎娶前的晚宴称为“龙聚饭”，意即龙凤相聚，家道兴隆。连饭食酒宴，也罩上了神秘的海龙王信仰的光环，散发出浓郁的龙崇拜民俗的古朴之风。

文化娱乐中扬龙威。渔民在自己文化娱乐活动中的海龙王信仰风俗，也表现得多姿多彩。如渔民穿龙裤，龙裤上镶龙；渔船上画龙，视船为木龙；大年三十夜或正月初一舞龙，正月十五挂龙灯、摆龙舟；在住宅屋栋上塑龙，在屋柱上雕龙，甚至在俗称“七弯凉床”的大木床上用白骨镶嵌出龙图案，等等。以龙文化自娱，真可谓处处体现出海龙王信仰风俗。

第三节 浙东沿海的妈祖信仰

一、妈祖信仰的产生与发展

妈祖，原型为福建莆田湄洲岛的一名女子，据传姓林名默，生于宋建隆元年(960)农历三月廿三，卒于宋雍熙四年(987)农历九月初九。关于她的事迹，多有记载传说。据《闽书》记载，林默生时能踩席渡海，人呼“龙女”。她的水性很好，常常救助海上遇难的渔民，不幸在28岁时因救人溺水而亡。另有传说记载，林默自幼失语，故名为默，当地人呼“默娘”，后聪慧过人，8岁从塾师读，10岁诵经礼佛，13岁修道练法。一次她与邻里姑娘们窥井照镜，忽见一神仙捧符篆拥井而上，授予林默，姑娘们惊散，而林默从容受符篆，从此学会通灵变法，法力日渐神通。湄洲岛民皆以捕鱼和航海经商为生，海上多有风浪险阻，海难时常发生。林默谙熟水性且又有法力，常出没波涛，拯救遇难渔夫航工商贾。宋雍熙四年(987)重阳节，林默登上湄山峰顶，羽化飞升于苍茫海天之际。自此，渔夫船工商贾，经常可以看到林默姑娘着红衣翱翔在海天，护佑着航海人，或示兆梦，或示神灯，或亲临挽救，渔舟商船获庇无数。《定海厅志》载：“神性林氏，兴化莆田都巡君之季女。生而神异，能力拯人患难。宋元祐间邑人祠之，水旱痨疫，舟航危急，有祷辄应。”

人们感其功德，尊呼“娘妈”，后在湄峰林默升天处，建起祠庙，敬拜为“妈祖”，世代虔诚奉祀。此为中国第一座妈祖庙，因此称为“祖庙”。其后妈祖信仰风靡于中国南北沿海，并随着海外交通、贸易和海外移民，很快广泛传播到海外，几乎遍布世界各地。由于民间、官员对这位海洋女神信奉如炽，在宋代即被朝廷所重，屡被皇帝敕封。

妈祖成为被朝廷敕封的“国家级”海洋女神，最初是在宋徽宗宣和五年(1123)。一位名叫路允迪的使臣出使高丽，使团在海中航路上历险，多船倾

图 6-1 天后圣迹图①

覆,独路允迪之船脱险,相信系因民间所信仰的妈祖海神娘娘显灵护佑所致,因而上奏朝廷请封。根据史籍记载,宋、元、明、清几个朝代都对妈祖多次褒封,封号从“大人”、“天妃”、“天后”到“天上圣母”,神格越来越高,并列入国家祀典。妈祖既升格为“国家级”的海神,其影响远播和被民间普遍信奉,也就是自然而然的了。元代漕运成功归功于妈祖,明代郑和下西洋成功归功于妈祖,清代施琅攻台成功归功于妈祖,至于民间航海遇险而化险为夷者无数,大多功归于妈祖。

① 《天后圣迹图》由清乾隆年间莆田欧峡绘,共 4 幅(今遗失一幅)。绘妈祖出生至清康熙间的显圣事迹(神话故事)48 节,并将其统一布置在四大幅中,图与图之间自由穿插,不用界框,因而更富有整体感。每轴高 2.7 米,宽 1.7 米。图轴是全国现存三套清代彩绘《天后圣迹图》之一。另两套分别藏于中国历史博物馆和仙游县博物馆。《天后圣迹图》原藏于霞徐天后宫,现藏于莆田县博物馆。

表 6-1 历代对妈祖褒封一览表

朝代	年号(时间)	封号
宋代	高宗绍兴二十五年(1155)	崇福夫人
	高宗绍兴二十六年(1156)	灵惠夫人
	高宗绍兴三十年(1160)	灵惠昭应夫人
	孝宗乾道三年(1167)	灵惠昭应崇福夫人
	孝宗淳熙十一年(1184)	灵惠昭应崇福善利夫人
	光宗绍熙三年(1192)	灵惠妃
	宁宗庆元四年(1198)	灵惠助顺妃
	宁宗嘉定元年(1208)	存灵惠助顺显卫妃
	宁宗嘉定十年(1217)	灵惠助顺显卫英烈妃
	理宗嘉熙三年(1239)	灵惠助顺嘉应英烈妃
	理宗宝祐二年(1254)	存灵惠助顺嘉应英烈协正妃,又灵惠协正嘉应善庆妃
	理宗宝祐三年(1255)	灵惠助顺嘉应慈济妃
	理宗宝祐四年(1256)	灵惠协正嘉应慈济妃
	理宗景定三年(1262)	灵惠显济嘉应善庆妃
元朝	世祖至元十八年(1281)	护国明著天妃
	世祖至元二十六年(1289)	护国显佑明著天妃
	成宗大德三年(1299)	护国辅圣庇民显佑明著天妃
	仁宗延祐元年(1314)	护国辅圣民显佑广济明著天妃
	文宗天历二年(1329)	护国辅圣庇民显佑广济灵感助顺福惠徽烈明著天妃
明朝	太祖洪武五年(1372)	昭孝纯正孚济感应圣妃
	成祖永乐七年(1409)	护国庇民妙灵昭应弘仁普济天妃

续表

朝代	年号(时间)	封号
清朝	康熙十九年(1680)	护国庇民妙灵昭应弘仁普济天上圣母
	康熙二十三年(1684)	护国庇民妙灵昭应仁慈天后
	乾隆二年(1737)	护国庇民妙灵昭应弘仁普济福佑群生天后
	乾隆二十二年(1757)	护国庇民妙灵昭应弘仁普济福佑群生诚感咸孚天后
	乾隆五十三年(1788)	护国庇民妙灵昭应弘仁普济福佑群生诚感咸孚显神赞顺天后
	嘉庆五年(1800)	护国庇民妙灵昭应弘仁普济福佑群生诚感咸孚显神赞顺垂慈笃佑天后
	道光六年(1826)	护国庇民妙灵昭应弘仁普济福佑群生诚感咸孚显神赞顺垂慈笃佑安澜利运天后
	道光十九年(1839)	护国庇民妙灵昭应弘仁普济福佑群生诚感咸孚显神赞顺垂慈笃佑安澜利运泽覃海宇天后
	道光二十八年(1848)	护国庇民妙灵昭应弘仁普济福佑群生诚感咸孚显神赞顺垂慈笃佑安澜利运泽覃海宇恬波宣惠天后
	咸丰二年(1852)	护国庇民妙灵昭应弘仁普济福佑群生诚感咸孚显神赞顺垂慈笃佑安澜利运泽覃海宇恬波宣惠导流衍庆天后
	咸丰三年(1853)	护国庇民妙灵昭应弘仁普济福佑群生诚感咸孚显神赞顺垂慈笃佑安澜利运泽覃海宇恬波宣惠导流衍庆靖洋锡祉天后
	咸丰五年(1855)	护国庇民妙灵昭应弘仁普济福佑群生诚感咸孚显神赞顺垂慈笃佑安澜利运泽覃海宇恬波宣惠导流衍庆靖洋锡祉恩周德溥天后
	咸丰五年(1855)	护国庇民妙灵昭应弘仁普济福佑群生诚感咸孚显神赞顺垂慈笃佑安澜利运泽覃海宇恬波宣惠导流衍庆靖洋锡祉恩周德溥卫漕保泰天后
	咸丰七年(1857)	护国庇民妙灵昭应弘仁普济福佑群生诚感咸孚显神赞顺垂慈笃佑安澜利运泽覃海宇恬波宣惠导流衍庆靖洋锡祉恩周德溥卫漕保泰振武绥疆天后
	同治十一年(1872)	在咸丰七年(1857)赐封封号上加“嘉佑”二字

随着妈祖信仰崇拜日盛，海神的职能也不断扩展，已经成为人们心目中无所不管(航海安全、渔业丰歉、男女婚配、生儿育女、祛病消灾，等等)的神

祇，其影响远远胜过其他海神。据统计，现今依然保存的妈祖庙宇，世界各地有 2500 多座（也有人说 4000 多座），信众约有 2 亿人之多。

二、妈祖文化在浙东的传播

浙东地区，位于中国海岸线的中部，为浙江东部的滨海地区或为海岛，就自然环境来说，有利于航海、捕捞、海上贸易和海洋运输业的发展，对于妈祖信仰的兴盛与传播十分有利。据专家研究，浙东是最早接纳妈祖信仰的地区之一。妈祖文化在浙东的传播主要有三个途径。①

（一）福建商帮

从宋代开始，在明州经商的福建商帮特别多。在经商的同时，福建商帮把他们的妈祖信仰也带到了浙东一带。据《小洋乡志》载："宋高宗南渡，时江、浙、闽、粤海运频繁。为漕运之方便，船商首户在本岛设库建仓，建立中转站。时闽、粤船户信奉天后，为求航行之平安，由周、陈两巨商发起，于南宋绍兴元年(1131)在本岛建'天后宫'，供奉天后娘娘。日后，南北船户至本岛必上岸供祭。"

宁波首个妈祖庙就是福建商人建造的。南宋绍熙二年(1191)，福建籍船长沈法询在往海南的路上遭遇狂风，危急时刻求助妈祖女神，得以度过危难。于是他们到了福建莆田，取了当地妈祖庙的炉香，回到位于明州城东市舶司门外来远亭北侧（即今江厦街与东渡路交接处）的住宅，只见红光异香满室。沈法询于是把自己的住宅捐为庙宇，又增加了部分官地，捐资募众，创殿设像，宫馆合一，由此诞生了浙东地区第一座妈祖庙（天妃宫）。该妈祖庙又名灵慈庙，是我国第一座由福建舶商从莆田祖庙分灵（分炉香）在福建省外建造的妈祖庙。这座天妃宫一直延续存在，直至 1949 年被国民党军队炸毁。

闽商除在城内建天后宫外，又在镇海、慈溪、象山等地前后建造了几十座天后宫。直到近代，在宁波的天后宫（会馆）由福建商帮创建与延续的为最多。这些天后宫（会馆），成为闽商在浙东传播妈祖文化的主要场所。

（二）以沿海海运商团为主体的经营团体

这主要指宁波本地舶商，往往经营范围较大，有的又是远洋航运，经济实力比较雄厚。这其中最典型和有影响的是宁波的"南号"与"北号"。这类商

---

① 谢安良：《宁波：世界级遗产妈祖文化的弘扬地》，《宁波日报》2009 年 12 月 18 日第 A11 版。

帮构筑的天后宫，往往与会馆合为一体，既是祭祀妈祖的殿堂，又是同业联络、共谋发展的场所。所建会馆（天后宫）一般规模较大，有较严密的组织。

作为妈祖文化的主要发展地，宁波舶商、渔民建造天后宫始于明中期，盛于清中晚期。有志可查的由宁波本地人所建造的第一座天后宫，是建于明万历年间（1573—1620），位于舟山定海（时属宁波）县治南的"天妃圣母祠"。

而甬籍舶商所建规模最大、最为著名的天后宫，当属位于甬江东岸，与闽人所建的老天后宫隔江相望的"甬东天后宫"。该天后宫又称"庆安会馆"，是清咸丰三年（1853）甬籍北洋舶商（即"北号"）所建。"规模宏敞，视东门旧庙有其过之"，其规模之大，在当时宁波首屈一指。其南侧另有清道光年间（1821—1850）甬籍南洋舶商（即"南号"）所建的"安澜会馆"。两会馆每逢旧历妈祖诞辰和飞升之日，都要举行盛大的祭祀活动，各类地方戏剧奉于戏台，成为弘扬妈祖文化的主要场所。

"甬东天后宫"、"安澜会馆"的建造标志着甬籍舶商由传统的本地海神崇拜向妈祖崇拜转型，预示传统的地产海神崇拜时代的结束。

（三）以舟山群岛为中心从事沿海捕捞业的渔民

宋代以后，妈祖信仰在浙东海岛地区广为传播，与当地的原始海洋文化结合，逐渐形成以妈祖崇拜为主体的民间祭祀习俗。舟山群岛等浙东海岛是福建渔民的集居地和捕鱼作业的主要渔场，岛上的渔民很多是福建移民。因此，福建的妈祖信仰必然随闽船流布到浙东海岛地区，浙东海岛出现了大批妈祖庙。

至清代中晚期，妈祖信俗已深入宁波的乡村、海岛，各地纷纷立庙祭祀，天后宫几遍及宁波。据初步统计，当时宁波地区有各类天后宫 40 多处，主要集中在镇海、象山、宁海等靠海的县。

随着航海事业的发展，宁波地区的航海风俗日臻丰富。妈祖信仰的流入，与宁波当地的乡俗俚规相结合，形成了具有宁波地域特色的海事民俗文化。清初宁波人包燮《江干竹枝词》写道："天妃宫里鼓声多，时见游人逐队过。试问黄姑和谢女，春风秋月恨如何？"此诗反映宁波天妃宫庙会吸引来许多仕女，天妃春、秋两祭，正是春风秋月，良辰美景，而心爱的人不在身边，未免勾起悠长怅恨。

据记载，宁波舶商在出海前，往往到天后宫烧香祈祷，并将香灰带上船。出海后，如遇风浪，便将香灰撒出去，祈求平息风浪。在拔锚起航前，船工、舶商都会默念"顺风得利转出去，一本万利转屋落（家里）"，希望妈祖能带来平安和好运。每当有新船下水前，必将船模供奉于妈祖神像之前，意为常得妈祖庇佑。象山石浦东门岛的渔民在出海捕鱼前，都要到岛上的天后宫进香，并将妈祖神像请到渔船上，希望妈祖保佑，一路顺风顺水，平安归来，渔货满舱，这个风俗一直沿袭至今。

三、浙东沿海的妈祖信仰

浙东的妈祖庙，又称"天后宫"，分布范围十分广泛。沿着海岸线，从北往南，从慈溪至象山，均有大小不一的妈祖庙。若从西往东，直至定海诸岛屿，妈祖的庙宇更多、更密，其总数甚至超过观音禅院。

宁波市东临大海，自古擅鱼盐之利，唐宋以来，以其天然的地理优势和经济优势成为我国"海上丝绸之路"的重要港口。各地商人依托宁波港的优越地理环境，开设商号，打造船只，经营货物，繁荣了海上贸易，促进了妈祖文化的发展和传播。据《宝庆四明志》记载，是郡"昔有古鄮县，乃取贸易之义……南通闽广，东接倭人，北距高丽，商舶往来，物货丰溢，出定海有蛟门虎蹲天设之险，实一要会也"。于是闽甬商人贸易的交往，使得闽人把妈祖信仰带到宁波。

北宋徽宗宣和五年(1123)，给事中路允迪等乘定海(今镇海)打造的神舟，从明州(宁波)奉使高丽，途中突然遇到了狂风巨浪。船翻人溺，在这危急时刻，路允迪等求祷于妈祖，后来得以济使顺归。回国后宋徽宗闻此事大悦，封该女神为"灵应夫人"，钦赐"顺济"庙额。"顺济"即为元丰元年(1078)招宝山船场建造的一艘万斛大船的船名。此事史书上也有记载："宣和五年，给事中路允迪等奉使高丽，因中流震风，七舟俱溺。独路所乘，神降于樯；安流以济，使还奏闻，朝廷特赐'顺济'庙额。"①从此妈祖信仰得到了朝廷的认可，妈祖由此从民间供奉走向了朝廷封神，并且借助明州传播到各地，并使其影响从地域扩大至全国。

宋绍兴二年(1132)，沈法询舍宅为庙，建天后宫。这是宁波建立天妃宫的最早记载。后来的考古调查又不断发现，原镇海县小港竺山、威远城望海楼、郭巨北门村等地共有15处天妃宫，足见历史上妈祖信仰在宁波的兴盛。

元代在对外贸易港中，以泉州、广州、庆元三港为重要，而浙东的庆元港是我国对日本和高丽贸易的主要港口，同时也有部分从事东、西洋贸易的船舶由此进出，曾有诗描述道："是邦控岛夷，走集聚商舸。珠香杂犀象，税入何其多！"正是由于宁波在海外贸易和国内漕运中的重要的交通地位，宁波的天

① (宋)徐兢：《宣和奉使高丽图经》，台湾商务印书馆1986年版，第52页。

妃信仰在元代受到特别重视。元代宁波有关天妃庙的文献都表明这一点。《元天历二年九月壬申祭庆元天妃庙文》云:“浙水东郡襟江带海,漕道远涉万里波涛,神妃降鉴,丕著宏功,息偃狂飓风,凡扫妖氛,永颂明德,百世扬休。”元代宁波人程端学《灵济庙事迹记》云:“若海之有护国庇民广济福惠明著天妃是已。我朝疆域极天所覆,地大人众,仰东南之粟以给京师,视汉唐宋为尤重,神谋睿算,创运于海,较循古道功相万也。然以数百万斛委之惊涛骇浪,冥雾飓风,帆樯失利,舟人隳守,危在瞬息。”①不管是天妃庙的祭文,还是碑文都表明元代天妃信仰背后的人们的希冀。妈祖信仰在人们尚未有能力控制海洋,对海洋的变幻莫测非常恐惧的时代,是人们寻求心理安慰的需要。

明代宁波天妃宫的修建有记载的是两次:一次是洪武三年(1370),中山侯信国公汤和统率四明,感谢天妃助阵之力,奏请建祀重建,历朝护佐漕运,褒封二十四诏制。指挥张理继成之。另一次是天顺五年(1461),知府陆阜命主奉沈佑重修并建寝殿。明代后期开始海禁,天后宫也日久颓弃,基本没入了豪强之手。

清康熙三十四年(1695)左右,海禁开始松弛,闽台商人来往于宁波的渐多,宁波三江口附近的会馆也逐渐多了起来。据资料记载,康熙二十四年(1695),奉前提宪蓝,首创闽商在甬东买地,鸠工建设会馆,供奉天后圣母,后来化为焦土,康熙五十七年(1718)又重新修葺一新,巍峨壮观。康熙五十九年(1720)地方官员奉旨对天后宫春秋致祭,编入祀典。宁波妈祖信仰在康熙一世虽称不上大盛,但亦非寥落。到了乾隆末年的时候,清政府的闭关政策使得中国的海运出现一定的衰落。

一直到鸦片战争之后,宁波的天后宫的兴建又发生了一次大转机。道光二十一年(1841)第一次鸦片战争期间,宁波被英国侵略军占据。战后辟为“五口通商”口岸之一,宁波的航海商贸得到迅速发展,再加上咸丰年间黄河北移之后,漕粮大部分改为海运,从咸丰三年(1853)起,浙江举办海运,上海的沙船出现了供不应求的情况。在这种情况下,宁波“南北号”的蛋船开始在浙江的漕粮海运过程中发挥重要作用,于是宁波三江口地区各地船商云集,港口贸易繁荣。清光绪《鄞县志》云:“鄞之商贾聚于甬江,嘉道以来云集辐辏,闽人最多,粤人吴人次之,旧称渔盐粮食马头及西国通商百货咸备,钱粮市直之高下呼吸与苏杭上海相通转运。”民国《鄞县通志》云:“甬埠通商要以清代咸同年间最盛,是时国际因初辟商埠,交通频繁,国内则太平军起,各省

---

① (元)程端学:《积斋集》卷四《灵济庙事迹记》。

梗塞,惟甬埠岿然独存,与沪渎交通不绝,故邑之废著鬻财者,舟楫所至北达燕鲁,南抵闽粤,而迤西川鄂皖赣诸省之物产亦由甬埠集散且仿元人成法重兴海运,故南北号盛极一时,其所建之天后宫及会馆辉煌煊赫为一邑建筑冠。”

象山境内原有20座天后宫,现尚存14座,象北牛鼻水道、外干门港的屿岙、长河、毛湾有天后宫庙,其余主要分布在三门湾一带的石浦港地区。奉化全县有4600余个神庙,主要分布在负山濒海的象山港沿海一带。其中,在裘村镇应家棚村西南的山岩碶和海埠头,就有2座天后宫。而镇海的小港竺山、威远城望海楼、郭巨北门村等地,共有15处天后宫。即使是慈溪胜山脚下的老街,也有一座天后宫。

舟山群岛的妈祖信仰,是随着渔业生产的发展而逐渐发展起来的。清朝康熙《定海县志》记载,仅定海本岛,在康熙三十三年(1694)各乡各岙就有奇神怪庙165个,其中供奉天后的36个,占神庙总数的五分之一。到了民国12年(1923)春,重新编纂《定海县志》时,定海所属的21个区,祠庙扩展到377个,其中有名望有影响的天后宫83个,占四分之一左右。再如嵊泗列岛,民国晚期共有神庙60余个。其中,供奉天后的庙宇40余个,占庙宇总数的三分之二。这就说明,在海岛神灵信仰中,天后妈祖具有至高无上的地位,并随着时间的推移,其信仰更加兴盛。越是小岛,天后宫在神庙总数中比例越高。20世纪初岱山本岛的天后宫分布如下:“由蓬蓬山而东历燕窝山——山麓有居民数十户,又有天后宫——过拷门——有天后宫一所……南峰山——有天后宫二,一在港北,一在港南,居民约二百余户……由老鹰山偏西历山前——有天后宫一,俗名新宫,又有崇圣宫、守清庵,居民百余户……至司基——有东岳宫、运司庙、天后宫、地藏殿、龙王宫,又有岑港司旧署,居民三百余户……冷岙——有天后宫一所……至大高亭——有陈君庙、高显庙、庆余庵、义火祠、天后宫,居民约一千余户,又有市镇……新道头——有天后宫、土地宫各一,居民七八十户。”①

即使在普陀山观音道场,也建有“妈祖庙”。据史料记载:“天妃宫,在司基湾西,僧大慧建,今改福泉庵。天后阁,在法雨寺前,清雍正九年,住持法泽建,宣统二年,开然重修……法泽以山在海泽,礼香者皆由舟楫,而寺中从未奉有天后香火,甚为缺典,乃建阁三间以祀。及阁成日黄昏后,忽见彩船一只,仪从旌旗,缤纷整肃。左右羽扇交蔽,前掌大灯两笺,照耀光明,从东洋海

① 《岱山镇志》之志山。

上而来，直至千步沙。监督诸员及僧众工役，同时共见，知为神灵出现，无不惊异。”①

中国渔都沈家门的腹地宫墩的天后(妃)宫是舟山最具代表性的一座妈祖寺庙。据推测沈家门天后宫始建于明朝中期以前。天后宫坐北朝南，背山面海，沿坡而筑，古木婆娑，风光幽雅，是一座典型的浙东式古庙。天后宫自清康熙年间重建后，嗣后历代屡有商人、渔民或志士捐资重修扩建，使天妃宫越来越大，也越来越堂皇。沈家门天后宫是普陀诸岛“满天神佛”，诸教合而为一的代表。在20世纪80年代以前，除普陀山兴建的寺院均为单独的佛教信奉外，以往普陀诸岛绝大多数的寺庙多是儒、佛、道多种神祇都供奉，沈家门天后宫也不例外。殿内供奉的除“圣母娘娘”外，同时还有送子观音、三官菩萨、财神菩萨、东岳大帝、孔子等大小不同的菩萨神像数十尊。正殿内的“圣母娘娘”又称为“天后娘娘”，像高约3米，身披霞帔，头戴凤冠，端庄祥和；观音殿内的观音坐像，身披袈裟，赤裸双足。诸神菩萨同居一庙，同时也满足了不同群体的需求，为此天后宫香火鼎盛，游客络绎不绝，体现出人们追求生活富裕的精神寄托。

四、浙东妈祖信仰活动

庙会：浙东妈祖庙的庙会又称娘娘会，为每年农历三月廿三天后诞辰日举行。其礼仪，先是前天晚上“佑夜”，第二天清早举行敬神大典。敬神时，先供三牲福礼和各色果品，而上供时间则要选涨潮时分。《定海厅志》云：“雍正十二年，诏府州县一体建庙奉祀，各官彩服，将事二跪六叩首行三。献礼祭品：帛一、白瓷爵三、羊一、豕一、酒尊一、金刑一、簠簋各二、边豆各四。”可见其祭品之丰。典礼开始，先由村中老人或绅士主持，然后各村渔户、船主依次参拜。礼成，请“娘娘”上船，开始了天后妈祖的巡游活动。其间，有旗幡、高跷、民乐、龙灯、旱船等民间艺术表演，吸引了众多乡民，护卫观看。锣鼓喧天，鞭炮齐鸣，热闹非凡。

庙戏：浙东妈祖庙的庙戏期间，又有日场和夜场之分，有时则日夜连台，连演三五天不等。开场戏，一般为“请财神”。有个捧着元宝的财神爷，踱着八字步，在锣鼓声中上场。他边演边舞，边向众渔户分送金元宝，称为“送财之喜”。而后，则是“正戏”。有《皇母娘娘做寿》、《魁星点状元》等太平吉祥之戏，为天后妈祖及渔民信徒招财进宝，增寿添福，表达恭贺喜庆之意。此外，

① 《普陀洛迦新志》卷七《营建门》。

每逢娘娘诞辰，浙东渔民有向娘娘送被、送帐、送红衫、送神船、杀财猪等习俗活动，也颇具浙东地域特色。①

五、浙东沿海的如意娘娘信仰

浙东象山县石浦镇渔山渔村、台湾省台东县富岗新村共同信奉着鲜为人知的海上平安孝神——如意娘娘。民间信奉如意娘娘据传在浙东地区已有几百年的历史。如意娘娘的产生、发展与传承，均为特殊地区民间自行推进，目前未发现有史料形成。据石浦当地传说，“如意娘娘”是“妈祖娘娘”的妹妹，为渔山岛上的渔家少女。相传南宋时期，象山的渔山岛有采贝人坠崖身亡，随后其女从家中赶到，问旁人其父身在何处？当得知坠崖人落海处后，女子二话不说，纵身跃入海中殉葬。众人大惊之余，有人下海营救，但遍寻不着尸身，只在女子落海处拾得木板一块。当地人感念女子孝行，将浮木拾回后雕成少女塑像，在渔山岛建庙纪念，后被称为“如意娘娘庙”。“如意娘娘”成为宁波、台州、温州沿海一带典型的渔民祈求平安的精神寄托。

其实，如意娘娘信仰的生成，是由于发生地宁波、台州、温州沿海一带的典型近海渔民劳作状况及祈求平安精神寄托所致，与妈祖信仰异曲同工。又由于中国20世纪的内战所产生的大陆与台湾的特殊民生状态，无可阻挡地催生出踏破万里海峡，象山石浦—台东富岗（小石浦）两岸妈祖信仰、如意娘娘往来省亲迎亲习俗。现有两座供奉如意娘娘的庙宇保存完好人，具体情况如下：

浙东渔山娘娘庙：娘娘庙位于北渔山岛大岙，始建于清代，1956年废，1989年台湾富岗村民柯位林与其弟柯位方等十余人首次从台湾返渔山岛祭祖、祭庙。见庙废，遂捐款6万元修庙，1990年修成。庙占地面积300多平方米，庙宇三间100多平方米，供奉如意娘娘、观音菩萨、财神菩萨。因出于神秘的木板浮海传说，原庙的如意娘娘坐身双手扶于膝上的约一块20公分×100公分的特置木板。娘娘庙的祭祀时间是农历七月初六，为娘娘生日。

台湾富岗村海神庙：海神庙位于富岗村东海岸，始建于1960年，占地600多平方米，有庙屋、戏台，供奉如意大娘娘（原渔山娘娘塑身，之前另奉小庙）、二娘娘、三娘娘（仿小），妈祖娘娘，保生大帝，池府王爷，广泽尊王（药王爷），财神菩萨以及众兵将，合100余尊。祭祀时间同样是农历七月初六，不过一

---

① 金涛：《浙东渔民的妈祖信仰与地域特色》，中国渔文化网（http://www.cnywh.com），2010年7月8日。

般从初一就开始，连祭 6 天。请法师颂经，村民有二三百人普度、祝寿。除外，每年的农历正月十五，还举办庙会，抬各菩萨出巡。

以上两庙的习俗内容，由于同是海洋渔民的信奉，加上祭祀百姓同族、同祖，故其仪式之祭日、祭具、祭品、祭乐，有的完全一致，有的大同小异。如意娘娘信俗的表现形式主要是：

第一，起身祭。如意娘娘在富岗海神庙动身前一天，庙里要为她诵经祭拜。置八仙桌祭台，放鸡、鸭、鱼、肉、水果、饼干等祭品，祭祠告知娘娘，某年某月某日，因何要起身回大陆家乡省亲。

第二，落地祭。当如意娘娘队伍到达家乡目的地、目的庙的村口，必定有落地祭形式，有如现代社会欢迎仪式。落地祭接待方要摆祭桌，一般是八仙桌 1～2 张，置祭品鸡、蛋、鱼、肉，备酒及老式酒杯，置香炉。请吹打乐队迎候，组织村中信徒几百人每人持香接驾。对方省亲队伍，要在村外下车步行进村，由自己的铜鼓队开道。当娘娘坐轿到接待方祭桌前，要停轿受拜，念经烧纸。然后同迎娘娘进村进庙。

如意娘娘到渔山娘娘庙，因为是到“家”了，可以居中停放。到东门妈祖庙，因为是在姐姐家做客，妹妹如意只能停放于大殿中堂小位（即左侧）。以后出巡，也只能姐姐（妈祖）在前，妹妹（如意）在后，不能乱来。

第三，守夜。如意娘娘省亲来访，一般均要在客庙住上几天，夜间香火与陪客是不能断的。双方都会各指派信徒 4～6 人，负责夜间通宵上香陪护。

第四，赠礼。也似人间主客往来，神明往来赠礼也不可或缺，礼品重轻不计。

第五，客祭。对于远道而来的客神如意娘娘，当地信徒更是虔诚有加，不断有人前来上香祭拜，男人们祈祷合境平安，女人们祈祷生活安康，姑娘们祈祷美丽快乐，孩子们祈祷学业有成。此时，人们争相祝福，简直就是水泄不通。客祭一般只上香，个人不设祭品。

第六，送别祭。如意娘娘要回程了，起身之日，同样要在村口祭拜欢送，仪式与落地祭相同，只不过娘娘回程时，众信徒要护送她一程。

第七，回庙祭。如意娘娘返回台湾本庙后，同样要以香火祭拜仪式告慰娘娘，一路辛苦，平安到家。

第四节 浙东沿海的观音信仰

一、观音信仰的海洋性

观音菩萨，梵文 Avalokiteśvara，又作观世音菩萨、观自在菩萨、光世音菩萨等。佛经说他为广度众生，能示现种种形象，名为“普门示现”。根据《法华经》，观音菩萨大慈大悲，救苦救难，有求必应，“若有众生多于淫欲，常念恭敬观世音菩萨，便得离欲。若多嗔恚，常念恭敬观世音菩萨，便得离嗔。若多愚痴，常念恭敬观世音菩萨，便得离痴”。玄奘曾对观音所居地有一段生动而详细的描绘：“秣剌耶山东有布呾落迦山，山径危险，岩谷敧倾。山顶有池，其水澄镜，派出大河，周流绕山二十匝，入南海。池侧有石天宫，观自在菩萨往来游舍……从此山东北，海畔有城，是往南海僧伽罗国路。闻诸土俗曰：从此入海，东南可三千余里，至僧伽罗国。”①

由此可见，观音信仰在南印度濒海地区的存在使它具有了海洋文化的属性，成为具有海上守护神品格的菩萨。据《妙法莲华经·观世音菩萨普门品》记载，观世音所救七难中，包括了“大水所漂”与“满中怨贼”，其云：

> 若为大水所漂，称其名号，即得浅处。若有百千万亿众生，为求金银琉璃砗磲玛瑙珊瑚琥珀真珠等宝，入于大海，假使黑风吹其船舫，漂堕罗刹鬼国，其中若有乃至一人。称观世音菩萨名者，是诸人等皆得解脱罗刹之难。以是因缘，名观世音。……若三千大千国土，满中夜叉罗刹，欲来恼人，闻其称观世音菩萨名者，是诸恶鬼尚不能以恶眼视之，况复加害。设复有人，若有罪，若无罪，钮械枷锁检系其身，称观世音菩萨名者，皆悉断坏，即得解脱。若三千大千国土，满中怨贼，有一商主，将诸商人，赍持重宝，经过险路，其中一人作是唱言：“诸善男子，勿得恐怖，汝等应当一心称观世音菩萨名号，是菩萨能以无畏施于众生，汝等若称名者，于此怨贼，当得解脱。”众商人闻俱发声，言“南无观世音菩萨”，称其名故，即得解脱。②

这种海上救济的品格是观音后来成为中国海上救护神之一的神话基础。西汉末年，佛教从印度传入中国，观音菩萨也随之而来，从魏晋南北朝直

---

① （唐）玄奘等：《大唐西域记》卷十“秣罗矩咤国”。

② 《大正藏》第九册，第 56 页。

至唐宋元明清，有关观音的经卷不断地翻译传入，观音在中国的传播和影响也越来越大，并从南北朝始，观音的形象逐步向女性转化，至唐代基本定型。“从唐宋时期的造像及其他资料显示，在普通民众信仰中，观音这位体现‘他力救济’、‘现世利益’的菩萨有着重要位置，以至于在明清时期，出现‘家家阿弥陀，户户有观音’的盛况。”①相传浙江普陀山是观音显灵说法的道场，因此民间对观音信仰尤深，特别是长年累月生活于汪洋大海、系命于风涛浪尖的广大渔民，更有其深厚的信仰传统。

二、舟山民间的观音信仰

舟山，地处杭州湾以东、长江口东南的东海之中，古人称之为“海中洲”。1390 个大小岛屿，星罗棋布地错落在面积 22000 多平方千米的辽阔海域里，构成了我国的第一大群岛——舟山群岛。舟山是我国著名的四大渔场之一。渔业生产的流动性和作业方式的特殊性、海洋生活的危险性，迫使广大渔民去寻找自己的某种精神寄托。古时候，渔业生产工具简陋，舟山渔民终年提心吊胆地过着“三寸板里是娘房，三寸板外见阎王”和“前有强盗，后有风暴，开船出洋，命靠天保”的日子。因此，观世音“诸恶莫作，众善奉行，人悲心肠，怜悯一切，救危济苦，普度众生”的教义，很能引起广大渔民的共鸣。渔民把一切苦乐祸福都寄托于观世音。海上遇到风暴，求观世音保佑；家里有人生病，求观世音救治；渔业生产丰收，是托观世音的福；有了天灾人祸，怨自己拜观世音不诚。真的把观世音信奉为“济世造福的神圣”、“主宰命运的上帝”、“拯救苦难的救星”、“送子送福的神仙”，加上海岛自然条件的神奇怪异，人们更把这海岛视为虚无飘渺的神仙佛地，信佛拜观音的风俗也因此在各地流传。

据元大德《昌国州图志》记载，早在东晋年间，岛上就建有“观音庵”（今北门外普慈寺遗址），之后，各岛各屿造庙塑观音的越来越多，到编订《昌国州图志》时，舟山各地已造有 23 处供奉观音的寺院，占有田产 8642 亩，山林 2 万多亩；到清末民初时期，舟山渔村已是“岛岛建寺庙，村村有僧尼，处处念弥陀，户户拜观音”。据民国 12 年编纂的《定海县志》记载，当时在舟山各地已建有寺庙庵堂 558 处（不包括乡间小忝的土地庙和道观、茅蓬）。专门从事宗教活动的职业佛教徒有 2649 人，加上依附于佛教的“念伴”（道士）749 人，占当时

① 刘玉霞：《浅谈观音信仰的世俗化》，《重庆科技学院学报》（社会科学版）2009 年第 6 期，第 165—166 页。

舟山总人口的7.5%左右。在一个只有40平方千米的桃花岛上,就有11处寺院。据传,观音最早出家削发为尼的清修庵、白雀寺、圣岩寺,都在这桃花岛上。定海有一个只有70多户人家的马岙三胜村,就有24个佛教徒。这表明,当时在舟山民间的观音信仰基础已很深厚。

普陀洛迦山,坐落在舟山本岛的东南莲花洋,与中外闻名的渔业重镇沈家门隔港相望。明、清时期,普陀山除少数商店以外,几乎没有固定居民,当时真可谓"有宅皆寺,有人皆僧"。据1936年的统计资料查证,在这个仅有12平方千米的小岛上,当时已建有普济、法雨、慧济三大寺,28禅院,128处茅蓬,僧尼达1878人,每年从海内外来山礼佛的游僧也有千人以上。那时节,岛上无处不供佛,无人不诵经。观世音的塑像、画像到处可见,是一个典型的"观音乐土"、"清净道场"。它与供奉普贤菩萨的峨嵋山、供奉地藏菩萨的九华山、供奉文殊菩萨的五台山齐名于世,被称为"中国佛教四大名山"之一。

普陀山真正成为"观音道场"是在唐大中年间。据舟山历史上第一本普陀山志《补陀洛迦山传》(元代编,1334年版)记载:"唐大中中,有梵僧来(潮音)洞前燔指,指尽,亲见大士示现,授与七色宝石,灵感遂启。"咸通四年(863),日本僧慧锷第三次入唐,"……诣五台山欲礼。至中台精舍,睹观音貌像端雅,喜生颜间,乃就恳求,愿迎归其国,寺众从之。谔即肩舁至此,以之登舟。而像重不可举,率同行贾客尽力舁之,乃克胜。及过昌国之梅岑山,涛怒风飞,舟人惧甚。谔夜梦一胡僧,谓之曰:'汝但安吾此山,必令便风相送。'谔泣而告众以梦。咸惊异,相与诛茆缚室,敬辂其像而去。因呼为'不肯去观音'。其后开元僧道载复梦观音欲归此寺,乃创建殿宇,迎而奉之,邦人祈祷辄应,亦号'瑞应观音'。唐长史韦绚尝纪其事"①。山上居民张氏请像供奉于宅,称"不肯去观音",是为普陀山供奉观音之始,至后梁贞明二年,在张氏宅址建"不肯去观音院",为普陀山最早寺院。这一段历史记载,说明真正开辟观音道场是在唐大中以后。

宋高宗绍兴元年(1131)、宋宁宗嘉定七年(1214)、宋理宗淳祐八年(1248),帝王先后多次赐币重修普陀观音寺院,在普陀山植杉十万株,赐予庙田并豁免全部粮税。宋宁宗嘉定七年(1214),还御赐"普陀宝陀寺""大圆通宝殿"额,钦定普陀山为重点供奉观音的道场。从此,观音的影响遍及朝野。到元大德二年(1298),朝廷派太监李公公专程到普陀进香;三年,又命朝廷宿

---

① (宋)罗拔、胡椝修:《宝庆四明志》,《续修四库全书》第705册,上海古籍出版社2002年版,第291页。

卫臣孛罗再次来山进香，并赐金百两。此后，几乎每年都有朝廷大臣来山进香，除了拨币修寺以外，还赐予山、田4000亩作普陀寺产；特别是元顺帝元统二年(1334)，宣让王施钞千锭，在普陀山兴建了一座“多宝塔”，这座全部用太湖石砌成的多宝塔，已成为目前江浙一带唯一保存完整的元塔建筑。到明洪武年间，普陀观音道场曾一度毁于兵灾，但到嘉靖三十二年(1553)，明参将俞大猷在普陀洋面剿倭获胜，说是普陀观音保佑的缘故，奏请朝廷批准，一次就拨金千两，兴修寺庙，恢复观音道场。到明神宗万历年间，普陀观音道场达到了史无前例的兴旺时期，万历八年（1580)、十四年(1586)、二十二年(1594)、二十七年(1599)、三十三年(1565)、三十四年(1566)等先后6次差遣内宫宦官到普陀进香，赐金6000余两，钦赐藏经1350多函，御赐金佛4尊、玉带1条、裹经绣包袱678件，钦赐“护国永寿普陀禅寺”、“护国永寿镇海禅寺”御匾两块。清康熙、雍正年间，不仅拨出大量金银兴修寺庙，而且派遣总兵蓝理到普陀督造佛殿，皇帝亲自批准从南京拆明皇宫九龙殿和琉璃瓦给普陀兴建法雨寺圆通大殿(即九龙殿)，并颁旨天下宣布普陀山观音道场“乃朝廷香火”，“务令天下臣民共种福田 ”。这样一来，普陀成了“官办”的观音道场，岛上香火顿时达到鼎盛时期，上至帝后妃嫔、王侯宰官，下至缁侣羽流、善男信女，无不函经捧香，梯山航海，前来朝拜。

1919年康有为游普陀时作诗曰：

观音过此不肯去，海上神山涌普陀；
楼阁高低二百寺，鱼龙轰卷万千波。
云和岛屿青未了，梵杂风潮音更多；
第一人间清净土，欲寻真歇竟如何?

他也认定这里是“第一人间清净土”了。

三、普陀观音道场的三大香期活动

随着“观音道场”的日趋兴盛，进山礼佛者与日俱增。特别是农历二月十九、六月十九、九月十九这三大香期香火鼎盛。据传，二月十九是观世音的诞辰日，六月十九是观世音的成道日，九月十九是观世音的出家日。三个香期以二月十九最盛。每当香期，舟山诸岛的善男信女纷纷到普陀朝山进香，香客游客多时竟达万人之众。三个香期活动的内容、形式、范围大致相同，主要的活动程式是：

朝山进香：各岛屿的善男信女于十七、十八陆续进山，分别往各寺院庵堂进香敬佛，连路边岩石上刻着的小菩萨也要给烧上一炷香。全山香烟袅袅，人群济济，处处是一派盛况。

祝寿普佛：十八夜和十九凌晨，全山各寺院庵堂所有僧众，在方丈或当家的率领下，身披袈裟，手执法器，集中在大殿诵经做佛事。广大善男信女也跟着僧侣礼拜敬佛。

坐夜宿山：十八夜里广大信徒跟随僧侣做完佛事后，就在寺内通宵坐夜，俗称“宿山”，以示对观世音的诚心，坐夜一般都集中在普济、法雨、慧济三大寺，寺内的大殿、后殿、偏殿，乃至廊房过道、露天广场，都是挤得满满的坐夜者。

登山礼佛：除了坐夜宿山的以外，更有数以千计的信徒在深更半夜，手持清香，口念佛号，沿着千层石阶，三步一拜高登佛顶山。香云路上人流不息，通宵达旦。许多年过花甲的老人在那石板路上三步一磕头，拜上佛顶山，赶烧“头炷香”。

全体传供：十九中午，各寺院僧众集中诵经拜佛以后，即举行全体“素斋会餐”，也叫“敬佛”，规模十分隆重，类似民间的“冬至祭祖”和内陆的“庙会敬神散福”。

还愿佛事：香期正日前后七天，各地善男信女凡往日因遇灾难向观音祈祷许愿过的，或是为至亲亡灵祝祷的，届时都会敬请法师放焰口、拜梁皇、做普佛等佛事活动，以示还愿。也有的不是直接到普陀山还愿，只是在本地搭台做戏还愿，或在本地请僧侣念经做佛事还愿。

除了来普陀山烧香拜佛以外，舟山民间还有众多的信徒在家吃斋念佛拜观音，主要形式有：

吃斋供佛：舟山民间因信仰观音而在家吃斋供佛者甚多。一般有吃长斋、短斋两种。长斋即终年素食，力戒荤腥，有吃一年、三年、五年的，也有终生吃斋的。短斋即定时定日吃斋，平时不戒荤腥，如有的吃“观音斋”，即每月初一、月半戒荤腥；有的吃“间花斋”，或叫“一七十斋”，即每月初一、十一、廿一、初七、十七、廿七、初二、二十、三十，加上月半，合计一月吃十天素斋，其他时日不戒荤腥。凡这类吃斋的，一般都在自己家里设有小龛供佛像，定时烧香点烛拜观音，一日三次念佛号，即反复念诵“大慈大悲救苦救难广大灵感观世音菩萨”。

在家和尚：舟山民间还有相当多信佛不出家的“在家和尚”，通称“居士”。他们常年吃斋，口念佛号，诚心拜佛，但他们不削发，不离家，有家眷。平时参加劳动，香期进寺礼佛，有时也应邀参加居民家中组织的佛事活动。1950 年以前，这类“在家和尚”仅岱山岛就有一百余人。

随缘乐助:这也是信奉观音的一种表示形式。民间的善男信女,为祈祷观音保佑"修福"、"消灾"、"求子"、"生财",往往出巨资乐助寺院,有的修寺庙、塑佛像,有的助法器神具,有的修桥铺路造凉亭;也有的贫寒信,在佛前"随缘乐助"箱里甩几个铜板,以表心愿。这种随缘乐助,按佛门的说法,是"广种福田",为"后世结缘",这对广大渔民来说,也很有感染力。

四、普陀观音信仰与中外文化交流

观音菩萨大慈大悲的"善性"和救苦救难的"德行",不仅在舟山乃至在全国民间得到广泛信奉,而且,它作为一种宗教文化现象,也早已传播到了日本和东南亚国家。特别是隋唐新辟南方台州、明州、扬州、温州、福州诸商埠以后,日本、朝鲜和东南亚诸国往来中华的使者或商贾、僧侣,大多经普陀进入明州(宁波)港。因此,普陀观音道场的影响也随之而扩展到这些国家,成为中外文化交往的一个纽带。尤其是日僧慧锷请观音到普陀始创"不肯去观音院"之后,普陀山作为观音道场的圣地,与日本和东南亚诸国的文化交往更显密切。据史料记载,元朝由于世祖两次派兵征讨日本,损害了中日两国人民的利益,使得中日关系一度中断。后来,元世祖看到了中日睦邻友好的意义,针对日本朝野都信奉佛教的习俗,特派遣普陀山高僧如智法师为元朝特使,率领使团于至元二十(1283)八月东渡日本通和。由于半途遇大风,未能成行。到大德三年(1299),元成宗为成全先帝遗愿,再次派遣普陀山高僧一山一宁为国信使东渡日本。一山一宁携带国书,航海 6 个月,抵达日本时受到日本朝野僧俗人等隆重欢迎。一山一宁以他的博学多才,在日本广弘佛法,宣扬观音,传播华夏文化,倡导中日友好。由于他的努力,很快恢复了中日友好往来,日本后宇天皇多次接见他。一山一宁在日本侨居 18 年,后病逝于日本。日本国王赐以"国师"称号,称他是"宋地万人杰,本朝一国师",并派日僧月山友桂专程护送一宁灵位回中国,安放在宁波阿育王寺。嗣后,一宁在日本的众多弟子相继访华游学,到中国研究佛学和文学艺术、科学技术,回国后大多成为传播中日友好的使者。明嘉靖三十六年(1557),日本国遣明正使彦周良、副使钧云二人到普陀山足足住了一个金秋十月,遍寻胜迹,礼敬观音,把普陀山的佛教艺术带回日本。自从观音菩萨传入日本以后,很快受到日本民众的普遍信奉,甚至在各种车船上也供起观音画像,以求保佑平安,成为日本民间的一种习俗。在日本的那智山还建立了"普陀洛迦观音道场",成为日本国最大的观世音菩萨供奉地。可见观音信仰在日本民间影响之深远。

普陀观音道场不仅为沟通中日文化交往发挥了纽带作用,而且为沟通中国与东南亚，乃至欧美等国家和地区间的文化交往架起了桥梁。唐代就有天竺僧来普陀山礼佛，元朝有西域龟兹僧盛熙明来山礼佛，在普陀作《游补陀》诗，著普陀山历史上的第一部山志《补陀洛迦山传》七篇。明天启年间(1621—1627)，来自波罗奈国的梵僧到普陀礼佛，在佛顶山造塔供奉佛舍利；缅甸、泰国、越南、老挝、柬埔寨、斯里兰卡、菲律宾、马来西亚、印度尼西亚等国的佛门弟子也纷纷来山朝拜观音，并送来许多珍贵的佛教文物和艺术精品，使普陀山成为汇集各国佛教文化的一个重要窗口。在普陀山文物馆珍藏的佛像铜屏、精湛陶器、贝叶真经、释迦牟尼应化图、菩提树叶、玳瑁塔、玉佛等，很多是日本和东南亚诸国的佛门信徒所赠。①

五、浙东其他区域的观音信仰

在浙东沿海其他区域，观音信仰也是普遍存在的，如温岭石塘渔民敬奉观音菩萨极为虔诚，几乎每户渔家、每艘渔船上，皆供奉有观世音菩萨塑像。渔船若在海上遭遇风浪袭击险象环生时，船老大必率众跪在船头舱板上，祈求"大慈大悲"观世音菩萨救苦救难，保太平。不仅正月初一男女老少相伴上寺庙拜菩萨，祈求新年平安丰收；而且农历二月十九观世音菩萨的圣诞、六月十九观世音菩萨成道日、九月十九观世音菩萨出家日，渔家阿婆、大嫂，甚至年轻的渔姑，都要身着拜佛净衣，背上香袋，上寺庙拜观音菩萨，并且要守在寺庙过夜，香烛不熄，声声诵颂，瑞雾环绕，金铃悦耳。石塘人非常重视这三大香期。每个香期的前一周，就有人出面组织，向各村、各船募捐，分摊费用，并有专门的人排宴、做饭。这一周内，不管你是本地村民，还是外来客人，都可以在寺院(广法堂)里享用斋饭。斋饭也做得非常细致可口，颇显石塘地方特色。这三大香期的十九中午，寺庙僧众素斋会餐，信男信女也跟随食素和跪拜诵经，此乃"敬佛"，场面规模宏大，又十分庄严肃穆；十九夜，寺庙僧众或信男信女在观音像前做佛事，都是佛珠挂颈，有人敲木鱼，有人撞铜铃，其余人则在观音像前按规矩绕圈，跪拜，颇为庄严肃穆，俗称"谢佛"。

第五节　浙东海洋多神信仰崇拜

在浙东海洋信仰民俗中，除了影响最为广泛的海神娘娘、龙王爷及其他

---

① 方长生：《舟山民间观音信仰考察》，中国舟山政府门户网站(http://www.zhoushan.gov.cn)，2006年10月12日。

大大小小的区域性海神之外，一些与海洋现象、捕捞生活、生活环境相关的信仰神灵也非常丰富。

一、岛神信仰

我国东南沿海岛屿，岛岛都有地方神，或谓岛神。岛神有主岛神和主岙神，情况非常复杂。如闽南、台湾一带主岛神大都是天后妈祖。舟山群岛的主岛神大都是观音、龙王或关羽。但全国各地不同历史时代也有许多颇具特色的岛神。如台湾、福建还有水仙信仰，水仙庙中供奉的是大禹王、伍子胥、屈原、王勃、李白，都是一些历史上的杰出人物。在《台湾县志·外编》中记载了一位姓倪的海神，"生长于海滨，熟识港道，为海舶总管，殁为神"。在黄河入海口一带，各岛还有金龙大王、黄大王之类的海神信仰。在汕头，有长年公和三义女信仰。二者都是由人成神的。三义女原是清代澄海县外砂乡"金兰"三姐妹，因反对包办婚姻一起蹈海而亡，被人拾尸立墓，传闻有灵性，祀典为神。长年公是位捕鱼能手，"建庙塑像祀之"，故当地请渔民入股捕鱼，俗叫请长年。

在全国第一大渔场舟山群岛较有地方特色的岛神，是中街山列岛的渔民菩萨财伯公和嵊泗列岛的羊山神。财伯公的海神信仰，始于清朝末年或民国初年。清朝光绪年间，有个福建渔民姓陈，名财伯，因在中街山渔场捕鱼，不幸在一个大风暴天，船翻了，人泅水上了荒岛——东极庙子湖岛。此时，岛上荒无人烟，财伯公以砍柴、种番薯为生，住了下来。联系自己的不幸遭遇，日后每逢海上大雾弥漫或是风暴天，财伯公就上山去放篝火，为即将遭受不幸的渔夫舟子，指点迷津、转危为安。渔民不知个中缘由，以为庙子湖岛有神仙显灵，称篝火为"神火"。有一天，渔民登岛去祭祀岛神，发现财伯公已死在篝火旁，为此立庙塑像，祀典为神。因财伯公是渔夫出身，他的神像，上穿背单，下扎龙裤，成为一尊渔民菩萨，这在中国东南沿海的海神信仰中，绝无仅有。"青浜庙子湖，菩萨穿龙裤"的渔谣也由此而来，并在华东沿海各省渔民中广泛传播，颇有影响。

二、泗洲大帝信仰

嵊山岛上的泗洲堂(塘)地名，反映了岛上渔民及来嵊山一带渔场作业渔民的泗洲大帝信仰。而渔民的泗洲大帝信仰，又源于公元前 668 年至公元前 512 年这段时间内入浙的徐偃王。

浙江从西南山区到东南海隅，从浙北平原到史称"中国海山之尽处"的嵊山等前沿岛屿，几乎处处都有“徐偃王”的传说与遗迹。而嵊山岛的泗洲堂地名，也出自古徐国所在地“泗洲”。

从浙南到浙东沿海，即温岭—鄞县—舟山等地，可将徐偃王曾落脚过的城池串联成一线，这条沿海线上，活跃着众多以徐偃王为始祖的徐氏后代。而恰恰是这些地方的渔民，世世代代驾舟越洋赴嵊泗，和岛上土著渔民一起，开发建设了嵊山渔场，同时也把泗洲大帝信仰风俗传播到了嵊山等渔岛。因古徐国在泗洲，故先民们尊徐偃王为“泗洲大帝”。唐宋以来，沿海祀泗洲大帝之风颇盛，嵊山岛上泗洲堂（塘）岙名，应该说明浙南和浙东沿海渔民到嵊山渔场进行捕捞作业时，曾在此岛此岙面海山坡上，建过供奉泗洲大帝的庙堂，作为大家祈拜泗洲大帝的场所，以期得到泗洲大帝神灵庇护，人寿鱼丰，海陆平安。

此外，泗礁岛上青沙滩渔岙，也曾有泗洲殿。据传，青沙滩的泗洲殿是这样建起来的：清光绪年间，一个夏日，有一群渔家子弟小儿郎，在海滩上游泳戏耍。在潮头踩到一块蛋青色长圆形屋柱桑子石，就把此石从沙下起出，放到沙滩上，有一个渔家小囝尿急了，就冲着桑子石撒起来，不料这渔家小囝，傍晚时突然肚子疼起来，起初其父母家人以为是饮食不当，或是夏日在海滩上日晒久了中暑，想方设法治疗。可是办法用尽，小囝肚痛不减。

后经高人指点，是否小囝在野外戏耍，冲犯了哪一路海神、菩萨？次日，小囝父母问明小囝戏耍地点，来到沙滩上，看到了那块曾被其儿尿浇过的桑子石，见上面有字，就捧了回来。请识字人辨认，上面雕刻有“江苏　泗洲殿”字样。才知道这不是一般的石头，而是泗洲大帝殿庙屋柱的桑子石，不知是何年何月，如何来到了青沙滩。小囝无知，往殿庙桑子石上撒尿，冲犯了泗洲大帝。

小囝父母立即用净水清洗了那块泗洲殿屋柱桑子石，并用黄鱼猪羊到海滩边祭供泗洲大帝，焚香燃烛祈求泗洲大帝原谅小儿无知冒犯之过。

后来，青沙滩渔家和渔商渔贩，又发起捐款捐物，建造泗洲殿。青沙滩泗洲殿，原有一座正殿，两排偏殿厢房，前面还有一座万年台。正殿供奉泗洲大帝神像。大帝为红脸将军，剑眉炯眼，美髯及胸，身着战袍，头戴军帽，脚蹬白底快靴，煞是威武伟岸。泗洲大帝神像上方，有两块金字匾额，右书“海不扬波”，左写“海国澄清”。两旁殿柱上，还有一副对联，是为“天知地知子知我知何为不知，善报恶报早报迟报始终有报”。

青沙滩泗洲殿建成后，成为泗礁岛及附近黄龙岛、金鸡山等岛上渔户商民奉拜泗洲大帝的集中场所，一时香火甚旺。

在泗礁岛西南海上，又有一座徐公岛。岛上，亦曾有过一座小型的泗洲殿。据徐公岛老一代渔家人言，徐公岛的泗洲殿所供菩萨，也是一尊红脸武王，战袍快靴，香火不断。徐公岛南宋时即有渔户居住。宋开庆《四明续志》载："徐公山有人烟。"可见徐公岛上泗洲殿，至迟在南宋时已建。徐公岛上渔户的泗洲大帝信仰，实在是由来已久。

三、鱼神信仰

鱼神是渔民信奉的神灵。有关鱼神的传闻，早在我国古代已经形成了。如《山海经》中的海神禺京，有鲲鹏之变的神通。其实，鲲就是大鱼。京，鲸谐音，也即为鲸鱼。可见海神禺京就是中国最古老的鱼神。

渔民以打鱼为业，打的鱼多，渔获量大，即是丰收，即是"发财"。他们相信，海中大鱼即是鱼神。敬了鱼神，打鱼就会逢上鱼汛，就会赶上鱼群，就会丰收发财。山东沿海渔民所信奉的鱼神，呼之为"老人家"、"老赵"、"赶鱼郎"等，即是鲸鱼。鲸鱼能逐鱼入网，故称"赶鱼郎"。浙江舟山群岛海神中也有鱼神崇拜。如船出外洋，路遇大鱼，即撒米粒、赠船旗、叩拜祭祀，以求鱼神庇护。舟山把鲸鱼称为"乌耕将军"，"乌耕"露面，意谓鱼群涌至，渔夫敲锣打鼓放鞭炮，并举行盛大的海祭，以求海神降福兆吉，喜获丰收。玉环、洞头一带浙南渔民也有鱼神信仰，如三月开春时，看见第一条浮出海面的大鱼，即为海神，必须隆重祭祀，然后才能扬帆出海。如不祭祀，则船出海必遭大鱼所害。

四、潮神信仰

潮神是区域性很强的一位神灵，主要由吴越文化区的江浙一带沿海民间所信奉，后又逐渐传播到福建沿海民间。潮神神主为伍子胥。

传说春秋战国时候，越王勾践被吴王夫差战败。于是派大夫文种求和，表示愿意去吴国称臣。伍子胥进谏，不宜攻打齐国，应先去掉越国这一心头之患。但夫差仍不听忠言，反听信伯嚭的谗言，令伍子胥自杀。忠言逆耳，伍子胥竟遭杀身之祸。临死前，伍子胥说：死后把他的眼睛悬挂在城墙上，他要看越人是怎样从这里进入国门，吴国又是怎样灭亡的。吴王闻之大怒，将他的尸体装在一只皮制的口袋里，抛进了钱塘江。那天正是农历八月十八。伍子胥的英灵"随流扬波，依潮来往，激荡崩岸"，豪气冲天，怒气入海。五代杜光庭的《录异记》描述得最为雄奇："自是海门山，潮头汹涌高数百尺，越钱塘，追鱼浦……到暮再来，其声震怒，雷奔电激，闻百余里。时有见子胥乘素车白马，在潮头之中。"从此，人们便称伍子胥为"潮神"，把农历八月十八这一天称为“涨潮日”。伍子胥一死，勾践消除了后顾之忧。他在越国卧薪尝胆，采用文种计策，很快打败了吴国，报了家仇，雪了国耻。

汉代，有关伍子胥冤魂驱水为涛的传说流传相当广泛，《越绝书》、《吴越春秋》等皆有记载。王充指出：“夫言吴王杀子胥投之于江实也。言其恨恚驱水为涛者虚也。”“或也投于浙江，浙江山阴江，上虞江皆有涛，三江有涛，岂分橐中之体散置三江中乎。人若恨恚也仇，仇未没，子孙遗在可也。今吴国已灭，夫差无类，吴为会稽立置太守，子胥之神复何怨?”“吴越在时，分会稽（今绍兴）郡，越治山阴，吴都今吴。余暨以南属越，钱塘江以北属吴，钱塘之江，两国界也。山阴、上虞在越界中，子胥入吴之江为涛，当自上吴界中，何为人越之地好怨恚吴王，发怒越江，违失道理，无神之验也。”①最初庙祀在会稽，隋朝开皇十四年（594）诏于会稽立东海神祠，祭祀潮神的中心区域，即由会稽移至杭州，唐昭宗景福二年（893）封伍公为惠广侯，乾宁二年（895）又封惠应侯，四年（897）再封吴安王。此后历朝历代累累加封。唐宋之后，伍子胥庙遍布江浙一带沿江沿海，祭祀日久，伍子胥被许多地方百姓传为“五髭须”。

五、渔师信仰

渔师是一个特殊的神灵，只见于东海诸岛及沿岸的少数渔村。

渔师作为浙东渔民和居民全民性的崇拜对象，其起源于石浦三湾路廊下海滩的海豚戏闹进港。由于潮流的原因，海豚先行冲着港面游动，而后借着潮流转向港口，当冲着港岸时，满港的大小海豚酷似向港岸朝拜。百姓认为这一处土地竟然引来海豚的朝拜，必有灵气，便在这神灵之地建了一座渔师庙，以供奉渔师。

而石塘渔民则认为：“渔师爷”掌管着天下渔业的兴衰，要立庙宇祭祀，以求出海满载而归。相传，渔师爷是钓浜人，其真名实姓无从可考，只是人们称他为钓幺郎。幺郎自家没有船只，只是帮船主撑船捕鱼。幺郎捕鱼的本领自有一手，他不仅凭水色的清浑就能判断水下是否有鱼，而且还能用自己的手足探水温，来判定水下鱼的有无和多少。因此，他用的船年年是“红头船”，产量都比人家的高。他的捕鱼技术非常高超。温岭三蒜岛的一个小礁边，水下地形复杂，别人不敢在此下网，可幺郎却能在这里按水流、按方位、按长度下网，而且总是网无损、鱼满舱。所以人们总是说，这三蒜礁的黄鱼注定是幺郎的。花鲤鱼是一种难捕的鱼，“花鲤双眼圆又圆，一望老大一望船”。传说幺

① 王充：《论衡·书虚篇》第十六。

郎打花鲤鱼却并不是难事，他见花鲤在网中不老实，便将他的大脚板在船板上一顿，大喝一声："幺郎在此，你等哪里去逃?"花鲤一听"幺郎"二字，就吓得不敢动弹了。幺郎捕鱼的本领极好，闻名沿海，赢得渔民的崇敬，众人说其是某星宿下凡。幺郎死后，被渔民奉为渔师爷，并立庙供奉香火。现在的"渔师爷"可能就是陶侃。

六、礁神信仰

东南沿海，尤其是舟山群岛海域中有许多礁群，礁石或林立于海面，或潜伏于水下。过往船只一有不慎，即或有触礁危险，民间遂生礁神崇拜。舟山嵊泗大洋岛有圣姑礁，礁上有庙，供祀的"圣姑娘娘"，即是一位礁神。渔船来往过礁，必登礁祭祀，以免在附近海域有触礁、破网等事故发生。传说，圣姑娘娘是个海上巡行娘娘，每逢大雾天和风暴天，娘娘在礁上提灯巡行，好像现在的灯塔一样，为海上航行的海员和渔民指明方位和航向，使之能安全返港，化凶呈祥。

第六节　浙东海洋宗教信仰文化的特征

虽然浙东海洋宗教信仰名目繁多，十分庞杂，令人昏昏然，但探本溯源，其宗教神灵信仰的主要特征却很鲜明。具体而言，主要有以下几个方面：

一、海神主体信仰突出

沿海与海岛居民生于海，长于海，谋生于海，甚至葬身于海，没有比大海与他们的关系更密切的了。在沿海海岛人的心目中，海神是大海的主宰，他们的安危祸福全由海神来安排，于是乎海神的主体地位也就确定了。其具体的体现：首先，在众多的神庙中，海神庙数量最多，比例最高，名列第一。如清康熙年间编写的《定海县志·祠庙》篇中记载，仅定海本岛在康熙二十三年(1684)各乡各岙就有奇神怪庙165个，其中仅供奉海神天妃、龙王的有36个，占神庙总数的五分之一强。到了民国12年(1923)重新编纂《定海县志》时，定海所属的二十一区，祠庙扩展到377个，其中有名望有影响的龙王宫48个，天后宫83个，海神庙共有131个，占三分之一左右。在浙南的洞头与玉环渔村，岛岛岙岙更有以天后为主庙。这就说明海神在沿海与海岛神灵信仰中，具有至高无上的主体地位。其次，在神庙的规格等级方面，海神信仰亦位居榜首。以舟山龙王宫为例，1169年，南宋皇帝宋孝宗曾下诏令大臣祭东海龙王于舟山龙王宫。其礼仪如唐天宝年间韩愈撰写的碑文中所记:“天子以为古爵莫贵于公侯。故海岳之祀,牺币之数,放而依之,所以致崇极于大神。今王亦爵也,而礼海岳尚循公侯之事,处王仪而不用,非致崇敬之意也。”①这是其他海岛神灵信仰所不能攀比和相提并论的。再次,从民间祭典次数之频繁和供奉礼品之丰厚,亦可见其信仰之大之盛。一般的信仰一年难得祭典二三次,但海神的祭典,一年中却有十多次,甚至更多。如东海龙王,除六月初一寿诞祭、二月初二抬头祭、三月初三出海祭等祭典外,还有渔汛期间,供龙王、请龙王、祭龙王、谢龙王等四大祭典。至于日常的求雨、求鱼、求医、求子、还愿等祭典活动,更是难以计数。而在供奉祭品方面,供奉海神的祭品至少要一个猪头,盛祭时要全猪、全羊大三牲福礼,否则难表诚心。

二、鲜明的实用性特征

虽然浙东沿海区域的宗教信仰十分繁杂,但经过仔细研究可以发现沿海、海岛人对宗教信仰采取了实用的态度。佛教、道教渗透到民间宗教中去,其礼仪为民间宗教大量吸取。道教的内丹修炼成为民间宗教的重要内容,关帝、城隍、土地等民间神祇逐渐成为道教的神祇。五代、两宋以后,道教、佛教都出现了世俗化倾向,与此同时,对民间神祇的崇拜有增无减,人们希望生活幸福,远离灾难。至于所祭拜的是何方神圣,以及他们的教派、教义等,反而是无关紧要的。这在寺庙史迹中体现得尤为明显,如寺院建筑上有道教的明、暗八仙图案,普陀山圆通宝殿观世音菩萨与关公老爷同列殿堂,一般寺庙也附带设坛祭祀关公、土地公等。桃花岛茅山庙供奉的茅山侯王最能说明浙东居民对宗教信仰的实用心态。

桃花岛茅山庙供奉的茅山侯王,但实际上是康熙复垦后从宁波移民该地族群的保护神。庙中植一通“海不扬波”碑,刻于清光绪元年十二月。碑文中明确晓谕:“……该五山渔户以及舵水人等知悉:尔等须知,受雇出洋,各由己原,应如该总董胡祖芳等所称,如船主雇工,专雇者,归给失主安葬费钱二十千文,半雇半分,本利者,减半给之,全与合伙者,例不准给。如尸骸不能收取者,外给招魂资费钱六千文。不论在家在船,或遇佣雇,急病身之与同,一时过渡出洋,失脚落水者,均照二十千之议。如失主过贫,愿与厚给者听该尸属须,各安天命,照议领给,毋得意外勒索。如敢故违,许该董等据实禀府,以惩惩究。各宜凛尊毋违,特示。”照此,凡桃花庄范围内所发生的海损事故均按

---

① 《韩愈集》卷三十一·碑志八。

此规定办理，既解决受难家属实际困难，又限制某些人借机惹是生非，挑起事端，有效地解决了经济争端，调解了族群内船主与雇佣渔民之间双方利益。

三、沿海神灵信仰的多重结构

虽说神灵信仰中的多元化现象在我国内陆地区亦很普遍，并非沿海地区所独有，但就沿海宗教神灵信仰之多、之杂、之奇及其融合现象，却为内陆所少有。这是因为东海是四海中水域最为宽广的海域，而海域的特征就是开放性、涵容性和水的柔性兼而有之，因而构成了沿海神灵信仰中的多重结构，并最具包容性，一岛多神、一岙多神、一庙多神、一船多神等现象普遍存在。

舟山偏于浙东一隅，居民大多是在不同历史时期从浙、闽内陆和中原大陆迁徙而来，所以，舟山宗教文化是以儒家文化为主体，兼容了佛教、道教、基督教和其他民间宗教。以清朝的《定海县志》中记载为例，定海本岛康熙三十三年时有神庙165个。归纳一下有20余种类型。除天后、龙王、观音宫庙外，还有关圣殿、文昌祠、城隍庙、马王庙、真武宫、张公祠、水仙宫、戚家祠、东岳宫以及别有来历的小船庙等。到了民国12年(1923)，定海岛上的祠庙从165个扩展到377个，而信仰的神灵也增加到40余种。这是 岛多神的情况。在嵊泗黄龙岛有个南港岙，岙口不大，却有7座庙宇，而且是观音、龙王、船关菩萨，样样俱全。还有，如黄龙岛上的张公祠，主殿上供奉的是南宋末年抗元名臣张世杰，但在主殿两侧却塑着三官菩萨、土地公公、观音、关公等各种神像。群神汇集，成了神灵信仰的大杂烩。

表6-2　嵊泗列岛的主要古庙宇及岛神分布

岛名	庙名	庙神	建庙时间
泗礁岛	羊府宫	羊祜	清道光年间
泗礁岛	西方庵	观音	未详
泗礁岛	关帝庙	关羽	1933年
泗礁岛	资福院	未详	后晋天福八年(943)
泗礁岛	灵音寺	观音	清同治十一年(1872)
泗礁岛	苏州殿	苏州菩萨	未详
金平岛	天后宫	天后娘娘	清同治元年(1862)
金平岛	海晏宫	娘娘菩萨	未详

续表

岛名	庙名	庙神	建庙时间
黄龙岛	越国公庙	张世杰	清光绪十三年(1887)
黄龙岛	护龙宫	龙王	清光绪二年(1876)
黄龙岛	何老相庙	何老相公	未详
黄龙岛	天后宫	天后娘娘	未详
黄龙岛	正神庙	小宫菩萨	未详
黄龙岛	积庆禅寺	观音	未详
黄龙岛	土宫	小船菩萨	未详
嵊山岛	天后宫	天后娘娘	未详
嵊山岛	福全庵	观音	未详
嵊山岛	羊府宫	羊祜	未详
枸杞岛	天后宫	天后娘娘	未详
枸杞岛	关帝庙	关羽	未详
枸杞岛	山海奇观庙	土地菩萨	未详
花鸟岛	娘娘庙	天后娘娘	未详
花鸟岛	观音庵	观音	未详
绿华岛	天灯庙	华山娘娘	未详
大洋岛	天后宫	天后	未详
大洋岛	三圣殿	刘关张	未详
大洋岛	圣姑殿	圣姑娘娘	宋绍兴二十年(1150)
大洋岛	李娘娘庙	佘来菩萨	未详
大洋岛	土地庙	土地菩萨	未详
小洋岛	羊山大帝庙	李讳	唐贞观年间(627—649)
小洋岛	隋炀帝庙	隋炀帝	唐大中四年(850)
小洋岛	天后宫	天后娘娘	南宋绍兴元年(1131)
小洋岛	关圣殿	关羽	南宋末年
滩浒岛	土宫	佘来菩萨	未详
徐公岛	徐达庙	徐达	未详
壁下岛	小庵	观音	未详

资料来源：金涛：《东亚海神之谜》，四川人民出版社 1998 年版，第 127—129 页。

四、民间神与原始神信仰特色鲜明

在沿海的宗教神灵信仰中，最具特色的是民间神和原始神信仰，因为沿海人民的宗教神灵信仰的实质是民间信仰。民间信仰的特点是不求来世，不信轮回，但求今生。海岛人所处的特殊环境要求神灵的庇护是实效型，急速型的，重在现场效果，对于那些遥远的不切合实际的希望和企求，他们不感兴趣。如在海上遇风，危急之中，生命危在旦夕之间，他们企求的是天后保佑。因为传说中的天后能闻声而来，急难中化险为夷。再如民间神渔民菩萨，具有非凡的捕鱼神通，在渔民菩萨保佑和指点下，他们能网不虚发，汛汛满载。为此，天后与渔民菩萨成为海岛居民与沿海居民最崇敬的民间神，他们的庙宇最多，成为一大奇观。又由于东海诸岛四面环海，在很长的一个历史时期内与世隔绝，容易保存原始神信仰。如潮神伍子胥，原为吴越春秋时期的人物，现今海岛上供奉尚盛，由此萌发出一系列原始潮汐习俗。人死时要等退潮落殓，糟鱼时要等平潮起糟，招魂时要等涨潮呼魂。凡此种种，都与潮神信仰有关。此外，海岛人的鱼神、网神、渔具神等信仰，都蕴含着一种神秘的原始神信仰成分。如在舟山群岛，夏汛时，当有鲸鱼领头率海豚群游过港，舟山渔民就敲锣打鼓，欢迎鱼神的到来。这些古老而又怪异的原始神信仰，不仅为内陆地区所罕见，而且极富神秘色彩，极具特色。①

① 姜彬：《东海岛屿文化与民俗》，上海文艺出版社 2005 年版，第 428—432 页。

第七章　浙东海洋商业文化

第一节　浙东海洋商业文化的形成

濒临东海的地理环境和丰富的海洋资源，使相当一部分浙东沿海人过着“十五习渔业，七十犹江中，历年试风涛，危险无西东”（宗谊《渔父词》）的生活。祖祖辈辈与大海搏击，养成了浙江人机智、果敢、刚毅的性格和进取、开拓、冒险的精神，而这种气质极有利于从事变幻莫测的商业活动，使浙东区域的商业文化折射出一种强烈进取和敢冒风险的海洋特色。

明代浙东人、和徐霞客齐名的著名地理学家王士性①在《广志绎》中把浙江人分成三种，其中，“宁、绍、台、温连山大海，是为海滨之民”，并说“海滨之民，餐风宿水，百死一生，以有海利为生不甚穷，以不通商贩不甚富，闾阎与缙绅相安，官民得贵贱之中，俗尚居奢俭之半”。在与潮和海搏斗中锤炼了经商才干的同时，也培育了敢于闯荡、敢于冒险的精神，“比之于陆居者活气较胜，进取较锐”②。这种“活气较胜，进取较锐”的性格，“涉狂澜若通衢”的特质，正是浙东商人勇于开拓进取、敢于闯荡世界的精神基础。

一、丰富的物产资源

浙东区域位于全国海岸线的中端，长江三角洲的东南部。气候温和湿润，四季分明，适合粮棉等作物的生长。舟山群岛港汊分歧，海藻丛生，是鱼类的繁殖之地。因此，浙东拥有山海之利，资源丰富，素有“四明八百里，物产甲东南”之称。

---

① 王士性（1547—1598），字恒叔，号太初，宗沐侄，浙东临海人，人文地理学家。万历五年（1577）进士，历任礼科给事中、广西参议、河南提学、山东参政、右佥都御史、南京鸿胪寺正卿，不久致仕归里。士性一生，游迹几遍全国，凡所到之处，对一岩、一洞、一草、一木之微，悉心考证；对地方风物，广事搜访，详加记载，并成著作。有《五岳游草》十二卷、《广游志》二卷、《广志绎》五卷及《玉岘集》等。其中所著的《广志绎》凡山川险易、民风物产之类，巨细兼载，眼光独到，是一部很有价值的人文地理学著作，王士性因此被誉为中国人文地理学的开山鼻祖。

② （明）王士性：《广志绎》卷四，“江南诸省·浙江”。

早在距今六七千年的余姚市河姆渡遗址中,就有大量栽培稻谷、稻叶和稻秆出土,说明宁波是世界上最早种植水稻的地区之一。宁波的制瓷业也有悠久历史。唐时,上林湖瓷窑生产的越瓷质量全国第一,上贡朝廷,远销海外。宁波的丝织品,如吴绫、交梭绫等,唐、宋时期也都是贡品。此外,精致的草席、漆器及鲜美的黄鱼鲞、螟等,在国内外均享有盛名。这是浙东古代海外贸易赖以发展的前提与基础。

二、便捷的海陆交通

浙东水路交通尤为便捷。隋代大运河开凿后,通过余姚江、曹娥江,经过杭州,直通北京;与全国最大的工商城市——上海仅一水之隔,沿长江可西进武汉;沿海岸线,北上可往天津,南下可达广州、香港。就海外交通而言,到日本、朝鲜及东南亚也较方便。故《乾道四明图经》称:明州,“虽非都会,乃海道辐辏之地。故南则闽、广,东则倭人,北则高句丽,商舶往来,物货丰衍”。宁波至舟山海面一片“风帆海舶,夷商越贾,利原懋化,纷至沓来”①。早在唐宣宗大中元年(847),张支信、元净驾船由望海镇(今镇海)出发,仅三天就横渡东海,抵达日本的值嘉岛。浙东属亚热带季风气候,既有常年不冻的深水港,也有可供海舶靠岸的港汊;海面“风涛低小”,有便于各种船舶安全行驶的优越条件。浙东属海洋性亚热带季风气候,时风6—10月常为东南偏南风,10—2月刮西北偏北风。这种时风对航行无论北上南下,或东渡日本都十分有利。如北宋时,“朝廷遣使(至高丽),皆由明州定海放洋,绝海而北,舟行皆乘夏至后南风”。

浙东的内河航行条件优越。从海港明州(宁波)登陆,可循余姚江西上,渡曹娥江、钱塘江而直达杭州,再连贯大运河,衔接江淮京津,经济腹地很大,是比较理想的内河外海联运的吞吐港口和转运中心。

我国古代与陆上“丝绸之路”齐名的海上“陶瓷之路”就是从宁波开始的。日本学者三上次南指出:“作为连结东亚和西亚、地中海世界的贸易路,一般盛传的是陆上的‘丝绸之路’。实际上广泛使用这条通道的是七至八世纪。八至九世纪以后,海上交通航道遂成了东西贸易的主要路线。”②“西国通商,百货咸备,银钱市直之高下,呼吸与苏、杭、上海相通,转运既灵,市易愈广,滨

---

① (宋)张津等撰:《乾道四明图经》,卷一。

② 转引自鲍杰等:《论近代宁波帮》,宁波出版社1996年版,第33页。

江列屋,大都皆廛肆矣。”[①]据《高丽史》初步统计,高丽使节在公元1071年至1136年间使宋共26次(其中一次是中途回国的),宋朝使节去高丽22次,其中由中央派出的15次,由明州等地派出的7次。

浙东区域正是以其便捷的水路交通,在我国8至9世纪(唐中叶)以后的对外贸易中占有重要地位。

三、悠久的从商传统

秦代以前,浙东商贩已为数不少。宋乾道《四明图经》曾载:“鄮山……以海人持货贸易于此故名。而后汉以县居鄮山之阴乃加邑为鄮。”乾隆《鄮县志》也有类似的记载:“鄮,易也。……舆地志日:邑人以其海中物产于山下贸易因名鄮县。”[②]可见,当时鄮山一带已是邻近地区农副产品和海产鱼鲜集散地,有一批商贩聚集在这里持货贸易。

宁波秦时称鄮,“以海人持货贸易于此故名”。晋时,“商贾已北至青、徐,南至交、广”。唐代的宁波(明州),凭借得天独厚的地理环境,成为中日间“海上丝绸之路”的始发港。宁波海商驾驶着自己制造的大船,从明州(望海镇)放洋,用三昼夜时间横渡东海,到日本的值嘉岛那留浦,再进入博多津;返回时由日本太宰府鸿胪馆起程至值嘉岛,历经四昼夜横渡东海,抵达明州(丹石忝)港。这在1200年前绝非易事,指南针尚未发明,完全“听天由命”,任凭大洋环流和季候风带往目的港。在这样的生死搏斗中,宁波涌现出一大批优秀的航海家、造船家,其代表人物李邻德、张支信、李延孝等人的业绩,甚至记载于正统史书。被称为“唐商团”的李邻德家族,曾在明州港与博多津之间往返百余次。张支信则是中国航运史上公认的大航海家、造船家,以日本肥前松浦郡港为基地经营海运业,参与其事的有37人。而李延孝商团更是多达43～63人,活动于明州港和值嘉岛。

北宋淳化三年(992),两浙路市舶司从杭州移置明州定海(今镇海),当时明州是通往南亚、中东、非洲东海岸“陶瓷之路”的起航地,开赴日本、高丽的商船也大多从这里出发。南宋时期,明州是“市廛所会,万商之渊”,定海(今镇海)也“蛮夷诸番舟帆所通,为一据会总隘之地”。宣和五年(1123),宁波工匠奉宋徽宗旨意,建造了两艘“神舟”,与六艘客舟一起从镇海起碇出使高丽。徐兢在《宣和奉使高丽图经》中称:“长十余丈,深三丈,阔二丈五尺,可载二千

---

① (清)《鄞县志》卷二,风俗。

② 转引自林树建:《宁波商帮》,黄山书社2007年版,第7页。

斛粟。其制皆以全木巨枋挽叠而成。上平如衡，下侧如刃，贵其可以破浪而行也。其中分为三处，前一仓不安艎板，唯于底安灶与水柜，正当两樯之间也。……船首两颊柱，中有车辆，上绾绳索，其大如椽，长五百尺，下垂叮石，石两旁夹以二木钩……遇行则卷其轮而收之。后有正柂，大小二等，随水浅深更易。当桥之后，从上插下二棹，谓之三副柂，唯入洋则用之。……每舟十舻……大樯高十丈，头樯高八丈。”而神舟的长、阔、高、大、人数及器用什物，“皆三倍于客舟也”，在海上航行时，“巍如山岳，浮动波上，锦帆鷁首，屈服蛟螭，所以晕赫皇华，震慑夷狄，超冠今古”①。

明时，宁波是对日本进行勘合贸易的主要港口，设有市舶提举司、提举库、海仓馆、税课司、嘉宾馆等机构。嘉靖二年(1523)发生日本宗设、瑞佐两个贸易集团的“争贡事件”，进而抢劫海仓馆，焚烧嘉宾馆。于是，明政府下令撤销宁波市舶司，关闭港口。清康熙二十四年(1685)，改市舶司为海关，准许对外贸易。海关设在宁波，并有海仓馆、红毛馆、四明驿丞署等机构。但到乾隆二十二年(1757)，清政府又下令关闭宁波等三个港口，使通商口岸仅限于广州一埠。宁波的对外贸易衰落了，但却促进了私商海外贸易的发展，舟山群岛的双屿港一时成了浙江海外走私贸易的中心。

图 7-1　万斛神舟

四、活跃的商品经济

明中叶以后，浙东区域的商品经济有了发展。余姚是浙江的重要产棉区。徐光启《农政全书》说：“浙花出余姚，中纺织，棉稍重，二十而得七，吴下

---

① (宋)徐兢：《宣和奉使高丽图经》卷三四《客舟》。

种大都类是”;“余姚海堧之人,种棉极勤,亦二三尺一科,长枝布叶,科百余子。收极早,亦亩得二三百斤。其为畦,广丈许,中高旁下,……”①到了清代,随着商品经济的发展和海涂面积的扩大,棉花的种植更加普遍,尤其在杭州湾南岸的余姚、慈溪一带更是如此。乾隆戴建沐《助修海侯庙记》在谈到当地物产时曾曰:“姚邑北乡沿海百四十余里,皆植木棉。每至秋收,贾集如云,东通闽粤,西达吴楚,其息岁以百万计。邑民资以为生者十之六七。迄今又百余年,海滨沙地日涨,种植益广,即塘南民田,亦往往种之,较前所产又增益矣。”②棉花已作为商品,大量投入市场,并对人民的生活产生重要影响。

在商品棉发展的同时,棉纺织品也作为商品投入市场。尹之炜《溪上遗闻集录》记载,慈溪农妇施氏,“集邻妪里媪,出纺丝成织贝之会,得布(若)干丈”,命其子沈周行去市场出售,得“布值二十余金”。又记载,慈溪德成一家专事纺织生产。后德成不幸病故,其妻“日夜勤操作,不离机杼”,维持了一家生计。这类“以机为田,以梭为耒”,靠纺织为生的机户也日见增多,有的已完全从农业中分离出来,副业变成了正业。

明正统年间(1436—1449),规定江南赋税一律以银折纳,银钱便代替钱钞成为市场上流通的主要货币。万历(1573—1619)以后,西班牙银币每年输入达数万元之多,为福建漳、泉一带所通用。清初,宁波也普遍使用外国银元。于是,以经营存放、汇兑业务为主的钱庄出现了。康熙、乾隆年间,宁波的各种钱庄已达40余家。在商品经济发展的基础上,宁波开始出现地域分工和资本主义萌芽,比较有代表性的有:慈溪、余姚的茶、棉和制瓷,镇海的航运业,象山、定海的渔业,奉化、宁海的手工业,宁波城区的商业。据清代刑部档案材料记载,余姚县龚维能开一家染店,余起贤为其所雇用,月得工资八百文。这种雇用和被雇用的关系,无疑是资本主义的商品货币关系。

五、开放的社会风气

社会风气是不断演变着的精神整体,是一定历史条件下的产物。自给自足的自然经济和“崇农抑商”的传统政策,造成了闭塞的社会风气。而浙东区域作为对外贸易重要港口,又有从商的历史传统,其社会风气自然要比其他地方开放。

明清时期,随着商品经济的发展和资本主义生产关系的萌芽,传统的“重

---

① (明)徐光启:《农政全书》卷三五《木棉》注。

② 转自郑昌:《明清农村商品经济》,中国人民大学出版社1989年版,第223页。

农抑商”政策遭到了强烈的抵制，商人的社会作用日益为人们所承认。黄宗羲的“工商皆本”学说就是在这种历史背景下提出来的。他说：“世儒不察，以工商为末，妄议抑之，夫工固圣王所欲来。商又使其愿出于途者，盖皆本也。”[①]“重农抑商”政策，把“农”和“商”对立起来，是一种单一的封闭的农业经济思想。黄宗羲阐述了工、商的功能，把农、工、商三者统一起来，提出“工商皆本”，形成了一种新的多面的开放的经济思想结构。这是对传统经济思想的一大突破，是我国古代经济思想史上的一个进步。

黄宗羲及其弟子万斯同、全祖望、邵晋涵、章学诚在学术界形成著名的浙东学派。他们曾长期在宁波讲学，给浙东的社会风气以直接的影响。官商融合，士商渗透，不少官僚、地主、士绅都经商，亦官亦商，亦士亦贾了，更有甚者，弃田弃儒经商。有人描写当时江南“满路尊商贾，穷愁独缙绅”，宁波更是领风气之先。普通民众也都把经商看作是男儿的正途。一个十几岁的男孩，埋头读书或务农，不出去经商，被看作没出息。正是在这种开放的社会风气下，浙东民众以前所未有的热情，在家乡和外地从事各种工商业活动，促进了商业文化的萌芽和形成。

第二节　宁波商帮[②]的海洋文化情结

德国地质学家利希霍芬在130年前曾对中国进行了7次考察。1861年，他沿着杭州湾那曲折优美的海岸线，走遍了浙东沿海。他发现这个省份虽然拥有美丽的西湖、拥有全世界只有巴西亚马逊河的潮涌可与之媲美的钱塘江大潮，却没有任何矿产资源，而地处浙东的宁波更甚。因为在这个号称宁绍平原的地方，不要说矿产，就连最最基本的资源——土地都少得可怜，而且贫瘠。然而，宁波帮勤奋与奋斗的企业家精神却深深地感动了他。他在《中国——亲身旅行和据此所作研究的成果》一书中，这样写道：“浙江省人，由杂种多样的人组成……，沿海有特殊种族，如宁波人。宁波人在勤奋、奋斗努力、对大事业的热心和大企业家精神方面较为优秀。”并认为宁波商人，完全可以与犹太人媲美。[③]

---

① (清)黄宗羲：《明夷待访录》财计三。

② 历史上的宁波帮，一般定义是：由祖籍旧宁波府所辖的鄞县、镇海、慈溪、奉化、象山、定海六县的旅外商人，以血缘、地缘为纽带所组成的商业团体。

③ 转引自王耀成：《从故乡到异乡——走向世界的宁波帮》，《宁波日报》2009年10月24日第7版。

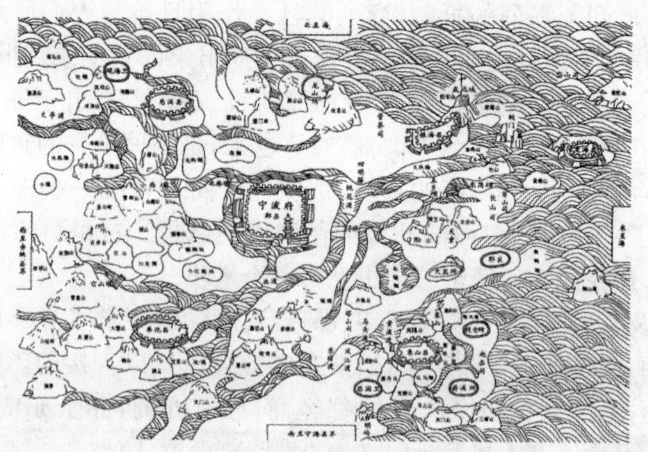

图 7-2 清代宁波府地图

一、宁波商帮的形成与发展

宁波商帮的形成是在明朝后期到清朝初期。形成的主要标志是，宁波商人在北京创设鄞县会馆①。鄞县会馆创立的时间在明朝万历到天启这一时期，创办者是鄞县在京的药业商人。鄞县会馆的创立表明宁波帮商人在北京的人数已经有了一定的规模，经营有了相当的成效，而且已经结束了毫无组织的分散状况。清初，宁波帮商人重建了北京鄞县会馆，宁波所属慈溪成衣商人又在北京建立了同乡同业的浙慈会馆。鄞县会馆和浙慈会馆的建立，标志着晚明到清初宁波商帮的诞生。这一时期的宁波帮以中小商人为主体，经营行业主要是海产品、南北货、药业、成衣业等，活动区域主要在长江下游地区、浙江和福建沿海地区以及北京等大都市。

清康熙二十三年(1684)开放海禁，宁波埠际贸易迅速发展，也使宁波商帮势力不断加强，相继在北京、天津、汉口、上海、杭州以及辽宁、江苏、福建、广东等地的商业重镇建立会馆，结帮经商。“乾嘉时期，是宁波帮商人移民上海的一个重要时期，宁波帮方氏、董氏等著名家族，都在这一时期进入上海经营商业。在清代嘉庆二十四年(1819)宁波商帮在上海创建了浙宁会馆。”②鸦

① 商人会馆是一种同乡商人组织，其功能主要是通过同乡聚会、祭神以及各种公益活动，联络感情，促进互助，排忧解难，增强对外帮商人的竞争能力。

② 张守广：《超越传统——宁波帮的近代化历程》，西南大学出版社 2002 年版，第 152 页。

片战争后，宁波帮凭借自身特殊的有利条件，迅速介入新兴的对外贸易领域，并形成了以买办商人和进出口商人为代表的宁波帮新式商人群体。清末民初时的上海，方（介堂）氏家属、李（也亭）氏家属、严信厚、王铭槐、叶澄衷、朱葆三、虞洽卿等一大批新一代宁波商人脱颖而出，“当沪埠草莱未辟，吾甬人以冒险之天性，斩荆披棘经营所业，其间筚路蓝褛，艰苦卓绝……洎乎既为商埠，来者愈众，吾甬人所经营，亦渐次发皇，环顾沪上各业，胥有甬人……”①“以宁波人为中心的这个扩大了的集团，能够支配上海的大多数钱庄、织布厂、大部分的海关经纪，主要的船运公司和大多数开设在上海的煤号，还能够支配上海企业家们的大多数组织，如上海商会、上海银行业同业公会、上海钱业公会等。”②他们善于学习并掌握西洋人的先进经营管理技能，充分发挥人才、行业、资金、货源等方面优势，把商业和金融业紧密结合，造就了香港、上海、天津等城市的许多产业“亮点”，从而使“宁波帮”以新兴的近代商人群体的姿态跻身于全国著名商帮之列。宁波帮精英们长袖善舞，以上海为大本营，开始在钱庄、银行、贸易、航运等行业崭露头角，创造了近代上海乃至全国商界的50多项第一：

1854年，李容、费纶志、盛植堉向英国购买了中国第一艘轮船“宝顺轮”，首开国内进口现代化海上战船的先河；

1862年，“五金大王”叶澄衷在上海开设第一家属于华人的五金号；

1887年，严信厚在宁波开办我国第一家机器轧花厂——通久源轧花厂；

1897年，鲍咸昌与其兄鲍咸恩、妹夫夏瑞芳创办我国近代史上规模最大的大型出版企业——商务印书馆；

1897年，严信厚、叶澄衷、朱葆三创办华人第一家商业银行——中国通商银行；

1912年，方液仙兴办我国第一家日用化工厂；

1915年，虞洽卿创办当时我国最大的商办航运集团——三北航业集团；

1922年，董杏生开创了上海第一条公共汽车线路；

1923年，周祥生在上海创办祥生出租汽车行；

……

现代宁波帮则更善于走南闯北、开拓新领域，创造了许多奇迹，涌现了香

---

① 转引自鲍杰：《论近代宁波帮》，宁波出版社1996年版，第4页。

② ［美］小科布尔著，杨希孟等译：《上海资本家与国民政府(1927—1937)》，中国社会科学院出版社1988年版，第25页。

港中华商会会长王宽诚,“世界船王”包玉刚、董浩云,“影视大王”邵逸夫,香港发展局主席安子介,“娱乐大王”邱德根,“棉纱大王”陈廷华,“毛纺大王”曹光彪,“纺织大王”厉树雄、王统元,“电子大王”邵炎忠,金融巨子李达三;全美华侨总会董事长应行久、旧金山华商总会会长张济民;旅台宁波人应昌期、叶启发;日本侨团孙忠利、傅在源等一大批代表人物。英国人斯蒂芬妮·莎洛克女士在其撰写的《转变中的地方——香港船东的非凡故事》一书中用热情的语言描述了香港的航运业在数十年里的巨大发展,“如果一个时光倒流人士,驾驶二十世纪帆船进入现代港口,会惊叹上一世纪以来的种种改变”。她说这种伟大的变化,简直是无法相信的,“正如他不会相信人类可以登陆月球一样”,而“这些改变,正是一批上海企业家拼搏一生的成果”。“他们在地图上的一个小微点开展事业,把它由一个贸易地方改造成国际金融中心和世界航运中心之一。”为了进一步明确“他们”所指,莎洛克女士列出了一份 17 个人的“上海企业家”名单,而这 17 人中,有 10 位是宁波人。①

据不完全统计,目前海外宁波籍人士共有 73000 多人,加上他们的后裔达 30 多万人,分布在世界 64 个国家和地区,他们拥有遍布世界的商业管理销售网和大批掌握现代化科技、生产工艺和管理知识的专业人才。就如伟大的革命先行者孙中山先生 1916 年视察宁波时说:“查甬地开埠在广东之后,而风气之开更不在粤省之下。且凡吾国各埠,莫不有甬人事业,即欧洲各国,亦多甬商足迹,其能力之大,固可首屈一指也。……宁波人之实业,非不发达,然其发达者,多在外埠。鄙见以发达实业,在内地应更为重要。试观外人,其商业区发展于外者,无不先谋发展于母地。盖根本坚固而后枝叶自茂也。宁波人对于工商业之经验,本非薄弱,而甬江有此良港,运输便利,不独可运销于国内沿海各埠,且可直接运输于外洋,若能悉心研究,力加扩充,则母地实业,既日臻发达,因之而甬人之营业于外者,自无不随母地而益行发展矣。”②

---

① 转引自王耀成:《从故乡到异乡——走向世界的宁波帮》,《宁波日报》2009 年 10 月 24 日第 7 版。

② 郭绪印:《老上海的同乡团体》,文汇出版社 2002 年版,第 477 页。

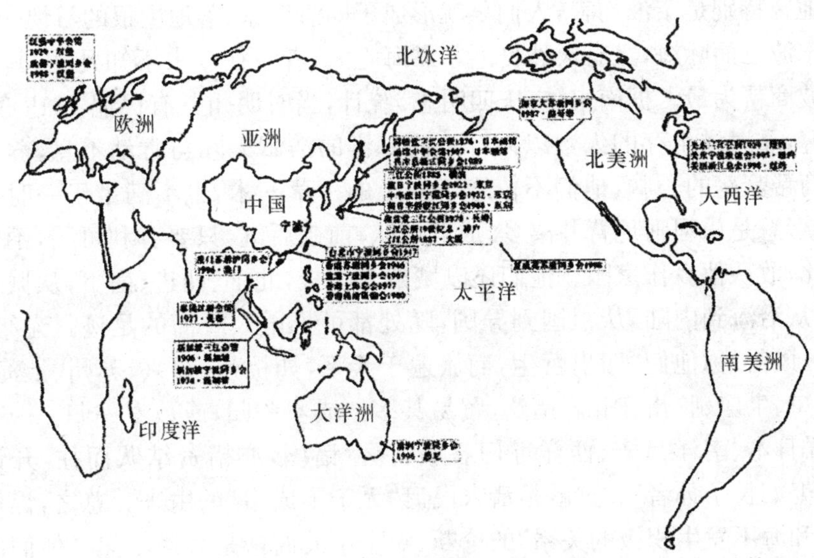

本图所列宁波同乡组织包含宁波人参与其中的其他同乡社团

图 7-3　海外及港澳台主要宁波同乡组织分布图

二、宁波商帮的海洋文化情结

80 多年前，宁波旅沪同乡会有一首会歌，歌词如下：

通商互市甬江东，航海达吴淞。
货殖竞豪雄，最难神圣合劳工。
四明二百八十峰，潮汐蛟门涌。
地灵人杰众桑梓，恭敬乡情重。
云水逢迎交谊通，霸图继文种。
大隐仰黄公，我思光正有高风。

这首铿锵有力的宁波旅沪同乡会会歌，许多老一辈旅沪宁波人耳熟能详。它唱出了外出创业宁波人的豪迈与自信，也唱出了旅沪同乡会的桑梓情怀，更体现了宁波商帮的海洋文化情结。

（一）四海为家、落地生根

黑格尔在《历史哲学》中声称，对于东方人来说，“海只是陆地的中断，陆地的无限；他们和海不发生积极的关系”。中国一些著名的社会学家也有类似的看法，如费孝通关于“从基层上看去，中国社会是乡土性”的论断影响深远。他认为中国的农业文明孕育了中国人浓厚的乡土观念，安土重迁，不轻易离乡，更不敢漂洋过海。但事实上，中国幅员辽阔，区域个性相当复杂。就沿海地区特别是宁波而言，人们早就形成了四海为家、落地生根的习惯。

宁波三面际海，又有天然良港，“靠海吃海”者古往今来不知凡几，其中尤以宁波商帮为最。据南宋《宝庆四明志》统计，当时明州共有民船7619条，由此推算，靠海洋生存的人数以万计。而海洋的浩渺无际与常动不息，养成了宁波商帮豪荡的心胸，他们不依恋于乡土的一草一木，也不满足于一时一地的成就，总是乐呵呵地背井离乡，成群结队，前赴后继，只要有利可图，不管天南地北，敢认他乡作家园。他们还以城市为跳板，北上、西进、南下，从城市到城市，从沿海到内陆，从祖国到异国，随处都可见甬人经商的足迹。光绪《鄞县志·风俗》称他们“四出营生，商旅遍于天下，如杭州、绍兴、苏州、上海、吴城、汉口、牛庄、胶州、闽、广诸路，贸易甚多。或岁一归，或数岁一归。……甚至东洋日本、南洋吕宋、西洋苏门答腊、锡兰诸国，亦措资结队而往，开设廛肆，有娶妇长子孙者”。这就是清末民谚“无宁不成市”的由来。总之，黑格尔所谓“和海不发生积极的关系”的论断，对于宁波商帮是大谬不然。他们四海为家，追逐利润，只要能有一片落脚的土地，便可以落地生根，并很快焕发出旺盛的生机。生活在海外的“宁波帮”，甚至引起了中国改革开放总设计师的注意，邓小平于1984年明确指示：“把全世界的宁波帮都动员起来建设宁波。”不言而喻，正是与海洋的积极关系，促使“宁波帮”养成了四海为家的文化品格，从乡土社会走向城市，走向异国。安土重迁的传统观念在宁波没有市场，连家庭妇女也热情地支持丈夫“出门做生意”。

（二）勇立潮头、敢于弄潮

西方人一直以为，进取、冒险的海洋文化是他们的专利或西方文明的标志，中国人不具备这样的精神气质。其实，同在汪洋中的一条船上，国别或人种绝不是什么决定因素。

长期在惊涛骇浪中搏击奋斗的“宁波帮”，早已铸就了“恬风波而轻生死”的精神气质。所以，当他们置身于同样险恶的商海，同样敢于站在涛头，积极弄潮、争创第一的观念格外强烈。《鄞县通志》说“甬人具有冒险性，都习海善航，以是与西人触较早”，受西方资本主义经营思想影响亦深，所以“甬人以商著称，国中凡新旧企业，几莫不占相当之地位”。

当五口通商，西潮东卷，资本主义新型商品经济汹涌而入时，出身内陆、以传统文化为本的徽商和晋商，都因无法适应而衰败没落。“宁波帮”则紧紧抓住国门洞开的历史机遇，顺应潮流，立于涛头，以积极奋进的姿态应对挑战。他们不怕冒险，创新求变，或用渗透法，或用转轨法，或不惜新立门户，终于成功地超越传统，完成了自身的现代转型。譬如在金融界，宁波钱庄原先略逊于山西票号，晋商抱残守缺，拒不改革；甬商却主动去吃第一只螃蟹，参与中国第一家银行中国通商银行的组建并掌控实权。发展到1935年，国内共有147家民族银行，其中47家由中央和地方当局开设，余下的100家商业银行中，由宁波人独资经营的11家，为主经营的13家，参与经营的28家，占据了半壁江山。反观山西票号，却早已灰飞烟灭。

"宁波帮"不仅锐意改革，超越传统，而且敢为人先，勇于开拓，以浓郁的兴趣和超人的胆略，涉足西潮东卷所带来的新兴行业，取得了非凡的成就。如保险、证券、信托投资等现代金融业，均为"宁波帮"捷足先登。其他的新兴行业如钟表眼镜行，印刷出版业，电影娱乐业，电灯、电话、煤气、自来水等公用事业，也是他们率先投资，创下了许多第一；"宁波帮"在经营活动中常领风气之先，其冒险、进取的海洋文化品格并不输于西方人。

(三)风雨同舟、和衷共济

风雨同舟、和衷共济，是海洋文化的经典特征之一。凡是在海上讨生活的人，都知道团结互助的凝聚力是战胜困难的法宝。旅居在外经商奋斗的宁波帮也深明其理。上海四明公所在1874年、1898年的两次血案，是他们最早、最有影响的出色表现，也是上海乃至中国城市人民反抗外国殖民主义者的第一次"民气压倒洋气"的胜利。稍后，虞洽卿眼看沪甬之间的海上交通长期被外国船公司垄断把持，不断提高票价，大肆盘剥，而且颐指气使，虐待乘客。于是他挺身而出，发起创办宁绍轮船公司，投入"宁绍"、"甬兴"两轮与之竞争。外商自恃财厚势雄，竟将票价由1元跌至0.2元，企图挤垮宁绍公司。这时，宁波旅沪同乡会毅然伸出援手，组织宁绍航业维持会，捐集现洋10多万元给予贴补；而沪甬两地的宁波人，情愿多花钱也要乘坐宁绍轮。

宁绍公司成了"以华商名义，使用大型轮船，面对外国侵略者强大竞争压力，在一条航线上坚持下来、取得胜利的第一家民族轮船企业"①。在沧海横流的时代，正是风雨同舟的海洋文化支持"宁波帮"度过了一次次危难，在激烈的商业竞争中得以立足和发展，其团结互助的力量尽人皆知。所以，《鄞县通志》称，甬人"团结自治之力，素著闻于寰宇"。

大海航行，需要大家风雨同舟、和衷共济；更需要舵手审时度势，随机应变。梯山航海的冒险生涯，培育了"宁波帮""性机警，有胆识"的特征，表现在经营之道上，就是眼观六路，耳听八方，善于调查研究市场状况，在掌握和分析了大量材料和信息的基础上，以敏锐的眼光和超人的胆识，抓住机遇，果断

---

① 樊百川：《中国轮船航运业的兴起》，中国社会科学出版社2007年版，第414页。

地作出常人难以想象的决策,不仅使自己立于不败之地,而且会财力陡增,事业腾飞。1980 年,包玉刚跃居世界上拥有船只吨位最多的船王。但是,正当这如日中天之时,他以其独到的警觉发现了兴旺背后的“泡沫”,预见到世界航运业即将衰退的趋势,于是当机立断,决定弃舟登陆。他以低价卖掉了手中的大部分船只,甚至不惜拆卸超级油轮作为废铁出售。而第一个猎物竟是没人敢碰的英资怡和系的九龙仓。包玉刚奇迹般地在三天之内调集了 21 亿元现款,使他手中的九龙仓股权增加到 49%,成功地控制了香港最大的码头和仓库,开始建立其庞大的陆上王国,从而避免了 20 世纪 80 年代世界航运业大衰退的沉重打击。正是这种“弄潮儿向涛头立”的雄胆伟魄,托起了“宁波帮”的历史丰碑。

(四)诚信为本、守信如潮

汪洋大海,尽管变幻莫测,凶险异常,然而潮起潮落,恒久不变,准时涨潮,准时退潮,永远为依赖、征服海洋的人们提供准确无误的信息和便利,于是有了“守信如潮”的海洋文化。这对“宁波帮”的影响也至为深远,使他们意识到诚信是利益追求中所必须遵循的道德原则。没有诚信,正常交易就无法进行,市场经济就难以维系,商业变成了欺诈的代名词,诚信应当贯穿于经济生活的整个过程和各个方面。因此,诚信是“宁波帮”最为看重的品格,恪守“诚信为本”的原则,讲求诚信待人与诚信立业并举。

清末民初,中国有一种不同于官府邮驿机构的民间邮驿机构——民信局,又称信局或民局,业务遍及海内外。当时社会上有“票号是山西人特有,民信局为宁波人独占”的说法。而“宁波帮”所以能取得这样的成就,全凭“守信如潮”。诚如潘子豪在《中国钱庄概要》中所言,民信局“为宁波之专业,资本甚大,信用亦佳,凡一经民信局保险之信札,内中银钱汇票,倘有遗失等情,一概由该局赔偿”。又据《宁波金融志》记载:“长期以来,宁波钱庄业握经济之枢纽,居社会最重要之地位,各业需款多有钱庄融通,其对象主要介乎商人与商人、地区与地区之间的批发商,平时以信用方式,……有‘信用码头’、‘多单码头’之称。”也就是说,正是凭借良好的信用,宁波的钱庄业才能做大做强,才能称雄于金融界。再如宁波帮支柱之一的西服业,红帮裁缝也始终以诚信作为立身之本,越是重质量,就越是重承诺,他们宁可拒绝十次,绝不食言一次,宁可赔本道歉,也绝不让一件次劣商品出门,他们就是靠一诺千金赢得了大批订户和订单。即使在生活、行为方式越来越远离传统的当代国际社会中,众多的“宁波帮”仍然认为人无信不立,应当守信如潮,这在商业道德上关系很大。①

（五）叶落归根、造福桑梓

“宁波帮”从小受海洋文化熏陶，有着落地生根的移民精神，这与大陆文化提倡落叶归根有所不同。但是绝大多数的“宁波帮”又具有相当浓郁的乡土恋情，这也是恋乡爱家的渔民互恋情结。由于渔民的生活环境和生产环境相分离，渔民周期性在海上捕鱼，与亲人、家乡节律性分离，间歇性的隔离所带来的期盼，加深了对家乡亲人的思念和情意。久而久之，渔民与家人自然产生了强烈的互恋情结。正是由于这种心态作用，“宁波帮”在海外成功以后，特别关注家乡，捐助巨资在故乡办医院、建学校等公益事业已经蔚然成风，造福桑梓、惠及故里成了“宁波帮”的光荣传统。赵中安先生说：“为什么海外宁波人捐赠多，而投资少呢？因为从家乡出来的宁波人都是年纪很大的老人了。你外头做生意成功了，总希望在家乡也能成功，但那是为了帮助家乡，而不是为了赚家乡的钱。赚了一辈子外国人的钱，最后回来赚家乡的钱，那算什么本事啊！”据宁波侨办的资料，1984 年到 2007 年间，宁波有三资企业 5000 余家，实际使用外资 200 多亿美元，70％是海外“宁波帮”直接投资或由他们牵线搭桥而引进的。这期间，“宁波帮”5 万多人次回乡，向宁波捐资 12 亿人民币，在全国捐资 60 亿元人民币。② 捐资人数之多，持续时间之长，所捐数额之巨，“宁波帮”是独一无二的。

三、宁波商帮文化遗存

（一）叶澄衷与叶氏义庄、叶氏墓园

叶澄衷是宁波帮的先驱者。

叶澄衷（1840—1899），字成忠，镇海区庄市街道叶家人。出身于农民家庭，幼年丧父，读私塾半年，因贫辍学，于 11 岁在乡里油坊学业，一年仅薪一束，又遭主妇窘辱，辞归。14 岁独自到上海法租界一家杂货店当学徒。

时值“五口通商”，外轮云集申江，给叶澄衷带来有利机遇。17 岁那年，他租小舢板一只，在黄浦江上兜售小商品和杂食。由于在江上常遇外轮海员，因通话困难，妨碍做生意，他就自学英语、日语，生意逐步有了起色。一日在船上捡到皮包一只，内藏许多重要文件和财物，他便长等失主来领。不久，英

① 戴光中：《宁波帮与海洋文化》，《宁波大学学报》（人文科学版）2007 年第 5 期，第 31—34 页。

② 葛洪升：《永远不忘“宁波帮”的功勋》，《东南商报》2009 年 10 月 23 日第 A16 版。

商洋行经理劳伯生果然来找失物,叶全数奉还,并拒收酬金。失主感恩,邀请他到火油库房工作。澄衷因积极负责,虚心好学,深受英人器重。

清同治元年(1862),英商发现小伙计聪明伶俐,又会讲得一口熟练英语,便资助他在上海开设"顺记乌金洋货杂货店",经销洋货五金零件、罐头食品、生铁、煤炭、火油等物,从此,叶氏兴旺起来。

积蓄资金以后,就独自开设火油、五金等商店,不久成了大董。以后发展到全国沿海省市、天津、汉口各埠开设分店,计有新顺记、老顺记、南顺记、北顺记、义昌成、可炽煤铁号、树德地皮公司、鸿安轮船公司、保险公司、美孚石油公司等 38 家分号和联号,成为全国的"五金大王"。

1890 年到 1897 年,叶澄衷利用各号积蓄的资金,新开设燮昌火柴厂、纶华缫丝厂、余大、瑞大、志大、承大军钱庄五六十家,分布全国各地,执金融界牛耳。

当时清廷已经实施"商贸施置" 法案,叶澄衷利用这一新机遇,与左宗棠合伙,在福建出资开设船政局,制造中国轮船、兵舰,发展洋务运动。又与其他高官合办、自办湖北铁路局、天津海政局、东南沿海机械局等。此时,叶氏已拥有资产达 3000 余万银两(仅是不完全统计),被誉为江南甲富,誉满全国。

叶澄衷艰苦创业,事业有成,热心于公益事业。他不忘没有文化之苦,积极办学,关心家乡子弟就业,据不完全统计,其把家乡的亲属、朋友带到外地谋生的有 100 余人,后来多成为经理和致富的大商人。公益事业在沪设怀德堂、广益堂、崇义堂。创办叶氏澄衷蒙学堂,捐田 20 余万亩,银 10 万余两,聘西师执教,培养许多名人学子。80 余年来,校友 4 万余,遍布海内外。为国家培养了许许多多的英才,为我国教育事业作出了巨大贡献。

他还在家乡投资创办叶氏义庄(小学)、忠孝堂、牛痘局、救火会、蓬莱公墓、中兴学校、重建崇正书院等。

光绪末年,奉天(沈阳)、山西、河南、河北、山东、江苏、浙江等地遭受特大水旱饥荒,叶氏捐巨资救灾多地。清光绪帝恩赐"乐善好施"、"勇于为善"金匾两方,并诰授荣禄大夫二品顶戴候选道。

叶澄衷由于长期的积劳成疾,1899 年逝世于上海。镇海区委区政府为纪念这位爱国爱乡的宁波帮杰出领衔人物,把叶氏义庄、叶氏墓园的修葺列入镇海区八大文化工程项目之一。

2007 年叶氏义庄已经修复,内陈列叶澄衷生平事迹,于年底前正式对外开放。

叶澄衷墓园，位于镇海区庄市街道“贝陆朱樊”村的樊家田野畔上，地称“金钩钓月”。墓园共由两大部分组成，分别为“墓园”和“庄屋”，占地面积约7.5亩。墓园形制以清代传统风格结合西式风尚为模式，设计新颖、构筑精湛、布局完善、气势宏伟，富有地方风情和浓厚的历史文化，是浙东地区代表性的墓园建筑。

墓园坐东朝西，形制为“纱筛圈”式，俗称“太师椅”。共设三个台级，每一台级都设有坐栏、花鼓石、石狮，外加围墙高耸，气势非凡。围墙全部用梅园石雕凿，漏孔立柱，立柱间置有大块石板，规格极高。上方为立体双台葫芦小柱，密密麻麻，通体排列，非常雅致，这种西洋建筑风格完美地体现了豪华和财富。大门用铁栅栏组成，两旁镶嵌高1.4米、宽0.9米青石双面镂空花纹窗两扇，左右大石狮一对，前后望柱两队。墓园西北至东有环形小河环绕，河岸砌石形如“金钩”，故谓“金钩钓月”之地。

坟墓采用清式三级屏幕，左右翼子两扇，上檐通体浮雕，昂立石狮两对，配置各式吉祥图案。总长6.8米，高2.7米，全部用梅园石雕成。正碑全长4米，上刻“皇清诰授荣禄大夫候选道澄衷叶公墓”，通州长骞书。碑上横卧汉白玉石墓志铭一方，约100×60厘米，由当时在上海澄衷学堂任校长的蔡元培撰书。石椁用横三底，置统领盖四格长条大块石砌筑而成，环筑孤形砌石镶包，俗称“纱筛圈”。墓后又用孤形通体砌石，俗称“太师椅”式。四周植有大桧柏18株，墓前左右两旁置有烧纸箔钱龛炉两座，设“祀神所”碑一方。

庄屋两幢，占地面积400多平方，四周围墙，辟西、北两门，砖木结构，清式建筑，与墓园仅一地之隔。主要功能是管理墓园，放置祭祀用具，祭祖祀神、住宿、安请之用。

（二）包玉刚与包氏故居

包玉刚（1918—1991），名起然，浙江宁波人。世界上拥有10亿美元以上资产的12位华人富豪之一，世人公推的华人世界船王。1978年，包玉刚的海上王国达到了顶峰，稳坐世界十大船王的第一把交椅，香港十大财团之一，创立了“环球航运集团”，第一个进入英资汇丰银行的华人董事。1976年，他被英国女王封为爵士。他热情支持祖国建设，除捐献巨资为家乡兴建兆龙学校、中兴中学、宁波大学外，还建造北京兆龙饭店、上海交通大学包兆龙图书馆，设立包兆龙、包玉刚留学生奖学金等。

1918年，包玉刚出生在宁波一个小商人家庭，父亲包兆龙是一个商人，常年在汉口经商。13岁那年，父亲送他到上海求学。到上海不久他就一头扎进吴淞船舶学校学起了船舶。抗战爆发后，他辗转到了重庆。在这里，他没有按照父亲的意愿继续进大学深造，而是自作主张跑到一家银行当了一名小职员。

1938年，包玉刚来到上海，在中央信托局保险部工作，凭着自己的努力和在银行里积累的经验，在短短7年的时间里，他就从普通职员升到了衡阳银行经理、重庆分行经理，直到最后的上海市银行副总经理，前途可谓一帆风顺。但在这时，他却辞职了，因为在这个方面没有兴趣，亲友对此都迷惑不解。

1949年初，包玉刚与父亲一起携着数十万元的积蓄，到香港另闯天下。开始的时候做些小生意，积累了点钱，但接下来干什么呢？包玉刚想起了童年对海的向往，于是提出了海运的主意。母亲劝他，“行船跑马三分险”，搞海运等于把全部资产都当成赌注，稍有不慎，就会破产；父亲认为，香港的航运业已经十分发达，竞争相当激烈，而包玉刚对航运完全是门外汉。但包玉刚主意已定，矢志在海洋运输业谋求发展。他一面继续做好父亲和其他家庭成员的说服工作，一面四处了解有关船舶和航运的情况，认真研读有关航运和船舶方面的书籍。

在朋友的协助下，筹集了70多万美元，包玉刚专程到英国买回了一艘以烧煤为动力的旧货船“金安号”，这艘船已经使用了28年，排水量也只有8200吨。1955年，包玉刚成立了“环球航运集团有限公司”，并与日本一家船舶公司谈妥，将“金安号”转租给这家公司，从印度运煤到日本，采取长期出租的方式。与此同时，包玉刚也在思考另一个问题，在银行工作的经验让他明白资金对一个企业的重要性，要使自己的航运事业迅速发展，光靠自己是不行的，必须得到银行的支持。于是，包玉刚到处奔走，积极寻找门径。经过多方努力，他得到了香港汇丰银行的100万美元买一艘7200吨船的机会。在后来的无数次借贷合作中，他以诚信为本，取得了银行的信任和支持，使自己的事业发展有了一个雄厚的资金来源。

包玉刚在海洋上成就了自己的事业，但他并不满足，20世纪70年代，他决定逐步把重心转移到陆地上来，将赚得的部分财产投资于越来越红火的房地产业，兼营酒店和交通运输。为了在陆上也能取得海上那样辉煌的成就，他和香港首富李嘉诚一起，和英国资本集团展开了一场惊心动魄的斗争，这就是著名的“九龙仓”之战。这次战役轰动了整个香江，大涨了华人志气，打击了英资财团的嚣张气焰，包玉刚在谈笑之间，调集20个亿的事情，也成为一个传奇。

由于在国际船运中的地位，他受到各国首脑和大企业家的关注和赞赏。

英国女王伊丽莎白封他为爵士，比利时国王、巴拿马总统、巴西总统、日本天皇都曾授予他高级勋章。这是世界上任何大企业家都未曾获得过的殊荣。英国前首相希思曾特地邀请他到别墅赴宴，详细询问他的经营方法。1981年，美国总统里根举行就职典礼时，特邀包玉刚作为贵宾参加。他的电话可直通白宫，随时可与美国总统对话。

1991年9月23日，包玉刚因病在家中逝世，享年73岁。包玉刚的逝世，引起了世界的巨大轰动，也标志着一个时代的结束。

包氏故居位于庄市街道钟包村的东七房自然村，建于清末民初，系传统民居格局，占地面积约800平方米，建筑面积940平方米。居宅坐西北朝东南，中轴线上主体建筑为木架结构楼房五间两弄，前庭有左右厢房平屋各两间，石板铺砌大明堂；后庭两厢明轩平屋各一间，置有后院小天井。大宅四周高围墙，两端为硬山顶山墙，在东北侧启开大门一道，四周石板道路，整体建筑极为端庄雄伟。正屋楼房6博7柱，外加廊檐，进深13米，通面宽25.4米；其中中堂间面宽4.63米，悬挂"履安堂"匾额。整体构筑用材优质、工艺较为精湛。立柱均用建杉大圆木，石雕鼓形柱础。廊檐的撑料、月梁等雕刻呈如意云纹宝相。明次间的格扇槛窗，为四扇移窗式，内层玻璃窗，外道棂格花心窗。在槛窗上方装有横披气窗，棂格条拼联大篆寿字图案；移窗下方外侧安装栏窗。栏窗为车木竹节圆轴栅栏，中嵌木雕和合人物；整体窗门格心为团寿之类纹样，涂漆红色，极为富丽。左边厢房做门厅，靠在东边置有罩式大门。大门装饰用青砖叠砌，高三台式，门脊挑战，嵌镶雕刻图案。门框和上下门槛，均用梅园石雕砌，雀替雕有寓意吉祥图案和人物花鸟。包氏故居现为镇海区文物保护单位。

（三）宁波帮与宁波大学

崛起于甬江之畔的宁波大学，经过短短20多年的超常规发展，走过了国内一般高校需要几十年才走完的历程，让人惊叹，引人瞩目。宁波大学有现在的成绩，与各方的鼎力支持是分不开的，尤其是"宁波帮"对宁波大学给予了特别的关爱与扶持。

20世纪80年代以来，旅外宁波帮人士为祖国的繁荣昌盛而欢欣鼓舞，纷纷以实际行动参与国家和家乡的现代化建设。宁波大学就是宁波帮人士支持家乡建设与发展的一座历史丰碑。

1984年8月8日，邓小平在北戴河听取国务委员谷牧关于沿海开放城市情况的汇报时说："要把全世界的'宁波帮'都动员起来建设宁波！"

1984年10月，包玉刚先生踏上了阔别40年的故土——宁波，面对父老乡亲,包先生一直在思考自己能为家乡做点什么?12 月 20 日,在北京人民大会堂,邓小平亲切会见包玉刚。包玉刚先生说:“宁波有一万多平方千米,比香港大十倍。香港 550 万人口,有 4 所大学,宁波 500 万人中,没有一所大学。所以我打算在宁波办一所大学,希望得到邓主任的支持。”“我赞成。”邓小平非常高兴,称赞包玉刚“爱国爱乡,有见识,这件事办得好!”并欣然答应给宁波大学题写校名。随后,邓小平又交代中央有关领导同志要督促有关方面把这件事办好。原国家教委迅速协调,由北京大学、复旦大学、中国科技大学、浙江大学和原杭州大学五所高校对口援建相关学系。

1985 年 10 月 29 日,由包玉刚捐资 2000 万美元,占地 1283 亩的宁波大学奠基典礼隆重举行,国务院代总理万里专程来宁波参加这一盛典。在典礼上,包玉刚充满激情地致词:“六十七年前,我在这里出生。今天,我与家人一起回到家乡,参加宁波大学奠基典礼,非常高兴!这是件终生难忘的喜事!我住在香港,但生在宁波,是宁波人之一。我要为开发建设宁波尽力多作贡献。”他还表示:“我对宁波大学办成高水平的综合性大学充满了信心。”

1986 年 9 月,宁波大学如期开学,至此宁波大学终于诞生了,宁波教育史翻开了新的一页,宁波没有综合性大学的历史就此结束。几乎与此同时,邵逸夫先生对当时的宁波师范学院给予了大量支持与帮助,助建了逸夫教学楼、图书馆和职教楼。

此后,包玉刚先生先后 5 次走进宁大校园看望师生。1989 年,他又出资助建体育中心和图书馆,并积极筹建宁波大学董事会。包玉刚先生殷切希望所有海内外的宁波帮和各界人士都能大力支持这所新学府,使宁波大学跻身于全国和国际名校之列。

包玉刚先生过世后,包氏家族仍一如既往地关心支持宁波大学的建设和发展。女儿包陪庆等四姊妹和胞兄包玉书先后捐资助建 5 号、4 号教学楼,包陪庆女士又在其母校加拿大麦吉尔大学设立奖学金,专门用于宁大青年教师的培养。

香港荣华纺织有限公司董事长赵安中先生出于对老同学包玉刚在家乡未尽事业道义上的责任,更出于对家乡的关爱,毅然捐资助建了宁波大学会堂、体育场司令台、杏琴园公园,并扩建了幼儿园和小学,后又设立了杏琴园教育基金,实施了荣华学者奖励计划,捐建宁波大学行政会展中心大楼等。同时,他还在其中穿针引线,请诸多宁波帮人士帮助宁波大学建设,终于实现了包玉刚先生生前期望的“希望爱国爱乡而有能力的朋友鼎力协助宁波大学发展”的愿望。

1995年之后，黄庆苗、曹光彪、魏绍相、顾国华、朱绣山、应圣瑞、汤于翰、乌蔚庭、范思舜、李景芬、李达三、孙弘斐、周忠继、包玉书、叶杰全、周鸣山、姚祥兴、王雄夫、毛葆庆等旅外宁波帮人士和王宽诚教育基金会相继捐资帮助宁波大学建设教学、科研、生活和活动用房；设立基金支持教师培养，资助学生求学，奖励优秀的教师和学生；并对如何办好宁波大学提出了许多至理名言，给予了许多精神上的鼓励。

尤为可贵的事，热心捐建宁大的老一辈“宁波帮”特意把第二、三代推出来，希望一代代的“宁波帮”都能关心宁大、支持宁大。台湾著名实业家朱绣山、朱英龙父子先后给宁大捐建了锦绣学生活动中心、绣山工程楼、工学院开放实验室和信息科学与工程过程控制实验室，捐设了“绣山清寒奖学金”。赵安中先生的三公子赵亨文动情地回忆道：“1995年，宁波大学要聘请家父为学校名誉顾问，他坚持不受，就把我推了出来。1999年，家父又以我的名义设立了‘宁波大学杏琴园教育专款’，家父用心良苦，他是要我明白自己报效桑梓的责任。”

20年来，有近50位海外“宁波帮”人士先后捐赠逾3亿元人民币（按当年汇率计算）用于宁波大学的各项建设。宁波大学由此获得了高起点办学、高速度发展的有力的物质支撑和强大的精神动力。

（四）宁波帮文化公园

商帮文化公园坐落在宁波高教园区（北区）内，即宁波市中心城东部，镇海新城开发区南部，宁波大学北部，紧靠宁镇公路和世纪大道交通要道，居宁波、镇海、北仑的连接轴上，交通便捷、人丁兴旺。

镇海是海上丝绸之路的起碇港，商帮文化公园又处于宁波帮主要发源地之一的庄市街道中心区，那里是宁波帮著名商人聚居之地。有著名商帮人物、两院院士名居20多幢，公园周围有世界船王包玉刚故居、影视巨擘邵逸夫旧居、五金大王叶澄衷故居、叶澄衷创设的叶氏义庄、叶澄衷墓园，还有粮食大王阮雯衷故居，叶雨庵、叶谋升、包从兴、宋炜臣、余之卿、楼志章、徐大统、庄禹梅、余光生、阮维肇、庄修之、董杏生、张明为、朱之信等人的一大批名宅。而今“宁波帮博物馆”也位于公园旁，高教园区大中专学校如雨后春笋般增加，是一处得天独厚的梦的世界。

商帮文化公园占地面积达300多亩，南部的土地，地势广阔，四周绿茵如画。公园分为入口广场区、世纪主题区、商帮之旅区、商帮文博区和商帮文化交流中心等若干功能区。目前商帮文化公园第一期工程已经完成，全面实施对外开放。

它是一处开放式的公园，主入口区置有巨大的人造加工巨石，上刻由原宁波市委书记巴音朝鲁题写的“宁波帮文化公园”，字体雄伟俊秀。左右竖有孙中山、邓小平语录碑，分别为：“宁波人对于工商之经营，经验丰富。凡吾国名埠，莫不有甬人事业，即欧洲各国亦多甬人足迹，其能力影响之大，固可首屈一指者也”，“把全世界宁波帮动员起来建设宁波”，伟人语录把宁波帮的卓越贡献载入了史册。

中心地段设有大型浮雕——“宁波商帮百年辉煌”。浮雕设在下沉式环形地坑之中，周长100米，高3米，内容由“发源”、“发迹”、“腾飞”、“回报”四个部分组成。浮雕人物众多，栩栩如生，商号林立，充分体现宁波帮百年历程。他们前赴后继、奋发图强，真实全面地反映了宁波帮的发展史，设计新颖、气势宏伟。

小型雕塑共有7组，它们镶嵌在各个园落的花草丛中，一个雕塑一个内容，分别为“航运业”、“金融业”、“五金业”、“食品业”、“纺织业”、“服装业”、“钟表业”。在第二期“宁波帮文化公园”工程中将还会增加许多小雕塑，其内容以宁波帮在近代中国经济社会发展中有重大影响的行业和著名的商标为基本题材，它高度概括了宁波帮百年的辉煌成就，形象巧妙的艺术手段、高超的设计各具特色，真正使参观者在感受内涵的同时，有一种美的教育和启迪。这种用小雕塑配套的景点，尤为商帮公园起到画龙点睛的功能。

（五）宁波帮的精神家园——宁波帮博物馆

宁波帮博物馆选址宁波市高教园区北区，毗邻宁波大学，占地70亩，建筑面积约18000平方米，主要由博物馆和会馆两部分构成。宁波帮博物馆主建筑群为“甬”字形结构，玻璃廊道结合水街长庭的“时光甬道”，从北向南贯穿整个建筑群，各展厅间隔着玻璃竹园与“甬道”相接，构成江南传统庭院建筑风格，营造出舒畅、开放、通透的公共活动空间。

宁波帮博物馆展区分别为宁波帮历史综合展区及宁波帮成就专题展区两个部分，包含序厅、筚路蓝缕、建功立业、赤子情怀、群星璀璨、薪火永传6个章节。在一楼的序厅中，宁波帮的历史在这里重现，唐宋、明清、民国以及当代的历史资料在这里展示在大家眼前，孙中山、毛泽东、邓小平、江泽民、胡锦涛等领导人与宁波帮的不解之缘历历在目。转过序厅，筚路蓝缕展厅对宁波帮形成之后几个发展时期，比如宁波帮如何从众多商帮中脱颖而出，如何在20世纪四五十年代以后，海外宁波帮与内地宁波籍人士融合为新型的现当代宁波帮的描述让我们对宁波帮的发展有了深刻的了解。二楼的“宁波帮成就专题”展区分别展示了宁波帮在四个传统行业中取得的伟大成就。航运业一直是宁波人主要的也是最擅长的经营行业之一，以沙船起家，到"宝顺轮"护航，在香港缔造"航运帝国"，宁波帮的航运史就是一部不断创新、不断超越自我的历史。在金融业界，宁波帮创造的"过账制度"揭开了中国近代金融史的扉页。宁波的钱业与京、津、沪、汉等地宁波帮的钱庄声气相通，形成一个巨大的金融业务网，强有力的货币流动市场，有力地支持了宁波帮群体在外埠的发展。清末，又率先把近代银行、保险、信托、证券等新型金融模式引入中国，掀开了中国现代金融史的扉页。在商贸上，宁波帮的足迹遍及全国、南洋、欧美各地，在国内的商业舞台上，宁波帮在鱼盐粮糖业、南北货业、银楼业、中西药业、洋布西服业诸多领域，创办了一大批延续至今的百年老店。

作为一座城市人文博物馆，她将以年代为脉络、以史实为线索、以人物为亮点、以丰富的陈列手段为载体，系统展示明末至今宁波帮形成、发展、鼎盛、辉煌的史诗，以此来弘扬宁波帮爱国爱乡的财智文化、桑梓情怀，藉以营造全世界宁波帮的"情感地标、精神家园"。

第三节　浙东"海上丝绸之路"

一、"海上丝绸之路"的形成与发展

19世纪，德国地理学家李希霍芬将横贯东西的陆上交通路线命名为"丝绸之路"，20世纪初，法国学者沙畹提出了"丝路有陆、海两道"，此后法国学者让·菲利奥扎首次使用了"海上丝绸之路"这一名称。以丝绸命名的中国通往西方各国的贸易和交往通道，是广义上最早的中西交往通道，古代中西文化的交流与互动由此展开。

根据考古发现，早在8000年前，浙江杭州萧山跨湖桥新石器时代遗址诞生了"中华第一舟"；4700年前浙江吴兴钱山漾新石器时代遗址已经有了丝织品。如此看来，浙东沿海居民很早就掌握了开启海上丝绸之路大门的钥匙。浩瀚的海洋是大陆的延伸，海上丝绸之路也是陆上丝绸之路的延伸。在与汉武帝派遣张骞出使西域，打通中国与中亚各国的交往通道同时，海上通道也开始出现了。公元前138年，汉武帝派遣张骞出使西域，开辟了陆上丝绸之路，中国的丝织品源源不断地运往中亚、西亚及更遥远的西方。同时，汉武帝派遣黄门译长带领招募的人员携带丝织品和黄金等出海，换回明珠和其他珍宝异物。据学者考证，汉代使臣的航线，大致是经今天越南、柬埔寨、泰国、缅

甸，到达孟加拉湾，再由印度东海岸，经斯里兰卡回航。由此可见，早在西汉时期，从中国广东向外开拓的海上丝绸之路，已经沿着海岸远航至印度洋的孟加拉湾。

自宋代开始，中国经济重心南移，江南和四川成为丝绸主要产区，海外贸易进一步繁荣。据史籍记载，印度、罗马、东南亚、东非等50多个国家的海船常常直接到中国南方各地采购丝绸。宋代的造船技术已经相当发达，此时已经发明指南针并用于航海上。当时的贸易方式，一种为“朝贡贸易”，即外国商人以呈献当地物产为主，宋王朝以回赠丝绸等贵重物产作为答谢，回赠的价值往往远远超过贡物的价值。朝贡贸易的地区，远至波斯湾和非洲东岸的一些国家。另一种为“市舶贸易”，即正式的交易，宋朝在广州、泉州、杭州、明州（今宁州）、秀州（今嘉兴）、温州、江阴、密州（今山东诸城）等地设立了市舶司，专门管理对外贸易，政府征收商税，并鼓励中国商人出海贸易，出口物资也是丝绸。

元代陆海并举，中西交通路线空前扩展与畅通，造成了中国与西方世界前所未有的相互了解。当时，从泉州、广州到波斯湾的海路交流极为活跃。元末汪大渊撰写的《岛夷志略》一书，记载华商所到东南亚、南亚、西亚、东非国家和地区，共载有220多个国名和地名。著名的马可·波罗来中国走的是陆路，回国走的是海路。摩洛哥旅行家伊本·巴图塔航海来华，在泉州登岸。他的《游记》赞誉泉州是“世界最大的港口”，并介绍了中国与印度、阿拉伯半岛以及波斯湾地区的海运贸易盛况。

15世纪初郑和下西洋，海上丝绸之路发展到了鼎盛时期。自永乐三年(1405)开始，郑和先后七次率船队远航，这是中国人首次以史无前例的规模走出国门，走向海洋，与外部世界和平交往的壮举。七下西洋持续28年之久，“云帆高张，昼夜星驰”，足迹遍及亚、非30多个国家和地区，标志中国的造船技术和航海能力发展至人类历史的巅峰，同时也将海上丝绸之路推向了鼎盛。郑和率领的庞大船队，满载着深受各国喜爱的绫绢、纱罗、彩帛、锦绮、瓷器、药材等物品，航行于南海直至印度洋。使团每到一地都以中国丝绸和瓷器等馈赠给当地国王或酋长，并以中国丝绸等物品与当地居民进行贸易，推进了对外贸易的空前发展，在中西文化交流史上写下了光辉夺目的一页。

明代后期，西方人航海东来，中国与欧洲直接接触的时代到来，“东学西渐”与“西学东渐”成为一股不可抗拒的历史潮流。海上丝绸之路成为一条连接亚、非、欧、美各洲的海上大动脉。通过不断延伸的海上丝绸之路，中国的丝绸、瓷器源源不断地销往世界各国，改变了欧洲时尚，推动了世界各地的物质文明和精神文明相互传播和影响。

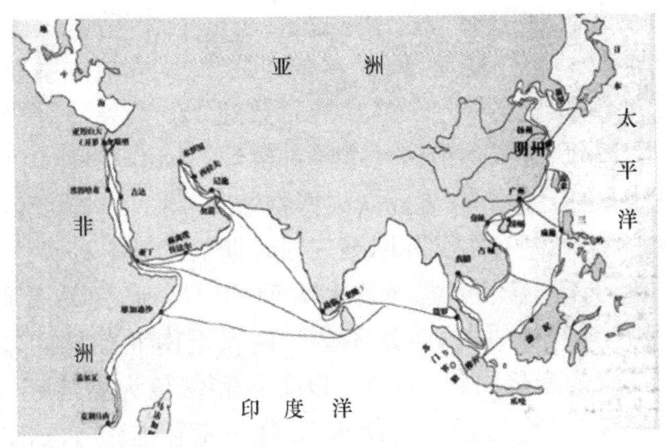

图 7-4　海上丝绸之路示意图

二、浙东"海上丝绸之路"历史遗存及其文化内涵

在人类"海上丝绸之路"的发展史上，浙东以其鲜明的个性特质和不可替代的地位令世人瞩目。浙东的明州港(今宁波)，位于东海起航线和南海起航线之间，是"海上丝绸之路"的始发港之一。两宋时山东半岛的港口为辽、金占据后，明州就成为东海起航线最重要的海港。除了与朝鲜、日本有频繁的贸易往来外，从明州起航的商船还同泉州、广州的商船一起，航行于南海航线，同占城(越南)、真里富(泰国)、暹罗(当时称暹和罗斛，今泰国)、三佛齐(印尼苏门答腊)、啴婆(爪哇)、麻逸(菲律宾)乃至印度和阿拉伯国家都有丝绸的交换贸易。输往这些国家的丝绸名目繁多，有生丝、锦绫、缬绢、丝帛、五色缬绢、皂绫、白绢、杂色帛等。

据统计，浙东宁波现存"海上丝绸之路"文化遗存约 104 处，其中全国重点文物保护单位 7 处，浙江省文物保护单位 10 处，宁波市文物保护单位 2 处。据有关专家介绍，宁波在"海上丝绸之路"中兼容并蓄，使得宁波散落在世界各地的遗址、遗物众多，影响面颇广，且留存于宁波地域内的文物史迹几乎涵盖外交、经贸、宗教等诸多领域。如在日本故都奈良市的正仓院藏有从明州港(今宁波)海路运去的丝绸织物、青瓷等文物；宁波市则有建于东汉的"海上陶瓷之路"发祥地上林湖越窑遗址、建于西晋并在中日关系史中地位显著的天童禅寺和阿育王寺、唐代做航标的天封塔和海运码头遗址、北宋的高丽使馆遗址、清代的天主教堂和庆安会馆等 20 余处遗存和遗址及发掘的大量文物。

(一)上林湖越窑遗址

上林湖越窑遗址是中国唐宋时期越窑青瓷的中心产地,是中国青瓷的重要发源地和重要产区之一,也是“海上丝绸之路”的发祥地。遗址环慈溪上林湖呈桃叶形分布,蜿蜒长达20千米,窑址总数达120余处,时代上至东汉、下及北宋,以晚唐、五代、北宋为最多。这些古窑址,是我国一座内容丰富、形象生动的青瓷画廊,也有人称为“青瓷露天博物馆”。

经考古发掘,上林湖有东汉晚期至三国时期的窑址7处。这一时期烧造的青瓷比较简单,有罐、壶、碗、盘及许多大型日用器皿,瓷品胎质坚硬、造型丰满而笨拙,釉色青绿或青灰,釉层不匀。两晋至南北朝期间,产品种类增多,制作工艺改进,造型趋向秀丽,釉色以青灰和酱色为主,釉层均匀。从唐代开始,上林湖窑址数量剧增,窑炉结构、装烧技术和施釉方法都有很大的改进和提高,其中最重要的是匣钵的普遍使用,青瓷的质量跃居我国五大名窑之首。唐代“茶圣”陆羽在《茶经》中说:“碗,越州上,鼎州次,婺州次,岳州次,寿州、洪州次,或者以邢州处越州上,殊为不然。若邢瓷类银,越瓷类玉,邢不如越一也;若邢瓷类雪,则越瓷类冰,邢不如越二也;邢瓷白而茶色丹,越瓷青而茶色绿,邢不如越三也。”①许多唐代诗人对越窑青瓷作了形象的描绘,如陆龟蒙的《秘色越器》:“九秋风露越窑开,夺得千峰翠色来。”皮日休的《茶瓯》:“邢客与越人,皆能造瓷器。圆似月魂堕,轻如云魂起。”徐寅的《贡余秘色茶盏》:“捩翠融青瑞色新,陶成先得贡吾君。巧剜明月染春水,轻旋薄冰盛绿云。”皆赞颂贡窑青瓷。晚唐时期,上林湖越窑青瓷的釉色艺术达到极致。自唐以来,上林湖作为“贡窑”,专门烧制宫廷用瓷,一直延至宋代。宋金石学兴起,对越窑多有考证,集中于秘色瓷、贡瓷和置官监窑等方面。北宋庆历年间,谢景初作《观上林泊器》,从而对北宋中期瓷业的生产规模、烧造工艺流程及青瓷的价值等作了真实记录。明代注重对越窑器物的研究。20世纪30年代陈万里考察后,出版《越瓷图录》、《瓷器与浙江》、《中国青瓷史略》等,开启了现代考古学意义的越窑考古学研究。1984年在寺龙口遗址发掘的北宋时烧制的三足蟾蜍青瓷水盂,经专家鉴定为国家一级文物,并编入1990年出版的《国宝大观》一书。

以上林湖为中心地的越窑青瓷的发展,使瓷器同丝织品一样成为明州港输出的主要商品。在唐代,开辟了从明州通向海外的“陶瓷之路”,北达高丽(朝鲜),东至日本;南经广州,通向两条路线,一是向东南,通向菲律宾、马来

① (唐)陆羽:《茶经》之《四之器》。

西亚、印度尼西亚诸国，另一是向西南，沿海岸至越南达泰国、缅甸，经孟加拉湾，到印度、巴基斯坦，以至直抵波斯湾和地中海沿岸、伊朗、埃及等。现在印度、伊朗、埃及、日本等国古港口、古城堡遗址，均发现有上林湖所产青瓷遗物。

（二）浙东海事民俗博物馆

浙东海事民俗博物馆是以庆安会馆和安澜会馆为载体，以建筑的使用功能为线索，展示浙东地区妈祖信仰、海事民俗、会馆商贸活动以及其建筑艺术特色的展示场所。

庆安会馆，又名"甬东天后宫"、"北号会馆"，既是祭祀航海保护神天后妈祖的殿堂，又是甬埠北洋船商的行业联络场所。它是浙江省唯一保存完整的一处会馆建筑群体，也是我国七大会馆建筑之一（在七大会馆中，唯宁波的庆安会馆是海上丝绸之路的重要组成部分）。庆安会馆同时也是我国现存著名的八大天后宫之一，是天后宫与会馆合一的典型。庆安会馆南临安澜会馆（南号会馆），形成了宁波独有的南、北两会馆并立的格局。庆安会馆坐东向西，占地面积约5000平方米，采用中国传统的院落和空间围合手法，沿纵轴方向层层推进。现存建筑沿中轴线有宫门、仪门、前戏台、正殿、后戏台、后殿、左右厢房、耳房以及其他附属用房等。宫门是庆安会馆的入口，为三开间、抬梁式、双卷棚、硬山顶、三马头封火山墙。仪门又称二门，为五开间、穿斗式、重檐硬山顶、四马头封火山墙。前戏台为敬神演戏时用，为歇山顶，筒瓦覆面，翼角起翘，台内藻井为穹隆式结构。前戏台左右两侧为前厢房，面阔四间，楼上安装折锦栏杆，并设花窗，楼下敞开式，檐口用方形石柱，磨砖内墙。正殿是祭祀天后的神殿，是庆安会馆的主体建筑，为五开间、重檐硬山顶，明间抬梁式，次间、梢间穿斗式，前设双廊卷棚顶，五马头封火山墙。梁架结构为中间五架抬梁、前后双步梁，下檐饰鸳鸯式卷棚。明、次三间屋顶做成假歇山，四角翼然。次间与稍间之间用磨砖墙分隔。后戏台建筑形制与前戏台基本相同。后戏台左右两侧为后厢房，面阔三间，建筑形制与前厢房相同。后殿原为庆安会馆董事会日常管理用房，重要会议以及每年春秋同业聚会，多在楼上进行，为五开间、重檐硬山顶，明间抬梁式，次间、稍间穿斗式，前后廊卷棚顶，四马头封火山墙。庆安会馆的建筑采用宁波传统的砖雕塑、石雕和朱金木雕工艺进行装饰。现尚存近两百幅雕刻作品，其中砖雕雕刻细腻，以民间传说、山水花鸟和动物为内容，分布在门楼和内部高大的马头墙上；石雕为正殿一对蟠龙檐柱和一对凤凰牡丹檐柱，柱高4米多，用青石镂空雕成，形态逼真；布置在梁、枋等构件上的朱金木雕作品历经百年仍光彩夺人。庆安会馆始建于清道光三十年(1850),咸丰三年(1853)落成,是当时甬埠 9 家北洋船商捐资创建,原有建筑中的接水亭、部分厢房、偏屋及正殿天后神像被毁。历史上每逢农历三月廿三妈祖诞辰和九月初九妈祖升天日,船商、渔民聚集在会馆,演戏敬神、祭祀妈祖,仪式隆重。新中国成立后,庆安会馆先后由江东区校办工厂、江东区青少年宫、木行路小学使用。1977 年,由宁波市文化局接管庆安会馆,并组织对破损严重的庆安会馆进行维修。2001 年年底,维修工程结束。

安澜会馆,又名"南号会馆",是同业航海之人聚会和祭祀妈祖的地方。安澜会馆整体建筑坐东朝西,依次为宫门、前戏台、大殿、后戏台和后殿,建筑面积达 1700 平方米。宫门为五开间重檐硬山顶,弓形兜墙,甬式抬梁式卷棚。前戏台是舶商船工祭祀天后妈祖演戏之处,歇山顶建筑,穹隆顶藻井,台顶采用牌科昂拱收叠,自然拢音。前厢房,原是安澜会馆观戏之地。大殿,为安澜会馆核心建筑,五开间重檐硬山顶,梁架结构宏伟,卷棚梁、雀替、额枋均饰有精致的雕刻图案,明、次三间栋脊檀上描龙、凤图案。殿内供奉妈祖彩塑神像,设十八般兵器、仪仗牌等,是祭祀天后妈祖的主要殿堂。后戏台,是会馆同行庆典演戏之处,建筑形制与前戏台基本相同。后殿为五开间抬梁式重檐硬山顶建筑,是会馆祭祀、同业聚会、观戏、憩息之地。安澜会馆是由宁波南号船商于清道光六年(1826)捐资兴建的,2000 年宁波市政府将之迁建于庆安会馆南侧,2001 年对宫门、前戏台进行了修复,2002 年对后戏台、后殿进行了修复。安澜会馆位于庆安会馆(北号会馆)南侧,形成了宁波独有的南、北两会馆并立的格局。

2001 年年底,维修工程结束,并把庆安会馆和安澜会馆辟为浙东海事民俗博物馆。浙东海事民俗博物馆为中国首个海事民俗馆。

(三)永丰库遗址

永丰库遗址是国内首次发现的宋元明时期大型衙署仓储型遗址,我国最大的元代单体建筑遗址,具有独一无二的古建筑构造特点,是宁波历史文化名城的标志性遗址。永丰库遗址出土了当时主要窑系烧制的瓷器,其文物价值达到国家级,是宁波最重要的城市考古发现。在 2003 年全国参选的 23 个文物遗址中,永丰库是浙江省唯一入选的遗址。

永丰库深 1.5 米,墙基长约 17 米,墙基下整齐地堆放着一排方孔石。方孔石,就是一块半米见方的石块,中心凿出一个方孔,但不凿穿。方孔石的用途,据文献记载,最有可能就是埋在墙基下,当做柱子的基础。永丰库遗址还发现两处单体建筑房基,其中 1 号房基建筑面积 940 平方米,面阔 56 米,进深

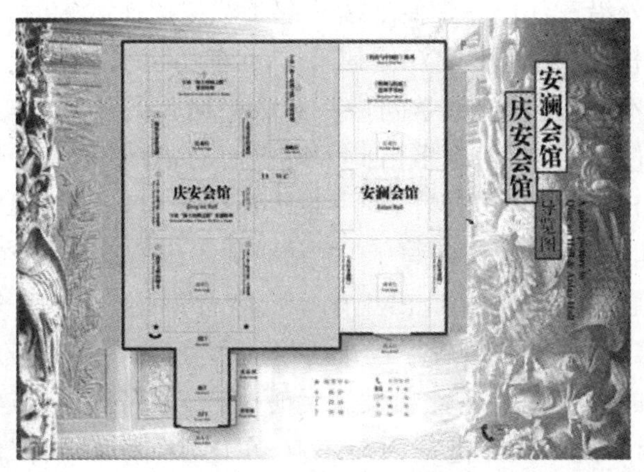

图 7-5　浙东海事民俗博物馆

16.7 米。墙基两头,分别拐了一个直角,向东延伸,并有同样的墙基以及台阶。墙基长 56 米,宽 17 米,围成一个 900 多平方米的建筑,建筑中间还有 3 道墙基。这幢建筑似乎又被分隔成了四个大开间,墙体厚达 1.4 米。两处单体建筑房基外,尚有长 29 米、宽 6 米的砖砌道路,830 平方米砖铺庭院,以及排水设施、水井、护城河,这种建筑结构至今仍是待解之谜。

史料记载,宋元期间,这里是一座大仓库。元至元十三年(1276),建永丰库于宋代称为“常平仓”址,是政府粮仓,明初更名为“宏济库”。据考古专家介绍,宋朝政府颇有经济意识,在粮价偏低的时候,大量收购粮食,存放在粮仓中;等到灾荒年间,粮价暴涨之时,政府又将储存的粮食以平价售出,这样既保证了粮价的“常平”,同时也解决了百姓的吃饭问题。至元代,常平仓改为永丰库,成为堆放罚没物品的仓库以及负责税收的场所。

宁波作为一个港口,是我国当时海运交通的枢纽城市之一,这一特点在永丰库遗址中鲜明地体现出来。这里出土了大量完整的陶瓷或碎片。最让考古专家惊诧的是,被发掘的十多个“影青碟”,竟整整齐齐地叠在一起,可见这里曾存放过大量货品。“影青碟”是福建“建窑”的特产,它的特点是白胎,质地疏松,花纹简单,以素色为主,虽然在观赏方面与浙江“越窑”烧制的瓷器有一定距离,但“影青碟”在宁波地区比较少见,只在永丰库才被大量发现。除了建窑的“影青碟”之外,在永丰库遗址上还出土了定窑、磁州窑、钧窑、越窑、景德镇窑、龙泉窑等近十个窑烧制的瓷器。这些窑遍布中原和华东地区。

(四)明州(庆元)港海运码头旧址

位于今宁波市三江口沿岸一带。自 821 年明州州治迁至三江口后,从渔浦门至东渡门外沿三江口一带便陆续建起了驳岸码头。宋时，码头范围与规模已延伸至灵桥门一带，形成江厦码头与甬东司道头。元时，称此为“下番滩”。唐代起，不仅各国使节(学问僧)、商旅来明州的船只均泊于此，而且自明州港出航的使节船、商船亦多由此下碇。唐时，日本遣唐使船、波斯、阿拉伯的“外化番船”等都在此东渡门外一带上岸。宋宝庆元年(1225)日僧道元入明州，也在此上岸，赵朴初还写了“道元禅师入宋纪念碑”于此。1973 年宁波市区和义路唐海运码头遗址出土的 700 余件越窑、长沙窑外销瓷器亦说明，这里是越窑青瓷远销亚非各国，开创“海上陶瓷之路”的起航地。北宋时，我国出使外国的“神舟”也在此出发。元时(宁波改名庆元)，这里更是“千樯万楫，诸番互市于此”，庆元港成为与东亚、东南亚、南亚、阿拉伯世界和非洲等众多国家和地区贸易的港口。因此，唐宋元时期，这里是闻名遐迩的国际海运码头。

(五)波斯巷遗址

明州自唐中晚期起就有大食、波斯商人进入港口贸易。宋时，随着与东南亚、西亚等国交往的日趋频繁，众多的阿拉伯、波斯商人来明州从事商贸与文化交流，其中有不少长期留居明州。为此，明州特地在市舶司西首波斯商人聚居地设置波斯馆用以专门接待，后遂称之为“波斯巷”。

关于宁波波斯巷遗址位置，宁波地方文献最早记载可见宋《开庆志》中关于对宁波城“第三等地”的划分上曾文：“北取泥桥下，自波斯团止酒务营前，转取丘家桥，直取石版巷”；明《嘉靖宁波府志》对城市街巷划分上曰：“东南隅有波丝(疑为斯之误——丁友甫注)巷”；再就是清《雍正府志》上有言：“东南隅有波斯巷”。经过最近几年的考古挖掘和对史料的深入分析，最终把波斯巷遗址位置定在了现在海曙区车轿街西边、泥桥街到应家弄之间。

三、浙东(宁波)“海上丝绸之路”遗存的特点

大量史料充分证实：宁波不但是与世界各国、地区进行海上贸易的名港大埠，而且是开展国际文化交流的重要窗口。宁波(明州)“海上丝绸之路”文化遗存具有时空跨度大、内涵丰富、双向交流和远播海外等显著特点。

(一)时空跨度大

自汉代至近现代，历时两千多年，源远流长，经久不衰。始于汉代的上林湖越窑遗址，世界著名，保存完好；建于宋大中祥符六年(1013)的保国寺，气势雄伟，结构独特；东钱湖南宋墓道石刻群，以存世甚众、雕刻精美、保存完好

而填补我国南宋美术雕刻史的空白；天一阁建立430多年来，主体建筑与藏书楼格局仍保存完好，被誉为“中华第一藏书楼”；建于咸丰三年(1853)的庆安会馆，既是我国现存著名会馆和天后宫之一，又是一处闻名遐迩、宫馆合一的近现代海事舶商行业议事聚会场所。

(二)内涵丰富

浙东“海上丝绸之路”文化遗存，包容丰腴，面广涉深，几乎涵盖了整个社会的政治外交、经济贸易、港口交通、宗教文化、思想学说、教育卫生、民间习俗、工艺美术等诸多领域。古代宁波对外交往政治中心的鼓楼，保存完好，是宁波建城的重要标志；上林湖越窑遗址生产的大量陶瓷是宁波海外贸易的大宗商品，奠定了唐宋时期明州作为我国贸易大港的基石；元代永丰库遗址出土的为数众多的外销陶瓷，为明州高度繁荣的外贸盛况提供了佐证；天封塔是唐宋以来明州港的航标；镇海口海防遗址现今保存着清光绪年间的安远、靖远、平远等著名炮台和军事设施，是我国一处遗址遗迹完整、保存良好的海防要塞；保国寺、阿育王寺、天童禅寺、天主教堂、清真寺等宗教建筑，是宁波“海上丝绸之路”东西文化交融汇流的重要见证；虞氏故居建筑群，规模宏大，格局完整，堪称近代中西合璧的典范。

(三)双向交流，远播海外

由于宁波港独特的地域优势和深厚的文化底蕴，造就了宁波在对外双向交流中十分鲜明的个性特质。上林湖越窑青瓷，经海路大量运销海外，开拓了“海上陶瓷之路”；天一阁藏书广泛流传海内外，成为我国“海上书籍之路”的重要传播之地；阿育王寺、天童禅寺等佛教建筑是“海上佛教之路”的重要载体，阿育王寺是我国现存唯一以印度阿育王命名的千年古刹，天童禅寺是日本曹洞宗的祖庭；河姆渡文化是宁波“海上丝绸之路”的源头，句章港是其发展的历史基础，汉代遗址出土了为数众多的舶来品；上林湖窑址生产的大量外销陶瓷，标志着宁波的海洋文化已经进入到一个以东西文明对话为核心的时代。由于“海上丝绸之路”的开通，强有力地推进浙东政治、经济、文化等各方面的发展。唐代是“海上丝绸之路”迅速发展时期，宁波依托港口，于长庆元年(821)迁至三江口后，扩建州城，兴建港口，设置官办船场，拓展腹地，使宁波逐渐成为我国港口和造船业最发达的地区之一，与广州、扬州、交州并称唐代四大名港。当时，明州商帮将唐代佛教用品、香料、药品、丝绸、陶瓷、书籍等大量运销日本、新罗及东南亚等地。鉴真大师等经明州东渡日本传教，日本高僧最澄等遣唐使入明州等地求法回国弘布，明州成为当时中国对外海上贸易、文化交流的重地。宋代是宁波"海上丝绸之路"的全盛时期，宋淳化三年(992)设置市舶司，管理海外贸易事务。北宋元丰元年(1078)和宣和五年(1123)，明州两次受旨打造四艘万斛"神舟"和伴行客舟，其规模之大，制作之精，饮誉海外，造船技术领当时世界各国之先。明州被朝廷指定为通往日本、高丽的特定港口，贸易规模和文化交流发展迅猛。清初弛"海禁"后，清政府在宁波设立的"浙海关"是当时全国四大海关之一。1844 年 1 月，宁波辟为中国对外通商的"五口岸"之一。

第四节　浙东海商集团

舟山群岛历来是浙东和长江流域的出海门户，是与日本、朝鲜半岛诸国通航的主要港口，海外贸易的重要商埠。嘉靖年间，浙东区域海商应势而生，并形成一定规模，积极参与对外贸易活动。

在明政府厉行海禁，残酷打击海上贸易的情况下，一些海商为了生存和发展，不得不武装起来，组成武装海商集团，以对抗官军的追捕和残杀，这些人，就是所谓的海寇。其实，这些海寇并不同于当时到东方来从事侵略、掠夺的西方海盗，他们大多是从事海外贸易的商人，只因冲破海禁樊笼，触犯了海禁律法，而被视为海盗，其情况恰如嘉靖的主事唐枢所说："寇与商同是人也，市通则寇转而为商，市禁则商转而为寇；始之禁禁商，后之禁禁寇。"①当然，亦商亦盗是这些海商的本色，他们在纠番诱倭的商贸活动中往往是华夷相纠，彼此间称贷互市，其中货价莫偿或诓骗财物者比比皆是，而民间海商为争夺行商地盘，也往往各结伙党，彼此间兵戎相见，互相残杀者也不乏其人。

这些海商的组成成分比较复杂，他们中有的原是从事对内贸易转为从事对外贸易；有的是受官府欺压，冤抑难申而下海经商；有的是豪门世家为牟利而参与活动；有的原是功名未就而下海从商；以及"迫于贪酷，苦于役赋，困于饥寒"的小民，"凶彼、逸赋、罢吏、黠僧及衣冠失职、书生不得志、群不逞者"②，等等。这些海商在以舟山群岛为中心的商贸活动中，逐渐形成了以李光头、许氏兄弟、王直、徐海、毛海峰等为首的海商集团和以双屿、大茅(猫)、沥港、

---

① 《筹海图编》卷十一《经略》一。

② 《明经世文编》卷二一八。

横港、长涂等为中心的海上贸易基地。①

图 7-6　日本民间流传的"南蛮贸易情形图"

一、许氏海商集团

许氏海商集团包括许一(松)、许二(栋)、许三(楠)、许四(梓)四个兄弟，他们都是徽州府歙县人。明代徽州府是一个商业资本汇聚之地，与晋商构成重要的商业势力。他们不仅活跃在国内市场，而且还经营海外贸易。俞大猷曾说："数年之前，有徽州、浙江等处番徒，前至浙江之双屿港等处买卖，逃广东市舶之税，及货尽将去之时，每每肆行劫掠。"②对许氏兄弟下海通商的过程，历史上有不同的说法。胡宗宪认为许二是从福建破狱入海，勾引倭奴的。他说："嘉靖十九年(1540)，贼首李光头、许栋引倭聚双屿港为巢。光头者，福人李七；许栋，歙人许二也，皆认罪系福建狱，逸入海，勾引倭奴，结巢于郭巨之双屿。"③而郑舜功《日本一鉴》则说许二、许三先年下海通番是人赘于大宜满剌加，自后许四与兄许一"尝往通之"，嘉靖十九年，许氏四兄弟"潜入大宜满剌加等国诱引佛郎机国夷人，络绎浙海，亦泊双屿、大茅等港，以要大利"④。虽然他们对许氏兄弟来舟山前的活动有不同的说法，但对许氏兄弟来双屿的时间说法是一致的。许氏兄弟到双屿后，与原在舟山活动的福建海商李光头合为一伙。

嘉靖二十三年(1544)，许二又"载货往日本贸易"，翌年"始诱博多津倭，助、才、门三人来市双屿"。不久，许一被明政府捕获，许三丧亡，许氏海商集

① 舟山史志办课题组:《明朝舟山海商研究》，中国海洋文化在线(http://www.cseac.com)，2004 年 11 月 22 日。

② (明)俞大猷:《正气堂集》卷七。

③ (明)胡宗宪:《筹海图编》卷五。

④ (明)郑舜功:《日本一鉴》卷六。

团受到很大打击。但明朝政府的镇压并不能阻止他们的海上贸易活动。许二、许四为扩大海商集团的势力,“计令伙伴于直隶、苏松等处地方诱人置货,往市双屿,许二、许四阴嗾番人抢夺,阳则宽慰”。这些被抢的商人“自本者舍而去之,借本者不敢归去”,不得不跟从许氏兄弟下海贸易,“图偿货价而归”,从而扩大许氏海商集团的势力。

嘉靖二十六年(1547),海盗商人林剪自彭亨“驾船七十余艘至浙海”,与许二、许四合为一伙,使许氏海商力量大大加强。同时,另一徽州商人王直也“招亡命千人逃入海,推许二为师”。至此,以许二为首的海商集团终于形成,成为“海上寇最称强者”。

许氏海商集团在东南沿海既从事走私贸易,又攻城略地,“每掳掠海隅富民以索重赎”。如明朝军队的指挥吴璋及总旗王雷斋被抓获,用一千二百金才赎回,又如“谢文正公迁第宅也遭其一空”。他们的活动给明朝政府很大的打击和威胁。为了消灭许氏海商集团,嘉靖二十七年(1548),浙江巡抚朱纨调兵遣将,进行围剿。三月,以都司卢镗率兵船泊温州之海门,海道副吏柯乔统领福清兵船泊漳州,专备海战,以遏南逃闽广之路。在完成以上的兵力部署以后,四月,朱纨亲自带领备倭指挥刘恩至、张四维、张汉等强攻许氏海商集团的根据地——双屿港。经过激烈的战斗,明朝军队“破其巢穴,焚其舟舰,擒杀殆半”,许氏兄弟惨遭失败,同伙李光头、许六、姚大总及“大窝主顾良玉、祝良贵、刘奇十四等,皆就擒”①。许二及许四逃往西洋。

虽然许氏海商集团被击溃了,但浙东海商并没有被消灭,不久又出现了规模更大、人数更多、资本更雄厚的王直、徐海海商贸易集团。

二、王直海商集团

王直,又名汪直,也是徽州歙县人。王直“少任侠,多略不侵,然若乡有徭役讼事,常为主辩,诸恶少因倚为囊橐”。《筹海图编》等书记载:“少落魄,有任侠气。及壮,多智略,善施与,以故人宗信之”,从“乡中有徭役讼事,常为主”。可见他从小就有一定的组织能力。“善施与”,“故人宗信之”,表明他可能出身富有之家,而且在乡里有一定的威望。另据顾炎武《天下郡国利病书》记载,王直年轻时,与徐惟学一起做过盐商,大概在经商中触犯明朝的禁令,曾对叶宗满、徐惟学、谢和、方廷助等同伴说:“国中法制森严,动辄触禁,孰与海外逍遥哉。”嘉靖十九年(1540),王直与叶宗满等人跑到广东,“造巨舰,收

---

① (明)胡宗宪:《筹海图编》卷五。

带硝黄、丝棉等违禁之物抵日本、暹罗、西洋等国,往来互市”。王直下海初期,因实力不够雄厚,暂时投奔许氏兄弟海商集团,替许二“管库”,他出色的管理才能和经商经验很快得到许二的赏识,不久,被提为“管哨”兼理军事,从而成为许二海商集团的主要头目之一,与许氏兄弟一起,积极参与海上走私活动。

嘉靖二十七年(1548),许氏海上贸易集团被朱纨击溃。“许二逸去,王直素有机略,人多服之,乃领其余党”,重新组成以王直为首的海商集团,被众商推为舶主。这时王直虽已独立经营海上贸易,但还不能独霸一方。当时浙东洋面上还有一个海商陈思盼。他的贸易基地在横港,与王直进行抗争。王直的船队经过横港时,“屡被邀劫”。王直为了消灭对手,扩大贸易集团势力,一直在寻找机会。嘉靖三十年(1551),有个姓王的海商率领番船二十艘,到浙东沿海进行贸易活动,陈思盼想邀为一伙,但被拒绝。陈恼羞成怒,“谋杀王船主,遂夺其船,其党不平,潜与直通,欲害思盼”。王直认为时机已到,“潜约慈溪贯通番柴德美,发家丁数人助己”。在陈思盼生日那天晚上,乘其不备,“遂内外夹击,杀思盼,擒其侄陈四……余党悉归直”①。陈思盼海商势力的被吞并,使王直集团势力大大增强,从此,完全取得了浙江海面的控制权。“由是海上之寇,非受王直节制者,不得自存,而直之名始振聋海舶矣。”

王直吞并陈思盼后,成为舟山群岛乃至整个东亚地区人数最多、势力最大的海商集团。其手下如叶宗满、徐惟学、谢和、方廷助及毛海峰、徐碧溪、徐元亮等人都是赫赫有名的头目。王直为了扩大海上贸易,乃令毛海峰、徐碧溪、徐元亮等分领船队,满载各种货物,扬帆世界各国,“凡五六年间,致富不赀,夷人信服,皆称‘五峰舡主’”。接着,他又招聚徐海、陈东、叶麻等为将领,勾引倭门多郎、次郎、四助四郎等,“威望大著,人共奔之”。不仅近地人民、兴贩之徒络绎不绝,甚至“边卫之官,有与柴德美通番往来、五峰素熟者,近则甘为臣仆,为其送货,一呼即往,自以为荣”②。

王直虽已成为财厚势大、人众船多的海商集团首领,但他并不想与明朝政府相对抗,而以“杀思盼为功,叩关献捷求通市”。他一心一意想得到明朝政府的批准,在海上从事合法的贸易活动。但顽固地执行闭关政策的封建王朝,不仅不答应王直的通商互市要求,反而派俞大猷“驱舟师数千围之”,王直突围而出,逃往日本,在萨摩州之淞浦津建立贸易基地。王直在日本,自称

① 《明书》卷一六二。

② (明)范表:《玩鹿亭稿》卷五。

“徽王”，控制要害，凡“三十六岛之夷，皆其指使”，在中日之间进行海盗式走私贸易，成为中日海盗的总首领。

嘉靖三十一年(1552)，王直“纠岛倭及漳、泉海盗”，带领巨舰百余艘，“蔽海而来”，浙东西、江南北、滨海数千里，同时告警，这就是著名的“壬子之变”。从此开始，“比年如是，官军莫敢撄其锋”，“纵横往来，如入无人之境”。如攻入黄岩府，官军莫之谁何。“直乃绯袍玉带，金顶五檐黄伞，其头目人等，俱大帽袍带，银顶青伞，待卫五十人，皆金甲银盔，出鞘明刀，坐定海操江亭，称净海王，居数日，如履无人之境”。嘉靖三十三年(1554)四月，王直部占据浙江柘林，“连营三百里，如老鹳嘴七八里之间，皆其部落之所屯聚也”。王直由此地分一支自青浦、白鹤港而北，出太仓；又分另一支“自刘家港入趋昆山”。八月，又遣吴德宣、徐碧溪率众千余人进攻嘉定县城，接着在师家浜大破参将许国、李逢时，“时二参将所治者皆北兵，不知地利，屯所遇潮，死者甚众”。

王直打败明朝官兵以后，再次提出开放海禁、通商互市的要求。嘉靖三十四年(1555)他对明朝正副使蒋洲、陈可愿说：“我本非为乱，因俞总兵图我，拘我家属，遂绝归路。”并告诉他们：“倭国缺丝棉，必须开市，海患乃平。”接着又派遣毛海峰、叶宗满伴送陈可愿回国，会见胡宗宪，表达了“成功之后，他无所望，惟愿进贡互市而已”的愿望。嘉靖三十六年(1557)，王直亲自横渡大洋，回到舟山群岛，向胡宗宪递交要求通商的请求书，希望“胡军门代为疏请通商”。

王直尽管已沦为海盗，但始终没有放弃开放海禁的要求。他一方面等待明朝政府的答复，一方面在岑港“惟日聚群倭，砺兵刃、伐竹木为开互市计”。他对官府使者说：“必待奉明旨，许其宽宥，与以都督职使，得稽压海上，开市以息兵。”①对于王直的通商互市要求，明朝政府当然不会答应。他们利用王直急于通商的迫切心情，采用诱以高官厚禄的办法，将王直诱捕入狱。这样，使浙东海商集团也遭受了毁灭性的打击。

三、徐海海商集团

与王直海商集团齐名的还有徐海海商集团。起初，徐海投奔王直集团，是王直部下的大头目。后来，他自拉队伍，另树一帜，与王直海商集团并驾海上，共同出没于江浙海面，进行海盗式的通商贸易活动。

徐海，徽州歙县人，少年时曾到杭州虎跑寺落发为僧，法名普净，称为“明

---

① (明)胡宗宪：《筹海图编》卷九。

山和尚”,或称“名山和尚”。徐海出身商人家庭,弟弟徐洪是“在无锡贩芜湖布”的布商,叔父徐惟学(徐碧溪)是著名的海商。徐海到杭州不久,便“舍佛入贾”,从事海上贸易。关于徐海下海的经过,郑舜功《日本一鉴》记载比较简略:“嘉靖辛亥(1551),海闻叔铨(即徐惟学)诱倭市烈港,往谒之,同行日本。”顾炎武的《天下郡国利病书》有更详细的记述,他说:“徐惟学以其侄海质于一隅州夷,贷银使用。惟学至广东屿,为守备黑孟阳所杀,后夷之索故所贷至,海令取偿于寇掠。至是,海乃偕夷酋辛五郎聚州结党,众至数万。”由此可见,徐海为寇是与其叔徐惟学负债有关的。

徐海到日本后,“日本之夷,初见徐海,谓同中华僧,敬犹活佛,多施与之,海以所得,随缮大船”①,进行海上贸易活动。嘉靖三十一年(1552),徐海第一次渡海东来,“称市于烈港”。当时,驻在烈港的还有王直海商集团,因其他船上的倭人抢夺王直船货,发生冲突而离港他去。

史书说徐海“狡诈”,性倔强。在浙江海面上,除王直外,徐海为第二号海商集团首领。他力强势盛,特别是王直在日本期间,“雄海上,称天差平海大将军”。嘉靖三十三年(1554),徐海集团从日本回舟山,不久即攻占嘉兴柘林,并以此为基地,分从四出,攻略城池。次年正月,徐海率众出动,夺海船,攻乍浦、海宁,陷崇德,袭德清,官兵惨败,朝廷为之震惊。徐海、叶麻、陈东等拥众五六万,有海船千余艘。杭州、苏州等危在旦夕。后在浙直总督胡宗宪的离间与诱降策略之下,徐海集团瓦解,于嘉靖三十五年八月败于浙北。

四、双屿港:海商走私盛地

“我们到达了由对峙的二个岛屿构成的海港。这里总人口有三千多人,其中葡萄牙人占一半以上,还有房屋一千余幢,有的房屋建筑费达三四千金;还有教堂三十七所,医院二所。每一年进出口贸易额达三百多万葡币,其中很大一部分是用日本银锭作为货币的。”葡萄牙海盗平托在其游记《亚洲放浪记》中以夸张手法为西方人描绘了一个1540年的中国沿海港口。实际上,这只是一个维持了二十多年的走私贸易据点,名叫双屿港。

双屿港明朝时属宁波府定海县郭巨千户所管辖。双屿港即双屿洋,今称双屿门。双屿洋是进出宁波甬江的必经航道,是浙东海外贸易的门户。双屿港“去定海县不六十余里”,距大海对岸的郭巨千户所也有二十多里的水路,

---

① (明)郑舜功:《日本一鉴》卷六。

而郭巨又在“郡治南一百八十里”①。双屿港地势非常险峻，“东西两山对峙，南北俱有水口相通，亦有小山如门障蔽，中间空阔约二十余里，藏风聚气，巢穴颇宽”②。再加上四周水道纵横，分布着大麦、大猫、棕榈、张起、烈港、横港、梅山、韭山等众多不患四时之风的港湾，而且以舟山的“五谷之饶，鱼盐之利，可以食数万众，不待取给于外”③。显然，双屿港既安全，又进出快捷，便于集散屯据，因而是个十分难得的走私贸易港口。

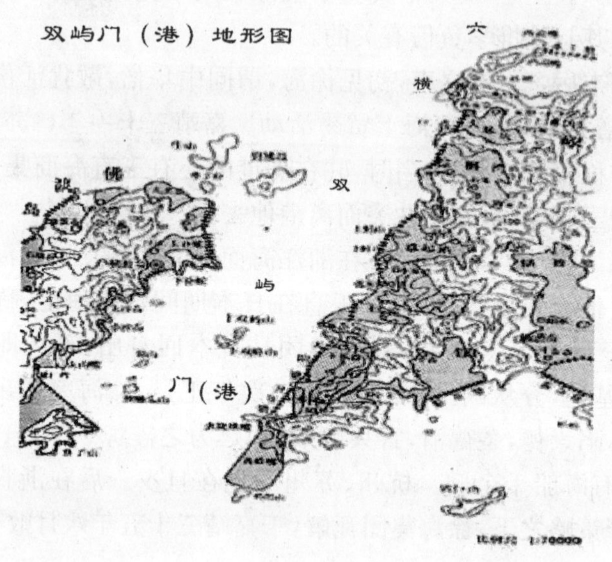

图 7-7　双屿门(港)地形图

较早来双屿港从事走私贸易的，是福建商人，主要是漳州、泉州人，他们所坐的海上商船，被宁波人称为“漳船”。漳船入宁波海域的时间，在 1517—1518 年间。福建商人经常从漳州下海，先到南洋购进胡椒、苏木、名香等热带产品，然后运输到宁波双屿港区。由于走私商品利润极为诱人，往往是百倍之利，吸引了不少宁波人和安徽人冒险乘船到海上进货，然后再运到江浙一带销售。在双屿港兴起过程中，中国出了一些著名的走私大商人，如福建人郑獠、金子老、李光头，安徽人许氏三兄弟（许松、许栋、许楠）、徐海、徐惟学，宁波人卢黄四等。后来赫赫有名的皖南人王直，也在 1540 年下海，加入许氏

① 《嘉靖宁波府志》卷八《兵卫》。

② (明)朱纨:《甓余杂集》卷四《双屿填港工完事》。

③ (明)胡宗宪:《舟山论》,《明经世文编》卷二六七。

集团,成为管家。经过 20 多年的经营,双屿港区逐渐成为一个走私贸易根据地,当时士大夫称为“根抵窟穴”。因走私分子占据时间长,人货往来多,竟至“寸草不生”。

在双屿港居住的外国人,除葡萄牙人外,至少还有日本等十多个国家的商人,多时达 3000 人左右。双屿诸港前后有近万人参与走私活动,同时代中国著名史家王世贞称“舶客许栋、王直辈挟万众双屿诸港”。由于有高额的走私利润,由于受了好处的地方官及驻军眼睁眼闭,到双屿港经商的人越来越多。朱纨《双屿填港工完事疏》称:“有力者自出赀本,无力者转辗称贷;有谋者诓领官银,无谋者质当人口;有势者扬旗出入,无势者投托假借。双桅、三桅连樯往来,愚下之民,一叶之艇,送一瓜,运一樽,率得厚利。驯致三尺童子,亦知双屿之为衣食父母。远近同风,不复知华俗之变于夷矣。”①参加沿海走私贸易的宁波人,主要是盐场的“灶丁”。灶丁生活在沿海地区,他们负责采办渔课,可以借采办之名,私下制造大船下海,帮双屿港走私分子搞物资运输,有的则直接参与交易。到了 1532 年左右,海上私人贸易公开化。宁波人万表《海寇议》称:“十数年来,富商大贾,侔利交通,番船满海间。”②这些话形象地描写了双屿港当时的国际走私贸易发达状况。

双屿港走私贸易的繁荣与无序并存,引发出深藏于内部的不安定因素,导致沿海地区的不稳定,导致明政府派遣朱纨采取军事行动。当年上虞县知县陈大宾在双屿港附近捕获了 3 名“黑番鬼”,其中葡萄牙人雇用的南洋船工的供词反映这一事实:“佛朗机十人与伊一十三人,共漳洲、宁波大小七十余人,驾船在海,将胡椒、银子换米、布、绸缎,买卖往来日本、漳州、宁波之间,乘机在海打劫。今失记的日,在双屿被不知名客人撑小南船载麦一石,送入番船,说有绵布、绵绸、湖丝,骗去银三百两,坐等不来。又宁波客人林老魁,先与番人将银二百两买缎子、绵布、绵绸,后将伊男留在番船,骗去银一十八两。又有不知名宁波客人,哄称有湖丝十担,欲卖与番人,骗去银七百两;六担欲卖与日本人,骗去银三百两。”③在 16 世纪来过中国的克路士在他的《中国志》中,也记载了葡人在宁波的活动:“这些住在中国以外并且自费尔隆·伯列士·德·安德拉吉犯事以来和葡人一起去的中国人指导葡人开始到宁波(Liampo)作贸易,因为那一带地方没有带墙的城镇和村落,而沿岸有许多穷人的

① (明)朱纨:《甓余杂集》卷四《双屿填港工完事》。

② (明)万表:《海寇议》,载《玩鹿亭稿》卷五。

③ (明)朱纨:《甓余杂集》卷二《议处夷贼以明典刑以消祸患事》。

大镇，他们很喜欢葡人，把粮食卖给葡人以便得到收入。……事态发展到葡人开始在宁波诸岛过冬，在那里牢牢立身，如此之自由，以致除绞架和市标(Polourinho)外一无所缺。随同葡人的中国人，及一些其他的葡人，无法无天到开始大肆劫掠，杀了些百姓。这些恶行不断增加，受害者呼声强烈，不仅传到了省的大老爷，也传到了皇帝处。他马上下旨福建省准备一支大舰队，把海盗从沿海，特别从宁波沿海驱逐走，所有的商人、葡人和中国人都一样，都被算在海盗之内。”①直捣双屿港的直接导火线，是谢氏与葡萄牙商人的贸易纠纷。“按海上之事，初起于内地奸商王直、徐海等常阑出中国财物，与番客市易，皆主于余姚谢氏。久之，谢氏颇抑勒其值，诸奸索之急。谢氏度负多，不能偿，则以言恐之曰：‘吾将首汝于官。’诸奸既恨且惧，乃纠合徒党、番客，夜劫谢氏，火其居，杀男女数人，大掠而去。具官仓皇申闻上司，云倭贼入寇。巡抚下令捕盗甚急。又令并海居民，有素与番人通者，皆得自告及相告言。于是，人心汹汹，转相告引，或诬良善。而诸奸畏官兵搜捕，亦遂勾岛夷及海中巨贼，所在掠劫，乘汛登岸，动以倭寇为名，其实真倭无几。”②据戴裔煊《明代嘉隆间的倭寇海盗与中国资本主义的萌芽》研究，所谓番客，就是葡萄牙商人。谢氏是余姚大族，弘治年间出过阁老谢迁(1449—1531)。借着这种政治地位，谢氏家族在当地十分显赫，成为宁波典型的直接与外国商人交易的贵官之家。谢氏不讲商业信用，导致了双屿港中外走私商人的联合报复，使得宁波“倭寇”陡然升格。有人质疑谢氏是否用过恐吓手段，这种质疑是不成立的。因为，此事上了权威的《明世宗实录》。而且，朱纨也提道，“谢姓往时被劫，亦其招纳有素，慢侮有由”③。在中国的权力文化背景中，发生这种事的频率是相当高的。若不是谢氏内阁大学士这样重量级的官员家族受到侵犯，地方官才不会小题大做。正是双屿港海商碰上了高压线，才导致了政府下决心出兵镇压。

由于海上无疆界，海商钻空子，在浙江与福建之间的海域来回流窜，与官府玩起“捉迷藏”游戏。七月，苏州人朱纨出任新设立的浙江、福建海道巡抚，负责打击浙江、福建沿海走私活动。朱纨走马上任后，采取了一些严厉的措施，实行部分士大夫提出的“覆其巢穴之计”。他知道宁波守军为走私商人所收买，不肯出剿，故而调用了福建军队，来对付走私商人。嘉靖二十七年

---

① [英]博克舍：《十六世纪中国南部行纪》，中华书局1990年版，第132—133页。

② 《明世宗实录》卷三五〇，嘉靖二十八年七月壬申。

③ (明)朱纨：《甓余杂集》卷八《公移二·议处海防以安地方事》。

(1548)三月廿六，都指挥、福建都司卢镗率福建兵1000余人，浙江巡视海道副使沈翰指挥从丽水等地抽调的浙江乡兵1000余人，由海门卫(今黄岩东北)下海，直指走私贸易港口——双屿港。四月初二，在九(韭)山洋与走私分子交锋，官军首战大捷，活捉走私头目许栋等近60人，还有一个日本商人稽天。初五，第二次交火，活捉了走私头目李光头。初六，官军包围了双屿港区。那天晚上，风雨交加，海雾迷漫。初七，天快亮的时候，双屿港区的走私分子决定突围，大小船只倾巢出动。官军追杀堵截，走私分子死了好几百人，许六、姚大总、顾良玉、祝良贵、刘奇十四等皆被活捉。官军进港搜查，将天妃宫10余间、寮屋20余间及遗弃的大小船27只，全部烧毁。这就是宁波历史上著名的双屿港之役。

双屿港之战后，因为双屿四面濒海，地势孤危，难以立营守卫，且福建兵不肯守卫，用浙江兵又不放心，五月廿五，朱纨下令“聚桩采石”，填塞了双屿港进出的“港门”。从此，热闹20余年的双屿港区消失于世。

贸易港的兴衰是和经济结合在一起的。双屿港的兴起，正是江南经济发达的产物与表征。背靠发达的江南经济，外负东洋与西洋冒险商业，宁波双屿港得以成为当时江南最大的中外贸易中转港。双屿港的消失，使浙东宁波失去了东亚国际贸易中心的地位。①

① 钱茂伟:《双屿港:十六世纪的东亚民间贸易中心》,《宁波晚报》2008年12月23日第29版。

第八章　浙东海洋民间文学艺术

第一节　浙东海洋民间文学艺术概述

民间文学艺术是针对学院派文学艺术、文人文学艺术的概念提出来的。广义上说，民间文学艺术是劳动者为满足自己的生活和审美需求而创造的文学艺术，包括了民间文学、民间工艺美术、民间音乐、民间舞蹈和戏曲等多种艺术形式。民间文学艺术是一切文学艺术之源，是我们祖先数千年以来创造的极其丰富和宝贵的文化财富，是民族凝聚力与亲和力的载体，也是发展先进文化的精神资源与民族根基，以及综合国力中不可或缺的精神内涵。

浙东沿海人杰地灵，人才济济，丰富的海洋人文资源和自然资源为舟山海洋民间文学艺术的发展提供了取之不尽的源泉。沿海居民运用语言、音乐、舞蹈、色彩以及贝壳等材料，塑造形象、反映生活、表现主题而组成各种类型的民间艺术作品。早在原始社会，它因娱神性而产生，以后以自娱性流传至今，是东海渔民纯朴民风之美的结晶，其中蕴涵着广大渔民的心理素质和精神素质，反映着质朴的审美观，具有东部海洋的独特艺术形式。海洋民间艺术在我国民族艺术宝库中，占着不容忽视的地位。

根据浙东沿海民间文艺目前流传的体裁，可以把它归纳为民间文学和民间艺术两大类外，具体可以划分为如下各小类：一、浙东民间艺术类：(1) 浙东民间音乐(包括民间器乐等)；(2)浙东民间舞蹈(包括贝壳舞、龙舞、鱼舞等)；(3)浙东民间灯彩(包括龙灯、鳖鱼灯、水灯等)；(4)浙东民间戏曲(包括小戏、木偶戏等)；(5)浙东民间曲艺(包括鼓词、走书等)；(6)浙东民间美术(包括剪纸、渔民画等)；(7)浙东民间工艺(包括贝雕、贝塑、贝饰等)；(8)浙东民间游戏(包括吹海螺、掷贝壳、鱼骨玩具等)。二、浙东民间文学类：(1) 浙东民间故事(包括浙东民间神话、浙东民间传说，如浙东民间故事等渔民口头创作的叙事散文形式的作品)；(2) 浙东民间歌谣(包括渔歌、渔谣等韵文形式的作品)；(3) 浙东民间谚语(包括渔谚、气象谚等)。以上各类浙东民间文学艺术，都与渔民的日常生活十分贴近，流传在浙东渔港、渔岛的范围也较广，影响也较深。有的如浙东古老神话传说，都在渔民休闲“讲古话”、“谈海经”中口耳相传;有的剪龙船花、画渔民画、舞龙舞狮,已成为浙东渔村渔乡欢庆节日不可缺少的文娱活动;还有的唱鼓词、舞龙灯、放水灯,都与浙东渔民的信仰习俗有着或多或少的关联。这些流播浙东的各种各样民间文学艺术,渗透在广大渔民的生产活动和生活之中,组成了一幅浙东渔民文化生活中的精神画卷。

第二节　浙东海洋民间艺术

海洋民间艺术是通过塑造具体生动的形象来表现海洋、反映海洋社会生活的意识形态,它最大的特点就是依靠色、声、形、情等静态和动态的形象来表现人们对海洋社会生活的理解、情感、愿望和意志,按照审美的规则来把握和再现生动的海洋社会生活,并用美的感染力具体地影响海洋社会生活。海洋艺术具体包括海洋雕塑,涉海书法、绘画、装饰,海滨海上旅游鉴赏等艺术形式的海洋人文景观,以及涉海音乐、舞蹈、美术、戏曲等海洋民间艺术景观。①

大海的神秘、雄奇、广远,令人有无限遐想,易于激起人们的创作灵感。浙东区域古今以"海"为题材的艺术创作连篇累牍,名篇佳作又为"海"平添魅力。

一、浙东海洋民间音乐

浙东民间音乐是浙东沿海与海岛居民利用口头传唱与器乐演奏来表达自己思想、感情、意志与愿望的一种民间艺术形式。

(一)舟山传统器乐曲"舟山锣鼓"

浩瀚的东海和美丽富饶的舟山群岛孕育了别具特色、精彩纷呈的民间音乐,而"舟山锣鼓"就是其中的杰出代表之一。

"舟山锣鼓"是大套复多段吹打乐。乐队中吹、拉、弹、打各项乐器配制齐全,两大主奏乐器——排鼓、排锣别致新颖,演奏风格独特,音乐、音量对比鲜明,音响色彩丰富,具备能表达多种情趣的功能。由于地域特色,"舟山锣鼓"表现了东海渔民那种豪爽粗犷的性格和战斗风浪的壮阔、惊险场面以及开船、拢洋等节日欢腾热烈的气氛。

旧时的"舟山锣鼓"大多用于出会、抬阁、海祭、拢洋、欢庆等民间活动。

① 王苧萱:《中国海洋人文历史景观的分类》,《海洋开发与管理》2007年第5期,第83—88页。

当时锣鼓简单，形式单一，后在同外来民间文化艺术交往中，逐渐得到丰富和发展。从单一到复杂，从呆板到灵巧，先后出现了"太平锣"、"船形锣鼓"、"三番锣鼓"。尤其到新中国成立后的20世纪50年代，在专业音乐工作者的参与和整理下，将民间的"海上锣鼓"改编成大型吹打乐"海上锣鼓"，并在1957年莫斯科举行的第七届青年联欢节的民间音乐比赛中荣获金质奖，这才使"舟山锣鼓"走向世界。60年代，"舟山锣鼓"红极一时，许多专业文艺团体，如中国艺术团、中央民族乐团等国家级院团纷纷到舟山学打"舟山锣鼓"，有些团体还把"舟山锣鼓"作为出国演出和平时演出的重点节目，如1976年中国艺术团赴美演出的《渔舟凯歌》等，深受国内外观众的欢迎。

时代进入21世纪，"舟山锣鼓"这支海岛民间奇葩越开越鲜艳。近年来，用"舟山锣鼓"形式创作的作品多次在国家级及省级各类比赛中获奖。尤其是2002年创作的纯打击乐齐奏《沸腾的渔都》，以其热烈、火爆的气氛，丰富、多变的演奏，博得专家和观众的一致好评，在浙江省首届民间锣鼓大赛中，获得创作、演奏双金奖，并被邀请参加浙江省2003年新春团拜会演出。该曲既保留了"舟山锣鼓"的锣鼓精华，又增添了许多新的元素，使人感觉气势恢宏，激动人心，是近年来"舟山锣鼓"改编较为成功的作品之一。

随着群众性文化活动的蓬勃发展和当地政府对民间传统文艺的重视支持，"舟山锣鼓"在民间的发展也十分迅速。现在，不但沈家门有训练有素、装备精良的"舟山锣鼓"队，而且在海岛渔村也活跃着数支颇有地方特色的"舟山锣鼓队"。如虾峙岛的"女子舟山锣鼓队"，她们在各种节日庆典、文艺演出等文化活动中，以其热烈、欢快、激情的表演，给活动增添了热闹、喜庆的气氛，深受群众的欢迎。

2003年8月，普陀区举行了规模空前的首届中国沈家门渔港民间民俗大会。"舟山锣鼓"作为当地最有特色和表现力的民间传统文艺项目之一，在民间民俗大会的踩街巡游和文艺演出中进行了精彩的演示，受到来自全国各地广大观众的好评。

(二)渔民号子

在诸多的海洋传统音乐中，渔民号子无疑是最贴近生活的音乐类型。作为中国民歌体裁劳动号子的一种，渔民号子是渔民们在集体下网、捕鱼、入舱等劳动过程中传唱所形成的。浙东沿海地区渔业资源丰富，渔民号子也十分流行。由于不同地区方言存在差异，浙东沿海地区的渔民号子也颇具地方特色。在这其中，名气最大的当属舟山、象山县、玉环县三地的渔民号子，其中又以"舟山渔民号子"最具代表性。

表 8-1　舟山、象山、玉环地区渔民号子基本情况表

类型	风格特点	发展情况	传承与保护现状
舟山渔民号子	发音运用舟山方言，歌词以"也罗荷"等语气词为主体，有近洋、远洋、海上、陆上和大小长短等区别。远洋号子主劲，音调粗犷有力，激昂雄壮，如《拔篷号子》，近洋号子主细，旋律性较强，节奏明快轻松，渗透着小调的某些特点。	新中国成立后，文化艺术工作者通过初步普查、抢救，已整理、改编歌曲50余首，未搜集的原始曲调还有相当一部分在民间传唱。如王一平首先把舟山渔歌搬上舞台，并引入校园，培养了许多海洋民间艺术人才。林通屿致力于海洋民歌的收集整理工作，精通熟唱的舟山海洋民歌达四五十首。	20世纪70年代后，随着鱼类资源的衰退和捕捞工具的不断改进，舟山海洋民歌逐渐失去了生存的外部环境条件，加上老龄民歌手的相继故世，年轻歌手青黄不接，如今已濒临失传的危机。
象山渔民号子	声音高亢、亮丽，节奏感强，曲调委婉，音乐韵味浓，有调少(实)词，都以劳动中"啊家雷"、"依啦荷"、"啊家罗"、"杀啦啦啦"等语气衬词为主，有些号子也带有一定内容的唱词。基本演唱形式以一唱众和的形式喊号子，领唱与和腔交替进行。	20世纪80年代以来，象山渔民号子在民间民族文化艺术普查中被挖掘、整理出来后，曾多次参加全国、省、市的比赛和表演。2006年9月获全国号子邀请赛一等奖；2004年9月获浙江省第二届城市社区优秀文艺节目汇演银奖；2004年8月获宁波市第二届社区文化艺术节调演金奖。	20世纪60年代中期，由于手工化捕鱼作业逐渐被机械化所替代，繁重的劳动逐渐变得轻松，号子的生存空间不断萎缩，加上"文革"期间，由于受"左"倾思潮的影响，曾一度遭受禁锢，渔民号子渐渐消失。
玉环渔民号子	有强号与轻号之分，在大海中遇到风浪或捕鱼上网，出海拉船、拉帆时，则多唱旋律短促、力度强的较快速的强号；在岸上整网或回港时，多唱速度较慢、起伏不大的慢速的轻号。大都由一人领唱，众人应和，多用闽南方言演唱，旋律流畅，易学易唱。	几十年来，玉环文艺工作者将这些原始的粗犷豪放、激越嘹亮的渔民号子，以声乐合唱的形式，搬上了舞台和荧屏；同时，还把拉船、拉网的动作通过艺术加工，编成舞蹈语汇，以渔民号子为主题音乐，在高潮时加入渔民号子演唱，使渔民号子更加立体化。已入选"浙江省民歌集"和"台州民歌集"。	随着渔业生产机械化进程的加快，玉环渔民号子逐渐失去了继续发展的生存空间。同时新一代年轻渔工的欣赏观念发生了很大变化，认为唱渔民号子太粗俗又不赚钱，渔民号子逐渐趋向消亡，面临濒危的困境。

舟山渔民号子依捕鱼工序可分为《起锚号子》(分大号、小号)、《拔篷号子》(分小号、吔罗号)、《摇橹号子》(分单人摇、双人摇)、《打水篙号子》、《起网号子》、《挑舱号子》、《宕勾号子》、《抬网号子》、《拔船号子》，等等；又因不同的劳动节奏、劳动强度和在领合周期、节奏形态、音调风格方面而形成差异。

如《拔篷号子》是这样唱的：

一拉金嘞格，嗨唷！二拉银嘞格，嗨唷！

三拉珠宝亮晶晶，大海不负祠鱼人，嗨嗨唷！

渔船上摇大橹，一般由两人一俯一仰相配合，而且摇橹往往时间较长，所以《摇橹号子》唱的内容更丰富。有的唱各种戏文名，有的唱十二月花名，下面录的就是唱十二月花名的《摇橹号子》：

嗨嘞个哈嘞个嗨嘞个哈！嗨哈嘞个嗨嘞个哈！

正月会开牡丹花，二月会开水仙花，

三月杜鹃是清明，四月蔷薇伴篱笆，

五月石榴红似火，六月荷花映水下，

七月稻花遍地开，八月桂子嫦娥家，

九月菊花小蒸头，十月阳春芙蓉花，

十一月草子小浪花，十二月腊梅白花花。

祠鱼人有福勿会享，一年四季看浪花。

（三）温州洞头吹打乐《龙头龙尾》

《龙头龙尾》是流行在洞头的一首优秀的民间吹打乐曲，是洞头民间风俗生活中婚丧兼用的伴奏曲，至今为洞头人民所熟悉与喜爱。

早在一百多年前，民间艺人叶卿等人最先从福建泉州带来了民间布袋戏、木偶戏在洞头演唱，伴以唢呐为主要演奏乐器的南昆调，如“海螺”、“梳妆楼”、“黄花连”等，奠定了洞头民间音乐基础。在叶卿等民间艺人的传授下，先后出现了一批优秀的民间艺人，从而大大加速了洞头民间音乐的发展，其中《龙头龙尾》经过几代人的演奏、提炼、加工，成了一首优秀的器乐曲。

《龙头龙尾》最初以唢呐为主，显得单调。在20世纪四五十年代，洞头艺人从乐器上进行了改革，逐步加入弦乐（如二胡、板胡、琵琶、三弦）、吹奏乐（如笛子）以及打击乐（包括钢钟、马锣、小云锣、鼓、大小堂鼓），使乐曲更为动听优美。《龙头龙尾》全曲由《水波浪》、《龙头》、《龙尾》、《状元游》联缀而成，演奏起来乐曲气势雄伟，热情豪放，表达了渔民勤劳勇敢和喜庆乐观的精神。

1957年7月，该曲由洞头县民间艺人施书宝、洪喜等组织乐队参加全国第二届民间音乐舞蹈汇演，同年荣获省第二届民间音乐舞蹈一等奖。2004年取得了省级立项，同年恢复了演出，参加了温州市第十二届音舞节和中央电视台“乡村大世界”的演出并获奖和受到好评。

二、浙东海洋民间舞蹈

民间舞蹈起源于人类劳动生活，它是由人民群众自创自演，表现一个民族或地区的文化传统、生活习俗及人们精神风貌的群众性舞蹈活动。中国民间舞蹈是中华民族艺术宝库中的璀璨明珠，不仅历史悠久、题材广泛、内容丰富、形式多样，而且数量之多也是世界上所罕见的。

浙东民间舞蹈流传广泛，形式多样，无论是临近城市的渔港，或是远离大陆的海岛，大凡有渔民聚居的地方就有民间舞蹈的痕迹。

（一）跳蚤舞

“跳蚤舞”是舟山群岛颇具海洋特色的舞蹈，是“船舞”的一个组成部分。每当岛上举行盛大的文化娱乐活动，如过年、庆丰收、祭海，“船舞”即“调船灯”是必出的节目。在船灯后面，有两个演员，一前一后，一男一女，穿着鲜艳的古代服装，一个舞扇子，一个敲竹板，踏着蚤步，互相挑逗戏耍，表演出种种滑稽可笑的动作。在一派欢乐的气氛中，随着锣鼓和丝乐的节奏，尾随着船灯，在大街上边演边走，沿途观众不时爆发出阵阵笑声。这是舟山民间“跳蚤舞”演出时的景象。

“跳蚤舞”始于清朝乾隆年间，是由福建渔民从福建传承到舟山沈家门渔港的。而后，再由沈家门传承到定海、岱山和嵊泗列岛直至宁波镇海。清末民初，经过舟山渔民艺术家们的吸收和改良，成为舟山群岛特有的一种海洋舞蹈。相反，“跳蚤舞”原诞生地的福建沿海渔村，至今却影踪全无。

“跳蚤舞”的表演程式：不论是双人舞还是群舞，它的基本舞步是大八字步半蹲跳走式。因其舞姿酷似蚤跳蹦，故而称之“跳蚤舞”。它的表演特点，以轻盈、诙谐、灵活、逗乐的舞蹈动作取胜。饰济公的男角，主要以阻拦和戏耍动作为主，饰火神的女角则以挑逗、躲闪，配以突进动作。服装和道具：男的是济公装饰，破袈裟，破鞋，一把破蒲扇。女的是火神娘娘装饰，头戴珠冠，身披红色宫衫，红绿花鞋，手舞一块红手帕，也有手敲两块竹板的。火神娘娘菩萨一身火红装束，正是火的色彩象征。表演时，男角在前，女角在后。女进男拦，女退男进，三拍子节奏，“嘣嘣嘣，嘣！”，“尺尺尺，尺！”伴奏的乐器是鼓和钹。因是民间群众舞蹈，舞步和节奏并不太复杂，关键在于演员的挑逗动作和滑稽表演水平。在舟山各渔岛饰火神的均是该岛最漂亮、最出众的姑娘，饰济公的是岛上惯于演滑稽、具有幽默感的中青年渔民。在众多的海岛广场文艺样式中，“跳蚤舞”历来是最受群众欢迎的娱乐节目。

（二）西台鱼灯

每逢春节，玉环岛上处处鼓乐喧天，各种灯舞精彩纷呈。除了龙灯、马灯、八蛮、狮子等兽形灯舞之外，渔民最偏爱的要数“西台鱼灯”了。

早时，每逢新年，坎门渔乡各家各户的大人长辈，都要为儿孙们购置一只小纸灯，或自制较小型的鱼灯，俗称“灯笼仔”。每到天黑，渔家小孩们就在灯内插烛点亮，到村口路头去等着鱼灯队，然后就成群结队地尾随着，致使鳞鳍闪烁的鱼灯队后面，还拖着一条长长的灯“尾巴”。当鱼灯队在海滩、晒场、庭院或街口戏舞时，场外是一圈由小灯围成的灯墙，煞是好看。清光绪六年《玉环厅志》中有一段记述：“制禽兽鳞鱼各种花灯入人家串演戏阵，笙歌达旦，环观如堵。”说的就是这回事。

鱼灯的制作，不但讲究形似，也追求神似。通常是在“T”式木架的横梁上，用细竹篾按各种圆体海鱼的形态扎制轮廓，蒙上白漂布，再按照各种海鱼的首尾身形、鳞鳍皮色描线着色，制成鳌龙、黄鱼、马鲛、鮸鱼、乌鲗、海豚等灯具。灯内可以燃插蜡烛，或装上小灯泡，夜间舞动，最是壮观。

鱼灯队的各种灯具都备双数。舞灯人各执一具鱼灯，分成两个顺序对应的队列。随着轻松热烈的吹打乐声，各队列中的海豚先行亮相清场，然后由龙珠导引，鳌龙登场，各种鱼灯尾随而出。围绕“鳌龙抢珠”这一情节过程，舞灯人脚踏碎步或小跑步，手举鱼灯轻轻摆动，模仿鱼类在水中悠游的姿势，或首尾衔接，招招摇摇；或交叉回环，鱼贯而行。其主要阵式有“流水阵”、“跳龙门”、“走四角”、“五路梅花”、“十字交叉”等。

鱼灯舞的主潮是“衔珠”。这时，张着大口的“龙头”已将龙珠“衔”在口中，舞珠人席地而卧，仍仰举着龙珠，躲躲闪闪，企望挣脱，其他鱼灯环绕周围，或推波助澜，或结伙嬉闹，整个场面气氛骤增，动人心魄。围观的人一边喝彩，一边把鞭炮、火花、焰火等“火力”集中射向场中。这时，只有押阵的“海豚”可以保护其他舞伴，甚至将可能造成伤害的鞭炮扔出场外。

西台鱼灯有两队，分别在前台、后台两地，并各有其特点。前台的鱼灯表现上比较奔放、浑实，场面也较开阔、宽松；而后台的鱼灯则比较细腻、灵活，活动幅面也较小，故而也适合女子舞跳和在舞台上表演。

从本质上说，西台鱼灯及鱼灯舞都不是土生土长的本地货。据调查，当地民众大多是闽南渔民的后裔，他们的祖先在清同治五年(1866)玉环设厅展复前，就已经在这里定居了。大约400年前就已将鱼灯从福建东山岛原籍传入。当地渔民数百年来一直继承祖业，从事海洋钓捕作业等。生产形式的增进和捕获品种的增加，拓展了他们艺术想象的空间，致使灯具制作、舞姿、舞式等，也不断地得到改进，脱颖出许多崭新的舞蹈程序和形式，另开了一番新局面，并年复一年地相因承袭，成为民众喜闻乐见的一种习俗性活动。

这种习俗性娱乐活动，据说可以追溯到海洋渔民早期的图腾崇拜，起源于对海龙的敬畏、崇拜以及对被捕获物的祈祷和表达对获得丰收的意愿，既有娱“神”的功能，又能用以自娱。随着社会的进步，这种“巫”的意识已被淡化，而以鱼灯和鱼灯舞表现“吉庆有余（鱼）”和丰收的喜悦；在新年的活动中，又包含着“连年有余（鱼）”的寓意。它在长期的节俗活动中自然形成的这种民众意识的转移，为易俗移风，建立社会新风尚提供了可能。鱼灯队所到之处，鼓乐喧天、鱼跃龙腾、金鳞闪烁、银鳍熠熠，一派欢乐、升平的节日景象，一幅欢快、祥和的渔区生活画卷。

（三）奉化布龙

据《奉化市志》记载，南宋时期奉化境内已有舞龙，俗称滚龙灯、盘龙灯，初为谷龙、稻草龙，后在草龙上盖上青色或黄色龙衣布，逐渐演变为竹篾扎龙头、龙脚、龙尾，裹以色布的布龙。

奉化市山川秀丽，有很多山涧渊潭，传说这些深潭为藏龙之处，称为龙潭。每遇大旱，田地龟裂，禾苗枯萎，农民们敲锣打鼓，成群结队去龙潭祈祷，向龙王求雨。见潭中蛇、鳗、蛙等动物，请而归之，如神供奉。待旱情解除，再把它送回原潭。把“龙”送回原潭时，要举行“送龙行会”，其间有舞龙表演。元代著名诗人戴表元（奉化人）《观村中祷雨》诗曰：“西村送龙归，东村请龙出；西村雨绵绵，东村犹日出。”可见奉化请龙求雨之风既古又盛。久而久之，就形成了舞龙这个民间习俗。

后来，人们又加以想象，不断丰富、充实，使它成为一个集舞蹈表演艺术和造型艺术于一体的艺术形式。在民间，不但亢旱时请龙送龙要舞龙，而且在新年、吉庆、丰收之时也舞龙，舞龙成了群众喜闻乐见的文艺活动。到了清末民初，奉化布龙已形成了一套固有的程式。现在奉化布龙传统套路多达四十余个，为一般龙舞所罕见，其中有的已被用作国家体育舞龙比赛的规定动作，被大江南北的龙舞所移植。

舞得活、舞得圆、神态真、套路多、速度快是奉化布龙的主要艺术特征。整套动作由盘、滚、游、翻、跳、戏等基本套路和小游龙、大游龙、龙钻尾等过渡动作组成，造型生动，转换巧妙，动作间的衔接和递进十分紧凑。

表演现场，舞者脚步变换极快，动作幅度也相当大，技艺娴熟，动作干净利落，灵活敏捷，再加以热烈而奔放的锣鼓，只见龙在飞腾，人在翻舞，龙身迎风，呼呼有声，煞似蛟龙出海，令人屏息凝神，目不暇接，确有一种翻江倒海的磅礴气势。

奉化布龙由敬神、请神、娱神逐步演变成为富有特色的民间舞蹈，迄今已有 800 多年历史，并以其繁多优美的套路，在 1990 年入编《中国民族民间舞蹈集成(浙江卷)》。1996年奉化市被文化部命名为中国民间艺术(布龙艺术)之乡。2006年,奉化布龙成功入选首批国家级非物质文化遗产。“龙身一节节,人心要齐一”,奉化布龙很好地体现了众志成城、团结拼搏的精神,能催人奋发向上,增强凝聚力。

(四)镇海龙鼓与澥浦船鼓

镇海龙鼓作为宁波镇海区重要的民间艺术形式,在各乡镇广为流传,有着很高的观赏价值与艺术价值。镇海古称“蛟川”,乃藏龙卧虎之地。自古以来,镇海人民以出海打鱼为生,为保出海平安,鱼虾丰收,舞龙和锣鼓表演在民间十分盛行,历史悠久。

镇海素有“浙东门户”之称,大小战事频繁,先后经历了抗倭、抗英、抗法、抗日等反侵略战争,每当将士们凯旋,镇海百姓都会以舞龙和锣鼓庆祝胜利。近年来,镇海民间艺术家吸取传统艺术的精华,并加以创新,将舞龙和锣鼓表演巧妙地糅合在一起,形成了龙鼓这一具有独特风格的新民间艺术表演形式。镇海龙鼓寓意斗风平浪,“镇海”以保风调雨顺。镇海龙鼓既有龙舞的细腻奇巧,又具有锣鼓的雄壮粗犷,合为龙鼓,似蛟龙出海,雷霆万钧,变幻自如,气势如虹。镇海龙鼓使锣鼓富有动感,使龙鼓更具节奏,锣鼓音乐与舞蹈动作相得益彰,蔚为壮观,极具震撼力。

最近几年来,镇海区重视民间艺术队伍的建设,仅镇海龙鼓表演队组建就投入近20万元。100多人的表演队坚持业余训练,表演水平日臻提高,曾先后参加宁波市庆祝新中国成立50周年广播电视文艺晚会、象山海鲜节开幕式、浙江省投资贸易洽谈会开幕式等省市重大庆典活动30多次。2000年代表宁波市参加浙江省广场民间舞大赛获表演金奖。2001年6月代表浙江省参加由中国文联、中国民间艺术家协会等单位主办的“山花奖”居庸关长城杯中华鼓舞大赛获最高奖“山花奖”。中央电视台、《人民日报》及省、市众多新闻单位均对镇海龙鼓作过报道。

镇海澥浦船鼓,是一种集打击乐(以鼓为主)、船形道具和民歌小调为一体的反映浙东渔民生产生活习俗的民间舞蹈样式,通称船鼓,民间亦呼称“拷(敲)船灯”。传其在清嘉庆中后期(1810年左右)已盛行于此间乡里,迄今至少有200年历史。当时澥浦为一较大的渔业集镇,渔民多从河南和福建迁居而来。每当出洋捕鱼、归来谢洋,河南籍渔民往往以敲锣击鼓庆祝,福建籍渔民则常常以竹木条扎成船形载歌载舞。后来,二者逐渐融合,就有了船形舞与锣鼓伴奏合而为一的船鼓队。清末民初,船鼓最为红火,并扩展至民间庙会、传统节日与喜庆活动。每年出海捕鱼(俗称“开洋”)和捕鱼归来(俗称“谢洋”)时,他们(男性渔民)都会一起以击鼓、唱民歌和舞着船形物进行送行祈福或进行喜庆丰收表演。后来,这三种表演形式逐渐地糅合在了一起,还将七寸大小的堂鼓放置并固定到船形道具中,场侧用锣鼓(以鼓为主)打击乐加上唢呐增强节奏,每舞一段就配合打击乐敲击一通船中堂鼓,接着再用当地常见的民歌曲牌(如马灯调等)配以自编的词句唱一段小曲,用来抒发情感和渲染气氛,从而逐渐发展成为一种粗犷强健、刚毅有力,极具浙东渔民性格和浙江渔区特色,并为广大民众所喜爱的民间表演艺术。除了在各种渔业生产生活中活动外,还很快融入庙会和其他各种社会节庆活动中,是当地民间表演艺术的“第一品牌”。

“文革”期间,澥浦船鼓被当做“四旧”取缔。随着老一辈船鼓手相继过世,船鼓面临失传的窘境。20 世纪 90 年代以来,经过一些民间老艺人和文化工作者的悉心整理,澥浦船鼓注入新时代文化元素,改编成新型吹打器乐曲《渔老大》,增加了大旗锣、川钹等响器乐器及船工号子,使舞台效果和艺术内涵更加雄浑。表演由龙头作导,众人相随,表演者服饰以画有龙、虾、鱼等图案的渔民对襟衫为主,背景经常是画有与海洋相关图案的渔船。打击乐器有大鼓、小鼓、大旗锣、川钹、水钹,还有唢呐、笛子等响器、乐器,古曲牌调有紫竹调、马灯调、孟姜女调和将军令等。“丈丈丈台、丈丈丈丈台、丈丈丈丈丈丈丈台……”浑然一体,气势磅礴。人们扭着、跳着、乐着。“渔船”在人们身边的“浪涛”里起伏航行;“鱼”、“虾”在丰收的网兜内翻滚飞舞……观众看着、听着,便不由自主地打起节拍,摆动起自己的身体,将洋溢的激情张扬。

澥浦船鼓是一种以打击乐加曲牌形式演奏的民间歌舞。船鼓演奏具有浓厚的喜庆气氛,曲调高亢,和声粗朴,节奏有力且起伏跌宕,形成虽欢闹却不噪的独特音韵,兼以粗犷奔放的舞蹈动作,非常适宜于场地演出,因而其随意性也比较强。为将其搬上舞台,文艺工作者对船鼓进行了一系列的重大改革。首先改革了道具,以一艘大渔船为主角,12 艘小渔船为配角,组成舞台阵容;原来由两人抬船、一人击鼓的“旱船”,设计成舟鼓合一的“单人蟹鼓渔舟”;设置了 16 个手持镇海宝塔的渔姑,内容增添了渔民斗浪场景和渔姑企盼出海亲人平安归航的剧情。其次,改革了演员的服饰,男演员的服饰以海蓝色为底色,饰以金色的渔网装饰,女演员则以红色为主,与手持的金色宝塔互衬,强化了舞台视觉的喜庆色彩。船鼓的曲调,在保留江南马灯调旋律的基础上,增强了江南丝竹的音乐成分。整个曲调以海潮波涛为基调,以号子鼓声为高潮,区域特色非常强烈。

三、浙东海洋民间戏剧

浙东民间戏曲有着悠久的历史与优秀的传统。最早反映东海故事的《东海黄公》，就源于汉代的“角抵戏”。晋葛洪《西京杂记》载：“有东海人黄公，少时为术，能制御蛇虎。佩赤金刀，以绛缯束发，立兴云雾，坐成山河。及衰老，气力羸惫，饮酒过度，不复能行其术。秦末有白虎见于东海，黄公乃以赤刀往厌之。术既不行，乃为虎所杀。俗用以为戏。汉帝亦取以角抵之戏焉。”我国戏剧家周贻白在《中国戏剧的起源与发展》一文中，亦认为《东海黄公》是中国戏剧最早的萌芽。到了宋元，东海“海东之胜”的温州，更成为中国古南戏的诞生地。明祝允明《枝山猥谈》里记载：“南戏出于宣和之后，南渡之际，谓之温州杂剧。”清顺治《瓯江逸志》亦记载：“民众好演戏。”民国以来，浙东沿海民间地方戏曲更为繁荣，不仅有流传于温州、绍兴、浦江的“乱弹”，台州的“高腔”，宁波的“甬剧”，还有流传于舟山群岛的“木偶戏”等。

（一）浙江“乱弹”

清乾隆五十五年(1791)，乾隆南巡时，两淮盐商调集了全国100多个地方剧种在扬州接驾。地方官为便于上奏，将各地方剧种分为“雅”、“花”两部。“雅”单指昆腔；“花”即杂，杂者乱也，故统称乱弹。

浙江是乱弹的天下，有绍兴乱弹、浦江乱弹、温州乱弹等，新中国成立后，分别改称绍剧、婺剧和瓯剧。唯台州乱弹沿名至今，成为名副其实的“天下第一团”。台州乱弹的声腔有昆腔、高腔、徽调、台州词调以及乱弹中的慢乱弹、紧中慢、二簧、紧二簧、慢二簧、应司二簧、西皮二簧、上字、和元、山坡羊等。其唱腔高亢激越，表演粗犷奔放，文戏武做，武戏文唱。尤其是独特的表演绝技，如“耍牙、钢叉、双骑马、抱瓶滑雪”等，至今仍为戏剧界所称道。其舞台语言以中原语音结合“台州官话”，充满乡土气息。

台州乱弹有300多个剧目，老高腔有《三星炉》、《紫阳观》、《鸳鸯带》等，昆腔有《连环记》、《长生殿》、《单刀会》等，乱弹有《五虎平西》、《薛刚反唐》、《锦罗衫》、《紫金镯》等。创作剧目有反映戚继光在台州抗倭的《双斧记》、抗清剧目《金满大闹台州府》及家庭剧《拾儿记》等。由台州乱弹剧团排演的《拾儿记》、《空花轿》、《荒魂》曾在浙江省第一、二、三届戏剧节中获得编剧、表演、音乐等多项大奖。尤其《拾儿记》一剧，在戏剧节上引起轰动，广东、陕西等地的代表纷纷索要剧本。台州乱弹被专家誉为“中国剧坛上富有浓郁乡土气息的一朵兰花”。

据《台州地区志》记述：晚唐、五代时，已有参军戏或杂剧演出。1987年，

图 8-1　台州乱弹《拾儿记》剧照

图 8-2　《拾儿记》王小三剧照

黄岩县灵石寺塔大修时，发现一批阴刻戏剧人物画像砖，制作于北宋乾德三年(965)，有参军戏剧或杂剧角色形象。宋代南戏逐渐形成，台州为其发源地之一，其时州县均有官办演剧组织，名为“散乐”。现存最早南戏剧本《张协状元》中有《台州歌》，为地道的台州曲调，其语言也具有浓厚的台州乡土气息，不少对白纯系台州方言。元代，杂剧流行于台州。元末明初，黄岩人陶宗仪《辍耕录》记载台州戏曲资料颇多。成化二年(1466)，进士陆容《菽园杂记》载黄岩等地“皆有习为倡优者，应戏文子弟，虽良家子亦不为耻”。此后，高腔与昆腔继起。明末清初，宁海县(包括今三门县)等地有平调，所唱高腔较平，故名。清代乾隆年间(1736－1796)，乱弹腔在黄岩一带兴起，以紧乱弹、慢乱弹、二簧为主干唱调，兼唱昆腔、高腔，形成三腔合唱的台州式的“黄岩乱弹”，相沿约 160 年。民国初期，乱弹发展迅速，共有 20 多副戏班，同时有高腔班 10 余副、徽班 5 副。

温州乱弹(瓯剧)曲调丰富，有民歌风，长于抒情。剧目大多取材于民间故事与历史故事，爱憎强烈，忠奸分明。唱白为温州方言加上北京话的混合语，俗称“乱弹白”。另外，瓯剧的脸谱也有自己的特色，如一字眉，手形脸，以及神话中的鲤鱼脸、鸟脸、虎脸、龙脸等，惟妙惟肖，再加上词句通俗，表演细腻，形成了朴素、清新的风格，受到了群众的欢迎。

(二)舟山“木偶戏”

木偶戏是由演员操纵木偶以表演故事的戏剧。根据木偶形体和操纵技术不同，分为布袋木偶、提线木偶、杖头木偶、铁线木偶四种，各具艺术特色。中国木偶戏历史悠久，据史载起源于汉代，唐宋时已很发达，当时多用傀儡戏之名。

木偶戏流传于舟山已有 150 余年的历史。据民国 12 年(1923)编撰的《定海县志·风俗·演剧》载:傀儡戏有两种,俗皆称之曰“小戏文”。一种傀儡较巨者,谓之“下弄上”,皆邑中堕民为之。围幕作场,大敲锣鼓,由人在下挑拨机关,则木偶自舞动矣。其唱白亦皆在下之人为之。一种小者,其舞台如一方匣,以一人立于矮足几上演之,谓之“独脚戏”,亦曰“登头戏”,为之者皆外来游民。傀儡戏大者多民间许愿酬神演之;小者则多在街市演之,演毕向观众索钱,亦有以此许愿酬神者。人们请演木偶戏,无论是为驱邪避凶、解厄消灾,还是招财求福,都是希望借助木偶戏这一形式来与神沟通、与神对话,祈求神灵的保佑与赐福。可见,舟山木偶戏的发展与舟山民间宗教信仰密切相关。

据《舟山民俗大观》记载:定海南门口(今人民中路)旧时是定海城里最繁华的地区。每逢农历七月十五鬼节,由南大街各商家集资在南门口搭台放焰口,举行盛大的祭祀活动。当晚,南大街自状元桥至南城门口所有商店均不打烊,店堂里摆设香案,供上糕点果品、香茶水酒。街道两边拉两条很长的草绳,从每家店门口横贯而过。由各家负责将自己门前这段草绳挂满金、银纸箔和各种纸钱。南城门口挂上一幅布做的鬼王像,那鬼王腰束虎皮裙,手举催魂铃,青面獠牙,面目狰狞。天黑以后,各项祭祀活动全面展开,主要包括城门口打醮放焰口、各商家设香案祭祀和木偶戏演出等三部分,其中最热闹的要数木偶戏演出了。演木偶戏的场地有两处:一处在里太保庙,另一处在水门桥堍的空地上。在祭祀活动进行过程中,街上灯火通明,行人如织,锣鼓声不绝,煞是热闹。夜深祭祀结束,木偶戏演出散场,人们把街两边拉着的草绳连同上面悬挂的锡箔、纸钱收去,堆在街心焚烧。

至20世纪40年代,舟山有20多个木偶戏班在城乡、岛屿流动演出。50年代初,木偶戏班逐渐增多。1956年,定海县城关镇举行舟山专区木偶戏会演,全区20个木偶剧团近80名演员参加演出,上演的节目有40个。

1959年,40余名木偶艺人加入舟山地区曲艺队,由出身木偶世家的潘渭涟组建成立“东升木偶剧团”。此后,东升木偶剧团对原有表演形式进行改革,使木偶戏从“唱门头”、“做愿戏”等流动演出改变为在书场、礼堂等固定场地演出。为适应固定场地演出的需求,变单人演出为多人演出,内容与动作更加复杂生动,表演难度大。

(三)宁海平调

宁海平调,又称“宁海本地班”,在宁海北部亦称“调腔”,是浙东富有特色的地方戏曲剧种之一,主要流行在宁海、宁波、台州、舟山一带。

宁海平调唱腔、表演非常有地方特色。唱腔以曲牌体为主,多为阴、阳两声结合。一般老生发音较高亢、洪亮，多用鼻音；小生较挺拔、有力，多用假嗓；净角较粗犷、雄壮，声带振幅大。演员一人前台唱，后场众人帮唱，遇到较长拖腔时，往往会根据字韵，将句末一字割裂开来，按其音韵行腔。白口（戏曲中的说白）以宁海官话为准，声音洪亮，听起来很动听。

宁海平调的表演以耍牙绝活最精彩，口含四颗、八颗，甚至十颗野猪獠牙，时而快速弹吐，时而刺进鼻孔，时而上下左右歙动，或有两颗刺出鼻孔，尤其是有两颗牙始终藏于口内，仍要唱、做、念、打，这一绝技可与四川变脸媲美。此技相传已有一百多年的历史，为老艺人杨先达（艺名红毛老生）所擅长。另外有些表演技巧如老艺人刘乾木（小丑）的"雀步"，葛时烟（小生）的"抱瓶滑雪"、"一马双鞍"、"买菜吐红"等，均有较高难度，也是宁海平调一大演技特色。

宁海平调角色行当分"三花"、"五白"、"六旦"，即大花、二花、小花；老生、正生、副末、小生、外末；正旦、老旦、小旦、彩旦、刀马旦、闺门旦。旧时还有"上四柱"和"下四柱"之分。"上四柱"为小生、花旦、正生、大花；"下四柱"为小丑、二丑、正旦、外末。一个演员往往兼演多种行当，如艺人周明礼、邬学熊，既能演旦、生、末，又能演净、丑、外。

乐器伴奏主要分为唱功、做功和吹打三大类。唱功和吹打又分为"大鼓"和"小鼓"、"大吹"和"小吹"几种。大锣、大鼓、大钹、大喇叭、小锣"四大一小"为主，另有单皮鼓和唢呐。打击乐器在唱腔的伴奏较有规律，节奏平缓，适于小生、花旦的演唱。同一节奏如用大锣、大钹，则较粗犷、豪放。唢呐是唯一管乐器，专设"正吹"与"副吹"，既用以表现较为准确的音阶，又要为名曲牌之间的连接起引导作用，更为演员上场、下场、大幅度动作和更换地位等渲染气氛。

宁海平调的起源有几种说法。一说源于新昌调腔的"山坑班"。所谓"山坑"，因为宁海有许多的山坑，与新昌山坑相似，但又很奇特。山山坑坑是宁海最典型、最富魅力的景观，溪响松声，溪唱松吼，天籁喁喁。加上宁海邑人的个性太独特，故有宁海平调棱角分明、不同凡响、几近绝唱的那种禀性。一说来自宁波昆剧的"甬昆班"。就其剧目与曲牌与新昌调腔较接近，演唱风格较细腻、平柔，其小丑的道白不用绍兴方言而用苏白，均有昆曲的韵味。据一些老艺人回忆，自晚清起，不少艺人来自宁波的甬昆班（既唱昆曲又唱调腔的班社），它是明末清初浙东流行的一支调腔。清中叶后，受昆曲影响，自成一家。"平调"这一称谓，显然受调腔、昆曲、曲牌的影响，又受该县的地理环境和独特的邑人个性诸因素影响而产生的。

宁海平调在辛亥革命后一度盛行。仅宁海一县，就有邬聚元、宁舞台、王聚文、杨聚文、严聚文、杨聚丰、中山舞台等十多个班社，在岔路、历洋、梅枝田、沙柳、璜溪口等地分别办过科班，招收艺徒。20 世纪 30 年代初期，这一剧种曾流入上海。1932 年起趋向衰落，至新中国成立前夕，几已湮没。

1960 年初，正式成立宁海县平调剧团，并着手发掘、整理一批传统剧目和现代戏。1966 年后剧团解散，1978 年恢复建制。1982 年宁海县成立平调整理研究小组，系统地对这一剧种进行艺术改革和剧目整理。宁海平调传统剧目，今存者主要有“前十八本”和“后十八本”，共三十六本，另有一些昆曲、乱弹剧目。

珍稀剧种宁海平调，是宁海县优秀文化艺术遗产，它具有独特的艺术魅力。1999 年 10 月参加文化部在湖南长沙举办的“映山红”全国戏曲会演中，荣获表、导演等 11 项大奖。2004 年 7 月，宁海平调《银瓶仙露》又应邀赴杭州参加了中国第七届艺术节展演，受到了好评。如今在先进文化前进方向的指引下，古老的宁海平调像花朵一样定会绽放得更加鲜艳夺目，广大人民群众定会更加喜爱。2006 年 5 月 20 日，宁海平调经国务院批准列入第一批国家级非物质文化遗产名录。

（四）宁波“甬剧”

甬剧是用宁波方言演唱的地方戏曲剧种，属于唱说滩簧声腔。它最早在宁波及附近地区演唱，当时称“串客”，光绪十六年（1890）“串客班”到上海演出后又称 “宁波滩簧”，民国 13 年（1924）“宁波滩簧”在上海遭禁演后称 “四明文戏”，1938 年上演时装大戏后又称“甬剧”和“改良甬剧”，直到 1950 年，这一剧种才正式定名为“甬剧”。

甬剧音乐曲调丰富，主要有从农村田头山歌、对山歌、唱新闻演化而来的“基本调”、“四明南词”曲调和从乱弹班中带来的“快二簧”、“慢二簧”及一些地方小调。甬剧“基本调”主要用于叙述故事情节，“四明南词”曲调主要用于抒发人物感情，“二簧”主要用于描绘高亢激昂的情绪，小调则用来表现特殊情景和情感，近 50 年来各种曲调相互转接、糅合，形成多种综合曲调。

甬剧的流布区域最早主要在鄞县（现鄞州）、奉化一带。后来，逐步遍及宁波地区以及舟山一带乡镇。新中国成立前在上海、宁波等地曾活跃着多支著名的甬剧表演团体，并随着上演剧目的发展变革，历经男小旦、女小旦、改良甬剧等几个时期的兴衰，这一期间涌现出来的著名甬剧艺人有贺显民、徐凤仙、金翠香、金玉兰、黄君卿等。新中国成立后宁波成立宁波市甬剧团，上海成立堇风甬剧团。宁波市甬剧团以编演反映现代生活的甬剧为主，如《两兄弟》、《王鲲》、《亮眼哥》、《红岩》等，同时也整理了如《田螺姑娘》等一批传统戏。

甬剧适宜于演清装戏、西装旗袍戏和现代戏，紧跟时代，贴近现实生活，因此受到党和各级政府的重视和广大观众的欢迎。新中国成立后，宁波、上海两地甬剧团演出的区域主要集中在宁波、上海、舟山等地，并向周边延伸，南至台州，西至丽水、金华，北至杭嘉湖，其中上海堇风甬剧团曾在1962年赴京演出，宁波市甬剧团也在1990年和1995年两次赴京演出，均产生过较大影响。2002年根据宁波人柔石①小说《为奴隶的母亲》改编的甬剧新戏《典妻》，先后赴德国、匈牙利等国以及香港、台湾、上海、西安、杭州、绍兴等地区、城市，至今演出超百场，掀起一股甬剧热潮。

四、浙东海洋民间曲艺

曲艺是中华民族各种"说唱艺术"的统称，它是由民间口头文学和歌唱艺术经过长期发展演变形成的一种独特的艺术形式，以"说、唱"为主要的艺术表现手段。说的如小品、相声、评书、评话；唱的如京韵大鼓、单弦牌子曲、扬州清曲、东北大鼓、温州大鼓、胶东大鼓、湖北大鼓，等等；似说似唱的如山东快书、快板书、锣鼓书、萍乡春锣、四川金钱板等；又说又唱的如山东琴书、徐州琴书、恩施扬琴、武乡琴书、安徽琴书、贵州琴书、云南扬琴等；又说又唱又舞的走唱如二人转、十不闲莲花落、宁波走书、凤阳花鼓、车灯、商洛花鼓等。据不完全统计，至今存活在中国民间的各族曲艺曲种约有400个。

浙东沿海民间曲艺是活跃在海港、海岛地区深受广大居民喜闻乐见的民间说唱形式，它以曲折的故事情节、生动的说唱内容、简便的表演形式，渡海穿洋，为广大滨海居民所热爱。

(一)宁波走书(蛟川走书、翁州走书)

宁波走书，又名莲花文书，在浙江的宁波、舟山、台州一带深受群众欢迎。根据《宁波曲艺志》所述，宁波走书的诞生，约在同(治)光(绪)年间。宁

---

① 柔石(1902—1931)，宁波宁海县人，原名赵平复。代表作有中篇小说《二月》、《三姊妹》，短篇小说《为奴隶的母亲》。1931年1月17日被捕，2月7日深夜，被国民党枪杀于上海龙华警备司令部。终年30岁，成为"左联五烈士"之一。两年后，悲愤总时时袭击着鲁迅先生的心，他的《为了忘却的纪念》成了对烈士永远的怀念，被鲁迅誉为"台州式的硬气"(历史上，宁海曾多次隶属台州府)。在宁海城关北面建有以烈士命名的宁海最大的公园——柔石公园，在离故居百米的地方有以烈士命名的学校——柔石中学。

波走书最早是从绍兴地区的上虞县传入的。当时曾有几个佃工，在农作中你唱我和，自我娱乐，藉以消除疲劳。而后由唱小曲发展到唱有故事情节的片段，在夏夜乘凉或冬日闲暇之时，凑拢几个人到晒场、堂前为大伙演唱。后来也有一些人，逢年过节出外演唱，赚一些“外快”。宁波走书在刚开始演唱的时候并没有什么乐器，只有一副竹板和一只毛竹根头，敲打节拍，曲调也十分简单。光绪年间，这种演唱形式已流行于余姚农村。后来，余姚有一些农闲时从事曲艺演唱的农民、小贩和手工业者，成立了一个“杭余社”组织，经常交流演唱经验，研究曲艺书目。其中有位叫许生传的老先生，吸收了绍兴莲花落的曲调，率先采用月琴伴奏，自弹自唱，很受群众欢迎。在他的影响下，许多艺人也都采用各种乐器伴奏，还从四明南词、宁波滩簧、地方小调中引进不少曲调，加以改造应用。同时，在书目方面也有了发展，出现了《四香缘》、《玉连环》、《双珠凤》、《合同纸》以及《红袍》、《绿袍》等一些长篇，演唱的区域范围也逐渐扩大到宁、舟、台三个地区。

宁波走书的表演形式可分三个发展阶段：开始时是一人自拉自唱的“坐唱”；后有简单的伴奏，演员坐在桌子中间后面，乐队坐在桌子横旁，演员在桌后表演，动作幅度较小，称为“里走书”；再后，演员与乐队相对各坐一旁，演员在台上有较大空间作表演圈，称为“外走书”。当时，鄞西谢宝初的表演，城里段德生的唱腔，慈北毛全福的武功，各有千秋，名噪一时，在群众中很有影响。由于莲花文书从坐唱发展到站起来表演，分口饰角色，这样演员在台上动作的幅度比较大了，走书之名也由此得来。新中国成立后，宁波走书进行了多次改革和创新，在表演方面已发展到男女双档，伴奏的力量也加强了。

宁波走书曲调常用的有四平调、马头调、赋调三种，俗称“老三门”。有时，也用还魂调、词调、二簧、三顿、三五七等。“四平调”一般作为一部书的开头，末句常由乐队和唱。“赋调”随内容情节、人物性格，有紧、中、慢之分。如慢赋调节奏缓慢，曲调下行为主，多用于哀诉之类的叙述或回忆。“马头调”据艺人所传，系从蒙古民间曲调中转化而成。“三顿”节奏较快，旋律高昂，大都用于人物心情激动，或情节急迫之处。走书演唱伴奏的乐器中，四弦胡琴是必不可少的主要乐器，也是宁波走书音乐具有独特风格之处，其他乐器有二胡、月琴、扬琴、琵琶和三弦等。

宁波地区与宁波走书演出的形式较为接近、有一定的血脉传承关系的，还有蛟川走书和翁州走书两种曲艺艺术。

蛟川走书是宁波地方曲艺艺术走书中的一个乡土气息浓郁、独具风格的曲种。

追溯蛟川走书的渊源，约在距今100年的光绪年间，一个住在镇海县城小南门叫谢阿树(又名谢见鸿)的艺人，吸收宁波走书的演出程序和方式、内容，再加上自己的发挥，形成了一种有别于宁波走书的新的曲艺形式。因他家所住的小南门拱形城墙上刻着“蛟川”两字，遂以此为名，称这种曲艺形式为“蛟川走书”。艺人们都认为谢阿树是“蛟川走书”的创始人。

蛟川走书的表演规程：早期的蛟川走书仅一人演唱，没有乐器伴奏，也没有后场和唱，艺人只用两只酒盅，一根竹筷，进行有节奏的敲打，自唱自和。后来吸取宁波走书的演出规程，逐渐演变成一唱一和的形式。蛟川走书一般在庙宇、祠堂或晒场演出，舞台是用木板搭成的一个小平台，演唱者用静木、纸扇、手帕等做小道具，伴奏后来也改用竹板、竹鼓等打出有板有眼的节奏，后来蛟川走书演出时以二胡为主要乐器，以扬琴为辅，配以其他乐器，有时还增加琵琶、三弦、箫、笛等多种乐器伴奏，发展到多档形式，有的也用木鱼打击伴奏。在落调时用清口唱和“哎哎哩啊……”的基本调。

蛟川走书的曲调有30余种，常用的有20余种。如：小起板、基本调(蛟川本调)、赋调、杭调、词调、平调、一字沙袋、五彩沙袋、娃娃调、乱台、哭调、水底反、正平调、三顿、清丝二簧、流水、一根藤、五更调、武林调、急板等。蛟川走书演出的时候，演员在右位，伴奏员在左位，对唱时右位为主，左位为辅。

蛟川走书大多唱演义类长篇大书。传统书目主要有：《东汉》、《西汉》、《隋唐》、《反唐》、《飞龙传》、《大明英烈传》、《杨家将》、《紫金鞭》、《包公案》、《七侠五义》、《宏碧缘》、《平阳传》、《天宝图》、《白鹤图》、《粉桩楼》、《乾坤印》、《麒麟豹》、《红袍》、《双珠球》等。现代书目方面主要有《敌后武工队》、《野火春风斗古城》、《黑凤》等。

蛟川走书艺人过去大多半农半艺，农忙时耕作，农闲时演唱，仅有少数专靠演唱为生。比较著名的走书演唱艺人有唱做俱佳的谢阿树，天赋嗓子条件较好的朱阿根，善做“马嘶鸡叫”口技绝活的陆尧林，他们的艺术表演在听众中留下了深刻的印象。

翁州走书原名六横走书。六横系舟山群岛中的一个岛屿，唐朝开元年间称翁山县，因此这种走书艺术被称为翁州走书。

翁州走书主要流传于舟山和宁波的镇海、北仑一带。翁洲走书的艺人，由于地处海岛，来往交通不便，因而演出地域狭小，仅流行于舟山普陀区的六横、桃花、虾峙、蚂蚁等岛屿，以及定海、岱山部分地区。翁州走书艺人偶尔也到大陆上去演唱，但也只限于宁波的镇海、北仑一带，以及鄞县的咸祥等地。宁波的镇海、北仑地区与舟山隔海相望，锣鼓之声相闻，民间来往十分频繁。

再加上明、清时期，舟山居民曾两次内迁大陆，所以宁波与舟山两地的关系十分密切，翁州走书在北仑、镇海一带的演出活动过去十分活跃。

据传，翁州走书已有200年左右的历史，据老艺人虞定玉排辈推算，清嘉庆年间(1800年左右)定海马岙乡有位名叫安阿小的民间艺人，因家贫沿途卖唱到普陀六横岛，见那里的百姓生活富裕，演唱条件较好，就在六横乡嵩山大支村安家落户，平日除外出说唱外，还招收了烂眼阿福为徒。

至清光绪年间(1875—1908)，第三代六横艺人沃阿来是个具有一定文化水平和事业心的人，且对戏曲、小说等有强烈的兴趣。他针对师父所传授的说唱艺术锐意改革发展，首先对传统曲目内容进行研究，并予以修改和整理，同时还把平日所看到、听到的某些小说、民间故事、戏曲剧情等，移植、改编到曲目中来，从而提高和丰富了曲目的内容。在表白、唱词方面，为了让外地的听众也能听懂说唱中的词句，将不易听懂的当地方言改为本地的地方“官话”(即当地的书面话)。在表演方面，也吸取了戏曲中的某些表演手法和台步，将坐唱改革为“走唱”，由单档说唱发展为双档走唱。即以一个为主(称上手)，手持一把纸扇，边走动，边进行表演说唱，有时手击醒木(又称堂木)以助剧情中的声势；另一个为副手(又称下手)，坐在桌旁，手击竹制的笃鼓和尺板(又名拍板)进行伴奏和伴唱。表演的场地，也随着表演形式的改革，从沿门说唱，改为室内走唱或露天走唱。这一系列的改革和发展，为六横走书打下了基础。因此，确切地说，真正的“六横走书”应该从此时才正式形成。

经过几代艺人的努力，整理一批大型书目，如《金龙鞭》、《龙凤锁》、《白鹤图》、《黄金印》、《麒麟豹》、《六月雪》、《合同纸》、《乌金记》、《双金钗》等，并采用二胡等乐器伴奏，步入书场演唱。演唱的曲调也逐渐丰富，由原来单唱“翁州老调”扩展到吸收采用宁波走书、蛟川走书和甬剧、绍剧等一些曲调。

(二)唱新闻

“唱新闻”是浙东地区流行的一个曲种，宁波北仑、奉化、象山以及舟山定海等地尤为普遍。

“唱新闻”，旧时多为盲女瞽男演唱。因其演唱时多带有哭腔，似乞者求食之状，故称“讨饭腔”。又因“唱新闻”艺人常常在人家居处门口或往来于岛间的航船上唱，故而又被称为“唱门头”与“唱船头”。“唱新闻”有一人演唱的，自唱自伴奏，叫单口调；也有二人演唱的，一唱一敲并帮腔叫双口调。

“唱新闻”历史较为悠久，但具体年代难以查考，据说由唱“朝报”官方新闻演化而来。由于演唱的内容大多为本地及外乡的时政新闻或传奇故事，用的又是地方方言，听来格外亲切。唱的曲调有人们熟悉而且好听的民间小调，有“宁波走书”中的赋调、二簧，变化较多，深受渔村基层群众喜爱。相传，定海“唱新闻”的“祖师爷”江阿桂技艺高超，一部《石门冤》唱了半个月还未结束，如果要听到大团圆，还得唱半个月。

“唱新闻”开唱前，艺人先打击几番，俗称“闹场”。“闹场”结束，即开始演唱。开篇的唱词叫“书帽子”。一般是以“天上星多月不明，朝廷官多出奸臣，地上人多出新闻，新闻出在哪一村？听我慢慢道分明”作开场白。也有如：“犯关犯关真犯关，宣统皇帝坐牢监。正宫娘娘担监饭，红皮老鼠拖小猫（读‘蛮’音）。世上新闻交交关，且听我来说一番。”书帽子拖腔一完，即转入正书。正书里有说有唱，有时边唱边用鼓槌或锣片有节奏地轻轻叩打鼓壳或小锣。等到唱罢一段，再敲几番锣鼓，接下去说唱。新闻书目可分两类：一种是小书目，也叫开场书，如：光棍调、打养生、劝赌、癞头抬老婆等，也有用小调唱小段社会新闻的；一种是大书目，也叫当家书，有《双兰英》、《邬玉林》、《日月琴》、《钉鞋记》、《石门县》、《三县并审》、《杨乃武与小白菜》等。

新闻演唱形式有：唱门头（沿门唱小曲）、椤便场（在居民天井、明堂之中唱）、唱航船（在日夜航船中为旅客演唱）、唱灯头（庙会集市唱）、唱场子（能唱大书、水平较高的艺人，进书场演唱）。

（三）四明南词

四明南词俗称“宁波文书”，属弹词类。由于词章华丽和曲调优雅，四明南词为士大夫们所欣赏，一般不进入书场、茶坊，多在寿诞、喜庆的堂会上演唱。

据传，清朝乾隆皇帝下江南时，曾到过宁波，并在白衣寺章状元家住过。听了宁波文书，十分赞赏，说：“此乃是词，不应称书。”由此宁波文书改为四明南词。还有传说：乾隆回京时，叫了一班南词艺人进宫演唱，自己也学。这些传说在老艺人中颇为流传，但宁波志书中并无记载。四明南词有实证可考的时间，约有300年：明末清初，有一批志同道合的文人，组织了类似票房形式的“诗词歌赋社”和“丝竹社”对南词曲调、节目进行研究。道光年间，南词十分繁荣，宁波城新街一带已有“崇德社”、“引凤轩”等组织，连同郊外、镇海、奉化一带从事南词演唱的艺人，总共约280人。后渐趋走下坡，至新中国成立前夕，仅余二三十人。较有名者有滕云清、陈世卿、戴善宝、陈金恩、何贵章、柴炳章、陈莲卿等。

南词艺人组织的社，多在农历六月十一、十一月十一两天集会，厅堂中挂起伏羲、轩辕、文王、武王、周公、孔子、唐明皇、李白、李龟年九位神像，拈香供奉。他们对唐代乐师雷海青也十分崇拜。据传雷系盲人，在安史之乱中被安禄山所俘。雷手捧琵琶大骂安禄山，最后把琵琶砸向安禄山。南词艺人非常钦佩他的气节，所以也对其供奉。

四明南词是唱、奏、念、白、表相间的表演形式。主唱人要有“一白、二唱、三弦子”的硬功夫。南词常用曲调有词调、赋调、紧赋、平调、紧平调，俗称“五柱头”。调和调式转换较多，也有板腔变化。四明南词曲调文静优美，唱腔多是七字句，有的间隔衬字流畅动听，有的还有大段起板、间奏、尾奏等器乐段。这些器乐段在开演之前或休息之后必奏一曲，以显示该班社的艺术水平和起到静场的作用。所用曲子多为江南丝竹，如《四合如意》、《得胜令》、《三六》等，最具特色的是四明南词的《将军令》（也称《文将军》）。主要乐器有：箫、笙、扬琴、二胡、琵琶、小三弦等。演奏时，演奏员们根据自己所奏乐器的特色，围绕主旋律，自由发挥，互相辉映，形成支声复调，以少胜多，音乐十分优雅。中外不少研究中国民间音乐的专家，对此均有很高评价。

四明南词演唱有单档（唱兼弹三弦）、双档（主唱弹弦，另加扬琴）、三档（除上两档外，加琵琶）、五档（再加二胡、凤箫）、七档（再加拉弦、双清）、十一档（再加筝、鼓板）、十三档（再加月琴或管），但有时根据伴奏人员的情况，有所灵活变动。四明南词的主要书目有：《珍珠塔》、《玉蜻蜓》、《白蛇传》、《双珠球》、《十美图》、《盘龙镯》、《雨雪亭》、《果报录》、《双珠凤》、《西厢记》、《四法缘》等。

五、浙东海洋民间美术

民间美术是组成各民族美术传统的重要因素，为一切美术形式的源泉。新石器时代的彩陶艺术，中国战国秦汉时代的石雕、陶俑、画像砖石，其造型、风格均具鲜明的民间艺术特色；魏晋后，士大夫贵族成为画坛的主导人，但大量的版画、年画、雕塑、壁画则以民间匠师为主，而流行于普通人民之中的剪纸、刺绣、印染、服装缝制等更是直接来源于群众之手，并装饰、美化、丰富了社会生活，表达了人民群众的心理、愿望、信仰和道德观念，世代相沿且又不断创新、发展，成为富于民族乡土特色的优美艺术形式。

浙东海洋民间美术与浙东海洋民俗活动关系极为密切，如沿海民间的节日庆典、婚丧嫁娶、生子祝寿、迎神赛会等活动中的年画、剪纸、春联、戏具、花灯、佛道神像、服装饰件、舟船等。浙东海洋民间美术分布于沿海各地，因地域的差异又形成丰富的品类和风格。但它们都具有实用价值与审美价值统一的特点。另外，它们的制作材料大都是普通的木、贝壳、纸，但技巧高超、构思巧妙，擅长大胆想象、夸张，且常用人们熟悉的寓意谐音手法，积极乐观、清新刚健、淳朴活泼，表达了沿海居民对美好生活的憧憬与理想，富有浪漫主义色彩。

（一）舟山渔民画

舟山渔民画由舟山当地渔民自己创作，并以大海为背景，以渔民的生产、生活为题材，表现手法既没有传统民间美术的平实中庸，也不受学院既定规范的约束，有着大海自由随意和纯情流露、天真可爱的鲜明个性，无论是丰富的内容题材，还是鲜明的地方特色，或独特的艺术表现手法，都可谓渔民艺术之典范。

1983年，浙江省群众美术工作会议在杭州召开，此会旨在繁荣和推动浙江民间传统美术，提出在省内搞几个试点。会后，定海区文化馆率先组织人员前往上海，考察学习金山农民画创作，而后于6月组织有关人员集中进行创作。同年7月，市群艺馆举办了首届全市渔民画作品加工班，于8月送杭州参加全省评选，58件作品获省一、二、三等奖。其中，有6件作品入选“全国首届农民画展”，占浙江省入选此画展作品总数的45%，同时2件作品荣获全国二等奖。

舟山渔民画旗开得胜，激发了普陀、岱山和嵊泗渔民画的创作热情，20世纪80年代初，在一些几乎被海洋包围的岛屿上，在一些胼手胝足、世代渔耕的舟山渔民中，涌起了一股民间绘画艺术的新潮，并很快以其独特的创作风格和艺术魅力引得国内外美术界的注目。

1987年9月，“舟山市现代民间绘画展”在北京中国美术馆开展，历时半月，盛况空前，获得了广泛好评，在北京美术界形成了冲击波，一些专家学者对舟山渔民画作品的艺术质量之高惊叹不已。他们说，今天的西南大厅是中国美术馆内思绪最为活跃、反映最强烈的一个展厅。当晚，新华社向全国发布了舟山渔民画展的电讯，中央电视台、《人民日报》、《光明日报》、《中国日报》、《中国农民报》、《美术》杂志等各大媒体争相报道和介绍画展的盛况。

1988年3月，文化部命名该市四个县区为“中国现代民间绘画画乡”。至此，舟山渔民画创作初步形成了一支具有独特风格的群体，舟山渔民画也开始名扬全国。

舟山渔民画表现的多是大海及与海有关的事物，即使是神话传说也是在大海里遨游。渔民出没于狂风巨浪，甚至生死搏斗的生活经历，形成作品奇幻、神秘、抽象近乎怪诞的风格，赋予作品现代民间气息强烈的地域特色和民族意识。而这些主观的感受和强烈的生活气息又通过造型上的夸张、随意和色彩上的艳丽、强烈而表现出来，由此形成了舟山渔民画特有的整体性艺术魅力，在中国现代民间绘画艺术中独树一帜。渔民画家们把他们对理想、对生活的美好追求与渴望都反映在他们的作品中，如刘云态的作品《渔姑梦》、《咪咪梦》，张亚春的作品《嬉鱼》。有的以渔民生活、生产和渔家风俗风情活动为内容，如林国芬的《拣鱼》和《剖鲞》，陈艳华的《补网》等；有的反映了海岛的民间传说，如张定康的《穿笼裤的菩萨》描绘了“青浜庙子湖，菩萨穿笼裤”这一民间故事。

渔民画家们热爱自己的海岛，热爱自己的劳动和生活，他们以海为动力，依照自己的环境和生活在创作中进行联想，用形象的思维来表达他们朴素的思想情感。他们从客观事物的真实形象出发，进行大胆的创意和夸张，立意奇特，想象丰富，用画笔流露着自己对生活的真情实感和对大海的深情眷恋，作品散发着浓郁的“海腥味”。这些充满大海气息的艺术作品，无一不具有鲜明的地域特色和生活气息。比如在鱼的身上可以画很多的渔网、海鸥及海洋动物，这些东西巧妙地组合在一起，交织成一个具有民间特色的造型，而形式又是非常新的。再如渔民捕鱼、捕蟹要用到很多工具，渔民画家们去表现时可以把不同时间、不同空间、不同视点和各种物体的特征要领错综复杂地交织在一起，也可以把自己感兴趣的东西都描绘在一幅画面中，使画面有很大的生活容量。在造型上不受任何限制，大胆想象，大胆变形，大胆夸张，他们常常以自己的感情为中心，根据需要在同一画面里可以出现仰视、俯视、平视、侧视等现象，构成了舟山渔民画特殊的造型模式。

越是民族的，就越是世界的。舟山渔民画，正是以其独具魅力的艺术风格，走出国门，走向世界，约有 300 件作品分别在澳大利亚、日本、德国、瑞典、挪威、西班牙、比利时和美国的蒙大拿艺术画廊、曼斯菲尔德亚洲研究中心、明尼芬达大学博物馆以及列治文市展出。法国《欧洲时报》、我国台湾《雄狮美术》和《中国文学》英文版等国内外媒体纷纷撰文介绍舟山渔民画。舟山渔民画作为一种特殊的文化现象，引来了不少国外友人前来访问考察，如法国巴黎装饰学院教授和美中友好协会理事、全美旅游部长肯·普福率领的访问团，美国艺术家卜丝赤专程前来舟山考察，并发表了评介舟山渔民画的专访文章。德国艺术家佛朗西斯卡对舟山渔民画情有独钟，自筹资金在嵊泗县举办了 25 天的渔民画创作班，并收购其中的 23 件精美画作。

（二）浙东雕刻艺术——竹根雕、贝雕

象山是文化部命名的“民间艺术·竹根雕之乡”。

中国竹根雕艺术，起源于唐代，兴盛于明代，这一时期竹根雕艺术主要集中在上海的嘉定和南京一带，在雕刻艺术风格上形成嘉定和金陵两大派系。

象山竹根雕的生发，源于20世纪70年代末。当时，一群木匠出身的民间艺人，凭着对自然美的独特感受，摸索着走上竹根雕之路。象山竹根雕在继承我国明清时期竹根雕刻工艺及其风格的基础上，吸收现代西洋艺术，充分利用竹根天然形状，雕刻成各种人物、佛像、动物等，形象生动，形态逼真。在造型艺术上，突破传统的用料规范，连根带须，一并应用，再现返璞归真之天趣，适应人们热爱自然的审美趋势，是历史上特别是晚清以来竹根雕艺术的一大进步。例如，象山张德和创作的登载于《浙江工艺美术》杂志上的《张飞》，作者把竹根的根须作为张飞的胡须，具有倒竖、密麻、蓬乱、针刺般效果，显示出张飞疾恶如仇、刚烈如火的性格特征，具有其他艺术形态所难以达到的传神效果。同时，张德和创作的反映"昭君"内容的《眷恋》，利用竹根尖的根须团块，加工雕磨，制成后梳上盘的发髻和头饰，怀抱琵琶，面部秀美，神形兼备。中国美术学院教授杨成寅评论说："张德和的竹根雕《眷恋》，其思想艺术水平，大大超过前代，这些根艺作品，来自传统，吸收传统的优点，又大大高于传统。"

贝雕工艺，以沿海地区盛产的贝壳为基本原材料，经艺人精雕细磨及抛光防腐等处理，制作成精美别致的艺术品和旅游纪念品。贝雕工艺利用贝壳的天然色，色彩自然且绚丽丰富。贝雕形状多样，质地坚硬细腻，打磨后亮丽光滑，不变质易保管，可塑性强，可以灵活表现各种花鸟山水、人物博古等艺术题材，其体积大小随意，是居家和公共场所的理想装饰品，具有特殊的艺术价值、经济价值、民间民俗文化研究价值。

舟山传统贝雕工艺有近百年的历史。据有关史料显示，1917年，定海设浙江省水产品制造模范工厂，设贝扣部，以蚌壳为原料小批量制作螺钿扣。新中国成立后，舟山是我国贝雕制造基地，作品多次被国家选送给部分国家元首和政要。20世纪六七十年代，舟山贝雕工艺盛行，贝雕作品被很多收藏爱好者收藏或作为高中档礼品作馈赠之用。到了20世纪80年代，贝雕生产企业先后倒闭，艺人散失，到20世纪末，贝雕工艺几近失传。2000年起，舟山市旅游品研究所对贝雕传统工艺实行了抢救性保护，安排了专用场地，购置设备，召集了老艺人对年轻工人进行传、帮、带。目前，具有舟山海洋文化特色的贝雕工艺得到了初步恢复，贝雕成为舟山为数不多的民间工艺品。舟山贝雕是利用当地的贝壳做原料，采用国画形式，融玉雕、石雕、浮雕等工艺形式为一体，吸收油画、装潢及装潢美术色彩鲜艳、格调优雅的艺术风格，根据贝壳的天然色彩、光泽、纹理，精雕成神形兼备的风景、人物、山水、花鸟等画屏的工艺美术品，品种有贝雕画、贝雕台屏、贝雕镶嵌、贝雕首饰等。

洞头贝雕已有100多年历史。过去洞头人家把贝壳收集后，小的贝壳穿成串，挂在颈部、手腕，当装饰品；大贝壳的外沿取下制成钩，悬吊蚊帐，当做日常用品；把形状特异的螺贝置于案头，做摆件。孩子生日或农历七月初七，用贝壳给孩子做佩戴悬挂饰品，更为普遍。这是洞头贝雕工艺的发端。从贝串、贝堆、贝雕画到圆雕，洞头的民间艺人不断发现、创造、继承和创新，使贝雕艺术进入中华传统文化的宝库。2007年6月，“贝雕”被列入第二批浙江省非物质文化遗产名录。

（三）普陀船模

春秋时，舟山已舟帆云集，成为东南沿海渔民捕捞集居之地。“开门见海，出门乘船”，岛上居民生活、生产处处离不开船。普陀区是全国著名渔场——舟山渔场所在地，岛民世代以捕鱼为主，终生以渔船为伴，渔民对渔船格外珍爱。打造大船，先做小船，以观其外形，又测其浮力、风帆、性能。于是船模制作应时而生。旧时，渔民打造渔船都要先制作船模作为船样。船模外形及内部结构是以实船尺寸按比例缩小。普陀船模雕饰工艺精美，一般都在船头、船尾、门窗、围栏及内部装饰等部位雕有精美的吉祥图案，真实地再现了传统的船文化。

普陀船模艺人能设计、制作历代各种海船，这对研究古帆船及渔船发展历史及海洋文化有重要的参考价值。普陀船模为传承传统渔船手工技艺发挥了重要作用。

第三节　浙东海洋民间文学

海洋民间文学艺术作为人类海洋文化创造的心灵审美化形态，记录和展示着人类海洋生活史、情感史和审美史，是人类海洋文明发展史上重要的精神财富。这些流传于浙东沿海、岛屿各地的民间故事、民间歌谣、民间谚语，深刻反映了浙东人民群众的传统美德，提示了人民群众辨别真善美与假恶丑的道德标准，反映了人们爱憎分明、扬善弃恶、爱美厌丑的思想和愿望；这些民间文学作品，集中体现了浙东沿海居民热爱劳动、为追求美好理想而艰苦奋斗的创业精神，团结互助、先人后已、舍己为公的崇高品质，诚信谦虚、礼貌待人的道德风尚，家庭和睦、尊老爱幼的伦理道德，以及劳动人民在海洋生产、生活中敢搏风浪、善驾风向、勇斗海天的聪明才智。这种种内容，不论是正面颂扬，还是侧面揭露，都属于精神文明建设范畴，反映了一个地区的劳动人民的精神寄托和向往，受到广泛的欢迎，构成了独特的海洋文学艺术景观。

一、海洋民间故事

从广义上讲,民间故事就是人民大众创作并传播的、具有假想(或虚构)的内容和散文形式的口头文学作品,也就是社会上所泛指的民间散文作品的通称;狭义的指神话、传说以外的那些富有幻想色彩或现实性较强的口头创作故事。

《浙江省民间文学集成·舟山市故事卷》(以下简称"故事卷"),一共收录了长期口头流传于舟山民间的各种散文叙事类作品 292 篇,其中神话类 11 篇,传说类(包括人物传说、佛道传说、史事传说、地方传说、海岛特产传说、民俗传说)158 篇,故事类(包括龙的故事、鱼类故事、生活故事、鬼怪故事、机智人物故事、寓言、笑话)123 篇。洞头县从 1979 年开始采集海洋民间故事活动,至 1987 年,采集到涉及海洋动物的传说、故事 200 多篇,有人变鱼虾的传说,有鱼虾入药的故事,有龙宫、人、鱼类之间的故事等。

在浙东沿海区域,比较有特色的海洋民间传说故事为五类:

一是鱼类故事。浙东沿海颇多渔场,渔民们世代捕鱼,捕鱼的多少直接影响到他们的生存,必须对鱼类的习性有仔细、准确的观察;久而久之,渔民对鱼类产生了特殊的感情,在他们中间流传着许多鱼类故事。黄鱼为什么身上总是金光闪闪的?每年冬天,章鱼为什么总会吃掉自己的手脚?乌贼为什么老是吐黑水?这些鱼类故事饱含着渔民的生产经验,也往往寓有耐人寻味的生活哲理,长期以来,被渔民当做他们自己的口头教科书,其文化功能不容低估。如"癞头黄鱼"的故事把虾虫孱、黄鱼与箬鳎鱼三种鱼的特征、性格都形象地描述了出来:

> 黄鱼与箬鳎鱼赛跑,黄鱼傲气十足,猛冲猛闯,一头碰在礁石上,碰得头破血流,头里嵌进两粒石头(石首),至今还取不出来;箬鳎鱼投机取巧,想走近路,心急慌忙钻进一条石缝,刮去了半边鳞,至今还有半边身体长不起鱼鳞;站在一旁看热闹的虾虫孱,见两个赛手一双受伤,幸灾乐祸,哈哈大笑,笑得合不拢嘴巴,成为"拖嘴虾虫孱"。

二是信仰神的传说。浙东沿海区域地方神特别多,有关地方神的传说也格外丰富。如世居东海的舟山岛民,由于天天与大海打交道,受龙的"神性"影响甚深。他们把自己的生活、命运、祸福,都与龙的传统意识联结在一起。出海打鱼获得丰收,说是"海龙王的保佑";渔船在海上遭灾遇险,说是"海龙王的祸祟";民间信奉的"渔民穿笼裤"、"造船定龙筋"、"船上扯龙旗"、"打鱼撑木龙"、"元宵迎龙灯"等习俗,以及"龙山"、"龙舌"、"龙眼"、"龙洞"、"龙潭”、“黄龙岛”、“青龙山”、“滚龙岙”、“双龙石”、“龙蛋岩”等岛礁地名，都与龙相联系，由此而创作出众多以龙为题材的民间传说故事。陈十四夫人（陈靖姑）传说是从福建传来的，但到了浙南之后，与当地山川风物密切结合，就成了土生土长的民间故事。主人公陈十四是个美丽热情、豪爽刚强的少女，立志为民除害，经过多次惊险搏斗，终于除掉了罪恶累累的蛇妖，但由于触犯天条，不得不含怨离开人间。又如春秋战国时的伍子胥刚毅正直，被吴王夫差害死，阴魂不散，浙东沿海人就供奉他为潮神；舟山才伯庙中的菩萨居然穿着渔民常穿的那种笼裤，传说他本来就是当地一位优秀的老渔民等；象山地区的鱼师信仰则更有特色。

象山鱼师之说

大概在360年前，石浦东关地界来了一对阎姓母子，在附近大岩石下濒海之处，结茅住下。那中年母亲荆钗布裙，终日纺麻织网，操持家务，见到人时总点头一笑，却从不多语。那少年生得双眸有神，体格魁梧，体肤黝黑，村里人都叫他阎黑，他也笑着答应了。那阎黑天天跟着大伙一起驾船打鱼，偶有闲暇，还不忘练武习文，日子过得倒也自在。

有一年，石浦港接连出了几起翻船死人的事，搅得人心惶惶，不敢出海打鱼，致使原本艰难的日子更是雪上加霜。原来，一个月前，檀头山洋面出现几条大恶鲨，兴风作浪，吞噬人命。阎黑几经谋划，决心除掉这个祸害。他吩咐村人宰下数头白羊，挖去肠杂，填以乌头、曼陀罗等药草，待一切筹划完毕，率几个血性伙伴，扬帆直抵檀头山布阵诱敌。不消一个时辰，果见黑浪从远处滚滚而来，阎黑命人抛下白羊。当为首一条恶鲨吞下一头白羊的刹那间，阎黑纵身一跃，稳稳落在鲨脊之上，即将其胸鳍紧紧揪住。任凭它怎样上蹿下突，左翻右滚，阎黑始终跨在鲨背上纹丝不动，直至恶鲨毒性发作，力气消乏时，便一刀下去，将其一根肋骨连肉带血拔了出来……

自这场人鲨恶战之后，洋面又恢复了往日的平静。至今，鱼师庙仍留着当年战鲨斩获的3根巨鲨肋骨，其中1根做了鱼师殿上的鱼骨梁。

阎黑斩鲨护渔的事迹传遍沿海各地，阎黑的人格也为千万百姓所敬仰。可他一点也不觉得自己有什么与众不同，照样天天打鱼不辍。

几年后的某日，阎黑坐在茅檐下观书，恍惚有一个银须垂胸的老者来至跟前，拱手言道：“我是东海龙王敖广，今有大事相求，幸恕冒昧。”原来开春以来，北海出了个水怪，十分厉害，连连袭击敖广所辖水域，捉住江猪便吃，说是江猪肥美，吃上万头即可升天为仙。老者诉道："江猪是我臣僚，一向憨厚，彼此朝夕相处已千年，现今江猪快被吃尽，我也不活了，求壮士救我，恩同再造。"

阎黑说道："素闻龙宫兵多将广，王爷何至如此。"

老者坦言道："实不相瞒，虾兵蟹将虽多，亦仅为宫中仪仗所用，真正御侮杀敌，却是个银样蜡枪头！"

阎黑正待沉吟，耳边忽闻一片叫喊："黑大哥，潮都快涨平了，你怎么还不来呀。"

阎黑猛地醒来，想起刚才龙王救援一事，才知是梦，不觉莞尔。

过了数日，一位长官在阎宅篱门处下轿。阎黑瞧见，忙不迭迎了上去，纳头便拜，说道："莫城隍，不知尊驾光临寒舍，有罪，有罪！"莫城隍扶起阎黑，携手进了茅堂，落座即道："阎壮士，昨夜敖广来本府，述说水怪肇事一节，你是知道的吧。"

阎黑闻言大惊，遂将日前托梦之事学说了一遍。

不久，阎黑凭藉他的非凡才智和神勇，降伏了水怪，救下江猪一族。此后，每逢四月十三阎黑生辰这天，不管刮风下雨，江猪的子孙们必乘潮来至阎宅(即后来的鱼师庙)前，凌波舞蹈，蹁跹有致，久久不肯离去。这一稀世奇观在石浦港年年出现，足见鱼亦有情。

阎公晚年做过一阵子地方小官，专理沿海渔事，竟也办得有声有色，政绩斐然。不久，辞官还家。死后，为不忘他生前两护(护渔和护鱼)之功，石浦父老将其东关旧居辟建为阎公祠，供四季祭祀。数年后，港人又扩为鱼师庙，尊奉阎公为大帝，永享香火。

三是滨海历史故事。几千年的海洋文明史，在山海之间千年传承至今，曾经发生过的，曾经创造过的，或者曾经大规模流传过的文化现象和大规模的生产活动、惊心动魄的军事活动、丰富的文化活动名人往来等，虽有志书史料文字记载，但更多的活生生记忆，却广泛地存在浙东民间，成为现在仍可触摸到的一笔文化财富。如在浙东象山沿海区域，具有明显历史及人物印记的民间故事很多，如"徐福东渡传说"、"赵五娘传说"、"戚继光传说"、"王将军传说"、"泥马救康王传说"、"吴王夫差与鲞鱼"等，这类传说故事约占到象山非物质文化遗产总量的30%左右。

吴王夫差与鲞鱼

春秋战国时候，吴国和越国打仗。吴王夫差的父亲阖闾为了与越国争霸，起兵攻越，战病亡。夫差为报杀父之仇，秣马厉兵，在周敬王二十六年(前 494)兴师复仇，夫椒一仗，把越兵打得丢盔弃甲，溃不成军，一直打到东海边上。

连日追击越军，攻城夺地，吴王夫差实在太劳累了。这一天，他一觉醒来，感到口苦舌焦，肚子又饿，于是便叫侍卫弄点儿美味吃吃。他一声令下，侍卫忙下去准备，不一会儿就恭恭敬敬地端上来五鼎菜肴，一大斛绍酒。正当他举箸品尝菜肴时，忽见盘中的鱼肤色金黄，甚是喜人，味道也特别鲜美，是他从来没有尝到过的。他停箸问道："这是什么鱼？为何如此鲜美？"其实，侍卫也不清楚这鱼的名字，见夫差兴趣很高，就临场发挥，讨好地说道："大王，这鱼是东海特产，平常很少捕到。今日大王洪福齐天，东海龙王特献此鱼与大王，就叫它黄鱼吧！"夫差一边吃，一边应声道："唔，黄鱼，美鱼也！"黄鱼的名字就这样叫了下来。

夫差的食量很大，一会儿工夫，一条大黄鱼吃完了。他一边吃一边想，这些断发文身的越人打仗没有本领，但在海里捕鱼倒有两下子。我把越国打下来，叫他们天天送黄鱼给我吃。他对侍卫说："这美鱼味道极好，以后我天天要吃这个。"夫差一句话，可把越国老百姓害苦了。

当时，越国的渔夫谁也不知道吴王吃的美鱼是什么，但是，如果一天不向吴王纳贡，就要处以重刑。没办法，只好把海里捕到的凡是肤色微黄的鱼，包括梅子、黄婆鸡鱼，当然也有黄鱼，一股脑儿当做美鱼往宫里送。

吴王夫差第一次吃鱼时，一是人累肚饥，二是第一次尝鲜，当然味道格外鲜美。后来吃得多了，也有点儿腻了，有时候吃的还不是正宗的黄鱼，或是路上耽搁了日子，味道就差得多了，夫差大发脾气，以为是侍卫和厨师在戏弄他。盛怒之下，接连杀了几个人，最后，把一个东海渔夫抓了来，跟随他回到吴国去，专门为他烹烧美鱼。

渔夫没有办法，随身带了一包咸的黄鱼干，以便在路上充饥。到了吴国，夫差突然又产生了吃美鱼的念头，立即叫东海渔夫去烹烧。东海渔夫知道大祸临头了，反正也是一死，抓不到鲜黄鱼，就把家乡带来充饥的几条咸黄鱼干洗了洗，再配上葱、姜、酒、糖等佐料，用急火清蒸起来，蒸熟后送了上去。

吴王立即被清蒸咸鱼的那股诱人的鱼味吸引住了。他抬起头来，看看蒸熟的鱼，色泽白嫩，异香扑鼻，一吃，味道比原来在东海边上第一次吃的黄鱼还香。

夫差高兴地问道:“这是什么美鱼?味道如此鲜美!”东海渔夫道:“这是黄鱼晒成的鱼干,蒸熟后又鲜又香。大王称之为美鱼,鱼字头上加个美,就叫它鲞鱼吧!”

夫差剔剔牙缝,得意地说:“好名字!鲞鲞、鲞鱼、鱼香!哈哈哈……”

在吴王夫差的狂笑声中,鲞鱼的名字就流传了下来。

四是“灵异”传说逸事。清乾隆间纂修的《重修南海普陀山志》“灵异卷”中,就有“文宗嗜蛤蜊”、“梵僧礼潮音,大士说法授以七宝石”、“日僧慧锷留不肯去观音”、“短姑道头”、“大智和尚入山见光熙”、“红毛人进山寺掠夺财物,将归去船忽焚贼俱溺海”、“倭寇欲盗明赐藏经,大鱼挡舟不得动弹”、“倭寇盗佛像,飓风沉贼舟”等传说故事。

清王士祯《古夫子亭杂录》里记载了一则浙东涉海的传说:

宁海州有木工十数人,浮海至大洋,忽沉舟,其家皆已绝望矣。阅八年,仍俱归。言舟初入洋,倏有夜叉四辈,掣其四角入水。至一处,宫阙巍焕,如王者之居。曰:“此龙宫也;王欲造宫殿而匠役缺,故命尔辈至此,无恐也。”寻传王命令入,亦不见王,遂至工所。各使饮酒一瓯,即不饥渴。如是八年,不思饮食,而工作不辍。工即竣,夜叉复传命:“尔辈就役于此,今可归矣!王有犒直,已在舟中,可自取之。”各令饮蜜浆一碗,夜叉引入舟,复撮其四角,舟已出水上,其行甚驶,顷已抵岸。忽觉饥渴,乃觅酒肆饮食,而舟中已先有钱数百千,持以归。

五是渔民生活故事。浙东海岛民间故事中,有许多是反映渔民生活情趣的,诸如“鱼哪里最好吃”、“状元老爷与㧟鱼阿毛”、“二浆团打赌招亲”等,都是赞美渔民聪明才智的故事;还有一类专讲渔民风格、精神的,如“青浜庙子湖、菩萨穿笼裤”的故事,“岑港白老龙”等故事。

鱼哪里最好吃

皇帝请左右丞相和兵部尚书三个大臣吃饭,当厨子送上一盆鱼来时,皇帝问三大臣:鱼哪里的肉最好吃?左丞相抢先说:“鱼头最好吃。”皇帝听了不作声。右丞相见皇帝对左丞相的说法没有表示赞同的态度,就投机取巧地接着说:“鱼身子最好吃。”兵部尚书见皇帝仍然没有表示赞同,马上接口说:“鱼尾巴最好吃。”皇帝听了很生气,说:“你们三人都是我的左右手,吃条鱼的看法都统一不了,都想讨我欢喜,如果遇到国家大事,你们也这样吗?”一气之下,就传武士把他们都打入天牢。幸亏军师站出来说公道话:为吃一条鱼,伤害三大臣,不合情理;而且三个人当中总有一个说对的,不问青红皂白,一律打入天牢,也不公平。他提议去请个老渔民来问问。结果,老渔民请来了。老渔民走到十里亭,左丞相派人在等候,先送上五两金子,叫他见了皇帝要说鱼头最好吃;进了五里亭,右丞相派人等在那里了,也送上五两金子,叫他见了皇帝要说鱼身子最好吃;到了紫禁城门口,兵部尚书也派人在等了,又送上五两金子,叫他见了皇帝要说鱼尾巴最好吃。老渔民不客气,礼金一一收下,全都答应了他们的要求。老渔民见了皇帝后,说:"吃鱼要看季节,春季里,鱼到处寻食吃,吃得肥头大耳,这时的鱼头最好吃;夏季里,天热气温高,鱼深沉海底,休养生息,养得肚子胖鼓鼓,这时的鱼身子最好吃;秋季里,鱼要寻找合适场地产卵,东游西游,尾巴活动量大,这时候的鱼尾巴最好吃;到了冬季,鱼经过一年的游弋活动,又刚产过卵,从头到尾都是胖鼓鼓的肉,这时候整条鱼都好吃。"皇帝听了,觉得有理,奖了老渔民十两金子,赦了三位大臣。

这个故事,既说了老渔民的聪明才智,又有力地讽刺了那些专门讨好上司、见脸行事的大臣,也挖苦了封建帝王的昏庸无能。

浙东海洋民间故事是广大沿海、海岛民众集体智慧的结晶,显现了他们的生存智慧和审美观念,具有一定的认知作用、教育作用。随着滨海旅游业的兴起,海洋民间故事作为海洋民俗文化的精华,对浙东海洋旅游经济的助推作用越来越明显。

二、海洋谚语

浩渺的东海哺育了浙东人民,浙东人民与大海结下了不解之缘。海洋谚语,是浙东海洋民间文学的又一个重要组成部分,尤其是独具口语化、地方化特点的渔业谚语和气象谚语,语句简练,艺术性强,是浙东沿海渔民几千年生产、生活实践中总结出来的经验之谈,是劳动人民的智慧结晶,其中有许多谚语成为人们指导生产、观天测海的传世经典,成为人们驾驭海洋、掌握天象的一种本领。如《浙江省民间文学集成·舟山市谚语卷》共收录民间谚语 2110 条,内容涉及生产、自然、社交、社会、生活、时政、事理、修养等方面。例如:

上山怕虎,落海怕雾。

八月十六明月照,海水浸过龙王庙。

春潮五更改,夏潮黄昏送;秋潮两头大,冬潮太阳红。

平风平浪天,浪生岩礁边;发出哨哨声,天气马上变。

浪叫有礁，鸟叫山到；混水泛泡，趁早抛锚。

三级四级是亲人，八级九级是仇人。

东南风是鱼叉，西北风是冤家。

有风走一日，无风走一年。

东风带雨勿拢洋渔船返港，东转西风叫爹娘。

浙东谚语也忠实地记录了浙东沿海(海岛)人民对生活的切身体验，对自然的独特感悟，对人生的深入思考。如以下谚语就是反映渔民海洋捕捞经验、渔民对鱼汛规律的认识和航海撑船的体会。

掆鱼靠三硬：人硬、船硬、渔具硬。　　掆鱼靠勤，拔网靠韧。

要问鱼群，先看鸟群。　　网头大小先看潮。

三冬靠一春，三春靠一水，一水靠三潮，一潮靠三网。

小雪小掆，大雪大掆，冬至旺掆。　洋上无风有响，渔船勿可动桨。

小满到，黄鱼叫。　　一听黄鱼叫，船头向北调。

乌贼靠拖，海蜒靠窝。　　乌贼像小娃，立夏上山，小满生蛋。

蟹到立冬，无影无踪。　　南瓜开花，海蜇飘来。

立夏百客会，夏至鱼头散。　　港里防走锚，山边防断缆。

海洋能使八面风，全靠老大撩风篷。　　老大勿识潮，伙计有得摇。

千摇万摇，勿如风篷直腰。　　船到桥头自会直，勿是撞来就是别。

海洋变幻无常，海洋捕捞极具风险。在长期海上作业中，渔民积累了丰富的气象物候知识，练就了高超的观天测海本领。渔民对海浪、潮汐、风暴的认识，凭借气象谚语，代代相传，并应用于生产实践。① 例如：

初八廿三早夜平。　初二、十六昼过中午平，潮水落出吃点心。

夜里东风吹潮大，八月十六大潮汛。　　涨潮风起，潮平风止。

海水黄牛叫，必有大雨到。　　无风起长浪，勿久风雨降。

远望海水暗，必定风雨来。　　远望海水青，天家天气必定晴。

海水分路，勿是风就是雨。　　海潮乱，台风来。

海洋响闷雷，台风到门口。　　海水哈哈响，就有台风降。

条浪打先锋，后头跟台风。　　海水发臭泡，台风必将到。

综观浙东海洋谚语，可以发现其具有鲜明的特点：一是分类清楚，如海洋渔谚中有渔业综合性谚语、捕鱼谚语、渔汛谚语、渔具谚语、渔杂谚语等。二是内容丰富，包括时令、气象、天文、地理等知识。三是谚语数量众多，在沿

---

① 周志锋：《海洋文化视野下的浙东谚语》，《汉字文化》2008年第6期，第48—52页。

海、海岛居民中广泛流传。四是具有鲜明的艺术特色,海洋谚语形式精短,语言生动,韵味隽永,朗朗上口,便于记忆。

三、海洋歌谣

歌谣,历来是反映劳动人民生活的一面镜子,是劳动人民智慧的结晶。千百年来,一直流传于浙东沿海民间的渔歌,就是浙东沿海渔民根据渔业生产的特殊性和流动性,逐步积累和创作出来的一种口头文学。它不仅富有浓郁的海洋气息和渔乡风情,而且含有深刻的人生哲理和生活知识。如《浙江省民间文学集成·舟山市歌谣卷》共选编歌谣 164 首,内容包含劳动歌、时政歌、仪式歌、情歌、生活歌、历史传说歌、儿歌、其他等八大类。许多歌谣,是渔民专为传授知识而创作的,它紧扣"海"字主题,运用艺术手法,通过口授传承,把海洋航行、海洋生活、海洋气象,以及船网工具、鱼类习性、船员职责等知识,以歌谣形式一代一代往下传。古往今来,许多一字不识的渔民,就靠这种方法,学习古人知识,掌握生产技能,战天斗海,驾驱海洋。

在洞头,有一首《东海鱼谣》是这样唱的:

黄　鱼

金口银牙实风光,金面金身如金装;
头内暗嵌玉宝石,腹中膘胶赛宝藏。

带　鱼

头戴银盔好名声,身穿白袍水内行;
龙宫抛出青龙剑,渔网取来敬弟兄。

鳓　鱼

蓝甲碧袍真威风,铜身铁骨硬当当;
时时拿起双刀拼,只怕入网倒退亡。

红　虾

红甲战袍紫罗裙,头顶雉尾左右分;
长矛挺起个个惊,海中算我女红巾。

墨　鱼

个小胆大称智囊,身穿短衫花衣裳;
一口吐出团团烟,摇摇退退离战场。

蛏　子

半日浸水半钻泥,身披铁皿脚朝天;
捆着一条金腰带,日夜倒吊吼吱吱。

海　龟

背着八卦带金钱，远游四海乐如仙；
仙人没伊这尼畅，身壮命长寿三千。

海　蜇

海内算我顶奇巧，红头面顶八只脚；
四朵鲜花无肠肚，白肉外面血结疤。

广大渔民就用这种歌谣形式，传唱出识别不同鱼类的知识。

《金塘谣》则向人们介绍了金塘洋和金塘海峡水深流急，行船艰难的景况：

无风无浪，无米过金塘；
有风有浪，斗米过金塘；
大风大浪，石米也难过金塘。

歌谣中的“无米、斗米、石米”，意思是说：无风无浪的天气，吃一顿饭工夫就可过金塘洋，若遇大风大浪，即使你吃完一石米的饭也难过金塘洋。

又如《船上人马歌》：

一字写来抛头锚，头锚抛落船靠牢，
锚缉起来心里安，乾隆皇帝游江南。
二字写来扳二桨，厨顿一到做鱼羹，
鱼羹会做一篮多，西周文王来卜课。
三字写来扳三桨，三个大砫船外亢，
八十托鱼绳放得长，仁宗皇帝勿认娘。

“抛头锚”“扳二桨”“扳三桨”，都是船上人员的职务。抛头锚在船上的主要职责是抛锚起锚的安全，只要这个任务完成了，他就做好了本职工作，可以像乾隆皇帝那样逍遥自在地“游江南”了。往下唱的扳二桨、扳三桨，一直唱到头多人、伙桨团、拔头片、拖上纲，以及出袋、出网、撑船等14个人都是职责分明，就像现在讲的岗位责任制，规定得一清二楚，而且唱起来朗朗上口，前后有序，好记好传。

渔歌不仅容纳了广大渔民创作的生活主题和艺术手法，表达了自己的思想、期望和理想，而且有许多歌谣真实、生动地反映了渔区各个历史时期的社会状况。在舟山，有一首叫《黑秤手》的渔歌，全篇歌词用一个“黑”字来贯串：

黑风黑水黑沙滩，黑天黑地黑老板，
黑船黑网黑风帆，捕来黑鱼赚铜板，
铜板赚得万打万，买田造屋做棺材，

一张恶脸像黑炭，黑袖里伸出黑手扳，
十指拨拨算盘扳，黑秤里称出巧机关，
秤砣下面克几把，㧐鱼人只配吃苦饭。
……

这首《黑秤手》，真实地记录了渔民在旧社会被渔行老板盘剥的历史。

新中国成立后，渔歌创作得到迅速发展。新的渔歌创作，内容多是反映渔民、渔村的新生活。在洞头有一首《渔家姑娘在海边》的歌：

大海边哎，沙滩上哎，
风吹榕树沙沙响，
渔家姑娘在海边哎，
织呀织渔网，织呀织渔网。
哎，渔家姑娘在海边，织呀织鱼网。
高山下哎，悬崖旁哎，
风卷大海起波澜，
渔家姑娘在海边哎，
练呀练刀枪，练呀练刀枪。
哎，渔家姑娘在海边哎，练呀练刀枪，练呀练刀枪。
……

这歌犹如一幅美丽的画面，展现了洞头海岛风光旖旎的美丽景象：在湛蓝色的天空下，在波光粼粼的大海边，风儿掠过海面，荡起层层波澜，风儿掠过悬崖上的树梢，抖落叶儿片片，轻柔的海风拨动姑娘的发梢，撩拨着姑娘多情的心弦。她们尽情地沐浴着夕阳的余晖，享受着柔柔海风甜蜜的亲吻，一针深，一针浅，在编织着渔网，也编织着明天的美好和希望。

第九章　浙东海洋文化产业发展

第一节　文化产业与海洋文化产业

文化产业是在全球化的消费社会背景中发展起来的一门新兴产业。早在20世纪40年代，欧洲法兰克福学派就提出了文化产业(Culture Industry)的概念。70年代末，日本经济学家日下公人提出："21世纪的经济学势必由文化与产业两部分组成；无论是公害问题，还是产业内环境保护费用问题，都与文化问题紧紧相连。"这一论断被其后20多年日本社会、经济、文化发展的实践所证实。

一、文化产业概念的提出

"文化产业"这一概念是由法兰克福学派首先提出的。1926年法兰克福学派的代表人物本雅明发表了《机械复制时代的艺术作品》。在这篇文章里，本雅明描述了20世纪二三十年代西方国家萌发的一种新的文化现象，即收音机、留声机、电影的发明所带来的文化领域的巨大变革，复制技术使文学艺术作品不再是一次性存在和使用，而是可批量生产、多次使用。尔后法兰克福学派的阿多诺与霍克海姆在1947年出版的《启蒙的辩证法》一书中，首先提出了"文化产业"(Culture Industry)这一名词，探讨当时资本主义社会的文化状况。阿多诺认为，资本主义的发展已经使"电影和广播不再需要作为艺术"，而转变成了"产业"，文化产品的批量化、格式化、标准化与文化的本质相敌对，文化的本质是"个性的、一次性的、独一无二的存在"，因此文化产业的要害是反人类的。显然，这一语境中，"文化产业"一词具有强烈的批判性和否定性意味，通过这一概念，"法兰克福学派"展开了对当代发达国家文化和社会的深入批判。① 1963年，晚年的阿多诺在《文化产业的再思考》一文中对1947年提出的观点总结道："文化产业是把人们所熟悉的传统文化融入了新特质。其产品是为大众消费而特别制作的。它在很大程度上决定了消费的

---

① 转引自柯可：《文化产业论》，广东经济出版社2001年版，第7页。

性质并且很大程度上是按计划而制造的。"① 20世纪中期，由于传统观念的束缚、新古典经济学的发展和社会学、语言学等学科对文化研究的深化，扩大了经济与文化学科间认识上的鸿沟，经济与文化变得各执一端，甚至成为完全风马牛不相及的领域。从20世纪70年代中期开始，西方部分经济学家开展了跨学科的研究，对经济与文化间的关系作了较系统的探讨，从此"文化产业"便开始走入国家经济发展的视野之内。② 1990年，以时代华纳合并为标志，一批特大型文化产业组织出现了大规模的合并趋势，进而开始全面进军国际文化市场。"文化产业"由此一跃成为西方发达国家国民经济发展中的支柱产业之一，并向世界各国展示了它巨大的发展空间。

二、文化产业的内涵

目前国内外对文化产业还没有统一的界定，其内涵因国家或研究者的不同而存在差异。

联合国教科文组织在蒙特利尔会议上将文化产业定义为"按照工业标准生产、再生产、储存以及分配文化产品和服务的一系列活动"，"它的主要目的不是为了促进文化更大的发展而是为了追求经济利益"。该组织在1980年蒙特利尔专家会上对文化产业形成的条件进行了说明："一般说来，文化产业形成的条件是，文化产品和服务在产业和商品流水线上被生产、再生产、储存或者分销，也就是说，规模庞大并且同时配合着基于经济考虑而非任何文化发展考虑的策略。"③著名经济学家施罗斯比在《经济学与文化》一书中曾提出文化产业是以创造性思想为核心的向外延伸与扩大，是以"创造"为核心并与其他各种投入相结合而组成各类文化产品的经济集团。④ 这里强调，文化产业的核心部分是传统意义上的艺术创作，包括音乐、舞蹈、戏剧、文学、观赏艺术、工艺品，也包括新兴的影视艺术表演、计算机与多媒体艺术等这些艺术形式自身各自成为一种产业，但它包括比艺术生产范围更大的延伸产业。美国

---

① [德]阿多诺：《文化产业的再思考》，《文化研究》(第1辑)，天津社会科学出版社2000年版，第198页。

② 傅守祥：《论文化经济时代的中国文化产业发展与管理》，山东文化产业网(http://www.sdci.com.cn)，2007年8月11日。

③ 转引自苑捷：《当代西方文化理论研究概述》，《马克思主义与现实》2004年第1期，第95—98页。

④ 转引自王慧炯：《对发展中国文化产业的思考》，《北京工业大学学报》(社会科学版)2002年第2期，第1—7页。

学者斯科特认为，文化产业是指基于娱乐、教育和信息等目的的服务产出，和基于消费者特殊嗜好、自我肯定和社会展示等目的的人造产品的集合。[①] 很明显，这里强调的是产业的目的，而没有指出产业的整个环节特点。

在我国，张晓明[②]、谢名家[③]、李江帆[④]、胡惠林[⑤]等一批研究者从不同角度对文化产业进行了界定。文化部2003年9月4日发布的《关于支持和促进文化产业发展的若干意见》从政府管理角度界定了文化产业的内涵：文化产业"是指从事文化产品生产和提供文化服务的经营性行业。文化产业是与文化事业相对应的概念，两者都是社会主义文化建设的重要组成部分"。《意见》还特别指出："目前，文化产业已形成演出业、影视业、音像业、文化娱乐业、文化旅游业、网络文化业、图书报刊业、文物和艺术品业以及艺术培训业等行业门类。社会主义文化产业要求把社会效益放在首位，努力通过市场实现文化产品和文化服务的经济价值。"[⑥]而目前实践中沿用较多的是2004年国家统计局《文化及相关产业的分类》的定义：为社会公众提供文化、娱乐产品和服务的活动，以及与这些活动有关联的活动的集合。[⑦]

根据上述界定，文化及相关产业的范围包括提供文化产品(如图书、音像制品等)、文化传播服务(如广播电视、文艺表演、博物馆等)和文化休闲娱乐(如游览景区服务、室内娱乐活动、休闲健身娱乐活动等)的活动，它构成文化产业的主体；同时，还包括与文化产品、文化传播服务、文化休闲娱乐活动有直接关联的用品、设备的生产和销售活动以及相关文化产品(如工艺品等)的生产和销售活动，它构成文化产业的补充。为了进一步研究文化产业，可将

---

① Scott A. J：Cultural－products Industries and Urban Economic Development：Prospects for Growth and Market Contestation in a Global Context. *Urban Affairs Review*，2004，39(4)：461－490.

② 转引自叶取源等主编：《中国文化产业评论》(第一卷)，上海人民出版社2003年版，第43－44页。

③ 谢名家等：《文化产业的时代审视》，人民出版社2002年版，第6页。

④ 李江帆：《文化产业范围、情景与互动效应》，《经济理论与经济管理》2003年第4期，第26－34页。

⑤ 胡惠林：《文化产业正义：文化产业发展的历史地理学问题》，《上海交通大学学报》(哲学社会科学版)，2009年第5期，第5－17页。

⑥ 文化部：《关于支持和促进文化产业发展的若干意见》，《中国文化报》2003年10月18日第1版。

⑦ 国家统计局：《文化及相关产业的分类》，国家统计局网站(http://www.cnci.gov.cn)，2004年3月29日。

其分为文化产业核心层、文化产业外围层和相关文化产业层。其中，文化产业核心层，包括新闻服务，出版发行和版权服务，广播、电视、电影服务，文化艺术服务。文化产业外围层包括网络文化服务、文化休闲娱乐服务、其他文化服务。相关文化产业层包括文化用品、设备及相关文化产品的生产，文化用品、设备及相关文化产品的销售。

表 9-1　文化产业分层示意表

第一部分　文化产业核心层

一、新闻服务
　1. 新闻服务
二、出版发行和版权服务
　1. 书、报、刊出版发行
　　含：(1)书、报、刊出版；(2)书、报、刊制作；(3)书、报、刊发行
　2. 音像及电子出版物出版发行
　　含：(1)音像制品出版和制作；(2)电子出版物出版和制作；(3)音像及电子出版物复制；(4)音像及电子出版物发行
　3. 版权服务
三、广播、电视、电影服务
　1. 广播、电视服务
　2. 广播、电视传输
　3. 电影服务
四、文化艺术服务
　1. 文艺创作、表演及演出场所
　2. 文化保护和文化设施服务
　3. 群众文化服务
　4. 文化研究与文化社团服务
　5. 其他文化艺术服务

第二部分　文化产业外围层

五、网络文化服务
　1. 互联网信息服务
六、文化休闲娱乐服务
　1. 旅游文化服务
　2. 娱乐文化服务
七、其他文化服务
　1. 文化艺术商务代理服务
　2. 文化产品出租与拍卖服务
　3. 广告和会展文化服务

第三部分　相关文化产业层

八、文化用品、设备及相关文化产品的生产
　1. 文化用品生产
　2. 文化设备生产
　3. 相关文化产品生产
九、文化用品、设备及相关文化产品的销售
　1. 文化用品销售
　2. 文化设备销售
　3. 相关文化产品销售

资料来源：中华人民共和国国家统计局网站(http://www.stats.gov.cn)，有删改。

三、海洋文化产业

当前，环太平洋地区风起云涌的文化产业浪潮使该地区成为世界最具经济活力的区域，为中国经济的产业升级乃至中华民族的伟大复兴提供了千载难逢的历史机遇。在此大背景下，用文化产业带动区域经济发展，建设海洋大省、海洋强市(县)、海洋强企，展示沿海城市的文化形象和经济实力，促进区域经济协调发展，已成为沿海省市的共同心愿。海洋文化产业研究也越来越多地引起人们的重视，如张开城①、鲍展斌②、林宪生③、叶云飞④等对海洋文化产业都作了探讨。

根据这些研究成果，结合海洋文化及文化产业的内涵，我们将海洋文化产业界定为：为满足社会公众的精神、物质需求，以海洋文化资源为原料，从事涉海文化产品生产和提供涉海文化服务的产业，具体包括滨海旅游业、涉海休闲渔业、涉海休闲体育业、涉海庆典会展业、涉海历史与民俗文化业、涉海工艺品业、涉海新闻出版业、涉海艺术业、涉海影视业等。

表 9-2　海洋文化产业分类

序号	产业类型	主要形式
1	滨海旅游业	滨海都市旅游、渔村游、海岛游、海上游
2	涉海休闲渔业	观光渔业、体验渔业、观赏性养殖
3	涉海休闲体育业	水上项目、水下项目、沙滩项目
4	涉海庆典会展业	节庆、庙会、博览会、博物馆
5	涉海历史与民俗文化业	饮食起居、服饰、传统节日、婚俗、信仰等产业化开发
6	涉海工艺品业	渔民画、刺绣、剪纸、珊瑚、贝类、珍珠工艺品
7	涉海新闻出版业	涉海书、报、刊、音像及电子出版物的出版发行与版权服务
8	涉海影视业	影视剧创作、制作、发行等服务
9	涉海艺术业	艺术、音乐、戏剧、曲艺等创作、表演及演出服务

资料来源：张开城、徐质斌：《海洋文化与海洋文化产业研究》，海洋出版社 2008 年版，有调整。

---

① 张开城等：《广东海洋文化产业》，海洋出版社 2009 年版，第 33 页。

② 鲍展斌：《象山县科学发展海洋文化产业的实践与思考》，《宁波大学学报》(人文科学版)2009 年第 3 期，第 126－130 页。

③ 林宪生：《建设海洋特色文化产业群 拉动辽宁区域经济发展研究》，《海洋开发与管理》2010 年第 1 期，第 99－103 页；林宪生：《辽宁海洋文化产业基地建设研究》，《海洋开发与管理》2008 年第 11 期，第 87－91 页。

④ 叶云飞：《试论海岛海洋文化产业的发展策略——以舟山群岛海洋文化产业发展为例》，《浙江海洋学院学报》(人文科学版)2005 年第 4 期，第 14－18 页。

第二节 “海上浙江”建设与浙东海洋文化产业发展

一、“海上浙江”建设战略提出的背景

随着工业化和城市化的不断推进，浙江经济发展与资源环境的矛盾日益突出，发展空间受到严重约束。要解决“成长的烦恼”，必须走出一条新路来，必须“跳出陆地发展海洋”。

浙江是海洋大省，拥有海域面积约 26 万平方千米，相当于陆域面积的 2.56 倍；大陆海岸线和海岛海岸线长达 6500 千米，占全国海岸线总长的 20.3%；大于 500 平方米的海岛有 3061 个，占全国岛屿总数的 40%。海洋资源是浙江最大的优势资源之一，是实现浙江经济社会可持续发展的重要战略资源依托，也是浙江未来发展的重要战略空间所在。改革开放以来，浙江省海洋经济先后经历了“开发蓝色国土”、“建设海洋经济大省”和“建设海洋经济强省”等发展阶段，取得了令人鼓舞的成就。海洋经济综合实力明显增强，海洋产业结构不断优化，沿海与海岛基础设施日趋改善。据初步核算，2009 年浙江省海洋经济总产出为 2800 亿元，占全省 GDP 的 12.5%，约占全国海洋生产总值的 9%；以宁波、舟山为中心，以温台、杭嘉为两翼的海洋经济发展新格局初步形成；海洋经济已成为浙江省重要的经济增长点。浙江要在新的历史起点上实现新的跨越，加快建设“海上浙江”，构建“浙江海洋经济发展带”势在必行。建设“海上浙江”，就是要把海洋作为浙江省可持续发展的战略空间，向大海要土地、能源和战略资源，通过港航集聚全球生产要素。要在做足建设“平原浙江”、“山上浙江”文章的同时，精心做好建设“海上浙江”的大文章，处理好陆地与海洋关系，坚持陆海联动，实现陆海之间资源互补、产业互动、布局互联、陆域经济与海洋经济协调发展，保障经济社会可持续发展。

2008 年年底，浙江省政协建设“海上浙江”重点课题调研组形成了《关于建设“海上浙江”若干问题的建议》的调研报告。报告从提出科学看海、科学谋海、科学用海、科学兴海、科学管海的思想，从优势、目标、任务、能力、管理诸方面详细梳理了浙江海洋发展方方面面的问题，细化了建设“海上浙江”的战略任务，提出了切实可行的计划与措施。此报告迅速得到省委书记赵洪祝，省长吕祖善，副省长陈敏尔、茅临生等的高度评价并作出重要批示，省发改委、旅游局、国土资源厅等有关部门随之纷纷研究落实省政协“海上浙江”

调研报告所提建议。2009年年初，“浙江省海洋经济工作领导小组办公室”根据省政协的报告起草了《中共浙江省委浙江省人民政府关于大力发展海洋经济加快建设海上浙江的若干意见》(征求意见稿)，为即将召开的第四次全省海洋经济工作会议做准备。

二、“海上浙江”建设战略提出的重大意义

发展海洋经济，建设“海上浙江”，必须充分认识建设“海上浙江”的战略意义，切实增强紧迫感和使命感。

(一)建设“海上浙江”，是顺应世界经济发展趋势的必然选择

海洋是一个巨大的资源宝库，开发蓝色国土，拓展生存和发展空间，已成为当今世界的潮流。从国际经济发展进程看，全球经济中心先后由地中海沿岸国家转移到大西洋沿岸和太平洋沿岸国家，共同的特点是以沿海地区为依托。世界上最发达的国家都是沿海国家，经济最活跃的地区都在沿海地区。全球10个巨富国家中有8个是沿海国。我国经济发展最快、最具活力的地区也都在沿海省份。中央已明确提出“海洋强国”战略，开发海洋越来越成为推动我国经济社会发展的一项战略任务。沿海省市纷纷调整战略部署，抢占先机，掀起新一轮海洋经济发展热潮。浙江要为全国大局作贡献，要在海洋经济的发展中取得应有的位置，就必须把“发展海洋经济、建设海上浙江”摆到更加突出的位置。建设“海上浙江”不仅有利于浙江率先发展，而且也有利于推进国家实施海洋强国战略，提高我国可持续发展能力和海洋经济竞争力，维护我国海洋权益。

(二)建设“海上浙江”，是实现浙江经济社会可持续发展的迫切需要

海洋经济具有开放性和带动性，渗透力强，辐射面宽，可以优化沿海与内陆之间的资源配置，带动内陆经济发展，产生“抓一带二”、“抓一带三”的功效，从而加快海陆一体化建设步伐。

浙江是资源小省、陆域小省。随着工业化和城市化的不断推进，浙江经济发展与资源环境的矛盾日益突出，发展空间受到严重约束。要解决“成长的烦恼”，实现浙江经济社会的可持续发展，必须走出一条新路来，必须“跳出陆地发展海洋”，必须真正把海洋和山区作为浙江经济社会可持续发展的承载和保证，作为浙江的重要经济功能区，作为浙江新的增长极，作为浙江新一轮发展的优势所在、潜力所在、希望所在，念好“山海经”，做好建设“海上浙

江”和“山上浙江”的大文章。①

（三）建设“海上浙江”，是浙江海洋经济发展到现阶段的内在要求

当前，在浙江海洋经济发展中存在着掠夺性开发、重开发轻保护、产业布局不合理、陆域污染向海洋排放严重、盲目向海洋要地等问题。这些问题的产生，与长期重陆轻海、陆海分离的发展观和粗放式经营方式不无关系。要以科学发展观为指导，以更大的气魄、更宽的视野、更新的思路、更高的要求，进一步创新海洋开发理念，完善海洋规划和措施，提升海洋经济发展层次，实现新的发展。

三、发展海洋文化产业是建设“海上浙江”的有效途径

自 1978 年改革开放以来，浙江依靠自己的力量，从一个相对封闭的、以传统农业为主的落后省份迅速崛起为一个开放的、以现代工业为主的经济大省，创造了令人瞩目的“浙江模式”和“浙江经验”。然而，近年来，国内外宏观发展环境发生了深刻的变化，特别是 2008 年由美国次贷危机引发的全球性金融风暴，使世界经济由盛转衰，也给浙江经济带来了巨大的冲击，暴露了浙江经济的“软肋”：高增长仍依赖于高投资，资源消耗严重，建设用地缺口持续扩大，万元 GDP 能耗高等。

从这些年来看，浙江的经济发展，从根本上说，是高投入、高消耗、低技术、低效率的增长方式在新形势下的反映。尤其是生产要素成本提高，导致资源匮乏的浙江更加难以为继。浙江全要素生产率②贡献只有 32%，不仅低于发达国家的 60%，也低于全国平均水平。从资源投入来看，与江苏、山东相比，浙江的资源在全国是极度匮乏的，平均占有资源、土地资源、矿藏资源都在全国平均水平以下，无疑在有限资源约束和急速上涨压力下的经济增长必定会有极限。③

---

① 王永昌：《建设“海上浙江”：决定浙江未来发展的重大战略》，《今日浙江》2010 年第 2 期，第 10－12 页。

② 全要素生产率（Total Factor Productivity）又称为“索罗余值”，最早是由美国经济学家罗伯特·索罗（Robert M. Solow）提出，是衡量单位总投入的总产量的生产率指标，即总产量与全部要素投入量之比。全要素生产率的增长率常常被视为科技进步的指标。全要素生产率的来源包括技术进步、组织创新、专业化和生产创新等。产出增长率超出要素投入增长率的部分为全要素生产率（TFP，也称总和要素生产率）增长率。

③ 傅白水：《内忧外患下的浙江经济为何反应最剧烈》，《观察与思考》2008 年第 8 期，第 39－41 页。

改革开放以来，浙江历届省委、省政府对发展海洋经济高度重视，经历了从“加快海洋经济发展”到“建设海洋经济大省”和“建设海洋经济强省”三个发展阶段，目前海洋经济已形成一定的规模，尤其是临港工业发展取得了重要进展，海洋产业结构逐步优化，沿海和海岛的基础设施有了较大的改善。但我们也应该看到，浙江海洋经济的发展基本是靠占用岸线、海域等海洋资源而发展起来的，而大多数海洋资源又是不可再生的。

实际上，“开发海洋”不仅指开发海洋能源资源、生物资源、矿产资源、运输资源，还应开发物质性和非物质性的海洋文化资源。发展海洋文化产业是新时期推进浙江经济结构调整和增长方式转变的重要载体和战略选择。就如《浙江省推动文化大发展大繁荣纲要(2008—2012)》指出的那样：“文化产业形成规模，文化竞争实力显著增强。文化产业要成为文化事业发展的强大支撑，成为文化大省的重要标志。文化产业规模进一步扩大，文化产业和服务能力显著提高，文化产业增加值在全省 GDP 中的比重在较大增长，成为新的经济增长点和支柱产业。”

为了贯彻科学发展观，走海洋可持续发展的道路，我们完全有必要使浙江海洋文化产业成为改变浙江经济增长方式的一个重要途径。首先，海洋文化产业如其他文化产业一样，具有较高的收入弹性，有利于经济规模的扩大和宏观效益的提高。经济学认为，收入与需求是成正比的，如果弹性系数大于 1，则需求是富有弹性的。如 2003 年浙江舟山市的调查资料测算，全市文化产业的收入弹性系数为 2.69，这说明在目前的收入水平下，文化产业的发展受居民收入变化的影响非常大。其次，海洋文化产业与国民经济其他产业具有较强的关联性，乘数效应明显。据有关资料显示，每增加 1 万元的文化产业的总产值可以带动国民经济各部门的总产出 2.71 万元。再次，海洋文化产业可以让浙江走向全国，甚至世界。浙江不但要在制造业上打上“浙江制造”的标志，还要在海洋文化产品上打上“浙江制造”的标志；不但要走向全国，而且要走向世界，使浙江海洋文化产业成为支柱产业和浙江经济新的增长点。

因此，在当前海洋资源逐渐衰竭、海洋经济面临转型升级压力的形势下，充分利用浙江省海洋文化资源优势和地处长三角南翼的区位优势，大力发展海洋文化产业，是繁荣社会主义先进文化、满足人民群众日益增长的精神文化需求的重要途径，是浙江建设文化大省、增强文化“软实力”的内在要求，对推动“海上浙江”建设也具有重要的意义。

第三节　浙东海洋文化产业发展的比较优势

从整体上看，浙东沿海区域除了具有丰厚的海洋文化内涵之外，还具备协同发展海洋文化产业的比较优势。

一、经济发达，保障有力

经过改革开放三十多年的发展，浙江国民经济保持持续快速发展的好势头，产业结构调整和增长方式转变取得新进展，财政、企业和居民收入增加，社会事业全面进步。据统计，2008 年，浙江省生产总值为 21487 亿元，比上年增长 10%。其中第一产业增加值 1095 亿元，第二产业增加值 11580 亿元，第三产业增加值 8811 亿元，分别增长 4%、9%和 12%。人均 GDP 为 42214 元(按年平均汇率折算为 6078 美元)，增长 9%。三次产业增加值结构从上年的 5.3：54：40.7 调整为 5.1：53.9：41。城镇居民人均可支配收入 22727 元，农村居民人均纯收入 9258 元。强大的经济基础，为浙东区域海洋文化的产业化发展提供了有力的保障，同时不断增强的居民消费能力蕴藏着巨大的物质与精神消费市场。

表 9-3　2008 年浙东沿海五市国民经济和社会发展主要指标统计

项　目	宁波	舟山	台州	温州	嘉兴
国内生产总值(亿元)	3964	490	1965	2424	1815
固定资产投资(亿元)	1728	339	760	758	1007
社会消费品零售总额(亿元)	1238	158	710	10835	600
财政总收入(新口径)(亿元)	811	67	248	340	252
进出口总额(亿美元)	678	61	138	140	198
游客总人数(万人次)	3544	1517	2605	2578	2193
其中境外游客(万人次)	79	21	10	33	53
旅游创汇(万美元)	49003	11212	7046	18400	18900
水产品总量(万吨)	94	126	139	62	17
港口货物吞吐量(万吨)	36185	15862	3898	5043	2834
户籍人口总数(万人)	568	97	574	772	338
城镇居民人均可支配收入(元)	25304	22257	22738	26172	22481

续表

项　目	宁波	舟山	台州	温州	嘉兴
农(渔)民年人均纯收入(元)	11450	11367	9180	9469	11538
陆域面积(平方千米)	9817	1440	9400	11784	3915
海域面积(平方千米)	9758	20800	7000	11000	4650
海岸线长(千米)	1562	2444	1660	355	121.1
国家级风景区数(个)	1	2	3	3	7
全国重点文保单位数(个)	22	3	4	15	6
国家级开发区数(个)	1			1	

资料来源：宁波、舟山、台州、嘉兴、温州国民经济和社会发展统计公报(2008)。

二、良港众多，交通便捷

浙东区域数千千米的海岸线，拥有众多的深水良港和航道资源，内河港、河口港、海峡港并存，已建成万吨级以上泊位 96 个，是我国南北沿海航线与长江水道的交通枢纽，长江流域和长江三角洲对外开放的重要通道，已和近百个国家(地区)的 500 多个港口开通了 100 多条航线，每月 600 多班集装箱航班与各大洲紧密联系在一起。浙东区域内港湾棋布，水深浪微，港口常年不冻不淤，是国内少有的能建设 10 万～30 万吨级各类泊位的特大、综合型天然深水良港群，在世界各地也属罕见，被誉为“东方大港”；2006 年年初，经交通部批准，宁波一舟山港管理委员会正式挂牌，初步实现了品牌、规划、开发和管理的“四统一”。宁波港先后在台州、绍兴和嘉兴建立了集装箱干支线和无水港，绍兴则加强了内河中心港区建设，沿海各市港务部门还出台政策，开展“一次申报、一次查验、一次放行”的集装箱直通关运输，为外贸出口提供更加便捷的服务，以宁波港集团作为投资主体，与舟山、嘉兴、台州、温州、绍兴方面加强合作。

目前，萧甬复线、杭甬线、上三线、甬台温高速公路、甬金高速公路和舟山朱家尖跨海大桥、杭州湾跨海大桥相继建成通车，杭甬运河绍兴至宁波段基本建成。同时合作区正在加紧实施甬台温铁路、舟山大陆连岛工程、绍嘉高速公路(绍嘉跨海大桥)等一批重点交通基础设施项目。交通在双边、多边合作的内容、形式、层次、渠道等方面进一步拓展，区内交通便捷，铁、公、水、海、空立体交通网络体系基本形成，实现了五市高速公路在 1 至 3 小时内可直达杭州，区内的宁波栎社、舟山普陀山和台州路桥等机场，与国内主要大中城市和港澳开通了直航，其中宁波栎社机场已成为长三角第四个国际机场。

三、工商发达，外贸繁荣

浙东区域民营经济活跃、港口资源独特和加工制造业基础较好。既有石化、电力(核电站)、造纸、修造船等为主的临港型工业；又有汽车、电子、信息、光机电一体化、纳米等新材料为主的高新技术产业；还有轻纺、服装、机械、酿酒、食品加工、海洋渔业等传统支柱产业，一大批名特优新产品，在国内外有较强的竞争力。外贸形成了出口创汇队伍不断壮大、商品档次不断提高、品种不断增多、市场不断拓展的新局面。全区的中小企业、民营企业纷纷加入出口创汇队伍，出口商品由量的扩张向质的提高、从被动使用商标向自觉创立出口品牌转变。据统计，宁波、绍兴两市荣膺“中国名牌之都”，台州市荣膺“中国名牌经济城市”。浙东区域联手共打浙东牌，拓展国内外市场，已成为区域合作的亮点。有关部门积极组团相互参加各市的重大节会活动，如绍兴鲁迅文化艺术节、宁波服装节、舟山沙雕节、台州日用商品交易会、嘉兴“南湖文化节”等。积极参与中西部大开发和东北老工业基地振兴工作，每年组团参加“哈洽会”、“渝洽会”和“西洽会”，加强国内合作。浙洽会和消博会，作为政府搭建的浙江对外招商引资和对外贸易平台，为浙东区域外经贸合作提供了良好契机，充分利用这一平台，加强协作，积极推介合作区投资环境和名特优新产品。

四、人文荟萃，机制灵活

浙东区域文化底蕴深厚，人杰地灵，相继挖掘、弘扬了夏禹文化、河姆渡文化、马家滨文化、宗教文化、海洋海岛文化、越文化、鲁迅文化、酒文化、古城文化等，孕育了一大批著名的政治家、教育家、科学家、文学家、数学家、艺术家、实业家、围棋国手等。在1000多位中国科学院和中国工程院的院士中，浙东籍贯的有200多位。他们对家乡的科技发展和经济建设，做出了突出贡献。多年来浙东各市政府顺应市场经济发展和世贸规则的要求，加快政府职能转变，把政府工作重心转移到经济调节、市场监管、社会管理和公共服务上来，大力扶持民营经济，规范招商引资秩序，优化投资发展环境，着力解决制约招商引资的突出问题，不断增强对投资者和创业者的吸引力和环境竞争力，基本建立起适应世贸组织规则的开放型经济体系，为海洋文化产业的发展创造了优越的环境。

五、科教发达,人才积聚

浙江始终坚持科学技术是第一生产力的思想和人才是第一资源的观念,加大投入,全面实施科教兴市,重点加快发展高新技术产业、发展高等教育、引进高素质人才。各市对科技合作工作极为重视,与国内外近百所大学和科研所广泛开展交流与合作,发展高科技项目,引进科技人才,形成了政社产学研齐头并进、各种资源有机配置的灵活务实的合作机制。全省沿海区域有宁波大学、英国诺丁汉大学、浙江海洋学院、绍兴文理学院、台州学院和浙江万里学院等一大批大专院校,新建了数十家企业工程技术中心和重点实验室,人才资源总量迅速增长,技术创新体系不断完善。还建有高教园区、科技园区、国际软件园、海外留学人员创业园、博士创业园,各开发区设有多个科技专业园。

六、旅游景观,独具特色

浙东自古以来美丽富饶,气候宜人,物产丰富,文化灿烂,山清水秀,素称鱼米之乡、丝绸之府、文物之邦、旅游胜地。拥有国家级风景名胜区 14 处,省级风景名胜区 15 处,全国重点文物保护单位 30 处,绍兴和宁波、嘉兴为国家级历史文化名城和国家优秀旅游城市。区内主要旅游景点有四大佛教圣地之一的"海天佛国"普陀山,革命圣地南湖,著名的奉化溪口蒋氏故里和雪窦山风景区,全国唯一列岛型国家级旅游风景区嵊泗列岛,素称"佛宗道源"的天台山及隋代古刹国清寺,中国现存最古老的藏书楼天一阁,余姚河姆渡遗址,绍兴越国印山大墓,府山越国遗址,大禹陵,鲁迅故里,书法圣地兰亭,极具潜力的朱家尖海滨休闲度假胜地和世界三大渔港之一的沈家门,"天下第一潮"海宁钱江潮,"江南水乡古镇"嘉善西塘和桐乡乌镇,海盐南北湖、平湖九龙山等一批著名景点,以潮、湖、河、山、海并存驰誉江南。目前浙东五市已经联手推出了"唐诗之路"、"浙东山水风景游"、"宗教朝觐游"、"历史文化名城游"、"名士故里游"、"新天仙配游"、"海岛风情游"等黄金线路,编辑了《甬绍舟台浙东风情游》大型宣传画册,五市互相参加各市的旅游节庆,组织"浙东人游浙东"等活动,合力推出了"活力浙东南一中国黄金旅游线",打造成国内外具有鲜明特色、较高知名度的旅游品牌,并以中国旅游投资洽谈会和"绍兴、宁波、舟山、台州、嘉兴美食节"等为平台,在资源共享、客源互送、合作共赢上迈出了坚实的步伐,取得了良好的经济效益和社会效益。

第四节　浙东海洋文化产业可持续发展的基本构架

依据浙东区域海洋文化资源状况，遵循整合资源、形成合力、突出特色、循序渐进、注重实效的原则，与全省整体发展规划相适应，与全省陆域文化产业发展相对接，与全省海洋经济发展带规划①相协调，以“一带、三区、五园、八大产业”为总体发展框架，逐步构建起区域特色鲜明、结构合理、发展协调、效益显著的文化产业总体格局。

一、一带，即浙东海洋文化产业带

相比较于陆域文化产业发展，浙东海洋文化产业发展相对落后，优势的海洋文化资源没有得到很好的挖掘、整合、开发与利用，竞争力和经营效益较差。当前应基于1840千米的浙江海岸线和4793千米的海岛岸线，依托重点港口形成的海上交通长廊、同三高速公路等沿海公路形成的公路轴线、甬台温（萧甬、温福）高铁构建的铁路轴线和以萧山、栎社国际机场为主形成的空中交通走廊，构建浙东海洋文化产业带。浙东海洋文化产业带将沿海7市有机串联起来，从而发挥点—轴系统和点—面体系的优势，促使沿海各地海洋文化产业次第有序，协调发展。

积极将“浙东海洋文化产业带”纳入“浙江省海洋经济发展带规划”之中，配合做好“浙江省海洋经济发展带规划”上升为国家战略的相关工作。

二、三区，即宁舟海洋文化产业区、温台海洋文化产业区、杭州湾海洋文化产业区

（一）宁舟海洋文化产业区

本区包括宁波市的滨海地区和舟山市的海岛及邻近海域，拥有港、渔、景、涂等优势资源。宁波、舟山区域海洋开发基础较好，海洋产业初具规模，海洋经济比较发达。

---

① 根据2010年《浙江省海洋经济发展规划》，浙江将着力构建“一核两翼三圈九区多点”的海洋经济发展布局。“一核”即宁波—舟山港海域及其腹地；“两翼”即环杭州湾、温台沿海两大产业带及其北部杭州湾海域和南部温台近岸海域；“三圈”即杭州、宁波、温州三大都市经济圈；“九区”即分布在沿海7个市的九大产业集聚区；“多点”即整合提升一批涉海开发区、保税区、风景名胜区以及海洋保护区等功能区。

图 9-1　甬台温铁路

主要发展方向为：加快舟山大陆连岛工程建设，全面推动陆海经济联动和宁波都市圈建设；开发海洋宗教信仰文化、海洋渔业文化、海上丝绸之路文化、港口文化、海盐文化、海洋历史文化、海洋商业文化、海洋军事文化等优势资源，形成节庆产业、滨海体育休闲业、海洋旅游业、滨海影视业、海洋工艺美术业等综合发展的优势；加强宁波、舟山两港整合，推进宁波、舟山港口一体化，建设国际远洋集装箱和大宗散货中转基地，成为上海国际航运中心重要组成部分和现代物流枢纽；加快象山渔文化产业园、象山（舟山）海洋影视文化产业园、舟山海洋民俗文化产业园的建设；构建舟山海洋旅游基地和浙东滨海旅游板块。

（二）温台海洋文化产业区

本区包括温州市、台州市的滨海地区和海岛及邻近海域，深水岸线、风景旅游和滩涂资源丰富。温州港是我国沿海枢纽港之一，台州港是浙东沿海的重要港口。本区体制、机制活力强，民营经济发达，海洋经济发展基础较好。

主要发展方向为：加快温州洞头半岛工程建设，发挥中心城市对海洋文化产业的带动作用;深入挖掘海防文化、宗教文化、海商文化、海盐文化等资源,加快发展滨海休闲产业、海洋旅游业、海洋文化创意业、海洋工艺美术业;构建温台沿海滨海旅游带和海上特色旅游板块。

(三)杭州湾海洋文化产业区

本区包括杭州湾北岸的嘉兴市部分地区、南岸的绍兴市部分地区以及杭州市的临杭州湾区域。本区滩涂资源丰富,海洋经济发展基础较好,海洋开发程度较高。

主要发展方向为:充分发挥杭州作为全省经济文化、科技教育中心的作用,加大对海洋文化产业发展的参与和科技、人才、金融等方面的支持;加快实现萧绍和浙北区域海洋文化产业的对接;以滨海休闲文化、海潮文化、滨海生态文化等为基础,重点建设海洋高端休闲产业、滨海旅游观光业、滨海生态文化产业等;抓好杭州湾湿地生态文化产业园建设;整合该区域丰富的旅游资源,加快建设特色鲜明的浙北高端旅游带。

表 9-4　浙东海洋文化产业空间布局与产业分布

	海洋文化产业区名称	依托城镇	内外连接路径和通道	重要海洋文化资源	文化产业类型
浙东海洋文化产业带	宁舟海洋文化产业区	宁波、舟山、嵊泗、岱山、石浦、宁海	内:舟山大陆连岛工程、海上航线 外:东海大桥、甬台温沿海大通道、宁波栎社国际机场、舟山机场	海洋宗教信仰文化、海洋渔业文化、海上丝绸之路文化、港口文化、海盐文化、海洋历史文化、海洋商业文化、海洋军事文化	海洋节庆产业、滨海体育休闲业、海洋旅游业、滨海影视业、海洋工艺美术业
	温台海洋文化产业区	温州、洞头、平阳、椒江、温岭石塘、临海、三门、玉环	内:温州洞头半岛工程 外:甬台温沿海大通道、温州机场、路桥机场	海防文化、宗教文化、海商文化、海盐文化	滨海休闲产业、海洋旅游业、海洋文化创意业、海洋工艺美术业
	杭州湾海洋文化产业区	杭州、嘉兴、绍兴、海宁、海盐、平湖	内:杭州湾大桥、杭州湾大通道 外:沪杭甬高速、甬台温沿海大通道、杭州萧山国际机场	滨海休闲文化、海潮文化、滨海生态文化	海洋高端休闲产业、滨海旅游观光业、滨海生态文化产业

三、五园，即象山渔文化产业园、杭州湾湿地生态文化产业园、舟山海洋民俗文化产业园、浙东海洋影视文化产业园、海洋文化综合产业园

海洋文化产业园是一系列与海洋文化关联的、产业规模集聚的特定地理区域，是一具有鲜明地域海洋文化形象并对外界产生一定吸引力的集生产、交易、休闲、居住为一体的多功能园区。该园区内形成一个包括生产—发行—消费产供销一体的海洋文化产业链。结合浙东沿海海洋文化的分布特征以及现有产业基础，我们认为，浙东沿海可重点打造象山渔文化产业园、杭州湾湿地生态文化产业园、舟山海洋民俗文化产业园、海洋影视文化产业园、海洋文化综合产业园等五大产业园。

（一）象山渔文化产业园

象山渔文化源远流长，早在 6000 年前的塔山文化已成为象山渔文化的先导。在长期耕海牧鱼、与海共舞的实践中，形成了得天独厚的渔文化积淀。象山海洋渔文化作为一种产业的发掘与发展，形成于 20 世纪 90 年代末期“松兰山海滨度假区”的建立。21 世纪初，石浦皇城沙滩的“中国渔村”和石浦中大街的“渔港古城”的相继投入运营，大大提升了象山渔文化的产业规格、品位、文化含量。我们认为，全面推进以石浦渔文化基地为核心的文化产业园建设，是提升象山文化产业发展核心竞争力的有效途径。

首先要把海洋渔村中原有的民俗资源进行整合和重组。把具有历史传统的渔家小院和古代海船进行改造和维修，以展现它特有的海洋民俗风貌；要在“恢复历史风貌，做到修旧如旧”的指导思想下加强对石浦镇 0.47 平方千米的古街区的修缮，把特色海鲜美食、海味小吃、海洋民俗服装以及渔具、渔民用品等整合后集中于此。通过努力，着力打造以石浦渔文化产业基地建设为核心的“吃象山海鲜、住滨海酒店、行生态通道、游黄金海岸、购象山海珍、娱海洋文化”的渔文化综合产业格局。其次要把“中国渔文化之乡”作为象山旅游的主打品牌来推，全面建设环石浦港渔文化旅游带，抓紧发展休闲渔业、海岛旅游、石浦港夜游、汽车露营，开发渔港古城二期、东门渔村，建设中国渔文化博物馆（石浦大冷库工业遗址改建）、中国盐文化博物馆，进一步包装推介象山海鲜餐饮品牌。最后，将中国开渔节打造成为象山渔文化产业园的标志性产品。中国开渔节自 1998 年创办，至今已历十三届。办开渔节的这十三年，是象山渔文化产业从无到有、从小到大的十三年，也是象山渔文化发扬光大的十三年。要继续集全县的人力、物力与财力，创新办节模式，丰

富活动内容，发展节庆文化，使中国开渔节节庆永葆活力。同时，大力办好"三月三·踏沙滩"民俗活动、海钓节、海鲜美食节以及开洋·谢洋节、妈祖省亲祭典等活动。

(二)杭州湾湿地生态文化产业园

近年来，海洋产业迅速发展，但是这种发展是以牺牲海洋资源和污染海洋环境为代价的。随着海洋产业的不断发展，海洋生态环境也在持续恶化。为了海洋资源能永续利用，海洋产业能持续发展，海洋生态产业应运而生。

从保护海洋生态环境角度来说，所有的海域都应发展海洋生态产业，但是要建立海洋生态文化产业基地，我们应选择其中最具生态特色的区域来树立典型。海洋保护区是为了保护典型性、代表性的海洋生态系统，珍稀海洋生物、濒危海洋生物和具有重要经济价值的海洋生物生存区域及有重大科学文化价值的海洋自然历史遗迹和自然景观而划定的海域，也就是最具生态特色的海域。

慈溪市杭州湾湿地是中国八大咸水湿地之一，位于杭州湾跨海大桥西侧，总面积 43.5 平方千米。区域内湿地类型丰富，其中庵东滩涂被列入中国重要湿地名录。杭州湾湿地处在东亚——澳大利亚的候鸟迁徙路线的中端，杭州湾湿地既包括广阔的滩涂，也包括大片的芦苇荡与荒草地，以良好的环境、丰富的食物，每年吸引了大量候鸟的光临，成为鸟类迁徙必经的中转站；同时，还有不少珍稀鸟类来这里繁殖、越冬，也有的是留鸟。杭州湾湿地生态文化产业园以2008 年11 月正式开工建设的杭州湾湿地中心为基础。该产业园主要包括环境教育中心、雨水花园、湿地植物园、工程处理湿地、自然及农耕湿地展示体验区以及花鸟保护区等。环境教育中心采用节能材料建设而成，并利用太阳能、风能等可再生能源支持中心的运行，使其成为集科普、研究、教育和娱乐为一体的绿色建筑。生态展示区则在保留原有地形和植被的基础上，形成了一个主要以教育展示和休闲游憩为主要功能的区块。在这里，可以充分领略到以鱼塘、河港、湖漾及狭窄的塘基和面积较大的渚等相间组成的湿地景观。同时，还可以观赏到黑脸白鹤、东方白鹤、中华秋沙鸭和斑嘴鸭等珍稀鸟类。

海洋湿地生态文化产业园建设，要注重其社会、经济和生态效应的协调。在发展生态旅游时要注意挖掘和提升其海洋生态文化内涵，同时更要注意生态文化产业基地的科普和教育功能。例如，可作为青少年海洋科普教育基地、野外实习基地和专家、学者海洋科普考察基地等。

(三)舟山海洋民俗文化产业园

在海洋文化中,最独特的就是沿海地区各具特色的民风民俗。那些不同海域的人们在从事海洋活动或海洋性社会生活时所产生的海洋民俗风情、海洋节庆以及海洋历史传说等的差异性,具有很强的吸引力。

勤劳勇敢的舟山渔民在长期征服海洋、生息繁衍的过程中形成了自己独特的渔家民俗风情,其中有神秘的船饰文化,别具一格的渔民服饰文化,各种风俗习惯(如新船下海抛馒头、猪挂船头、请龙王、谢龙王、起锚拉网吹号子、出洋吹海螺),奇特的婚嫁礼俗以及庙会、锣鼓、灯会等民间文化习俗。渔船祭海、传唱海歌、节日灯会、舟山锣鼓、舟山号子、跳蚤舞、民俗服饰、渔家习俗等无不充溢着迷人的"海"的气息。

基于此,我们可以选择其中民风比较淳朴,民俗比较典型并且有一定基础的区域建立海洋民俗文化产业园。在海洋民俗文化园建设中,首先,园区要充分整合舟山独特的"艺、佛、食"等民俗文化内涵:"艺"主要经营渔民画、船模、沙雕、贝雕和海洋生物标本等;"佛"主要利用"海天佛国"普陀山和定海祖印寺的辐射优势,开辟佛教文化讲坛,邀请世界各国高僧到舟山阐释佛文化,吸引世界各国佛教徒到舟山朝圣礼佛和游览观光;"食"主要经营规模小、档次高的特色海鲜馆、特色小吃馆和舟山特色干水产品的商店,使其成为一条繁荣昌盛的海洋文化民俗街。其次,对特色海洋民俗文化进行深入开发。如古老的信仰民俗中的"祭海",其场面气势磅礴,像大海一样汹涌澎湃、波澜壮阔。祭海,主要以祭祀海龙王为主,是浙江乃至中国沿海渔民崇拜和信仰海龙王及海上诸神的一种民间祭祀行为,其悠久的历史和广泛的参与性在舟山群岛诸多渔家习俗中独具特色。2007 年,在第三届中国海洋文化节开幕式上表演展示,将"祭海"由单纯的祭神仪式演绎成人与自然的和谐对话,以祭海为载体,积极倡导让大海休养生息,呼吁全人类关爱海洋、呵护海洋,抒发了人类对大海的感恩之情,充分展示海洋民俗文化的魅力。最后,建立海洋民俗陈列馆等,集中展示舟山海洋民俗文化的发展。这样,海洋民俗文化产业园的建立就同时获得了文化、经济和社会效益。

(四)海洋影视文化产业园

近年来,随着我国经济社会发展步伐的加快,人民生活水平的日益增长,我国影视产业发展有了长足进步,国际市场份额和影响力与日俱增,国产影视产品出口呈逐年上升趋势。面对国内影视产业快速发展的现实,整合浙东海洋资源,建立海洋影视文化产业园,全力将其打造成国内首家以"海洋"为特色的影视拍摄制作国家级基地、影视文化创意产业集群。

浙东沿海区域具有建立海洋影视文化产业园的独特优势。浙东地处东海之滨，长江三角洲南翼，区位优越；海洋资源丰富，海域面积为陆域面积的2.6倍，海岸线长度和海岛总数分别约占全国的1/5和2/5，“港、桥、渔、景、涂、岛”资源优势明显；以象山影视城、舟山桃花岛射雕影视城为代表的滨海影视文化产业发展迅速，在国内享有较大的影响力。

海洋影视文化产业园力求在影视文化产业的特色主题、内容板块、境外主流市场营销以及与城市现代服务业融合等方面取得更大突破，不断提升浙东海洋影视产业在全国的竞争力。当前围绕构建和延伸影视产业链，从形态上按照影视主题、产业链空间铺展或延伸的要求，将其培育成以电影、电视剧的拍摄、制作、发行为主，同时带动影视会展、影视研究、影视娱乐、动漫、观光体验，以及餐饮、宾馆、器材租赁、音像、广告、运输等相关产业全面发展的专业性产业集聚地。

借鉴横店影视集团的成功经验，我们认为应不断完善海洋影视文化产业园以下功能分区：影视拍摄制作综合配套服务功能区；滨海影视剧本创作与演艺职业培训区；国内外影视传媒及相关商务机构总部或地区总部功能区；影视及相关产品展示、展映、交易及商务服务共享功能区；影视创意及影人、影迷娱乐休闲特色商业服务功能区；以影视文化为主题、以体验乐园为形式的影视娱乐功能区。

（五）海洋文化综合产业园

海洋文化综合产业园主要以舟山市正积极打造的“海洋文化一条街”为基础。

定海中大街是位于定海明清古建筑群中的老街，相连西大街与昌国路，南北向长度约200米。古街部分青石板路面宽约4米，内部小巷交错，其中城隍巷与“翁洲第一古禅林”的祖印寺联通。中大街部分是目前保存较完善的旧街区，是舟山悠久历史的一个缩影。这一带始终是舟山最繁华的商业区，历经清、民国时期，至今形成舟山独有的江南市井民俗文化景观。

海洋文化综合产业园建设的运作模式采取房屋的所有权不变，确定“统一规划，整体改造，典型示范，分步实施”的建设思路，按照“保旧、复旧、饰旧”和“修缮、完善、改造”的原则，对传统街区的修缮改造凸现古城风貌和传统格局，突出海洋文化和海洋旅游的有机结合，展示定海城市发展的历史延续和海岛海洋文化特色，使之成为融展示、体验、观赏、美食、购物于一体的更具浓郁地方风味的动态海洋文化民俗街。

海洋文化综合产业园整体设计以全面展示海洋文化特色为总设计理念，在风格与功能上应和西大街等周边地区既有区别，又有衔接；在开发理念上应做到既精品，又错位，区别于舟山其他海洋文化展示地。具体分为“艺、佛、茶、食”四大区域项目：“艺”（海洋艺术文化）为第一板块，该区域主要经营渔民画、船模、沙雕、贝雕、剪纸、珍珠项链、海洋生物标本等海洋文化特色工艺品的创意设计、体验制作、展示、加工、销售等，舟山海洋民间民俗艺术展示，以优雅类为主；“佛”（海洋佛教文化）为第二板块，利用普陀山和祖印寺的辐射优势，本区域一是开辟定期的佛文化讲坛，邀请高僧阐释佛文化，二是佛文化相关产品的创意设计、加工、销售；“茶”（海洋休闲文化）为第三板块，该区域主要经营具有海洋文化气息的茶馆、咖啡馆、酒吧等，主要针对中高档消费群体，舟山佛茶文化的展示，包括茶文化讲解、“茶道”表演、佛茶为主的茶产品销售；“食”（海洋饮食文化）为第四板块，该区域重点介绍、推销海岛的吃文化，第一是规模小、档次高的特色海鲜餐馆，第二是定海的特色小吃汇总馆，第三是舟山特色干水产品销售。

四、八大产业，即海洋旅游业、海洋节庆会展业、海洋文化创意业、滨海影视制作业、滨海文化演艺业、海洋体育业、海洋工艺美术业、海洋休闲娱乐业

（一）海洋旅游业

享受阳光、沙滩、海水和新鲜空气等大自然的赐予；品海鲜、买海货，领略海洋文化，体验海洋风情；海上冲浪、海底潜水、凭水畅游、扬帆远行，体验海洋的变幻与神奇。海洋旅游的独特魅力正吸引着来自五湖四海的人们投入海洋的怀抱。目前，全世界旅游外汇收入排名前25位的国家和地区中，沿海的国家和地区有23个。在许多沿海的国家和地区，海洋旅游业已经成为国民经济的重要产业或支柱产业。挖掘与整合浙东沿海的渔、佛、城、岛、商、山等多姿多彩的海洋文化，重点打造一批省内著名、国内闻名的文化旅游品牌，培育和发展包括滨海旅游观光、购物、休闲、娱乐、演艺、美食为一体的文化旅游产业，并集合多方力量，加快旅游产品的升级和改造。

（二）海洋节庆会展业

可参照杭州西湖休闲博览会等重大展会活动的做法，以现有国际沙雕节、中国开渔节、徐霞客开游节、中国海洋文化节、钱塘江观潮节等一大批知名节庆活动为基础，借助杭州、宁波等节庆会展名城的影响力与完善的软硬

件设施，打破行政区划的割据障碍，努力将浙江以海岛文化、舟楫文化、渔业文化、港口文化、民俗文化、海鲜文化、宗教信仰文化等为主要内涵的节庆活动归纳、提炼、整合，举办长达半年(如4月份到10月份)的世界海洋博览会，努力将其打造成国际著名的旅游节庆会展品牌。

(三)海洋休闲娱乐业

随着人们对休闲观念的认识越来越深刻，海洋休闲的空间从滨海和海岛地区进一步扩大到海上船中；休闲方式也从传统的消磨时光和康体疗养发展到海上的各种游乐性活动。大力发展集娱乐、休闲、旅游、健身于一体的综合性娱乐设施，加快建设浙东沿海的综合休闲娱乐中心，重点打造九龙山旅游度假区、杭州湾湿地公园、阳光海湾休闲度假区(奉化)等一批大型休闲娱乐项目。

(四)滨海影视制作业

采用合资合作、项目合作等多种形式，结合综合电影院线建设，提升浙东滨海市影视演出场馆的数量和档次；鼓励和吸引社会资本投资影视剧制作业，力争培育在全省、全国具有竞争力和影响力的影视剧制作公司，实现电影、电视剧生产制作的新突破；积极推进影视剧的数字化进程；同时，从影视发展的产业链来看，要立足于影视剧摄制，逐步向前、后产业链延伸。

(五)滨海文化演艺业

加快市民文化中心的规划设计和建设；整合演出资源，推进市场化运作，积极引进新型演出业态；鼓励社会资金以参股、控股等多种形式投入演出业和演出场馆建设；积极开展对外文化交流，引进富有特色的文娱项目，优化文艺演出结构；有序推进艺术表演团体、中介机构、剧场之间的协作联合，实现优势互补。

(六)海洋体育业

海洋体育产业，是海洋产业体系不可缺少的部分。当前应充分利用浙东滨海的优势资源，尽力办好民众喜闻乐见的民俗体育赛事。例如开展补渔网、套绳靠岸、“泥滑”比赛等老百姓平日生活当中看得到、做得了的比赛项目。在发动民众普遍参与民俗体育赛事之外，我们还积极引进国家级乃至国际级的赛事，例如全国沙滩足球锦标赛、全国沙滩足球邀请赛、海钓、全国排球联赛等赛事。

(七)海洋工艺美术业

浙东海洋工艺美术坚持“两手抓、两手都要硬”的方针。一方面要继续走好艺术路，鼓励办好德和根艺美术馆等，加强艺术交流和研讨，不断提升艺术水平；另一方面要扶持懂得文化产业、擅长市场营销的专业人才从事产业开发，搞好艺术品的市场运作，做强做大这一产业。同时，积极寻求艺术与市场两者之间的利益结合点，尝试通过艺术监制等办法把两者有机结合起来，让艺术家和企业家实现双赢。除象山竹（木）根雕产业外，舟山的农（渔）民画、船模、贝雕等民间工艺也是发展工艺美术产业的珍贵资源。

（八）海洋文化创意业

采取一系列有力措施，鼓励发展海洋文学作品、影视剧创作、绘画（如渔民画）、动漫制作、广告策划、工艺品设计等创意产业，吸引和支持优秀创意人才到浙东滨海发展；对以浙东海洋文化资源为创造内容的创意成果给予特别优惠的政策支持和奖励；造就培养实力强大的浙东滨海作家群、书画家群、演艺家群，提升浙东滨海的文化创意水平。

第五节　浙东海洋文化产业发展的对策措施

根据国内外先进地区发展文化产业成功经验的研究，以及浙东区域海洋文化产业的基本状况分析，我们就浙东加快海洋文化产业发展提出如下建议：

一、发挥政府主导作用，完善文化产业政策、法规

迈克尔·波特在《国家竞争优势》一书中提出政府在追求竞争力提升与繁荣时，应该扮演新的、具有建设性和行动性的角色。政府的首要任务是要尽力去创造一个支撑生产率提高的良好环境。在区域文化产业发展中，政府是区域产业运行的主体推动力，因此需要充分发挥各行政区政府的主导作用，共同整合区域文化产业资源，打破文化产业及相关产业的行政区划界限。

我们认为，从构建“完整的海洋文化产业空间”的角度出发，建立制度化、高层次、常规性的协作机构是非常必要的。这个机构全面负责制定区域海洋文化开发与保护、文化产业市场营销等发展规划；制定区域海洋文化产业发展政策，消除文化产业市场存在的政策性壁垒；制定区域海洋文化产业发展的内容、实施步骤、信息交流、监督保证等；引导、推动和激励区域内的相关企业进行广泛的市场合作，并为其提供各种必要的服务等。

针对目前浙江省有关海洋文化产业政策法规还很不完善，立法层次较低等状况，浙东区域政府应积极制定促进海洋文化产业繁荣的相关政策法规。

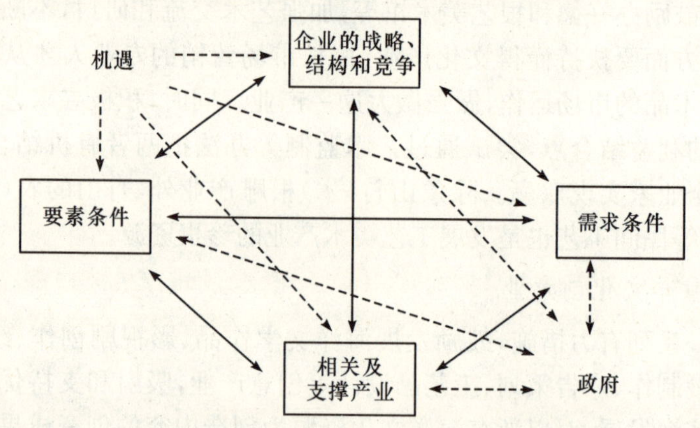

图 9-2　波特国家竞争力分析模型(钻石体系)①

首先,要建立一套完整系统的保障海洋文化产业健康发展的法律体系,如制订出台文化产业促进法、文化资源保护法、文化投资法、文化市场管理法,等等。其次,要进一步加大执法力度,特别要加强对文化侵权行为的责任追究,打击侵害知识产权行为,保护文化创新行为。第三,要加强文化执法主体建设,大力推进文化市场综合执法,改变过去多头执法、力量分散、执法水平不高的问题,确保文化市场繁荣有序。第四,要创造宽松的社会环境,鼓励金融机构加大对海洋文化产业的信贷支持,如对文化生产企业给予政策规定的利率优惠等;进一步放宽文化市场准入条件,消除民资和外资进入文化领域的体制性障碍,引导社会力量参与国有文化事业单位改革、投资发展海洋文化产业;在行政审批、土地使用、市场管理等各个方面制定一系列优惠措施,尽力营造良好的文化生态,推动浙东海洋文化产业健康有序发展。

二、深入挖掘海洋文化资源,增强产业发展潜力

增加海洋文化产品的种类与数量,提高海洋文化产品品质,是不断深化浙东海洋文化产业发展的基础性条件。随着社会经济的发展,人们对海洋文化的需求增加,对海洋文化的认识也会逐步深化,我们应该深入挖掘浙东丰厚的海洋文化资源,将其开发成多元化的海洋文化产品,以满足日益扩大的精神需求,以增强海洋文化产业的发展潜力。

一要深度挖掘海洋文化内涵,把它作为经济发展的重要载体,通过整合、

① [美]迈克尔·波特著:《国家竞争优势》,李明轩、邱如美译,华夏出版社 2002 年版,第 68 页。

提炼、融入，提升文化的商品属性和价值，将文化优势转化为经济优势，创造新的经济增长点。近年来，宁波象山县集中力量，保护发掘了塔山文化遗址、海防遗址、古陶窑、古沉船等文物点，整理重现了象山锣鼓、龙灯、鱼灯、竹根雕、渔歌号子、剪纸等民间文化和赵五娘、陶宏景等民间传说，大大丰富了象山海洋文化的内涵，也为海洋文化产业发展奠定了基础。

二要提升海洋文化产业的文化含量。文化产业是文化性很强的经济产业。浙东海洋文化产业的发展是否能保持其旺盛的竞争力、吸引力和生命力，关键是看海洋文化涵量、水准、品位的挖掘、提升和张扬。要树立以文化取特色、以文化论品位、以文化定效益的理念和意识，努力将海洋文化这个极具感召力和亲和力的文化符号，作为经营资本、精神产品保护好、管理好、经营好、销售好，并运用各种生动的、形象的、艺术的手段和形式，通过把各种事和物注入旅游等产业中去，让更多的人参与，把浙东海洋文化打造成名副其实的品牌文化。

三、加强海洋文化的整合重组，打造海洋文化产业精品

市场经济条件下经济发展的一条重要经验就是发展特色经济，培育精品名牌，发展文化产业也是如此。《浙江建设文化大省纲要》中指出："实施精品战略"，推出一批展示时代风貌，体现浙江大省、具有国家级水平的文艺精品。"创作生产一批思想性和艺术性完美统一，经得起历史检验的文艺精品。认真抓好传统强项，继续保持美术、摄影、戏曲、影视在全国的领先地位，力争每年有精品力作问世。"

我们认为，浙东海洋文化产业的迅速发展，需要品牌的支撑。打造海洋文化品牌既关系到资源的科学合理使用，又关系到文化产业发展的速度、规模、效益，必须从战略高度加以重视。摸清本区域海洋文化资源家底、整合文化资源是打造文化品牌的基础。但不是所有的文化都有卖点，都能变成经济优势，只有充分考虑资源本身的独特性和市场需求，对资源进行深度挖掘和整合重组，树立独特而有知名度的文化品牌，才能使资源优势转化为产业优势。为此，在浙东海洋文化产业发展思路上，不能搞"你有我也有"的赶超战略，而是要贯彻"有所为，有所不为"的竞争战略，实行错位竞争，抓住重点，经营强项，发挥优势，树立自己的文化产业品牌，并通过深入的市场运作，提高文化品牌的市场认知度，形成注意力经济，为文化产业注入活力。舟山渔民画就是典型的例子。

1984 年，舟山地区的文化馆为了活跃当地群众的文化生活，让 1500 多位

从未摸过画笔的渔家子弟试着绘画，此画因由渔民所绘，故称渔民画。1988年3月，文化部命名舟山市定海区、普陀区、岱山县、嵊泗县为“中国现代民间绘画画乡”。至此，舟山渔民画创作初步形成一支具有独特风格的群体，舟山渔民画开始闻名全国。古老神秘的东方文化深深吸引着众多国外游客，民间工艺品在市场上的商业价值将民间艺术推向了潮流的舞台，目前普陀区已建成5个渔民画创作基地和数个画室，很多渔民画家希望渔民画的创作和展销进入市场操作，商业价值大大提高，也带动了舟山旅游业和经济的发展。

四、深入提炼海洋文化内涵，打造浙东区域“佛”、“渔”、“港”节庆品牌

节庆活动，既是民俗文化的传承和创新，又是地方文化资源的整合和提升，更是旅游经济发展的舞台和灵魂，已成为一种新型的文化现象和经营手段。① 浙东应该凭借沿海区域民间民俗文化的深厚底蕴和海洋资源优势，奋力打造一批具有鲜明海洋文化特色和浓郁海洋气息的节庆活动。

首先，必须整合和拓展浙东区域涉海节庆活动，通过政府引导，依托市场运作，进一步提升品位，扩大规模。在对浙东区域现有海洋节庆资源进行调查摸底，理清各类节庆活动的承办主体、经费构成、举办时间和主题内涵的基础上，将浙东以海岛文化、舟楫文化、渔业文化、港口文化、民俗文化、海鲜文化、海商文化、宗教信仰文化等为主要内涵的节庆活动归纳提炼成“渔”、“佛”与“港”三大核心主题，即海洋渔文化、佛教文化和港口文化，并着手对现有海洋节庆资源进行有效整合。

海洋渔文化节庆活动以“中国开渔节”为主体，整合宁海长街蛏子节、嵊泗贻贝文化节、沈家门渔港国际民间民俗大会、中国舟山海鲜美食文化节、舟山渔民画艺术节、宁海时尚海钓节、象山国际海钓节、象山“三月三，踏沙滩”旅游节、象山海鲜美食节、象山海涂节等系列活动，增强活动的互动性、参与性，进一步演绎宁波丰富多彩的渔文化，拓展浙东在海内外的影响。

港口文化节庆活动以“宁波·国际港口旅游节”为核心，依托宁波港（北仑港、象山港、镇海港）、舟山港（岱山岛、秀山岛、虾峙岛、六横岛）、台州港（海门、健跳、大麦屿）等有形载体，整合现有中国外滩节、中国海上丝绸之路文化节、杭州湾大桥国际旅游节、北仑港城文化节等各种节庆活动，充分展示浙东

---

① 白迎金、王鹏：《文化节庆活动是对文化的救赎》，《旅游时代》2008年第10期，第23—24页。

港口文化的魅力。

佛教节庆活动以“舟山群岛·中国普陀山南海观音文化节”为主体，整合“中国（奉化）雪窦山弥勒文化节”、“中国（天台）佛教艺术节”、“普陀山之春”、“普陀三大香会节”等节庆资源，扩大“浙东佛国”在海内外的影响。

整合后的海洋节庆活动，以集中打造“港”、“渔”、“佛”三大节庆品牌为目标，统一营销宣传，统筹策划运作，形成全区域海洋旅游节庆一盘棋，最大限度地发挥节庆的综合效应。

其次，为确保浙东区域海洋节庆活动的整体效应，有必要在宣传部门、文化部门、旅游部门等统一调度下，成立一个全区域统一的节庆领导机构，减少各自为政、条块分割的弊端和负面影响，以更清晰的思路、鲜明的主题、经营的理念、包容的模式、规模的效应、政府的引导、科学的运作，把以往分散的、零碎的、重复的、低层次的节庆活动集成整合起来，统一规划、统一组织、统一包装、统一宣传、统一促销，集中人力、物力、财力，进一步挖掘、丰富、扩大节庆活动内容，提升节庆活动品位，扩大节庆活动规模，融合节庆文化内涵，形成一个“大节套小节”、“小节循大节”、“节中有节”、“节节相扣”的规模型、品牌型、连环型效应，使浙东区域的大型节庆活动成为凝聚海洋文化、弘扬海洋文化的一个最重要载体。

五、实行投资主体多元化，充分发挥民营资本优势

浙江的民营经济占有浙江经济的半壁江山。2005年，浙江非公有制经济增加值占全省GDP的比重已达65%以上。发挥这种优势，积极鼓励和吸引民营企业进入文化产业领域，是浙江经济体制改革的成就向文化生产领域的自然延伸，是在文化生产领域打造新的“浙江模式”的关键。

我们认为，要让浙江民营经济成为浙东海洋文化产业的主力军，需要注意以下几点：首先，要向民营企业宣传《国务院关于非公有资本进入文化产业的若干决定》、《关于深化文化体制改革的若干意见》、《浙江省文化产业项目投资指南》等文件精神，使他们解放思想，重新审视这个对他们既陌生又充满机遇的发展空间。其次，要组织浙江的民营企业通过走出去、请进来的办法学习省内外民营经济成功介入文化产业的经验和做法。再次，建议以政府名义颁布《鼓励浙江非公有制经济发展海洋文化产业的若干意见》，规范民营经济在工商登记、土地征用、财政扶持、信贷、上市融资等方面享受与国有经济同等待遇的政策，促进浙江民营经济早日成为浙东发展海洋文化产业的主力军。

当然，有时民营海洋文化企业难免有短视行为，忽视了海洋文化资源的保护，需要政府在法律、法规和政策等方面加强指导和监督。

六、推动科技创新，促进海洋文化产业持续发展

科技创新可以催生出新需求，拓展出新市场，降低文化产品生产、传播、销售等环节中的成本，充分发挥资源效益，并使文化产业获得可持续发展能力。这是当前世界文化产业发展的趋势之一。

针对浙东海洋文化产业科技水平较低的现状，应加大科技投入，全面提高该文化产业的科技实力，以科技创新促进文化创新和管理创新。一是确立为海洋文化产业发展提供科技支持的重点领域，通过科学研究和科技投入，提升文化产业水平。二是研究海洋文化产业重点领域的科技发展和应用，推进高新技术成果与文化产业的结合。应大力发展各类与高新技术密切结合的新兴文化产业，开发拥有自主知识产权的高科技海洋文化产品，使浙东海洋文化产业在开发、制作、传播等各个环节上达到国内先进水平。三是确定海洋文化产业中科技发展的优先领域和重大项目。根据世界文化产业发展趋势和我国实际，提出科技发展的优先领域和关键技术，加强自主创新。四是制定海洋文化产业科技发展的保障措施。通过建立和完善科技投入的增长和保障机制、配套的基础条件和政策措施等，确保科技规划任务的顺利实施，从而引导高新技术进入文化领域，不断推进科技创新。

七、加大人才培养力度，提高智力支持环境

文化产业建设是否能够成功，取决于是否拥有一个多层次、多专业、多领域的高素质人才群体。实践证明，日趋激烈的人才竞争将成为夺取文化产业未来制高点的决胜因素。由于海洋文化产业在浙东兴起时间比较短暂，人才资源十分匮乏。为此，应当加强浙东海洋文化产业人才队伍的建设，培养出一批具备较高文化素养和创新能力，同时又懂得海洋文化产业经营管理的规律的复合型人才。当前，应以宁波大学、浙江海洋学院、浙江省海洋文化与经济研究中心等高校、研究机构为依托，建立海洋文化产业人才培训基地，尽快开设包括文化产品设计、文化产品经营、文化经纪人、文化市场管理等相关的专业课程，形成多层次、立体性的人才培养层次；建立职能部门，明确专业人员，配备设施，对浙东沿海著名的老艺人和濒临消亡的涉海文化艺术品类实施重点抢救、保护和资源发掘；编写浙江海洋文化乡土教材，实施海洋文化艺术进学校的相应政策，以政府行政方式来保障海洋文化艺术作为区域学生素

质教育的主要内容之一；加强培训师资，通过学校教育保障海洋民间文化艺术的传承和提高。

八、组建浙东海洋文化产业集团，增强产业竞争力

对于文化产业来说，集团化是一个不容怀疑的选择，是国际上公认的经济发展模式中"赶超型"战略的核心内容。[①] 资料显示，全球50家媒体娱乐大公司占据了当今世界上95%的娱乐市场和出版市场，时代华纳、迪斯尼、索尼等九大媒体巨无霸支配着全球文化市场，中国"入世"后必然面临一个寡头竞争主导的文化产业市场。

然而，浙东区域海洋文化产业目前却处于一个"只见星星、不见月亮"的状态，缺乏企业集团的支撑，根本无力与其他区域、其他文化产业相竞争。而且同一区域，同类型产业较多，重复建设、资源浪费情况极为严重。为此，今后几年浙东区域应通过实施海洋文化产业政策及各种措施，迅速改善文化产业的组织结构，鼓励规模较大、经营有效的骨干文化企业大力开展资本运作，尽快组建拥有主导业务、知名品牌及核心竞争力的企业集团，中小文化企业则通过转变业务结构向为龙头企业外围配套和专业化的方向发展。我们认为，在浙东区域海洋文化产业发展过程中，完全有必要、也有可能联合建立一个"浙东海洋文化产业集团"，全面负责区域海洋文化资源的挖掘整合与规划开发、活动的安排、客源市场的拓展和专业化人才的培养，尽量避免进行重复建设，盲目竞争，让有限的人力、物力和财力充分发挥效用。

需要指出的是，一方面产业集团的组建必须以市场机制为基础，以资产为纽带，按自愿和优势互补的原则加以推进，绝不能实行政府主导下的"拉郎配"式的机构拼凑；另一方面目前有必要慎重处理"做大"情结，防止做表面文章，如果不是按照市场规则进行运作和经营，无法实现真正意义上的资源共享和重组。"做大"是方式，"做强"才是目的，适度的"大"和无限的"强"才是文化产业集团化的发展目标。

① 陈小申：《如何看待文化产业集团化》，《出版参考》2009年第20期，第11页。

附录四：

浙江海洋宗教信仰文化的旅游价值及其可持续发展研究[①]

一、浙江海洋宗教信仰文化的内涵与遗存

由于海洋的神秘，海洋自然灾害的难以抗拒，浙江沿海居民早在五六千年前就产生了强烈的信仰崇拜。[②] 而大海的开放性、涵容性，造成了浙江沿海宗教信仰的多重性结构，如妈祖信仰、观音信仰、鱼师信仰、龙王信仰等。这些不同类型的宗教信仰在浙江沿海地区相互影响，相互渗透，相互适应，或同时并存，或交替重叠，或兼收并蓄，构成一个五彩斑斓、交相辉映、特色鲜明的宗教信仰文化系统。

（一）佛教信仰

佛教尊奉对象如观音在浙江沿海居民心目中具有崇高的地位。她（他）们大慈大悲、救苦救难，在海上巡洋、护航、驱妖、消灾、救急、解困等方面佑护着人民的生产与生活。

普陀山是中国四大佛教名山之一，为观音菩萨的道场。据《普陀山志》记载，五代后梁贞明二年(916)日本僧人慧锷自五台山请观音像归国，途经普陀山为大风所阻，居民张氏舍宅为院，号“不肯去观音院”。从此普陀山开始供奉观音菩萨。山上普济、法雨、慧济三大寺院，规模宏大，建筑考究，是我国清代建筑群的典型。岛上有千步沙、潮音洞、梵音洞、南天门、西天门等风景点二十余处，全岛层峦叠嶂，奇石壁立，洞壑幽深，树木常青，云遮雾绕，海景变幻，现已成为全国重点风景名胜区。舟山大瞿岛上的观音山，山高仅314米，但南麓从海面壁立而起，数峰环绕，景象万千，灵秀之气充满全山。山上有佛像多座，有“东海第二海天佛国”之称。岱山岛上的超果寺是舟山最古老的寺院建筑，也是海上著名的四大寺庙之一，与普陀山的法雨、普济、慧济三寺齐名。

天台山是中国佛教天台宗的发祥地，佛教五百罗汉道场。南朝陈时，智顗入天台，在台州各地兴建道场，传播佛经大义，创建了佛教流传到中国后教

---

① 本文刊登于《渔业经济研究》2008年第6期，作者苏勇军。

② 姜彬：《东海岛屿文化与民俗》，上海文艺出版社2005年版，第422－423页。

旨最为严密的宗派——天台宗。唐宋时期，天台宗陆续传播到日本、朝鲜、东南亚一带。直至现在这些地方的天台宗都以天台为祖庭。天台山现存佛寺主要有国清寺、高明寺和方广寺等。国清寺始建于隋开皇十八年(598)，南宋列为“江南十刹”之一。全寺总面积7.3万平方米，分为五条纵轴线，正中轴由南而北依次为弥勒殿、雨花殿、大雄宝殿、药师殿、观音殿等，构成一个拥有2万多平方米、8000余间房屋的古建筑群。寺宇依山就势，层层递高，既有佛教建筑严整对称的特点，又给人以灵活自如之感。

(二)道教信仰

浙江沿海地区是中国古代方士的修炼场所和道教的最早传播地。南朝时期，陶弘景在天台山、灯坛山、括苍山精修道教，开创佛道双修理论，奠定了台州道教发展的理论基础；唐代司马承桢居天台山玉霄峰桐柏观三十多年，整理道家典籍，形成《桐柏道藏》，名重天下，被武后、睿宗、玄宗三代皇帝四次召见问道；唐代杜光庭入天台山，融儒、道学说于一体，将“体、用”哲学范畴引入道教，为道教的理论发展开辟了新领域；宋代张伯端采众家之长，创立道教南宗，天台桐柏宫也成为道教南宗祖庭。如今台州现存的道教著名洞天宫观有：天台桐柏宫、赤城山玉京洞(第六洞天)、仙居括苍洞(第十洞天)、黄岩委羽山大有宫(第二洞天)、临海紫阳宫等。

(三)妈祖信仰

海神妈祖原名林默(960－987)，出生于福建莆田湄州岛，生前好行善济世，常在海上救助遇险船民，死后人们立祠祭祀，以示感念并祈求佑护。妈祖信仰由此始行，以福建莆田、台湾岛最盛，我国沿海建有大量的妈祖庙。

浙江沿海是除了福建、广东以外，信奉妈祖比较集中与兴盛的地方，妈祖庙、天妃宫、天后宫、娘娘宫等遍布沿海各地。宁波的昌国、石浦、东门、南田、晓塘、定塘、大塘、涂茨一带，历史上均有祭拜天妃的庙宇，其中甬东天后宫是浙江省现存规模最大的天后宫。甬东天后宫始建于清代道光三十年(1850)，占地近4000平方米。后天后宫成为航运于北方船帮的议事中心，称为庆安会馆，其精美的砖刻门楼、两对龙凤石柱及大批精巧的木雕石刻保留至今。现为浙东海事民俗博物馆，是展示浙东地区妈祖信仰、海事民俗、会馆商贸活动及其建筑艺术特色的场所。

(四)龙王信仰

龙王是中国沿海渔民最早崇信的海神。渔民向龙王祈求海面风平浪静，鱼虾成群，平安出海，满舱而归。长期以来，浙江沿海居民对龙王充满着无限的敬畏,建庙修宫,祭典旺盛。如清康熙《定海志》记载,定海各区有龙王宫 24 个,而到了民国初年达到 48 个。具体的信仰习俗亦丰富多彩,主要表现在龙王宫设置,龙王寿诞和龙王出巡习俗,海岛人在渔业生产活动重大环节中的祭典习俗和贯穿在渔民人生礼仪和日常生活中的龙王习俗等方面。

(五)鱼师信仰

鱼师信仰是浙江沿海区域独特的信仰形式。鱼师信仰起源于石浦三门湾海滩的海豚戏闹进港。由于潮流的原因,海豚先行冲着港面游动,而后借着潮流转向港口,当冲着港岸时,满港的大小海豚酷似向港岸朝拜。百姓认为这一处土地竟然引来海豚的朝拜,必有灵气,便在这神灵之地建一鱼师庙,以供奉鱼师。在浙江沿海的舟山、台州等地都建有鱼师庙,并在特定的时期内都要举行形式各异的祭祀仪式,如庙祭、滩祭与水祭等。

浙江沿海居民的宗教信仰内涵十分庞杂,除了妈祖、观音、龙王等信仰外,还有如来、八仙、玄武、乌耕将军(鲸鱼)、渔神、船神、潮神、滩神等数量众多的信仰对象和形式各异的习俗活动。

二、浙江海洋宗教信仰文化及其遗存的旅游价值

宗教信仰文化及其遗存是一种特殊的文化表现形态,它不仅能满足游客求知、求美、求奇的动机,同时还能满足更深层次的情感要求。① 其旅游功能可以归结以下几点。

(一)宗教信仰文化及其遗存满足旅游者求知、猎奇的需求

海洋宗教信仰文化是浙江沿海人民在漫长历史进程中形成或吸纳的一种特色文化,是广大劳动人民精神生活的重要组成部分,具有很高的精神价值、史学价值和科学价值。其内涵包罗万象,涉及社会学、历史学、哲学、科技、医学、建筑、文字、文学艺术、天文地理、历法等。透过这些文化遗产,旅游者不仅能获得大量的宗教知识,同时还可以了解到与内陆地区迥然不同的海洋宗教文化与原始信仰民俗。而各种独特的宗教信仰仪式,如祭海、龙王出巡等,因为笼罩着浓厚的神秘色彩,更满足了游客猎奇的心理。

(二)海洋宗教信仰文化散发着强烈的艺术感染力,为旅游者提供多种审美享受

旅游活动从本质上讲是一种精神满足和审美活动,而宗教信仰文化在满

① 甘枝茂等:《旅游资源与开发》,南开大学出版社 2000 年版,第 160 页。

足人们的精神需求、审美欲望和猎奇心理上有着特殊的功用。如宗教建筑、宗教雕塑、宗教绘画与书法、宗教音乐、宗教仪式以及宗教武术、宗教养生等，都具有深厚的文化内涵和较高的审美价值并笼罩着神秘的色彩，能够激发和满足人们审美、猎奇的心理需求。

(三)海洋宗教信仰满足了现代人对精神生活的强烈需求

随着科技的进步，生产力的飞速发展，一体化进程的加速，产生了各种生活方式和价值观的相互碰撞。人们在繁荣的物质文明和多元文化冲击包围中，感到从未有过的精神紧张和情感空虚。宗教用不同的方式，对生命和世界作出诠释，对现实世界的人类具有明显的启迪、安慰、寄情的作用，满足人们不同层次的精神需要，包括获得慰藉的需要，摆脱恐惧与孤独的需要，群体交往的需要，追求平静的需要，情感宣泄的需要等。

三、浙江海洋宗教信仰文化旅游可持续发展探讨

(一)旅游可持续发展思想内涵

鉴于可持续发展思想与旅游业的密切关系，国际社会对旅游的可持续发展十分关注，特别是 1987 年《我们共同的未来》一书出版后，伴随着可持续发展理论的日益成熟，旅游可持续发展的研究达到了前所未有的高潮。1990 年加拿大召开的旅游国际大会上，明确提出旅游可持续发展的概念："旅游可持续发展的实质，就是要求旅游与自然、文化与人类生存环境目的地成为一个整体；自然、文化和人类生存环境之间的平衡关系使许多旅游目的地各具特色。旅游发展不能破坏这种平衡关系。"[①]具体而言，其基本含义主要包括：[②]

1. 旅游可持续发展要求旅游与自然、文化和人类生存环境成为一个整体，以不破坏其赖以生存的自然资源、文化资源及其他资源为前提，并对自然、人文生态环境保护给予资金、政策等全方位支持，从而促进旅游资源的持续利用。

2. 旅游可持续发展应在满足当代人日益增加的多样化需要的同时，保护后代人能公平享有利用旅游资源的权利，满足后代人旅游与发展旅游的需要。

---

① 王春峰译：《可持续旅游发展宪章与行动计划》，《中国旅游报》1995 年 9 月 7 日第 2 版。

② 陶伟：《中国"世界遗产"的可持续旅游发展研究》，中国旅游出版社 2001 年版，第 163—164页。

3. 旅游可持续发展必须与当地经济有机结合，以其提供的各种机遇作为发展的基础，满足当地居民长期发展经济、提高生活水平的需要。

4. 旅游可持续发展要求摒弃狭隘的区域观念，加强交流与合作，充分利用人类所创造的一切文明成果，实现全球旅游业的繁荣与发展。

（二）浙江海洋宗教信仰文化旅游发展现状

在浙江沿海一些地方，如普陀山，快速发展的宗教信仰文化旅游对旅游业贡献巨大，对相关产业具有明显的带动作用，对本地社会经济的发展和作用也日益显著。但我们也看到，在浙江海洋宗教信仰文化旅游资源的开发利用中，仍然存在着不少亟待解决的问题，严重影响了旅游可持续发展。

1. 底蕴深厚、内涵丰富的浙江海洋宗教信仰文化资源一直未得到很好的挖掘、整合和科学保护，从而导致了旅游产品单一、项目雷同、资源破坏严重。

2. 在现有的海洋宗教信仰文化旅游产品方面，缺乏统一的策划、包装及推销，基本停留在自生自灭的状态，未能形成浙江海洋文化旅游独有的特色与亮点。

3. 在浙江沿海许多开放的宗教信仰旅游区内，商业气息过浓，游客于此难以感受到圣地的肃穆、庄严。

4. 宗教信仰文化旅游涉及旅游、宗教、文物、园林及所在地政府等多个管理部门，而在浙江沿海地方旅游管理体制中，长期存在“条块分割、各自为政”的局面，造成部门之间长期隔阂，甚至“不相往来”，一旦问题出现，很难沟通协调。

（三）浙江海洋宗教信仰文化旅游可持续发展思路

1. 发挥政府宏观调控作用，推动旅游可持续发展

20 世纪 90 年代以来，我国一直倡导“政府主导型”旅游发展战略，并在实践中获得了认可。由于海洋宗教信仰文化旅游的独特性，我们认为，要实现其可持续发展，必须充分发挥政府的宏观调控功能。第一，树立旅游可持续发展观，摒弃单纯追求游客数量增长与眼前经济利益的思想与做法。第二，针对浙江海洋宗教信仰文化旅游自身的特征，不断完善其可持续发展的政策、法规体系。目前，应充分利用《中华人民共和国环境保护法》、《中华人民共和国文物保护法》、《风景名胜区管理条例》等法律、条例来保障宗教信仰文化旅游的可持续发展。第三，制定浙江海洋宗教信仰文化资源保护总体规划和详细规划，并明确近期、中期、长期的资源保护任务和详细的实施步骤及具体方法。第四，协调好海洋宗教信仰文化旅游发展中部门之间管理与利益分

配的关系问题，最大限度地发挥宗教信仰文化资源的旅游价值。第五，针对旅游者、旅游从业人员、旅游地居民的特点，广泛开展海洋宗教信仰文化知识的宣传教育，努力形成保护宗教文化遗产的社会环境和舆论氛围。

2. 突出区域资源特色，发挥组合优势

旅游区域内各旅游吸引物之间必须有机地组合在一起，充分发挥旅游资源组合优势，才能形成强大的竞争优势，推动地区旅游业有效持续发展。

虽然浙江海洋宗教信仰文化内涵丰厚，特色鲜明，但由于缺乏有机整合，其组合优势至今无法显现出来，资源优势无法有效地转换为经济优势。因此，科学地整合浙江沿海丰富多彩的宗教信仰文化，打造旅游品牌，实现旅游可持续发展，对于提升区域旅游竞争力具有重要的战略意义。如浙江沿海佛教旅游资源以宁波天童寺、阿育王寺、雪窦寺为轴心，东遥控佛教名山普陀山，南延接天台宗祖庭国清寺、高明寺、方广寺，西毗邻禅宗著名丛林新昌大佛寺和杭州灵隐寺、净慈寺，北隔杭州湾与上海玉佛寺、静安寺等相望，在半经150～200千米范围内，全国佛教重点寺院达17处，其分布之密集，为全国所罕有。当前，可以加强各地区旅游部门、文化部门和宗教部门的合作，整合该区域丰厚的佛教文化旅游资源，开发“东南佛国朝圣之旅”品牌，拓展日本、韩国、东南亚、港澳台、长三角、珠三角等地旅游客源市场，推动浙江沿海宗教信仰文化旅游的可持续发展。

3. 引导社区参与，发挥沿海居民的支持作用

社区参与对旅游可持续发展具有重要意义：社区居民参与到旅游服务中，渲染原汁原味的地方、民族文化氛围，增强了吸引力；社区参与为旅游区的资源保护提供了强大动力。①

浙江海洋宗教信仰文化可持续旅游发展过程中，要求旅游区的规划者和管理者必须尊重社区的权利，给予沿海社区居民平等的表达机会，帮助沿海居民参与到旅游规划和开发中来，并且建立起文化旅游区与当地社区联合共管的经济运行机制，保障沿海居民从可持续旅游发展中获得足够的经济收益。目前，需要加大教育支持力度，逐步培育社区的参与能力和自我发展能力，并把社区参与旅游开发和管理以法律的形式固定下来，使之制度化、法律化。

---

① 李永乐等：《澳大利亚可持续旅游发展举措及其启示》，《改革与战略》2007年第3期，第35—38页。

4. 提炼宗教信仰文化的生态伦理观，大力发展宗教生态旅游

生态旅游是当前国内外旅游界的热门话题。由于宗教的生态伦理观体现了生态旅游的思想，在保护环境、净化人心方面有着非常重要的积极作用，因此，宗教生态旅游得到了广泛提倡。我们认为，深入挖掘、提炼浙江沿海宗教信仰的生态伦理观（如原始信仰的“万物有灵”、佛教的“缘起论”、道教的“自然观”），并将其融入阳光明媚、环境幽静、生态良好的海洋、山川资源之中，大力发展宗教生态旅游是实现海洋宗教信仰文化旅游可持续发展的重要途径。首先，保持原汁原味的宗教信仰文化旅游资源，尽量做到修旧如“旧”；其次，坚持适度开发、有限利用，科学监测区域旅游承载力；再次，借助宗教生态旅游来宣传资源保护和生态环境的可持续发展思想，充分发挥宗教生态旅游的生态保护功能、生态教育功能和科学普及功能。

参考文献

[1]姜彬,金涛.东海岛屿文化与民俗.上海:上海文艺出版社,2005.
[2]陈华文,等.浙江民俗史.杭州:杭州出版社,2008.
[3]陈炎.海上丝绸之路与中外文化交流.北京:北京大学出版社,1996.
[4]沈善洪,等.浙江文化史.杭州:浙江大学出版社,2009 年.
[5]黄鸣奋.厦门海防文化.厦门:鹭江出版社,2002.
[6]诸惠华,等.南汇海洋文化研究.上海:上海人民出版社,2008.
[7]郑魁浩.未来海洋大省的构建:浙江海洋经济研究.宁波:宁波出版社,2001.
[8]张伟.浙江海洋文化与经济:第三辑.北京:海洋出版社,2009.
[9]张伟.浙江海洋文化与经济:第二辑.北京:海洋出版社,2008.
[10]张伟.浙江海洋文化与经济:第一辑.北京:海洋出版社,2007.
[11]陆立军.海洋宁波——海洋经济强市建设研究.北京:中国经济出版社,2005.
[12]中日越系文化联合考察团.浙江民俗研究.杭州:浙江人民出版社,1992.
[13]浙江省民间文艺家协会.浙江民俗大观.北京:当代中国出版社,1998.
[14]张开城,徐质斌.海洋文化与海洋文化产业研究.北京:海洋出版社,2008.
[15]广东炎黄文化研究会,东莞市政治协商委员会.岭峤春秋·海洋文化论集.广州:广东人民出版社,2002.
[16]李新安,金毅.桅影风骚:海洋文学与海洋艺术.北京:海潮出版社,2004.
[17]钟敬文.民俗学概论.上海:上海文艺出版社,2002.
[18]陈海克.舟山海洋文化资源的现状与研究.北京:中国文联出版社,2004.
[19]曲金良.中国海洋文化观的重建.北京:中国社会科学出版社,2009.
[20]曲金良.海洋文化与社会.青岛:中国海洋大学出版社,2003.
[21]曲金良.海洋文化概论.青岛:青岛海洋大学出版社,1999.
[22]曲金良.中国海洋文化研究:第 1 卷.北京:文化艺术出版社,1999.
[23]曲金良.中国海洋文化研究:第 2 卷.北京:海洋出版社,2000.
[24]曲金良.中国海洋文化研究:第 3 卷.北京:海洋出版社,2002.

[25]曲金良.中国海洋文化研究:第4—5卷.北京:海洋出版社,2005.
[26]曲金良.中国海洋文化研究:第6卷.北京:海洋出版社,2008.
[27]俞丽芬,等.浙江社会与文化.杭州:浙江大学出版社,2006.
[28]江建国.舟山:立足海洋全面跨越.杭州:浙江人民出版社,2007.
[29]柳和勇,方牧.东亚岛屿文化.北京:作家出版社,2006.
[30]柳和勇.舟山群岛海洋文化论.北京:海洋出版社,2006.
[31]叶取源.中国文化产业评论.上海:上海人民出版社,2005.
[32]胡惠玲.文化产业概论.昆明:云南大学出版社,2005.
[33]欧阳宗书.海上人家——海洋渔业经济与渔民社会.南昌:江西高校出版社,1998.
[34]王文洪.舟山群岛文化地图.北京:海洋出版社,2009.
[35]国家海洋局直属机关党委办公室.中国海洋文化论文选编.北京:海洋出版社,2008.
[36]杨国桢.瀛海方程——中国海洋发展理论和历史文化.北京:海洋出版社,2008.
[37]金涛.东亚海神之谜.成都:四川人民出版社,1998.
[38]董玉明.海洋旅游.青岛:青岛海洋大学出版社,2002.
[39]张开城,张国玲.广东海洋文化产业.北京:海洋出版社,2009.
[40]叶鸿达.海洋浙江.杭州:杭州出版社,2005.
[41]蔡敏华.浙江旅游文化.杭州:浙江大学出版社,2005.
[42]叶大兵.浙江民俗.兰州:甘肃人民出版社,2003.
[43]宁波"海上丝绸之路"申报世界文化遗产办公室,宁波市文物保护管理所,宁波市文物考古研究所.宁波与海上丝绸之路.北京:科学出版社,2006.
[44]张坚.舟山民俗大观.呼和浩特:远方出版社,1999.
[45]光泉.吴越佛教.北京:宗教文化出版社,2010.
[46]司徒尚纪.中国南海海洋文化.广州:中山大学出版社,2009.
[47]刘恒武.宁波古代对外文化交流.北京:海洋出版社,2010.
[48]陈智勇.中国海洋文化史长编:先秦秦汉卷.青岛:中国海洋大学出版社,2008.
[49]杨国桢.东溟水土:东南中国的海洋环境与经济开发.南昌:江西高校出版社,2003.
[50]张捷.浙江历史文化名城——定海.北京:中国文联出版社,2003.

[51]徐晓望. 妈祖的子民——闽台海洋文化研究. 上海:学林出版社,1999.
[52]潘家玮,毛光烈,等. 海洋:浙江的未来——加快海洋经济发展战略研究. 杭州:浙江科学技术出版社,2003.
[53]王诗成. 建设海上中国纵横谈. 北京:海洋出版社,2004.
[54]王诗成. 龙,将从海上腾飞. 北京:海洋出版社,2004.
[55]王诗成. 海洋强国论. 北京:海洋出版社,2004.
[56]王诗成. 蓝色的挑战. 北京:海洋出版社,2004.
[57]沈善洪. 浙江文化史:上下册. 杭州:浙江大学出版社,2009.
[58]李正平. 宁波文化产业研究. 杭州:浙江大学出版社,2010.
[59]舟山市政协文史资料委员会,嵊泗县政协文史资料委员会. 舟山海洋鱼文化:嵊泗篇. 北京:海洋出版社,1994.
[60]舟山市政协文史和学习委员会,嵊泗县政协文史资料委员会. 舟山海洋龙文化. 北京:海洋出版社,1999.
[61]林士民. 三江变迁——宁波城市发展史. 宁波:宁波出版社,2002.
[62]林士民. 再现昔日的文明:东方大港宁波考古研究. 上海:上海三联书店,2005.
[63]郭振民. 嵊山渔场百年间. 北京:中国文联出版社,2002.
[64]郭振民. 嵊泗渔业史话. 北京:海洋出版社,1995.
[65]宁波市政协文史资料委员会. 宁波文史资料:第1—21辑. 1983—2002.
[66]虞浩旭. 浙东历史文化散论. 宁波:宁波出版社,2004.
[67]董贻安. 浙东文化论丛. 北京:中央编译出版社,1995.
[68]姜彬. 吴越民间信仰民俗:吴越地区民间信仰与民间文艺关系的考察与研究. 上海:上海文艺出版社,1992.
[69]孙光圻. 中国古代航海史:修订本. 北京:海洋出版社,2005.
[70]杨宁,等. 舟山群岛·海洋旅游文化丛书. 杭州:杭州出版社,2009.
[71]孙光圻. 中国航海史基础文献汇编:1—4. 北京:海洋出版社,2007.
[72]宁波市地方志编纂委员会. 宁波市志:上、中、下. 北京:中华书局,1995.
[73]温州市志编纂委员会. 温州市志:上、中、下. 北京:中华书局,1998.
[74]台州地区地方志编纂委员会. 台州地区志. 杭州:浙江人民出版社,1995.
[75]定海县志编纂委员会. 定海县志. 杭州:浙江人民出版社,1994.
[76]舟山市地方志编纂委员会. 舟山市志. 杭州:浙江人民出版社,1992.
[77]浙江省地方志编纂委员会. 清雍正朝浙江通志. 北京:中华书局,2001.
[78]嵊泗县志编纂委员会. 嵊泗县志. 杭州:浙江人民出版社,1989.

[79]洞头县志编纂委员会.洞头县志.杭州:浙江人民出版社,1993.
[80]张传保,赵家荪.鄞县通志.宁波:宁波出版社,2006.
[81]浙江省旅游局.浙江省旅游资源分类、调查与评价.
[82]宁波市旅游局.宁波市旅游资源分类、调查与评价.
[83]中国海洋报.2001—2010.
[84]宁波日报.2001—2010.
[85]舟山日报.2001—2010.
[86]宁波晚报.2001—2010.
[87]舟山晚报.2001—2010.
[88]舟山市文化广电新闻出版局网.
[89]浙江文化信息网.
[90]温州文化信息网.
[91]中国台州智库.
[92]中国海洋文化在线.
[93]海洋财富网.
[94]象山文化网.
[95]舟山文化旅游网.
[96]宁波文化网.
[97]百度百科.

图书在版编目(CIP)数据

浙东海洋文化研究 / 苏勇军著. —杭州：浙江大学出版社，2011.6
ISBN 978-7-308-08728-5

Ⅰ.①浙… Ⅱ.①苏… Ⅲ.①海洋—文化—研究—浙江省 Ⅳ.①P722.6

中国版本图书馆 CIP 数据核字(2011)第 097693 号

浙东海洋文化研究

苏勇军 著

责任编辑 吴伟伟 weiweiwu@zju.edu.cn
封面设计 东方博
出版发行 浙江大学出版社
(杭州市天目山路 148 号 邮政编码 310007)
(网址：http://www.zjupress.com)
排　　版 浙江时代出版服务有限公司
印　　刷 杭州日报报业集团盛元印务有限公司
开　　本 710mm×1000mm 1/16
印　　张 19
字　　数 341 千字
版 印 次 2011 年 6 月第 1 版 2011 年 6 月第 1 次印刷
书　　号 ISBN 978-7-308-08728-5
定　　价 45.00 元

浙江大学出版社发行部邮购电话 (0571)88925591